江苏联合职业技术学院院本教材
经学院教材审定委员会审定通过

机械制造技术基础

主　编　朱仁盛　董宏伟

参　编　冯　磊　季　恺　窦凡清　贾丽君

　　　　王　斐　钱婷婷　郭　茜　李春歌

　　　　杨阿华

主　审　李晓男

北京理工大学出版社
BEIJING INSTITUTE OF TECHNOLOGY PRESS

内 容 简 介

通过本课程的学习，将使学生较全面地了解机械产品的生产过程和机械制造工艺相关知识；能根据工程要求正确选用常用材料及钢的热处理方式；能正确分析常用机构的工作原理及各种类型的机械传动；能熟悉常用机械加工方法；了解金属切削机床及其加工工艺范围；能正确制定各类典型零件的加工工艺路线；掌握安全生产、节能环保的相关知识；具备分析和检测机械产品质量的能力；对先进制造技术的类型、原理及应用有所了解。

本书可作为高等职业院校（含五年制高职）数控技术专业及机械类相关专业的教材，也可作为相关行业岗位培训教材及有关人员自学用书。

图书在版编目（CIP）数据

机械制造技术基础 / 朱仁盛，董宏伟主编 . —北京：北京理工大学出版社，2019.9
（2025.8 重印）

ISBN 978-7-5682-7565-1

Ⅰ. ①机… Ⅱ. ①朱… ②董… Ⅲ. ①机械制造工艺 – 高等学校 – 教材
Ⅳ. ①TH16

中国版本图书馆 CIP 数据核字（2019）第 196066 号

出版发行 / 北京理工大学出版社有限责任公司
社　　址 / 北京市海淀区中关村南大街 5 号
邮　　编 / 100081
电　　话 /（010）68914775（总编室）
　　　　　（010）82562903（教材售后服务热线）
　　　　　（010）68944723（其他图书服务热线）
网　　址 / http://www.bitpress.com.cn
经　　销 / 全国各地新华书店
印　　刷 / 三河市华骏印务包装有限公司
开　　本 / 787 毫米 × 1092 毫米　1/16
印　　张 / 21.25　　　　　　　　　　　　　　　　责任编辑 / 赵　岩
字　　数 / 505 千字　　　　　　　　　　　　　　　文案编辑 / 多海鹏
版　　次 / 2019 年 9 月第 1 版　2025 年 8 月第 10 次印刷　　责任校对 / 周瑞红
定　　价 / 56.00 元　　　　　　　　　　　　　　　责任印制 / 李志强

前　言

　　本书是高等职业院校（以就业为导向、以能力为本位）课程改革成果系列教材之一。在教育部新一轮职业教育教学改革的进程中，来自高等职业院校教学工作一线的骨干教师和学科带头人，通过社会调研，对劳动力市场人才需求进行分析和课题研究，在企业有关人员的积极参与下，研发了数控技术、机电一体化技术等专业的人才培养方案，并制定了相关核心课程标准。本书是根据最新制定的"机械制造技术基础"核心课程标准，结合近几年各院校使用后的反馈意见，参照最新国家职业标准及有关行业的职业标准规范编写的。

　　本书打破了原来各学科体系的框架，将各学科的内容按"综合化"要求进行整合。本书体现了职业教育"以立德树人为根本，以促进就业为导向，以服务发展为宗旨"的职教理念，不仅强调职业岗位的实际要求，还强调学生个人适应劳动力市场变化的需要。因而，本书的设计兼顾了企业和个人两者的需求，以培养学生的综合职业能力为核心和学生全面素质提升为基础。

1. 教材编写特色

　　（1）本书的教学内容紧紧围绕新的课程标准要求，在广泛调研、征求意见的基础上，依据学时总数，选择相关基础知识理论为教学内容，以满足本书应达到的具体教学目标要求，总学时数为112学时。

　　（2）科学合理地协调好基本理论知识与基本技能的关系，贯彻课程建设综合化思想，将原教学内容中难、繁、深、旧的部分删除，增加了新技术内容，实现了多门学科的整合，减少了教材种类，减轻了学生负担。

　　（3）注重"通用教学内容"与"特殊教学内容"的协调配置。体现出新编教材对各类不同专业既有"统一性"要求，又有"差异性"要求，能够满足不同专业的特性教学要求。

　　（4）机械制造概述、机械工程材料和先进制造技术简介：以理论教学为主，同时有见习实训参观要求，通过现场教学、教学模型、演示、交流与探讨等教学活动，帮助学生理解和消化知识。常用机构和机械传动、金属切削机床与刀具、典型零件加工与品质检验技术基础：教学过程中可采用理实一体化的方式，教、学、做合一，注重学生能力的培养。

　　（5）本教材精选大量精美的图片，版式生动活泼，图文并茂，能激发学生的学习兴趣和求知欲。本教材建有精品课程网站（http://www.0523car.com/），有配套的数字化教学资源、网络课程等多媒体教学资源。

2. 学时分配建议

序　号	章　　节	课　时
1	第1章　机械制造概述	8
2	第2章　机械工程材料	18
3	第3章　常用机构和机械传动	18
4	第4章　金属切削机床基础	18
5	第5章　金属切削基础与刀具	16
6	第6章　典型零件加工与品质检验技术基础	18
7	第7章　先进制造技术简介	12
8	机动	4
	合　　计	112

本书共分为7章，由江苏联合职业技术学院泰州机电分院朱仁盛和连云港中等专业学校董宏伟主编。江苏联合职业技术学院泰州机电分院冯磊、季恺、窦凡清，江苏省连云港中等专业学校贾丽君，江苏联合职业技术学院扬州分院王斐，江苏联合职业技术学院苏州工业园区分院钱婷婷，江苏联合职业技术学院无锡立信分院郭茜，江苏省丰县中等专业学校李春歌，江苏联合职业技术学院东台分院杨阿华等参编。全书由江苏联合职业技术学院泰兴分院李晓男审稿。他们对书稿提出了许多宝贵的修改意见和建议，提高了书稿质量，在此一并表示衷心的感谢！

本书作为课程改革成果系列教材之一，在推广使用中，希望得到其教学适用性的反馈意见，以便不断改进与完善。由于编者水平有限，书中错漏之处在所难免，敬请读者批评指正。

编　者

目录

第1章　机械制造概述 …………………………………………………… 1

1.1　机械制造业的概述 …………………………………………… 1

1.2　机械产品的生产过程组织 …………………………………… 3

1.3　机械加工工种分类 …………………………………………… 7

1.4　机械制造企业的安全生产与节能环保常识 ………………… 18

任务训练 …………………………………………………………… 21

第2章　机械工程材料 …………………………………………………… 24

2.1　金属材料的主要性能指标 …………………………………… 25

2.2　黑色金属材料 ………………………………………………… 37

2.3　有色金属材料 ………………………………………………… 50

2.4　钢的热处理常识 ……………………………………………… 53

2.5　工程塑料及复合材料 ………………………………………… 58

任务训练 …………………………………………………………… 64

第3章　常用机构和机械传动 …………………………………………… 68

3.1　铰链四杆机构 ………………………………………………… 68

3.2　凸轮机构 ……………………………………………………… 80

3.3　步进运动机构 ………………………………………………… 84

3.4　带传动和链传动 ……………………………………………… 89

3.5　螺旋传动 ……………………………………………………… 97

3.6　齿轮传动 ……………………………………………………… 101

3.7　机械润滑与密封 ……………………………………………… 108

任务训练 …………………………………………………………… 115

第4章　金属切削机床基础 ……………………………………………… 120

4.1　机床常识 ……………………………………………………… 120

4.2　车床与数控车床 ……………………………………………… 127

4.3　铣床与数控铣床 ……………………………………………… 140

4.4　磨床与数控磨床 ……………………………………………… 151

4.5　其他金属切削机床简介 ……………………………………… 159

任务训练 …………………………………………………………… 168

第5章　金属切削基础与刀具 …………………………………………… 172

5.1　金属切削基础知识 …………………………………………… 172

5.2　车刀 …………………………………………………………… 188

目 录 >>>

5.3　铣刀…………………………………………194

5.4　孔加工刀具…………………………………199

5.5　典型数控加工刀具…………………………206

5.6　其他常用机械加工刀具简介………………212

任务训练………………………………………221

第6章　典型零件加工与品质检验技术基础……225

6.1　轴类零件加工技术基础……………………225

6.2　套类零件加工技术基础……………………251

6.3　箱体类零件加工技术基础…………………270

任务训练………………………………………285

第7章　先进制造技术简述………………………289

7.1　特种加工技术简介…………………………289

7.2　数控加工技术简介…………………………302

7.3　其他先进制造技术简介……………………312

任务训练………………………………………330

参考文献……………………………………………334

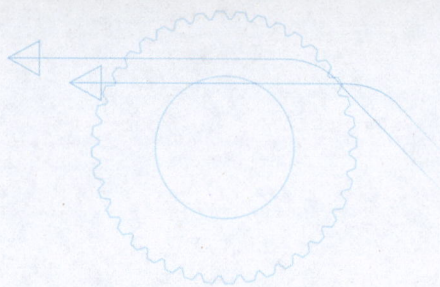

第 1 章　机械制造概述

学习目标

1. 熟悉机械常用的一些名词术语；
2. 了解运动副的概念；
3. 对机械产品的生产过程与组织有所了解；
4. 熟悉机械加工的主要工种，初步了解它们的加工工艺范围；
5. 初步了解机械产品加工工艺规程的内容及制定步骤；
6. 熟悉企业安全生产的相关知识；
7. 懂得节约能源、环境保护的重要性。

机械制造业，特别是装备制造业，是一个国家国民经济持续发展的基础。它为国民经济各部门的发展提供了各种必要的技术装备，是工业化、现代化建设的发动机和动力源，也是参与国际竞争取胜的法宝，是技术进步的主要舞台，是提高人均收入的财源，是发展现代文明的物质基础，是一个国家经济实力和科学技术发展水平的重要标志。

1.1　机械制造业的概述

1.1.1　机械制造业的地位与作用

机械制造业是人类财富在 20 世纪空前膨胀的主要贡献者，没有机械制造业的发展就没有今天人类的现代物质文明。据统计，美国财富的 68% 来自机械制造业，日本国民生产总值的 49% 来自机械制造业，我国有超过 40% 的财政收入也来自机械制造业。

新中国成立前，我国的机械工业十分落后，新中国成立后，我国制造业有了显著的发展，无论是制造业总量还是制造业技术水平都有很大的提高。新中国成立初期，以万吨水压机等为代表的各种重型装备的研制成功，标志着国民经济有了自己的脊梁；"两弹一星"的问世表明我国综合国力的提高，使我国跻身于世界大国的行列。目前，全国电力、钢铁、石油、交通、矿山等基础工业部门所拥有的机电产品总量中，约有 80% 是我国自己制造的，其中 6 000 m 电驱动沙漠钻机已达到国际先进水平，300 MW 和 600 MW 火电机组已成为国家电力工业的主力机组。到 20 世纪末，我国的发电设备年发电量达 1 600 万 kW，汽车年产量达 207 万辆，金属切削机床年产量达 15 万台（机床产值的数控化率达 30%），许多与人民生活密切相关的主要耐用消费机械产品的产量已位居世界前列，我国已成为名副其实的机械工业制造大国。

近十年来，我国充分利用国内外的技术资源优势，在引进、消化、吸收的基础上进行自主创新，使机械制造技术得到了突飞猛进的发展。伴随着载人神舟飞船的上天，嫦娥探月工程的实施，我国机械制造技术的发展令世界瞩目。但与美国、德国等世界发达国家相比，我国的机械制造业无论从产品研发、技术装备还是加工能力等方面都还有很大的欠缺，具有独立自主知识产权的品牌产品还不多，像海尔、海信、TCL 等企业的品牌虽然已经"国产化"，但有些核心部件还需要进口。面对 21 世纪世界经济一体化的挑战，我国的机械制造业还存在许多的问题。据统计，我国优质低耗工艺的普及率还不及 10%，数控机床等精密设备还不足 5%，90% 以上的高档数控机床、98% 的光纤制造设备、85% 的集成电路制造设备、80% 的石化设备、70% 的轿车工业装备还依赖进口。制造业"大而不强"的现状还比较严重，从"制造强国"发展成为"创造强国"的路还很长。因此，走自主创新之路，大力发展机械制造技术，赶超世界先进水平，建设创新型国家，已成为机械制造工业的头等大事。

1.1.2　机械制造工业发展趋势展望

机械制造工业的发展和进步，在很大程度上取决于机械制造技术的水平和发展。在科学技术高度发展的今天，现代工业对机械制造技术提出了更高的要求。特别是计算机科学技术的发展，使得常规机械制造技术与信息技术、数控技术、传感技术、液气光电等技术的有机结合，给机械制造技术的发展带来了新的机遇，也给予机械制造技术许多新的技术和新的概念，使得机械制造技术向智能化、柔性化、网络化、精密化、绿色化和全球化方向发展成为趋势。21 世纪机械制造技术发展的总趋势集中表现在以下几方面。

1. 向高柔性化、高自动化方向发展

随着国际、国内市场的不断发展变化，竞争已趋白热化，机电类产品发展迅速且更新换代越来越快，多品种中小批量生产已成为今后生产的主要类型。目前，以解决中小批量生产自动化问题为主要目标的计算机数控（CNC）、加工中心（MC）、计算机辅助设计 / 计算机辅助制造（CAD/CAM）、柔性制造系统（FMS）、计算机集成制造系统（CIMS）等高新技术的发展，缩短了产品的生产周期，提高了生产效率，保证了产品质量，产生了良好的经济效益。

2. 向高精度化方向发展

在科学技术发展的今天，对产品的精度要求越来越高，精密加工和超精密加工已成为必然。航空航天、军事等尖端产品的加工精度已达纳米级，所以必须采用高精度、通用可调的数控专用机床，高精度、可调式组合夹具，以及与之相配套的高精度刀具、量具和检测技术。在未来的激烈竞争中，是否掌握精密和超精密的加工技术，是体现一个国家制造水平的重要标志。

3. 向高速度、高效率方向发展

高速切削、强力切削可极大地提高加工效率，降低能源消耗，从而降低生产成本，但要

具有与之相配套的加工设备、刀具材料、刀具涂层、刀具结构等才能实现。

4. 向绿色化方向发展

减少机械加工对环境的污染，减少能源的消耗，实现绿色制造是国民经济可持续发展的需要，也是机械制造工业面临的新课题。目前，在一些先进数控机床上已采用了低温空气、负压抽吸等新型冷却技术，通过对废液、废气、废油的再利用等来减少对环境的污染；另外，绿色制造技术在汽车、家电等行业中也已得到了应用，相信未来会有更多的行业在绿色制造领域中有大的作为。

1.2 机械产品的生产过程组织

将原材料或半成品转变为成品的全过程，称为生产过程。它包括原材料的运输和保管；生产的准备工作；毛坯的制造；零件的机械加工；零件的热处理；部件和产品的装配、检验、油漆和包装以及全程的跟踪质量管理等。

1.2.1 机械产品生产过程

制造系统覆盖产品的全部生产过程如图 1-1 所示，即市场需求调研、产品设计、产品制造、产品质量管理、产品销售等的全过程。在这个全过程中，由物质流（主要指由毛坯到产品的有形物质的流动）、信息流（主要指生产活动的设计及市场需求调研、规划、调度与控制）及资金流（包括了成本管理、利润规划及费用流动等）等构成了整个制造系统。

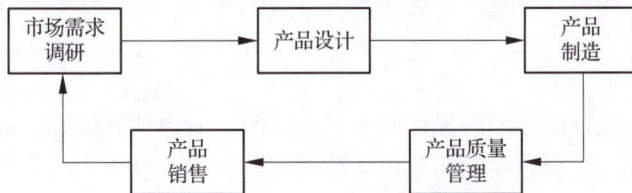

图 1-1 产品制造过程

1. 产品设计

产品设计是企业产品开发的核心，产品设计必须保证技术上的先进性与经济上的合理性等，设计的一般步骤如图 1-2 所示。

产品设计一般有三种形式，即：创新设计、改进设计和变形设计。创新设计（开发性设计）是按用户的使用要求进行的全新设计；改进设计（适应性设计）是根据用户的使用要求，对企业原有产品进行改进或改型的设计，即只对部分结构或零件进行重新设计；变形设计（参数设计）仅改进产品的部分结构尺寸，以形成系列产品的设计。产品设计的基本内容包括：编制设计任务书、方案设计、技术设计和图样设计等。

```
设计意向
   ↓
开发调研
   ↓
┌──────────┬──────────┬──────────┬──────────┐
科技调研    市场调研    竞争环境调研   企业内部调研
└──────────┴──────────┴──────────┴──────────┘
   ↓
调研分析
   ↓
立项评估
   ↓
设计决策
```

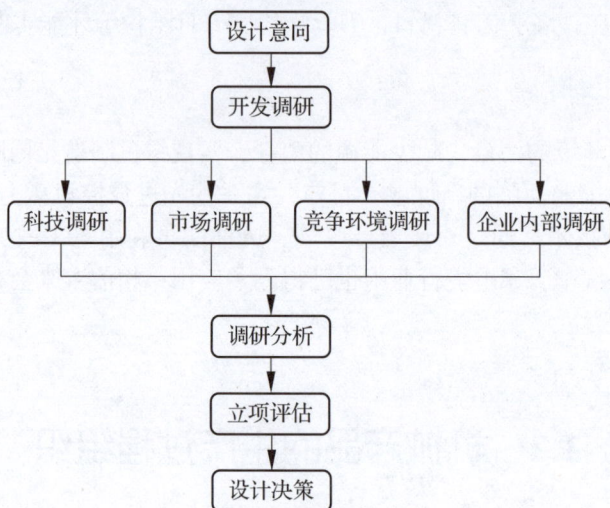

图 1-2　产品设计框图

（1）编制设计任务书

设计任务书是产品设计的指导性文件，其主要内容包括：确定新产品的用途、适用范围、使用条件和使用要求，设计和试制该产品的依据，确定产品的基本性能、结构和主要参数，概括性地做出总体布置、机械传动系统图、电气系统图、产品型号、尺寸标准系列、计算技术经济指标等。

（2）方案设计

方案设计的主要内容是确定产品的基本功能、性能、结构和参数。方案设计是产品设计的造型阶段，一般包括：产品的功能和使用范围、产品的总体方案设计和外观造型设计、产品的原理结构图及产品型号、尺寸、性能参数、标准等，并对设计方案进行技术经济指标的计算以及经济效果分析。

（3）技术设计

技术设计是产品设计的定型阶段，对于机电产品一般包括：试验、计算和分析确定重要零部件的结构、尺寸与配合；绘制出总图、重要零部件图、液压（气动）系统图、冷却系统图和电气系统图；编写设计说明书等。

（4）图样设计

图样设计是指绘制出全套工作图样和编写必要的技术文件，为产品制造和装配提供依据。其主要内容包括：设计并绘制全部零件的工作图，详细注明尺寸、公差配合、材料和技术条件，绘制产品总图、部件图、安装图，编写零件明细表，设计制定产品使用说明书和维护保养规程等。

2. 工艺设计

工艺设计的基本任务是保证生产的产品能符合设计的要求，制定优质、高产、低耗的产品制造工艺规程，制定出产品的试制和正式生产所需要的全部工艺文件。包括：对产品图纸的工艺分析和审核、拟定加工方案、编制工艺规程以及工艺装备的设计和制造等，表 1-1 列举了部分零件结构工艺性分析与说明。

表 1–1　零件结构工艺性分析与说明

序号	A 结构工艺差	B 结构工艺好	说明
1	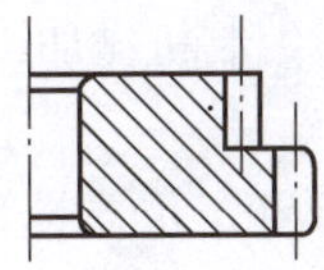	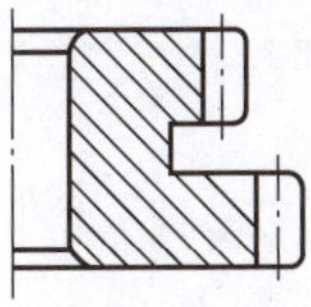	（A）小齿轮无法加工； （B）有退刀槽后，小齿轮可插齿加工
2	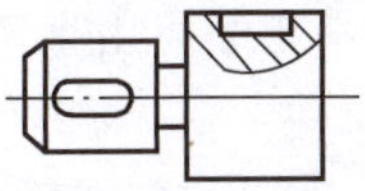	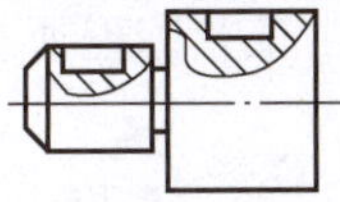	（A）键槽方位不同，需两次装夹； （B）可在一次装夹中加工出全部键槽
3	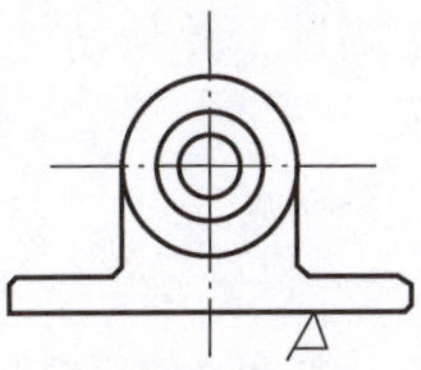	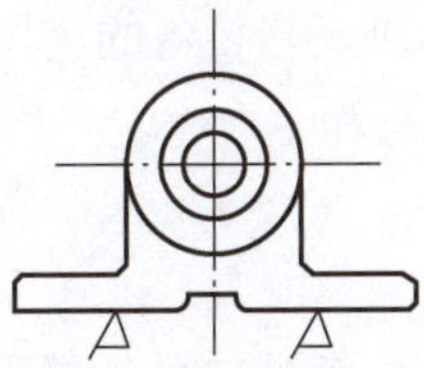	（A）加工面大； （B）加工面小，减少地面接触面积，稳定性好
4	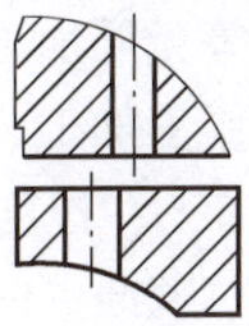	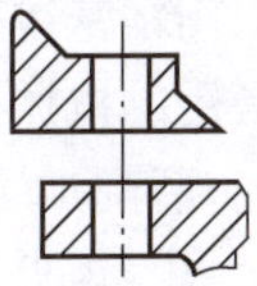	（A）斜面钻孔，钻头容易起偏； （B）钻孔工作条件好，提高刀具寿命，提高钻孔精度和生产率
5	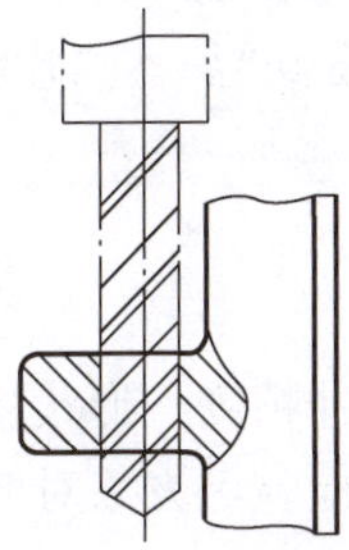	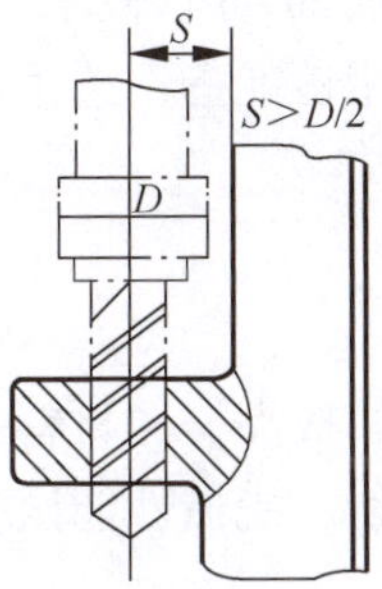	（A）孔的位置距离太近，不易加工，或采用非标准刀具加工； （B）可采用标准刀具加工，提高加工精度
6	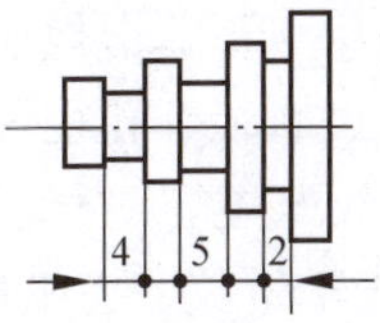	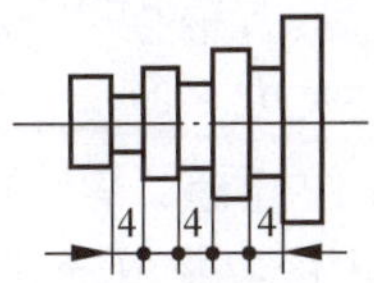	（A）凹槽尺寸不同，增加换刀次数； （B）可减少刀具种类，减少换刀时间

（1）产品图纸的工艺分析和审查

主要内容包括：产品的结构是否与产品类型相适应，零部件标准化、通用化程度，图纸设计是否充分利用现有的工艺标准，零件的形状尺寸、配合与精度是否合理，选用的材料是否合适等。

（2）拟定工艺方案

拟定工艺方案包括：确定试制新产品、改造老产品过程中的关键零部件的加工方法，确定工艺路线、工艺装备及装配要求。

（3）编制工艺规程卡

工艺规程是指规定零件的加工工艺过程和操作方法等。一般包括下列内容：零件加工的工艺路线、各工序的具体内容及所用的设备和工艺装备、零件的检验项目及检验方法、切削用量、工时定额等。工艺规程的形式和内容与生产类型有关，一般编制机械加工工艺卡片。

（4）工艺装备的设计和制造

工艺装备（简称工装）通常是对工具、夹具、量具、相关模具和工位器具等的总称。工装分为通用和专用两类，通用工装可用来加工不同的产品，专用工装只能用于特定产品的加工。通用的、重要复杂的工艺装备一般由工艺工程师设计，简易工装可由生产车间（或分厂）自行设计。

凡制造完成并经检验合格的专用工装设备，在投入产品零件生产前应在现场进行试验，其目的是通过实际操作来检验工艺规程和工艺装备的实用性、正确性，并帮助操作者正确掌握生产技术要求，以达到规定的加工质量和生产率。

3. 零件加工

零件的加工过程是坯料的生产以及对坯料进行各种机械加工、特种加工和热处理等，使其成为合格零件的过程。极少数零件加工采用精密铸造或精密锻造等无屑加工方法。通常毛坯的生产工艺有：铸造、锻造、焊接等；常用的机械加工方法有：钳工加工、车削加工、钻削加工、刨削加工、铣削加工、镗削加工、磨削加工、数控机床加工、拉削加工、研磨加工、珩磨加工等；常用的热处理方法有：退火、正火、淬火、回火、调质、时效等；特种加工有：电火花成型加工、电火花线切割加工、电解加工、激光加工、超声波加工等。只有根据零件的材料、结构、形状、尺寸、使用性能等，选用适当的加工方法，才能保证产品的质量，生产出合格零件。

4. 检验

检验是采用测量器具对毛坯、零件、成品、原材料等进行尺寸精度、形状精度、位置精度的检测，以及通过目视检验、无损探伤、机械性能试验及金相检验等方法对产品质量进行的鉴定。

测量器具包括量具和量仪。常用的量具有钢直尺、卷尺、游标卡尺、卡规、塞规、千分尺、角度尺、百分表等，用以检测零件的长度、厚度、角度、外圆直径、孔径等。另外螺纹的测量可采用螺纹千分尺、三针量法、螺纹样板、螺纹环规、螺纹塞规等。

常用量仪有浮标式气动量仪、电子式量仪、电动式量仪、光学量仪、三坐标测量仪等，除可用以检测零件的长度、厚度、外圆直径、孔径等尺寸外，还可对零件的形状误差和位置误差等进行测量。

特殊检验主要是指检测零件内部及外表的缺陷。其中无损探伤是在不损害被检对象的前提下，检测零件内部及外表缺陷的现代检验技术。无损检验方法有直接肉眼检验、射线探伤、超声波探伤、磁力探伤等，使用时应根据无损检测的目的，选择合适的方法和检测规范。

5. 装配

任何机械产品都是由若干个零件、组件和部件组成的。根据规定的技术要求，将零件和

部件进行必要的配合及连接，使之成为半成品或成品的工艺过程称为装配。将零件、组件装配成部件的过程称为部件装配；将零件、组件和部件装配成最终产品的过程称为总装配。装配是机械制造过程中的最后一个生产阶段，其中还包括调整、检验、试验、油漆和包装等工作。

机器的质量、工作性能、使用效果、可靠性和使用寿命除与产品的设计和材料选择有关外，还取决于零件的制造质量和机器的装配质量。通过装配，可以发现设计上的不足和零件加工工艺中存在的问题。装配工作对机器质量的影响很大，若装配不当，即使所有零件都合格，也不一定能装配出合格的、高质量的机械产品。反之，若零件制造精度不高，而在装配中采用适当的装配工艺方法进行选配、刮研、调整等，也能使产品达到规定的要求。

6. 入库

企业生产的成品、半成品及各种物料为防止遗失或损坏，放入仓库进行保管，称为入库。

入库时应进行入库检验，填好检验记录及有关原始记录；对量具、仪器及各种工具做好保养、保管工作；对有关技术标准、图纸、档案等资料要妥善保管；保持工作地点及室内外整洁，注意防火、防湿，做好安全工作。

1.3　机械加工工种分类

工种是对劳动对象的分类称谓，也称工作种类，如：电工、钳工等。机械加工工种一般分为冷加工、热加工、特种加工和其他工种几大类。生产过程中人们将根据产品的技术要求选择各种加工方法。

1.3.1　冷加工工种

1. 钳工

钳工是制造企业中不可缺少的一个用手工方法来完成加工的工种。

钳工工种按专业工作的主要对象不同又可分为普通钳工、装配钳工、模具钳工、修理钳工等。不管是哪一种钳工，要完成好本职工作，首先要掌握好钳工的各项基本操作技术，主要包括：划线、錾削、锯割、锉削、钻孔、扩孔、锪孔、铰孔、攻螺纹和套螺纹、刮削、研磨、测量、装配和修理等。

钳工的主要加工工艺范围如图 1-3 所示。

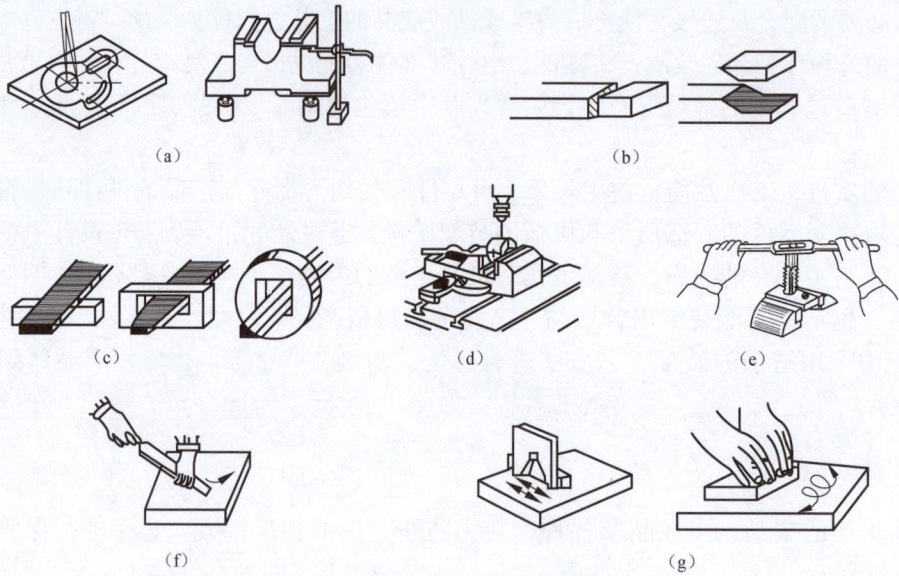

图1-3　钳工的主要加工工艺范围

（a）划线；（b）锯削；（c）锉削；（d）孔加工；（e）螺纹加工；（f）刮削；（g）研磨

2. 车工

卧式车床的加工工艺范围如图1-4所示。

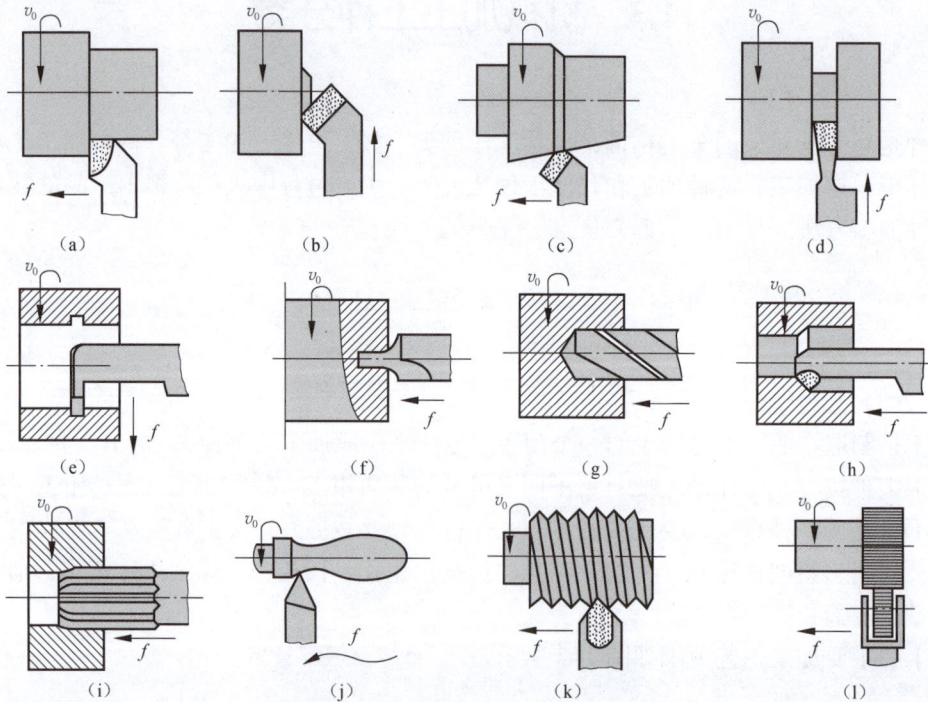

图1-4　卧式车床的加工工艺范围

（a）车外圆；（b）车端面；（c）车锥面；（d）切槽、切断；（e）切内槽；（f）钻中心孔；（g）钻孔；

（h）镗孔；（i）铰孔；（j）车成形面；（k）车外螺纹；（l）滚花

车削加工是一种应用最广泛、最典型的加工方法。车工是指操作车床（车床按结构及其功用可分为卧式车床、立式车床、数控车床以及特种车床等）对工件旋转表面进行切削加工的工种。

车削加工的主要工艺内容为：车削外圆、内孔、端面、沟槽、圆锥面、螺纹、滚花、成形面等。

3. 铣工

铣床的加工工艺范围如图 1-5 所示。

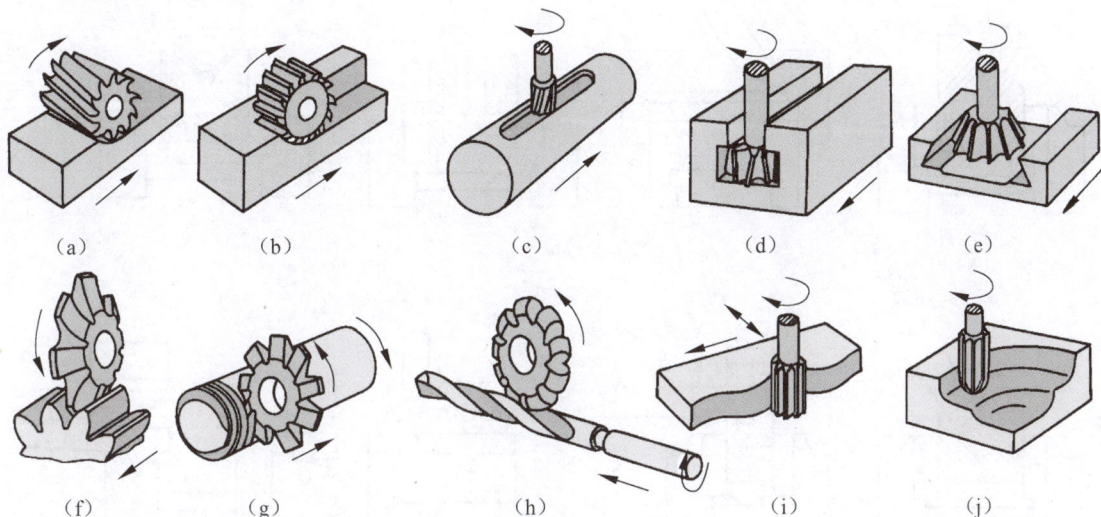

图 1-5   铣床的加工工艺范围

（a）铣水平面；（b）铣垂直面；（c）铣键槽；（d）铣 T 形槽；（e）铣燕尾槽；

（f）铣齿轮；（g）铣螺纹；（h）铣螺旋槽；（i），（j）铣曲面

铣工是指操作各种铣床设备（铣床按结构及其功用可分为：普通卧式铣床、普通立式铣床、万能铣床、工具铣床、龙门铣床、数控铣床、特种铣床等），对工件进行铣削加工的工种。

铣削加工的主要工艺内容为：铣削平面、台阶面、沟槽（键槽、T 形槽、燕尾槽、螺旋槽）以及成形面等。

4. 刨工

刨削的加工工艺范围如图 1-6 所示。

刨工是指操作各种刨床设备（常用的刨削机床有：普通牛头刨床、液压刨床、龙门刨床和插床等），对工件进行刨削加工的工种。

刨削加工的主要工艺内容为：刨削平面、垂直面、斜面、沟槽、V 形槽、燕尾槽、成形面等。

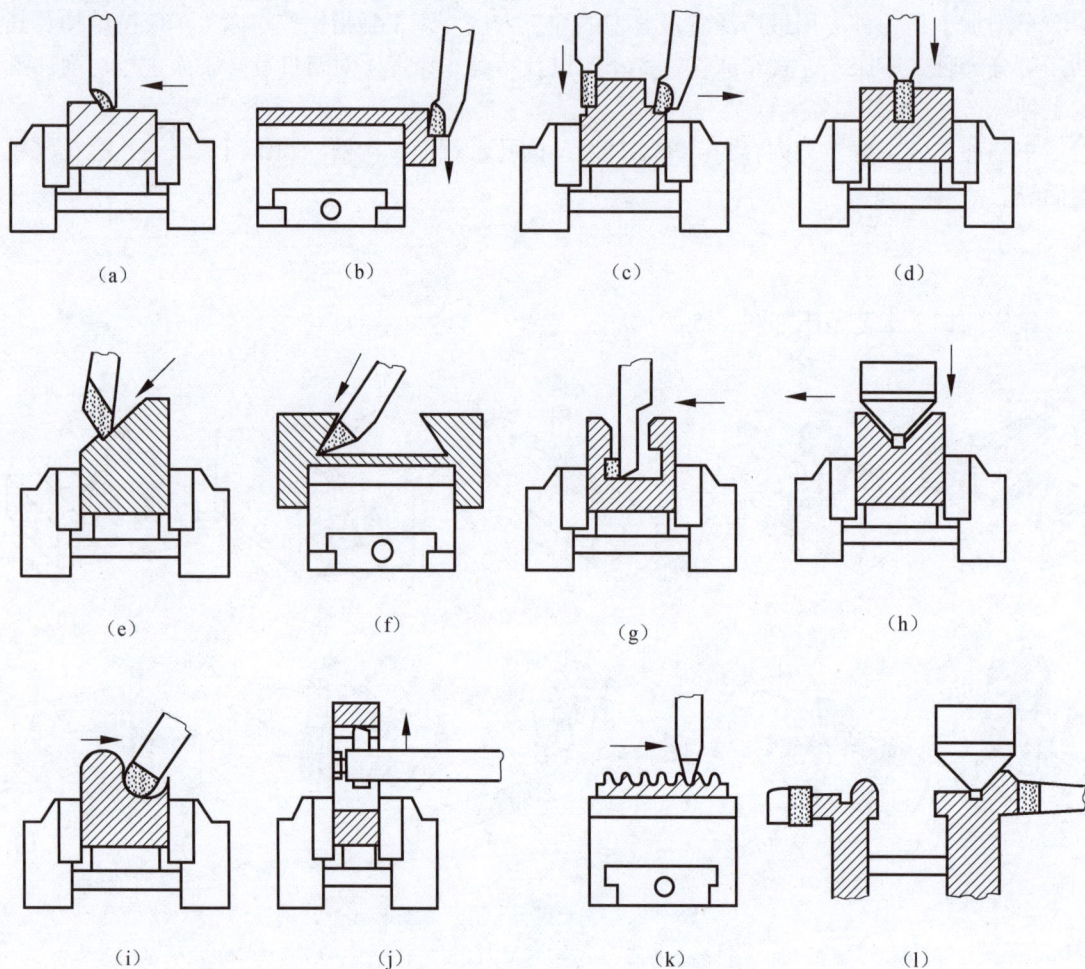

图 1-6 刨削的加工工艺范围

（a）刨平面；（b）刨垂直面；（c）刨阶台；（d）刨直角沟槽；（e）刨斜面；（f）刨燕尾槽；（g）刨 T 形槽；
（h）刨 V 形槽；（i）刨曲面；（j）孔内加工；（k）刨齿条；（l）刨复合表面

5. 磨工

常用的磨削加工方法见表 1-2。

表 1-2 常用的磨削加工方法

磨削类型	磨削方法	图例
外圆磨削	纵磨法	
内圆磨削	纵磨法	

续表

磨削类型	磨削方法	图例
平面磨削	周磨法	
	端磨法	
无心磨削	通磨法	
成形磨削	螺纹磨削	
	齿轮磨削	
	花键磨削	

　　磨工是指操作各种磨床设备（常用的磨床有普通平面磨床、外圆磨床、内圆磨床、万能磨床、工具磨床、无心磨床以及数控磨床、特种磨床等），对工件进行磨削加工的工种。

　　磨削加工的主要工艺内容为：磨削平面、外圆、内孔、圆锥、槽、斜面、花键、螺纹、特种成形面等。

　　除上述工种外，常见的冷加工工种还有：钣金工、镗工、冲压工、组合机床操作工等。

1.3.2　热加工工种

1. 铸造工

铸造是将经过熔化的液态金属浇注到与零件形状、尺寸相适应的铸型中，冷却凝固后获得毛坯或零件的一种工艺方法。

图 1-7 所示为齿轮毛坯的砂型铸造示意图，砂型铸造在各种铸造方法中应用最广。

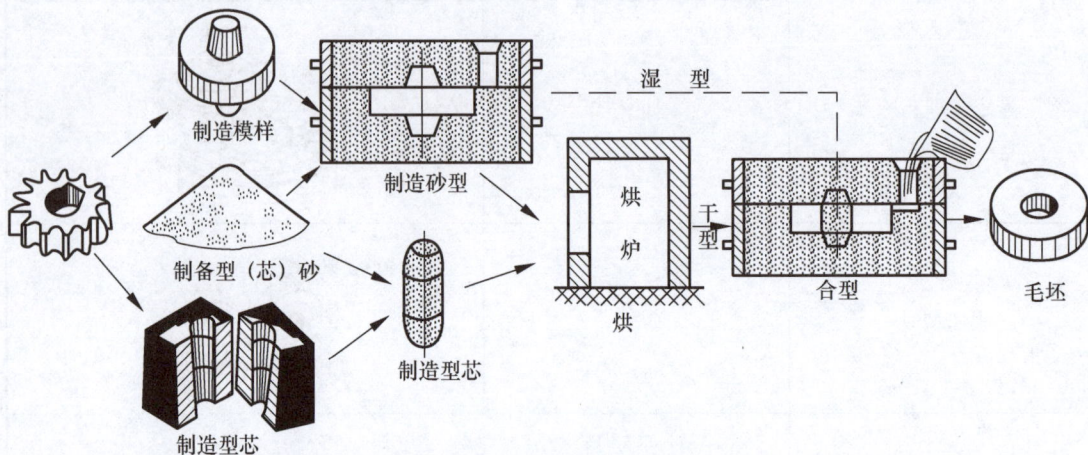

图 1-7　齿轮毛坯的砂型铸造示意图

（1）铸造的方法

① 砂型铸造：砂型铸造是以砂为主要造型材料制备铸型的一种铸造方法。目前 90% 以上的铸件都是用砂型铸造方法生产的。

② 特种铸造：特种铸造是指除砂型铸造以外的其他铸造方法。常用的方法有金属砂型铸造、熔模铸造、压力铸造、离心铸造、壳型铸造等。

（2）铸造的特点

① 成形方便，适应性强，利用液态成形，适应各种形状、尺寸、不同材料的铸件。

② 生产成本低，较为经济，节省金属，材料来源广泛，设备简单。

③ 铸件组织性能差，铸件晶粒粗大，力学性能差。

2. 锻压工

锻压是借助于外力作用，使金属坯料产生塑性变形，从而获得所要求形状、尺寸和力学性能的毛坯或零件的一种压力加工方法，自由锻基本工序示意图如图 1-8 所示。

（1）锻压加工的分类

① 自由锻造：利用冲击力或静压力使经过加热的金属在锻压设备的上、下砧铁之间塑性变形、自由流动的加工方法。

② 模样锻造：把金属坯料放在锻模模膛内施加压力使其变形的一种锻造方法，简称模锻。

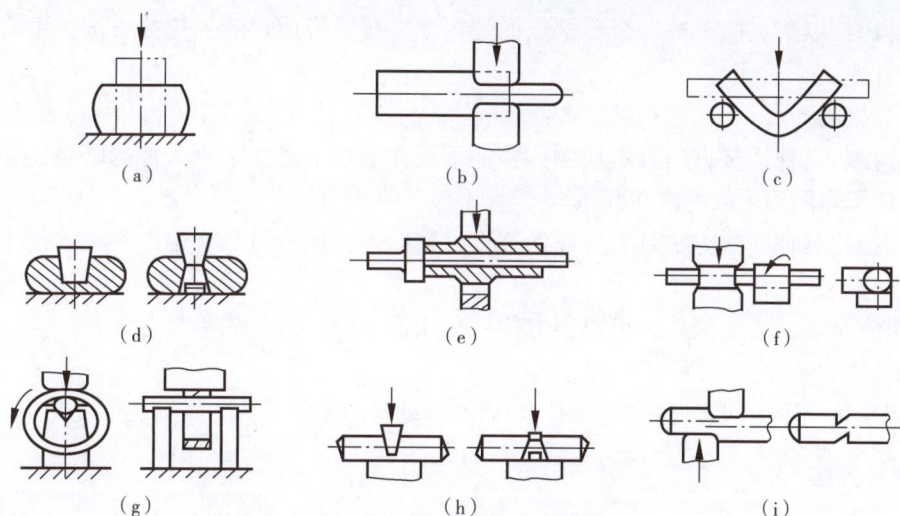

图 1-8　自由锻基本工序示意图

（a）镦粗；（b）拔长；（c）弯曲；（d）冲孔；（e）心轴拔长；（f）扭转；（g）马杠扩孔；（h）切割；（i）错移

③ 板料冲压：将金属板料置于冲模之间，使板料产生分离或变形的加工方法。通常在常温下进行，也称冷冲压。

（2）锻压的特点

① 改善金属组织、提高力学性能，锻压的同时可消除铸造缺陷，均匀成分，形成纤维组织，从而提高锻件的力学性能。

② 节约金属材料，比如：在热轧钻头、齿轮、齿圈及冷轧丝杠时节省了切削加工设备和材料的消耗。

③ 较高的生产率，比如：在生产六角螺钉时采用模锻成形就比切削加工效率约高 50 倍。

④ 锻压主要生产承受重载荷零件的毛坯，如：机器中的主轴、齿轮等，但不能获得形状复杂的毛坯或零件。

3. 焊接工

图 1-9 所示为焊条电弧焊示意图。

焊接是通过加热或加压（或两者并用），并且用（或不用）填充材料，使焊件达到原子间结合的连接方法。

（1）焊接的种类

根据焊接的过程可分为三类：

① 熔化焊：将待焊处的母材金属熔化以形成焊缝的焊接方法，主要有电弧焊、气焊、电渣焊、等离子弧焊、电子束焊、激光焊等。

② 压力焊：通过加压和加热的综合作用，以实现金属接合的焊接方法，主要包括：电阻焊、摩擦焊、爆炸焊等。

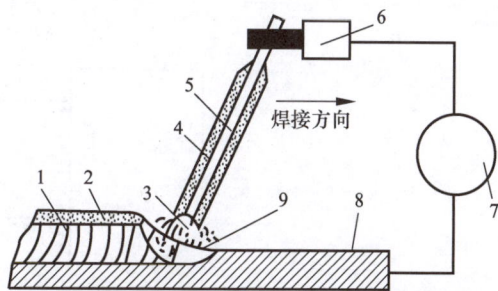

1—焊缝；2—渣壳；3—熔滴；4—焊条涂料；5—焊条芯；
6—焊钳；7—弧焊机；8—焊件；9—电弧熔池

图 1-9　焊条电弧焊示意图

③ 钎焊：以熔点低于被焊金属熔点的焊料填充接头形成焊缝的焊接方法，主要包括软钎焊和硬钎焊。

（2）焊接的特点

① 焊接与其他连接方法有本质的区别，不仅在宏观上建立了永久性的联系，在微观上也建立了组织之间原子级的内在联系。

② 焊接比其他连接方法具有更高的强度、密封性且质量可靠、生产率高、便于实现自动化。

③ 节省金属，工艺简单，可以很方便地采用锻—焊，铸—焊等复合工艺，生产大型复杂的机械结构和零件。

④ 焊接是一个不均匀加热的过程，焊后的焊缝易产生焊接应力，易引起变形。

4. 热处理工

金属材料可通过热处理改变其内部组织，从而改善材料的工艺性能和使用性能（第2章将具体介绍），所以热处理在机械制造业中占有很重要的地位。

热处理工是指操作热处理设备，对金属材料进行热处理加工的工种。根据不同的热处理工艺，一般可将热处理分成整体热处理、表面热处理、化学热处理和其他热处理四类。

1.3.3 特种加工工种

1. 电火花加工与线切割加工工种

电火花加工是利用工具电极和工件电极间瞬时放电所产生的高温来熔蚀工件表面的材料，也称为放电加工或电蚀加工。电火花加工原理如图1-10所示。工具和工件一般都浸在工作液中（常用煤油、机油等做工作液），自动调节进给装置使工具与工件之间保持一定的放电间隙（$0.01 \sim 0.20$ mm），当脉冲电压升高时，使两极间产生火花放电，放电通道的电流密度为 $10^5 \sim 10^6$ A/cm²，放电区的瞬时高温达 $10\ 000$ ℃以上，使工件表面的金属局部熔化，甚至气化蒸发而被蚀除微量的材料，当电压下降后，工作液恢复绝缘。这种放电循环每秒钟重复数千到数万次，使工件表面形成许多小的凹坑，称为电蚀现象。

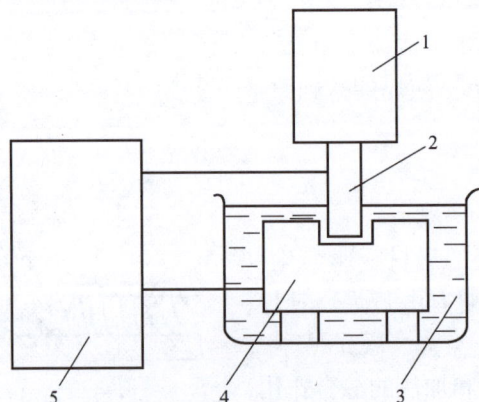

1—自动进给调节装置；2—工具电极；3—工作液；4—工件；5—直流脉冲总电源

图1-10　电火花加工原理示意图

线切割是线电极电火花切割的简称。线切割的加工原理与一般的电火花加工相同，其区别是所使用的工具不同，它不靠成形的工具电极将形状尺寸复制到工件上，而是用移动着的电极丝（一般小型线切割机采用 0.08～0.12 mm 的钼丝，大型线切割机采用 0.3 mm 左右的钼丝）以数控的加工方法按预定的轨迹进行线切割加工，适用于切割加工形状复杂、精密的模具和其他零件，加工精度可控制在 0.01 mm 左右，表面粗糙度 $Ra \leq 2.5$ μm。图 1-11 所示为线切割示意图。

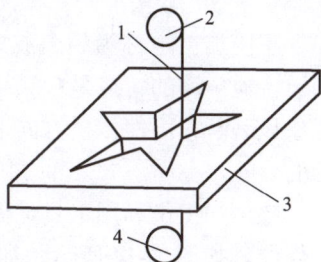

线切割加工时，阳极金属的蚀除速度大于阴极，因此采用正极性加工，即工件接高频脉冲电源的正极，工具电极（钼丝）接负极，工作液宜选用乳化液或去离子水。

1—钼丝；2，4—丝架；3—被加工零件

图 1-11　线切割示意图

2. 电解加工工种

电解加工是利用金属在电解液中的"阳极溶解"将工件加工成形的。电解加工原理如图 1-12 所示。加工时，工件接直流电源（电压为 5～25 V，电流密度为 10～100 A/cm^2）的阳极，工具接电源的阴极。进给机构控制工具向工件缓慢进给，使两级之间保持较小的间隙（0.1～1 mm），从电解液泵出来的电解液以一定的压力（0.5～2 MPa）和速度（5～50 m/s）从间隙中流过，这时阳极工件的金属被逐渐电解腐蚀，电解产物被高速流过的电解液带走。

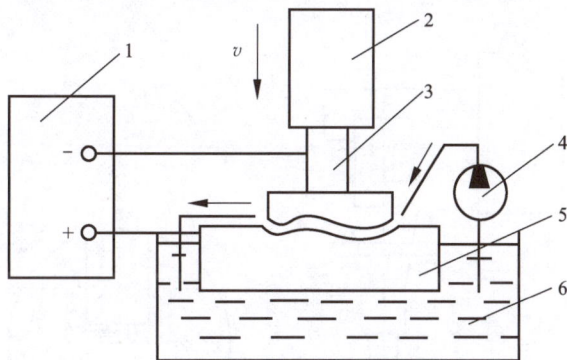

1—直流电源；2—进给机构；3—工具；4—电解液泵；5—工件；6—电解液

图 1-12　电解加工原理示意图

电解加工成形原理如图 1-13 所示，图中细竖线表示通过阴极（工具）与阳极（工件）间的电流，竖线的疏密程度表示电流密度的大小。在加工刚开始时，工具与工件相对表面之间是不等距的，如图 1-13（a）所示，阴极与阳极距离较近的地方通过的电流密度较大，电解液的流速也较高，阳极溶解速度也就较快。随着工具相对工件不断进给，工件表面就不断被电解，电解产物不断被电解液冲走，直至工件表面形成与阴极工作面基本相似的形状为止，如图 1-13（b）所示。

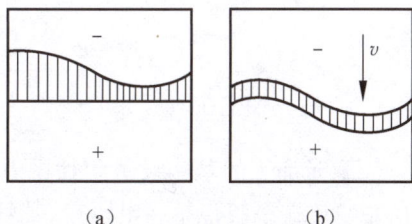

（a）　　　　（b）

图 1-13　电解加工成形原理
（a）初始状态；（b）成形状态

3. 超声加工工种

超声加工也称为超声波加工。超声波是指频率 f 在 16 000 ~ 20 000 Hz 的振动波。它区别于普通声波的特点是：频率高，波长短，能量大，传播过程中反射、折射、共振、损耗等现象显著。它可使传播方向上的障碍物受到很大的压力，超声加工就是利用这种能量进行加工的。

超声加工是利用工具端做超声频振动，通过磨料悬浮液加工使工件成形的一种方法，其工作原理如图 1-14 所示。加工时，在工具 1 和工件 2 之间加入液体（水或煤油等）和磨料混合的悬浮液 3，并使工具以很小的力 F 轻轻压在工件上。超声发生器 7 将工频交流电能转变为有一定功率输出的超声频电振荡，通过换能器 6 将超声频电振荡转变为超声机械振动。其振幅很小，一般只有 0.005 ~ 0.01 mm，再通过上粗下细的变幅杆 4、5，使振幅增大到 0.01 ~ 0.15 mm，固定在变幅杆上的工具即产生超声振动（频率在 16 000 ~ 25 000 Hz 之间），迫使工作液中悬浮的磨粒高速不断地撞击、抛磨加工表面，将材料打击下来。虽然每次打击下来的材料很少，但由于每秒钟打击的次数多达 16 000 次以上，所以仍有一定的加速度。与此同时，工作液受工具端面超声振动作用而产生的高频、交变的液压正负冲击波和"空化"作用，促使工作液钻入被加工材料的微裂缝处，加剧了机械破坏作用。加工中的振荡还强迫磨料液在加工区工件和工具间的间隙中流动，使变钝了的磨粒能及时更新，并随着工具沿加工方向以一定速度移动，实现有控制的加工，逐渐将工具的形状"复制"在工件上，加工出所要求的形状。

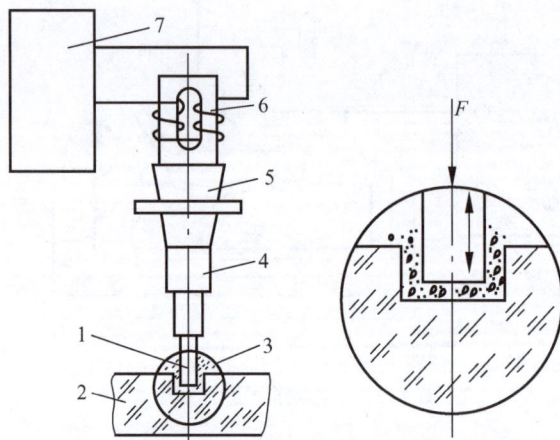

1—工具；2—工件；3—磨料悬浮液；4，5—变幅杆；6—换能器；7—超声发生器

图 1-14　超声加工原理示意图

4. 激光加工工种

激光加工的基本设备包括：电源、激光器、光学系统及机械系统等四部分，如图 1-15 所示。电源系统包括：电压控制器、储能电容组、时间控制器及触发器等，它为激光器提供所需的能量。激光器是激光加工的主要设备，它把电能转变成光能，产生所需要的激光束。激光加工目前广泛采用的是二氧化碳气体激光器及红宝石、钕玻璃、YAG（钇铝石榴石）等

固体激光器。光学系统将光速聚焦并观察和调整焦点位置，包括显微镜瞄准、激光束聚焦及加工位置在投影仪上显示等。机械系统主要包括：床身、能在三坐标范围内移动的工作台及机电控制系统等。加工时，激光器产生激光束，通过光学系统把激光束聚焦成一个极小的光斑（直径仅有几微米到几十微米），获得 $10^8 \sim 10^{10}$ W/cm^2 的能量密度以及 10 000 ℃ 以上的高温，从而能在千分之几秒甚至更短的时间内使材料熔化和气化，以蚀除被加工表面，通过工作台与激光束间的相对运动来完成对工件的加工。

除上述工种外，特种加工工种还有电子束加工与离子束加工工种、水速流加工工种等。

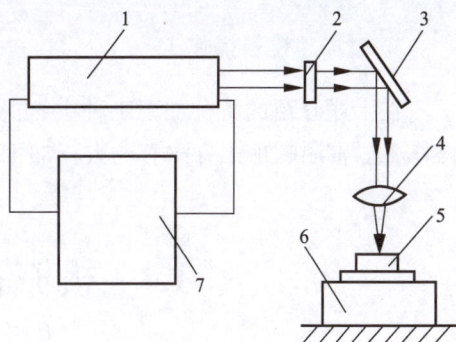

1—激光器；2—光闸；3—反射镜；4—聚焦镜；
5—工件；6—工作台；7—电源

图 1-15　激光加工原理示意图

1.3.4　其他工种

1. 机械设备维修工

从事设备安装维护和修理的工种的主要工作包括：
① 选择测定机械设备安装的场地、环境和条件；
② 进行设备搬迁和新设备的安装与调试；
③ 对机械设备的机械、液压、气动故障和机械磨损进行修理；
④ 更换或修复机械零部件，润滑、保养设备；
⑤ 对修复后的机械设备进行运行调试与调整；
⑥ 巡回检修到现场，排除机械设备运行过程中的一般故障；
⑦ 对损伤的机械零件进行钣金和钳加工；
⑧ 配合技术人员，预检机械设备故障，编制大修理方案，并完成大、中、小型修理；
⑨ 维护和保养工、夹、量具，仪器仪表，排除使用过程中出现的故障。

2. 维修电工

从事企业设备的电气系统安装、调试与维护、修理的工种从事的主要工作包括：
① 对电气设备与原材料进行选型；
② 安装、调试、维护、保养电气设备；
③ 架设并接通送、配电线路与电缆；
④ 对电气设备进行修理或更换有缺陷的零部件；
⑤ 对机床等设备的电气装置、电工器材进行维护、保养与修理；
⑥ 对室内用电线路和照明灯具进行安装、调试与修理；
⑦ 维护和保养电工工具、器具及测试仪器仪表；
⑧ 填写安装、运行、检修设备技术记录。

3. 电加工设备操作工

在上述介绍的特种加工工种中，操作电加工设备进行零件加工的工种，称为电加工设备操作工。常用的加工方法有电火花加工、电解加工等。

1.4 机械制造企业的安全生产
与节能环保常识

机械制造企业的安全主要是指人身安全和设备安全，防止生产中发生意外安全事故，消除各类事故隐患。企业要利用各种方法与技术，使工作者确立"安全第一"的观念，使企业设备的防护及工作者的个人防护得以改善。劳动者必须加强法制观念，认真贯彻上级有关安全生产和劳动保护的政策、法令和规定，严格遵守安全技术操作规程和各项安全生产制度。

1.4.1 安全规章制度

在企业中为防止事故的发生，应制定出各种安全规章制度，并落实、强化安全防范措施，对新工人进行厂级、车间级、班组级三级安全教育。

1. 工人安全职责

① 参加安全活动，学习安全技术知识，严格遵守各项安全生产规章制度。

② 认真执行交接班制度，接班前必须认真检查本岗位的设备和安全设施是否齐全、完好。

③ 精心操作，严格执行工艺规程，遵守纪律，且记录清晰、真实、整洁。

④ 按时巡回检查，准确分析、判断和处理生产过程中的异常情况。

⑤ 认真维护保养设备，发现缺陷及时消除，并做好记录，保持作业场所清洁。

⑥ 正确使用及妥善保管各种劳动防护用品、器具和防护器材、消防器材。

⑦ 不违章作业，并劝阻或制止他人违章作业，对违章指挥有权拒绝执行，并及时向上级领导报告。

2. 车间管理安全规则

① 车间应保持整齐、清洁。

② 车间内的通道、安全门进出应保持畅通。

③ 工具、材料等应分开存放，并按规定安置。

④ 车间内保持通风良好、光线充足。

⑤ 安全警示标图醒目到位，各类防护器具设置可靠、方便使用。

⑥ 进入车间的人员应佩带安全帽，穿好工作服等防护用品。

3. 设备操作安全规则

① 严禁为了操作方便而拆下机器的安全装置。
② 使用机器前应熟读其说明书，并按操作规程正确操作机器。
③ 未经许可或不太熟悉的设备，不得擅自操作使用。
④ 禁止多人同时操作同一台设备，严禁用手摸机器运转着的部分。
⑤ 定时维护、保养设备。
⑥ 发现设备故障应做记录并请专人维修。
⑦ 如发生事故应立即停机，切断电源并及时报告，注意保持现场。
⑧ 严格执行安全操作规程，严禁违规作业。

1.4.2　节能常识

能源是为人类的生产与生活提供各种能力和动力的物质资源，是国民经济的重要物质基础。能源的开发和有效利用程度以及人均消费量是生产技术和生活水平的重要标志。

1. 能源的种类

（1）一次能源和二次能源

自然界中本来就有的各种形式的能源称为一次能源。一次能源可按其来源的不同划分为来自地球以外的、地球内部的、地球与其他天体相互作用的三类。来自地球以外的一次能源主要是太阳能。

凡由一次能源经过转化或加工制造而产生的能源均称为二次能源，如：电力、氢能、石油制品、煤制气、煤液化油、蒸汽和压缩空气等。但水力发电虽是由水的落差转换而来的，但一般均作为一次能源。

（2）再生能源和非再生能源

人们对一次能源又进一步加以分类，凡是可以不断得到补充或能在较短周期内再产生的能源称为再生能源，反之称为非再生能源。风能、水能、海洋能、潮汐能、太阳能和生物质能等是可再生能源，煤、石油和天然气等是非再生能源。

（3）常规能源和新能源

世界大量消耗的石油、天然气、煤和核能等称为常规能源。新能源是相对于常规能源而言的，泛指太阳能、风能、地热能、海洋能、潮汐能和生物质能等。由于新能源还处于研究、发展阶段，故只能因地制宜地开发和利用。但新能源大多数是再生能源，资源丰富，分布广阔，是未来的主要能源之一。

（4）商品能源和非商品能源

凡进入能源市场作为商品销售的，如：煤、石油、天然气和电等均为商品能源。国际上的统计数字均限于商品能源。非商品能源主要指薪柴和农作物残余等。

2. 能源形式的转化

各种能源形式可以互相转化，在一次能源中，风、水、洋流和波浪等是以机械能（动能和位能）的形式提供的，可以利用各种风力机械（如：风力机）和水力机械（如：水轮机）

转换为动力或电力。煤、石油和天然气等常规能源一般是通过燃烧将燃烧化学能转化为热能。热能可以直接利用，但部分是将热能通过各种类型的热力机械（如：内燃机、汽轮机和燃气轮机等）转换为动力，带动各类机械和交通运输工具工作；或是带动发电机送出电力，满足人们生活和工农业生产的需要。发电和交通运输需要的能源占能量总消费量的比例很大。一次能源中转化为电力部分的比例越大，表明电气化程度越高，生产力越先进，生活水平越高。

3. 能源利用状况

能源利用状况是指用能单位在能源转换、输配和利用系统的设备及网络配置上的合理性与实际运行状况，工艺及设备技术性能的先进性及实际运行操作技术水平，能源购销、分配、使用管理的科学性等方面所反映的实际耗能情况及用能水平。

4. 节能

节能的中心思想是采取技术上可行、经济上合理以及环境和社会可接受的措施，来更有效地利用能源资源。为了达到这一目的，需要从能源资源的开发到终端利用，更好地进行科学管理和技术改造，以达到高的能源利用效率和降低单位产品的能源消费。由于常规能源资源有限，而世界能源的总消费量随着工农业生产的发展和人民生活水平的提高越来越大，故世界各国十分重视节能技术的研究（特别是节约常规能源中的煤、石油和天然气，因为这些还是宝贵的化工原料；尤其是石油，它的世界储量相对很少），千方百计地寻求代用能源，开发利用新能源。

1.4.3 环境保护常识

环保是环境保护的简称，是指人类为解决现实的或潜在的环境问题，协调人类与环境的关系，保障经济社会的持续发展而采取的各种行动的总称。人类与环境的关系十分复杂，人类的生存和发展都依赖于对环境和资源的开发和利用，然而正是在人类开发利用环境和资源的过程中，产生了一系列的环境问题，种种环境损害行为归根结底是由于人们缺乏对环境的正确认识。

为推进"十二五"期间环境保护事业的科学发展，加快资源节约型、环境友好型社会建设，我国制定了《国家环境保护"十二五"规划》，目的就是保护环境，减少环境污染，协调人与环境的关系。

1. 防治由生产和生活引起的环境污染

包括防治工业生产排放的"三废"（废水、废气、废渣）、粉尘、放射性物质以及产生的噪声、振动、恶臭和电磁微波辐射；交通运输活动产生的有害气体、废液、噪声，海上船舶运输排出的污染物；工农业生产和人民生活使用的有毒有害化学品，城镇生活排放的烟尘、污水和垃圾等造成的污染。

2. 防治由建设和开发活动引起的环境破坏

包括防治由大型水利工程、铁路、公路干线、大型港口码头、机场和大型工业项目等工程建设对环境造成的污染和破坏，农垦和围湖造田活动、海上油田、海岸带和沼泽地的开发、森林和矿产资源的开发对环境的破坏和影响；新工业区、新城镇的设置和建设等对环境的破坏、污染和影响。

3. 加强环境保护与教育

为保证企业的健康发展和可持续发展，文明生产与环境管理、保护的主要措施有：

① 严格劳动纪律和工艺纪律，遵守操作规程和安全规程。

② 做好厂区和企业生产现场的绿化、美化和净化，严格做好"三废"（废水、废气、废渣）处理工作，消除污染源。

③ 保持厂区和生产现场的清洁、卫生。

④ 合理布置工作场地，物品摆放整齐，便于生产操作。

⑤ 机器设备、工具仪器、仪表等运转正常，保养良好；工位器具齐备。

⑥ 坚持安全生产，安全设施齐备，建立健全的管理制度，消除事故隐患。

⑦ 保持良好的生产秩序。

⑧ 加强教育，坚持科学发展和可持续发展的生产管理观念。

任务训练

一、填空题

1. 将原材料或半成品转变为_____的全过程，称为生产过程。它包括原材料的运输和保管；生产的准备工作；_____；零件的机械加工；零件的热处理；部件和产品的装配；_____、油漆和包装以及全程的_____等。

2. 制造系统覆盖产品的_____生产过程，即：调研、设计、制造、质检、装配、销售等的全过程。在这个过程中，由_____及_____等构成了整个制造系统。

3. 产品设计的基本内容包括：编制设计任务书、_____、_____和图样设计等。

4. 检验是采用测量器具对毛坯、零件、成品、原材料等进行_____精度、_____精度、_____精度的检测，以及通过目视检验、无损探伤、机械性能试验及金相检验等方法对产品质量进行的_____。

5. 铸造是将经过熔化的液态金属浇注到与零件形状、尺寸相适应的_____中，冷却凝固后获得_____的一种工艺方法。____铸造在各种铸造方法中应用最广。

6. 特种加工的工种包括：_____、_____、_____、电子束加工与离子束加工工种、水速流加工工种等。

7. 节约能源的途径有_____、_____、_____、_____、_____。

8. 维修电工是从事工厂设备的_____、_____、_____。

9. 企业三级安全教育是指_____、_____、_____。

10. 工业生产排放的"三废"是指_____、_____、_____。

二、选择题

1. 人类为了适应生活和生产的需要，创造出各种（　　　）来代替或减轻人的劳动。

A. 机构　　　　　　B. 机器　　　　　　C. 构件　　　　　　D. 零件

2. 任何机构都有（　　　）个共同的特性。

A. 1　　　　　　　B. 2　　　　　　　C. 3　　　　　　　D. 0

3. 普通车床上的拖板与导轨间组成的运动副是（　　　）。

A. 转动副　　　　　B. 移动副　　　　　C. 螺旋副　　　　　D. 滚动副

4. 据零件和构件的定义可知，整体式曲轴（　　　）。

A. 是零件　　　　　B. 是构件　　　　　C. 既是零件又是构件

5. 同等条件下，两构件组成高副比组成低副传动时，传动效率（　　　）。

A. 高　　　　　　　B. 低　　　　　　　C. 两种情况下相同

6. 机械效率值永远（　　　）。

A. 大于1　　　　　B. 小于1　　　　　C. 等于1　　　　　D. 为0

7. 下述哪一点是构件概念的正确表述？（　　　）

A. 构件是由零件组合而成的　　　　　　B. 构件是机器的制造单元

C. 构件是机器的运动单元　　　　　　　D. 构件是机器的装配单元

8. 车削加工的主要工艺内容为（　　　）。

A. 车削平面　　　　B. 车削燕尾槽　　　C. 车削圆锥面　　　D. 车削螺旋槽

9. 在铸造生产的各种方法中最基本的方法是（　　　）。

A. 金属型铸造　　　B. 熔模铸造　　　　C. 压力铸造　　　　D. 砂型铸造

10. 以下属于非再生能源的是（　　　）。

A. 太阳能　　　　　B. 石油　　　　　　C. 海洋能　　　　　D. 潮汐能

三、判断题

1. 在未来的激烈竞争中，是否掌握精密和超精密的加工技术，是体现一个国家制造水平的重要标志。　（　　　）

2. 机械产品的设计过程是核心，是机械产品的关键环节，这一环节直接影响到产品的质量。　（　　　）

3. 生产过程只包括直接作用于生产对象的工作，不包括生产准备工作和生产辅助工作。（　　　）

4. 一个综合性的机械制造企业，通常设有若干车间或工段，由它们分别去完成有关的生产工作。　（　　　）

5. 工件在加工过程中，应尽量减少安装次数，因为安装次数越多，误差就越大。（　　　）

6. 一般情况下，企业应根据国家的生产计划、市场销售情况、企业的生产情况及设备、人员等综合因素来决定产品的类型和产量。　（　　　）

7. 决策层根据企业的决策，结合市场信息和本部门实际情况进行产品开发、研究，制定生产计划并进行经营管理。　（　　　）

8. 所谓冷加工工种，就是在产品加工的过程中不产生热量的工种，如钳工工种、车工工种等。　（　　　）

9. 焊接电弧是指电极与焊条间的气体介质强烈而持久的放电现象。　（　　　）

10. 太阳能、潮汐能、天然气属于一次能源。 （   ）

四、综合题

1. 新时代机械制造技术发展的总趋势集中表现在哪几个方面？

2. 机械产品的生产过程分几个阶段？包括哪些主要组成部分？

3. 钳工的主要任务是什么？

4. 铸造一般要经过哪几步？

5. 装配工作包含哪些具体内容？

6. 制定机械加工工艺规程的原则是什么？制定机械加工工艺规程需要哪些原始资料？

7. 什么是能源？能源分为哪几种？

8. 太阳能、风能、石油、海洋能、潮汐能、电力、氢能、石油、煤、天然气，其中哪些属于一次能源和二次能源？哪些属于再生能源和非再生能源？哪些属于常规能源和新能源？哪些属于商品能源和非商品能源？

9. 文明生产与环境管理、保护的主要措施有哪些？

第 2 章　机械工程材料

学习目标

1. 熟悉金属材料的力学性能指标；
2. 了解金属材料的工艺性能；
3. 掌握常用碳素钢的分类、标识及应用；
4. 了解合金钢的分类、标识及应用；
5. 了解铸铁的分类、标识及应用；
6. 了解有色金属及其合金的规格、性能和用途；
7. 了解通用塑料及工程塑料的基本性能和用途；
8. 关注新材料发展的动态。

　　人类在同自然界的斗争中，不断改进用以制造工具的材料。最早是用天然的石头和木材制作工具，以后逐步发现和使用金属。中国使用金属材料的历史悠久，在两千多年前的《考工记》中就有"金之六齐"的记载，这是关于青铜合金成分配比规律最早的阐述。人类虽早在公元前已了解金、银、铜、汞、锡、铁、铅等多种金属，但由于采矿和冶炼技术的限制，在相当长的历史时期内，很多器械仍用木材制造或采用铁木混合结构。直到 1856 年英国人 H·贝塞麦发明转炉炼钢法，1856—1864 年英国人 K·W·西门子和法国人马丁发明平炉炼钢以后，大规模炼钢工业兴起，钢铁才成为最主要的机械工程材料。到 20 世纪 30 年代，铝、镁等轻金属逐步得到应用。第二次世界大战后，科学技术的进步促进了新型材料的发展，球墨铸铁、合金铸铁、合金钢、耐热钢、不锈钢、镍合金、钛合金和硬质合金等相继形成系列并扩大应用。同时，随着石油化学工业的发展，促进了合成材料的兴起，工程塑料、合成橡胶和胶黏剂等在机械工程材料中的比重逐步提高。另外，宝石、玻璃和特种陶瓷材料等也逐步扩大在机械工程中的应用。常用工程材料的分类如图 2-1 所示。

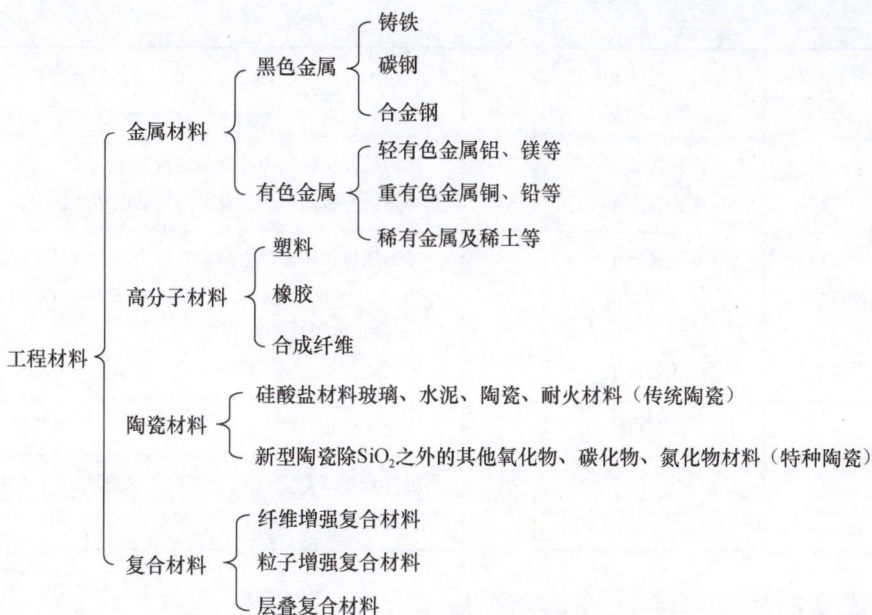

图 2-1　工程材料的分类

2.1　金属材料的主要性能指标

金属材料的性能包含使用性能和工艺性能两方面。使用性能是指金属材料在使用条件下所表现出来的性能，包括：物理性能（如：密度、熔点、导热性、导电性、热膨胀性、磁性等）、化学性能（如：耐腐蚀性、抗氧化性、化学稳定性等）、力学性能等。工艺性能是指在制造机械零件的过程中，材料适应各种冷、热加工和热处理的性能，包括：铸造性能、锻造性能、焊接性能、冲压性能、切削加工性能和热处理工艺性能等。

2.1.1　金属材料的力学性能

所谓力学性能是指金属在力或能的作用下所表现出来的性能。力学性能包括：强度、塑性、硬度、冲击韧度及疲劳强度等，它反映了金属材料在各种外力作用下抵抗变形或破坏的某些能力，是选用金属材料的重要依据，而且与各种加工工艺也有密切关系。力学性能的主要指标及其含义见表 2-1。

表 2-1　力学性能主要指标及其含义

力学性能	性能指标符号	名称	单位	含义
应力	R_m R_e	抗拉强度 屈服点	MPa MPa	试样拉断前所能承受的最大应力。 拉伸过程中，载荷不增加（保持恒定）试样仍能继续伸长时的应力

力学性能	性能指标 符号	名称	单位	含义
塑性	A Z	断后伸长率 断面收缩率		标距的伸长量与原始标距的百分比。 缩颈处横截面积的缩减量与原始横截面积的百分比
硬度	HBW HR+ 标尺 HV	布氏硬度值 洛氏硬度值 维氏硬度值		球形压痕单位面积上所承受的平均压力。 用洛氏硬度相应A、B、C、D、E、F、G、H、K、N、T标尺测得的对应硬度值。 正四棱锥形压痕单位表面积上所承受的平均压力
冲击韧度	R_K	冲击韧度	J/cm²	冲击试样缺口处单位横截面积上的冲击吸收功
疲劳强度	R_{-1}	疲劳极限	MPa	试样承受无数次（或给定次）对称循环应力仍不断裂的最大应力

力学性能的主要参数可通过以下试验测得。

1. 拉伸试验

拉伸试样的形状一般有圆形和矩形两类。在国家标准（GB/T 228—2002）中，对试样的形状、尺寸及加工要求均有明确的规定。图 2-2 所示为圆形拉伸试样。

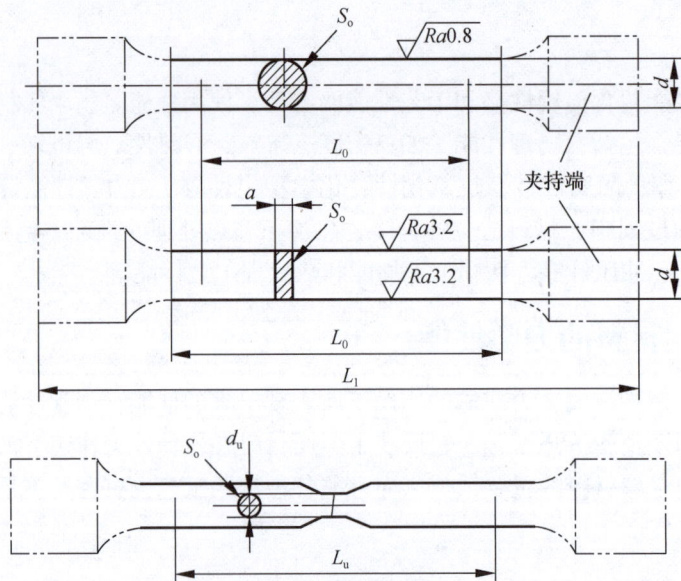

图 2-2　圆形拉伸试样

图 2-2 中，d 是试样的直径，L_0 为标距长度。根据标距长度与直径之间的关系，试样可分为长试样（$L_0=10d$）和短试样（$L_0=5d$）两种。

拉伸试验过程中随着负荷的均匀增加，试样不断地由弹性伸长过渡到塑性伸长，直至断裂。一般试验机都具有自动记录装置，可以把作用在试样上的力和伸长描绘成拉伸

图，也叫做力—伸长曲线。图 2-3 所示为低碳钢的力—伸长曲线，纵坐标表示力 F，单位为 N；横坐标表示伸长量 ΔL，单位为 mm。在图 2-3 中明显地表现出下面几个变形阶段，见表 2-2。

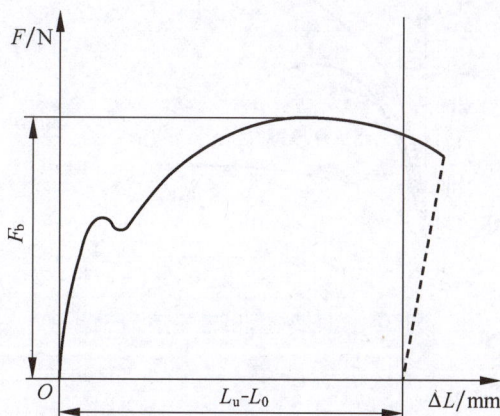

图 2-3　低碳钢的力—伸长曲线

表 2-2　低碳钢的力—伸长曲线中的几个变形阶段

序号	变形名称	主要特征
1	弹性变形阶段	试样的变形完全是弹性的，如果载荷卸载，试样可恢复原状
2	屈服阶段	当载荷增加到 F_s 时，力—伸长曲线图上出现平台或锯齿状，这种在载荷不增加或略有减小的情况下，试样还继续伸长的现象叫做屈服。F_s 称为屈服载荷。屈服后，材料开始出现明显的塑性变形
3	强化阶段	在屈服阶段以后，欲使试样继续伸长，必须不断加载。随着塑性变形增大，试样变形抗力也在不成比例地逐渐增加，这种现象称为形变强化（或称加工硬化），此阶段试样的变形是均匀发生的
4	缩颈阶段	当载荷达到最大值 F_b 后，试样的直径发生局部收缩，称为"缩颈"。试样变形所需的载荷也随之降低，而变形继续增加，这时伸长主要集中于缩颈部位，由于颈部附近试样面积急剧减小，致使载荷下降

工程上使用的金属材料，多数没有明显的屈服现象，如：退火的轻金属、退火及调质的合金钢等。有些脆性材料，不仅没有屈服现象，而且也不产生"缩颈"，如：铸铁等。图 2-4 所示为其他材料的力—伸长曲线。

通过拉伸试验可测金属材料的力学性能参数如下。

（1）强度

材料在拉断前所能承受的最大载荷与原始截面积之比称为抗拉强度，用符号 R_m 表示。

当金属材料呈现屈服现象时，在试验期间达到塑性变形发生应力不增加的应力点，应力分上屈服强度（Rc_{II}）和下屈服强度（Rc_{I}）。不同类型曲线的上屈服强度和下屈服强度如图 2-5 所示。

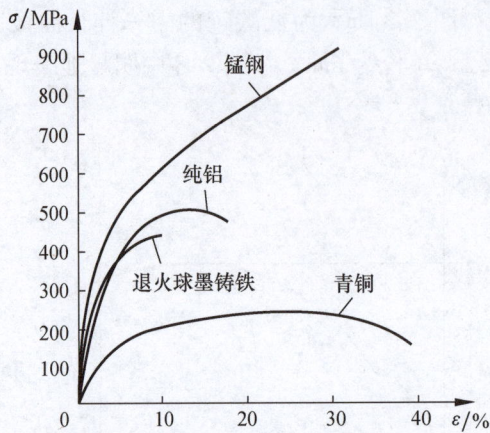

图 2-4 其他材料的力—伸长曲线

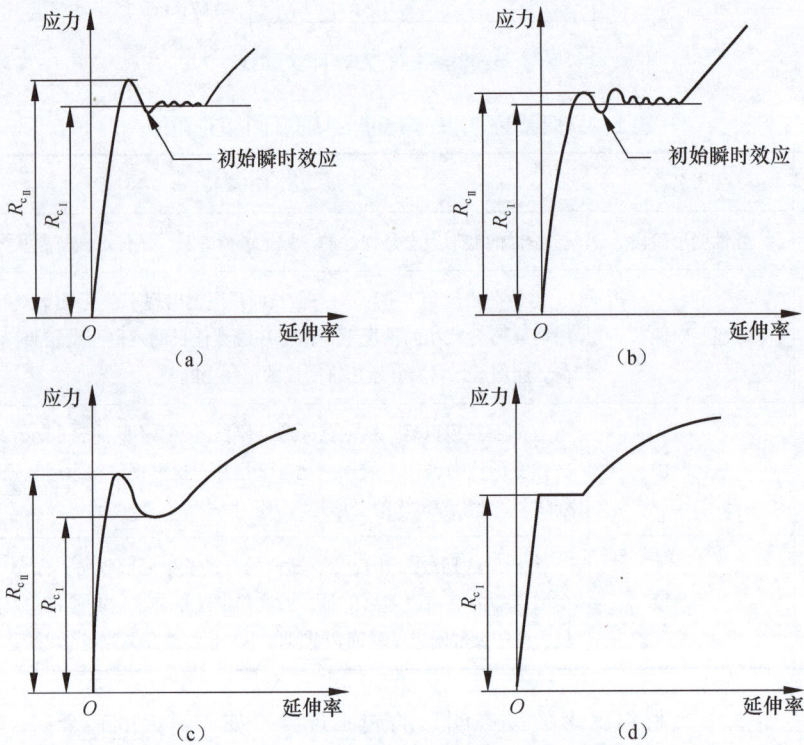

图 2-5 不同类型曲线的上屈服强度和下屈服强度

（2）塑性

断裂前金属材料产生永久变形的能力称为塑性。塑性指标也是由拉伸试验测得的，常用伸长率和断面收缩率来表示。

试样拉断后，标距的伸长与原始标距的百分比称为断后伸长率，用符号 A 表示。其计算公式（2-1）如下：

$$A = \frac{L_u - L_0}{L_0} \times 100 \qquad (2-1)$$

式中　A——断后伸长率，%；

　　　L_u——试样拉断后的标距，mm；

　　　L_0——试样的原始标距，mm。

必须说明，同一材料的试样长短不同，测得的伸长率是不同的。

试样拉断后，缩颈处横截面积的缩减量与原始横截面积的百分比称为断面收缩率，用符号 Z 表示。其计算公式（2–2）如下：

$$Z = \frac{S_0 - S_u}{S_0} \times 100 \qquad （2–2）$$

式中　Z——断面收缩率，%；

　　　S_0——试样原始横截面积，mm^2；

　　　S_u——试样拉断后缩颈处的横截面积，mm^2。

金属材料的伸长率 A 和断面收缩率 Z 数值越大，表示材料的塑性越好。塑性好的金属可以发生大量塑性变形而不被破坏，易于加工成复杂形状的零件。例如，工业纯铁的 A 可达 50%，Z 可达 80%，可以拉制细丝、轧制薄板等。铸铁的 A 几乎为零，所以不能进行塑性变形加工。塑性好的材料，在受力过大时，首先产生塑性变形而不致发生突然断裂，因此比较安全。

2. 硬度试验

材料抵抗局部变形特别是塑性变形、压痕或划痕的能力称为硬度。它不是一个单纯的物理量或力学量，而是代表弹性、塑性、塑性变形强化率、强度和韧性等一系列不同物理量的综合性能指标。

硬度测试的方法很多，最常用的有布氏硬度试验法、洛氏硬度试验法和维氏硬度试验法三种。

（1）布氏硬度

① 布氏硬度的测试原理。使用一定直径的硬质合金球，施加试验力 F 压入试样表面，保持规定时间后卸除试验力，然后测量表面压痕直径、压痕表面积和作用载荷。布氏硬度值计算说明见表 2–3，用符号 HBW 表示，测量原理如图 2–6 所示。

表 2-3　布氏硬度值计算说明

符号	说明	单位
D	球直径	mm
F	试验力	N
d	压痕平均直径 $\left(d = \frac{d_1 + d_2}{2} \right)$	mm
d_1, d_2	在两相互垂直方向测量的压痕直径	mm
h	压痕深度 $\left(h = \frac{D - \sqrt{D^2 - d^2}}{2} \right)$	mm

符号	说明	单位
HBW	布氏硬度 = 常数[①] × $\dfrac{\text{试验力}}{\text{压痕表面积}}$ $$=0.102 \times \dfrac{2F}{\pi D\left(D - \sqrt{D^2 - d^2}\right)}$$	
$0.102 \times F/D^2$	试验力—球压头直径平方的比率	

注：

① 常数 $= \dfrac{1}{g_n} = \dfrac{1}{9.806\,65} = 0.102$，式中，$g_n$——标准重力加速度

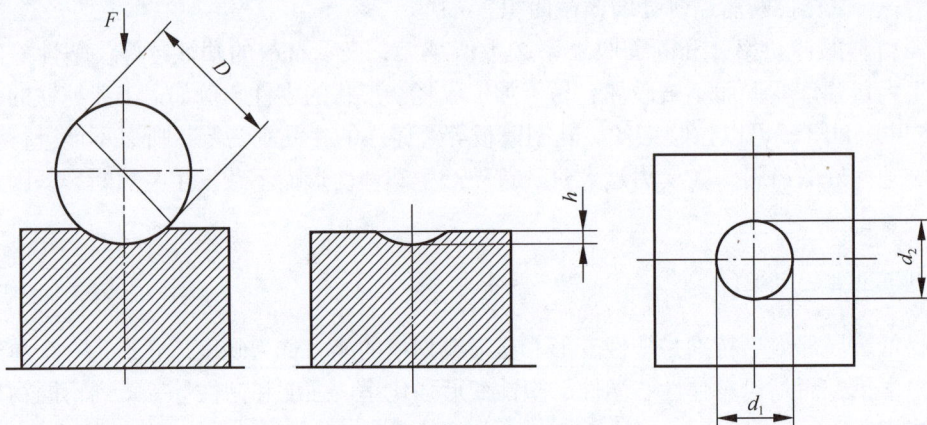

图 2-6　布氏硬度试验原理

② 布氏硬度的表示方法。HBW 适用于布氏硬度值在 650 以下的材料。符号 HBW 之前的数字为硬度值，符号后面按以下顺序用数字表示试验条件。例如：490HBW5/750 表示用直径 5 mm 的硬质合金球，在 7 355 N 的试验力作用下，保持 10 ~ 15 s 时测得的布氏硬度值为 490。试验力的选择应保证压痕直径在 $0.24D$ ~ $0.6D$ 之间。试验力—球压头直径平方的比率（$0.102\,F/D^2$ 比值）应根据材料的硬度选择，见表 2-4。

表 2-4　不同材料的试验力—球压头直径平方的比率

材料	布氏硬度 HBW	试验力—球压头直径平方的比率 $0.102F/D^2$
钢、镍合金、钛合金		30
铸铁[①]	<140	10
	≥ 140	30
钢及铜合金	<35	5
	35 ~ 200	10
	>200	30

续表

材料	布氏硬度 HBW	试验力—球压头直径平方的比率 $0.102F/D^2$
轻金属及合金	<35	2.5
	35 ~ 80	5 10 15
	>80	10 15
铅、锡		1
对于铸铁的试验，球压头直径一般为 2.5 mm、5 mm 和 10 mm		

当试验尺寸允许时，应优先选用直径 10 mm 的球压头进行试验。

③ 应用范围及优缺点。布氏硬度是使用最早、应用最广的硬度试验方法，主要适用于测定灰铸铁、有色金属、各种软钢等硬度不是很高的材料。

测量布氏硬度采用的试验力大，球体直径也大，因而压痕直径也大，因此能较准确地反映出金属材料的平均性能。另外，由于布氏硬度与其他力学性能（如抗拉强度）之间存在着一定的近似关系，因而在工程上得到广泛应用。

测量布氏硬度的缺点是操作时间较长，对不同材料需要不同压头和试验力，压痕测量较费时；在进行高硬度材料试验时，球体本身的变形会使测量结果不准确。因此，用硬质合金球压头时，材料硬度值必须小于 650。布氏硬度试验法又因其压痕较大，故不宜用于测量成品及薄件。

（2）洛氏硬度

① 洛氏硬度测试原理。洛氏硬度试验采用金刚石圆锥体或淬火钢球压头，压入金属表面后，保持规定时间后卸除主试验力，以测量的压痕深度来计算洛氏硬度值。测量的示意如图 2-7 所示。测量在初试验力下的残余压痕深度 h 及常数 N 和 S，通过表 2-5 中公式求得洛氏硬度值。

② 常用洛氏硬度标尺及其适用范围。为了用一台硬度计测定从软到硬不同金属材料的硬度，可采用不同的压头和总试验力组成几种不同的洛氏硬度标尺，每一种标尺用一个字母在洛氏硬度符号 HR 后面加以注明。常用的洛氏硬度标尺有 A、B、C、D、E、F、G、H、K、N、T 几种，其中 C 标尺应用最为广泛。洛氏硬度标尺及适用范围见表 2-6。

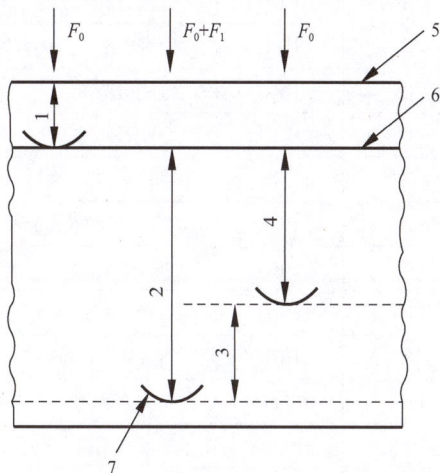

1—在初试验力 F_0 下的压入深度；2—由主试验力 F_1 引起的压入深度；3—卸除主试验力 F_1 后的弹性回复深度；

4—残余压入深度 h；5—试样表面；

6—测量基准面；7—压头位置

图 2-7　洛氏硬度测量示意图

表 2-5 洛氏硬度值计算说明

符号	名称	单位
F_0	初试验力	N
F_1	主试验力	N
F	总试验力	N
S	给定标尺的单位	mm
N	给定标尺的硬度数	
h	卸除主试验力后，在初试验力下压痕残留的深度（残余压痕深度）	mm
HRA HRC HRD	洛氏硬度 $=100-\dfrac{h}{0.002}$	
HRB HRE HRF HRG HRH HRK	洛氏硬度 $=130-\dfrac{h}{0.002}$	
HRN HRT	表面洛氏硬度 $=100-\dfrac{h}{0.001}$	

表 2-6 常用洛氏硬度标尺及适用范围

洛氏硬度标尺	硬度符号[①]	压头类型	初试验力 F_0/N	主试验力 F_1/N	总试验力 F/N	适用范围
A	HRA	金刚石圆锥	98.07	490.3	588.4	20 ～ 88 HRA
B	HRB	直径 1.587 5 mm 球	98.07	882.6	980.7	20 ～ 100 HRB
C	HRC	金刚石圆锥	98.07	1 373	1 471	20 ～ 70 HRC
D	HRD	金刚石圆锥	98.07	882.6	980.7	40 ～ 77 HRD
E	HRE	直径 3.175 mm 球	98.07	882.6	980.7	70 ～ 100 HRE
F	HRF	直径 1.587 5 mm 球	98.07	490.3	588.4	60 ～ 100 HRF
G	HRG	直径 1.587 5 mm 球	98.07	1 373	1 471	30 ～ 94 HRG
H	HRH	直径 3.175 mm 球	98.07	490.3	588.4	80 ～ 100 HRH
K	HRK	直径 3.175 mm 球	98.07	1 373	1 471	40 ～ 100 HRK
15 N	HR15N	金刚石圆锥	29.42	117.7	147.1	70 ～ 94 HR15N
30 N	HR30N	金刚石圆锥	29.42	264.8	294.2	42 ～ 86 HR30N
45 N	HR45N	金刚石圆锥	29.42	411.9	441.3	20 ～ 77 HR45N
15 T	HR15T	直径 1.587 5 mm 球	29.42	117.7	147.1	67 ～ 93 HR15T
30 T	HR30T	直径 1.587 5 mm 球	29.42	264.8	294.2	29 ～ 82 HR30T
45 T	HR45T	直径 1.587 5 mm 球	29.42	411.9	441.3	10 ～ 72 HR45T
① 使用钢球压头的标尺，硬度符号后面加 "S"；使用硬质合金球压头的标尺，硬度符号后面加 "W"						

洛氏硬度表示方法如下：符号 HR 前面的数字表示硬度值，HR 后面的字母表示不同洛氏硬度的标尺。例如：45 HRC 表示用 C 标尺测定的洛氏硬度值为 45。

③ 优缺点。洛氏硬度试验的优点是操作简单迅速，十分方便，能直接从刻度盘上读出硬度值；压痕较小，几乎不伤及工件表面，故可用来测定成品及较薄工件；测试的硬度值范围大，可测从很软到很硬的金属材料。其缺点是：压痕较小，当材料的内部组织不均匀时，硬度数据波动较大，测量值的代表性差，通常需要在不同部位测试数次，取其平均值来代表金属材料的硬度。

（3）维氏硬度

维氏硬度试验原理基本上和布氏硬度试验相同：将正四棱锥体金刚石压头以选定的试验力压入试样表面，经规定保持时间后卸除试验力，用测量压痕对角线的长度来计算硬度，如图 2-8 所示。维氏硬度和压痕表面积除试验力的商成比例，维氏硬度用符号 HV 表示。计算方法见表 2-7。

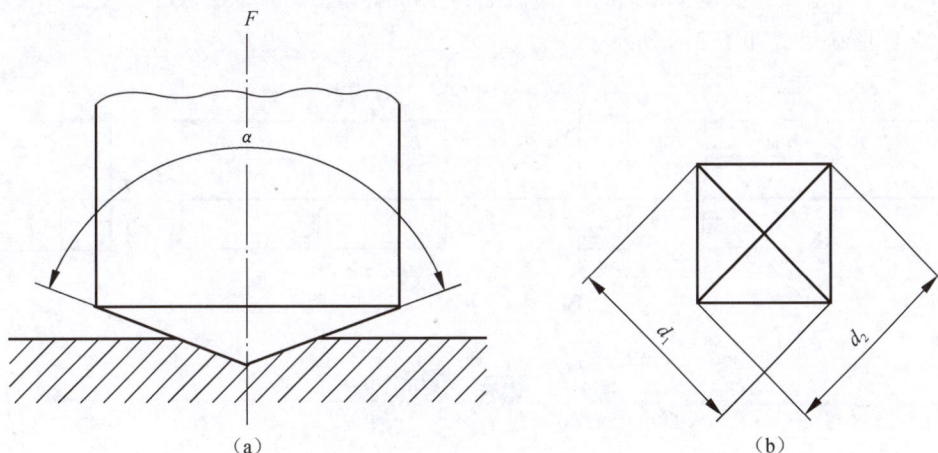

图 2-8　维氏硬度试验原理示意图

（a）压头（金刚石锥体）；（b）维氏硬度压痕

表 2-7　维氏硬度值计算说明

符号	说明	单位
α	金刚石压头顶部两相对面夹角（136°）	（°）
F	试验力	N
d	两压痕对角线长度 d_1 和 d_2 的算术平均值	mm
HV	维氏硬度 = 常数[①] × $\dfrac{\text{试验力}}{\text{压痕表面积}}$ $=0.102\dfrac{2F\sin\dfrac{136°}{2}}{d^2} \approx 0.189\,1\dfrac{F}{d^2}$	

注：① 常数 $= \dfrac{1}{g_n} = \dfrac{1}{9.806\,65} \approx 0.102$。

在实际工作中，维氏硬度值同布氏硬度一样，不用计算，而是根据压痕对角线长度，从表中直接查出。

维氏硬度值表示方法与布氏硬度相同，例如：400HV30 表示用 294.2 N 试验力，保持 10 ~ 15 s（可省略不标），测定的维氏硬度值为 400。

3. 冲击韧度试验

金属材料的强度、塑性和硬度等力学性能是在静载荷作用下测得的。而许多机械零件在工作中，往往要受到冲击载荷的作用，如：活塞销、锤杆、冲模和锻模等。制造这类零件所用的材料，其性能指标不能单纯用静载荷作用下的指标来衡量，而必须考虑材料抵抗冲击载荷的能力。金属材料抵抗冲击载荷作用而不破坏的能力称为冲击韧性。目前，常用一次摆锤冲击弯曲试验来测定金属材料的冲击韧性。

（1）冲击试样

标准尺寸冲击试样长度为 55 mm，横截面为 10 mm × 10 mm 方形截面，在试样长度中间有 V 形或 U 形缺口，如图 2-9 所示。

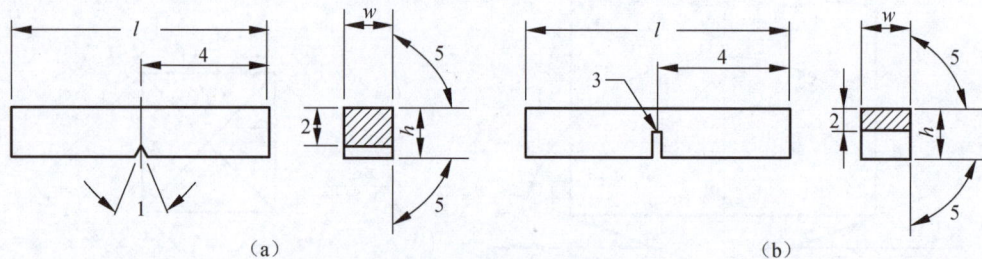

图 2-9　标准尺寸冲击试样

（a）V 形缺口；（b）U 形缺口

1—V 型角；2—截面；3—槽后；4—试样长度的 $\frac{1}{2}$；5—弧度

（2）冲击试验的原理及方法

冲击试验利用的是能量守恒原理：试样被冲断过程中吸收的能量等于摆锤冲击试样前后的势能差。

冲击试验：将待测的金属材料加工成标准试样，然后将试样放在冲击试验机的支座上，放置时使试样缺口背向摆锤的冲击方向，如图 2-10（a）所示。再将具有一定重量的摆锤升至一定的高度，如图 2-10（b）所示，使其获得一定的势能，然后使摆锤自由落下，将试样冲断。试样被冲断时所吸收的能量是摆锤冲击试样所做的功，称为冲击吸收功。

冲击吸收功除以试样缺口处截面积（S_0），即可得到材料的冲击韧度，用符号 R_K 表示。冲击试验各符号及其含义见表 2-8。

冲击韧度是冲击试样缺口处单位横截面积上的冲击吸收功。冲击韧度越大，表示材料的冲击韧性越好。

大量实验证明，金属材料受大能量的冲击载荷作用时，其冲击抗力主要取决于冲击韧度 R_K 的大小，而在小能量多次冲击条件下，其冲击抗力主要取决于材料的强度和塑性。当冲击能量高时，材料的塑性起主导作用；在冲击能量低时，则强度起主导作用。

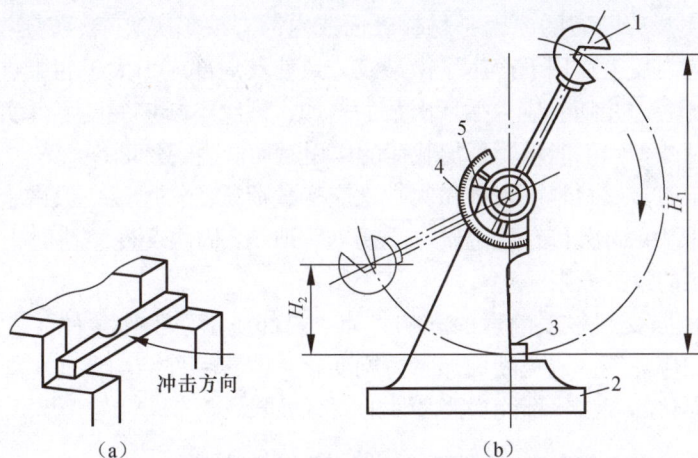

1—摆锤；2—机架；3—试样；4—刻度盘；5—指针

图 2-10 冲击试验示意图

（a）放置方向；（b）升至一定高度示意

表 2-8 冲击试验中符号及其含义

符号	单位	名称
K_p	J	实际初始势能（势能）
FA	%	剪切断面率
h	mm	试样高度
KU_z	J	U 形缺口试样在 2 mm 摆锤刀刃下的冲击吸收能量
KU_g	J	U 形缺口试样在 8 mm 摆锤刀刃下的冲击吸收能量
KV_z	J	V 形缺口试样在 2 mm 摆锤刀刃下的冲击吸收能量
KV_g	J	V 形缺口试样在 8 mm 摆锤刀刃下的冲击吸收能量
LE	mm	侧膨胀值
l	mm	试样长度
T_s	℃	转变温度
w	mm	试样宽度

4. 疲劳强度（R_{-1}）

许多机械零件，如：轴、齿轮、轴承、叶片、弹簧等，在工作过程中各点的应力随时间做周期性的变化，这种随时间做周期性变化的应力称为交变应力（也称循环应力）。在交变应力作用下，虽然零件所承受的应力低于材料的屈服点，但经过较长时间的工作后产生裂纹或突然发生完全断裂的现象称为金属的疲劳。

疲劳破坏是机械零件失效的主要原因之一。据统计，在机械零件失效中大约有 80% 以上属于疲劳破坏，而且疲劳破坏前没有明显的变形，所以疲劳破坏经常造成重大事故。

机械零件产生疲劳断裂的原因是材料表面或内部有缺陷（夹杂、划痕、显微裂纹等），这些部位在交变应力反复作用下产生了微裂纹，致使其局部应力大于屈服点，从而产生局部塑性变形而导致开裂，并随着应力循环次数的增加，裂纹不断扩展使零件实际承受载荷的面积不断减少，直至减少到不能承受外加载荷的作用时而产生突然断裂。

实际上，测定时金属材料不可能做无数次交变载荷试验。所以一般试验时规定，对于黑色金属应力循环取 10^7 周次，有色金属、不锈钢等取 10^8 周次交变载荷时，材料不断裂的最大应力称为该材料的疲劳极限。

金属的疲劳极限受到很多因素的影响，如：内部质量、工作条件、表面状态、材料成分、组织及残余内应力等。避免断面形状急剧变化、改善零件结构形式、降低零件表面结构及采取各种表面强化的方法，都能提高零件的疲劳极限。

2.1.2 金属材料的工艺性能

工艺性能是指金属材料在加工过程中是否易于加工成形的能力，包括铸造性能、锻造性能、焊接性能和切削加工性能等。工艺性能直接影响到零件的制造工艺和加工质量，是选材和制定零件工艺路线时必须考虑的因素之一。

1. 铸造性能

金属及合金在铸造工艺中获得优良铸件的能力称为铸造性能。衡量铸造性能的主要指标有流动性、收缩性和偏析倾向等。在各金属材料中，以灰铸铁和青铜的铸造性能较好。

（1）流动性

熔融金属的流动能力称为流动性，它主要受金属化学成分和浇注温度等的影响。流动性好的金属容易充满铸型，从而获得外形完整、尺寸精确、轮廓清晰的铸件。

（2）收缩性

铸件在凝固和冷却过程中，其体积和尺寸减小的现象称为收缩性。铸件收缩不仅会影响尺寸精度，还会使铸件产生缩孔、疏松、内应力、变形和开裂等缺陷，故用于铸造的金属其收缩率越小越好。

（3）偏析倾向

金属凝固后，内部化学成分和组织的不均匀现象称为偏析。偏析严重时能使铸件各部分的力学性能有很大的差异，降低了铸件的质量。这对大型铸件的危害更大。

2. 锻造性能

用锻压成形方法获得优良锻件的难易程度称为锻造性能。锻造性能的好坏主要同金属的塑性和变形抗力有关，也与材料的成分和加工条件有很大关系。塑性越好，变形抗力越小，金属的锻造性能越好。例如：黄铜和铝合金在室温状态下就有良好的锻造性能；碳钢在加热状态下锻造性能较好；铸铁、铸铝、青铜则几乎不能锻压。

3. 焊接性能

焊接性能是指金属材料相对于焊接加工的适应性，也就是在一定的焊接工艺条件下，获得优质焊接接头的难易程度。对碳钢和低合金钢，焊接性主要同金属材料的化学成分有关（其中

碳含量的影响最大），如：低碳钢具有良好的焊接性，高碳钢、不锈钢、铸铁的焊接性较差。

4. 切削加工性能

金属材料的切削加工性能是指金属材料在切削加工时的难易程度。切削加工性能一般由工件切削后的表面结构及刀具寿命等方面来衡量。影响切削加工性能的因素主要有工件的化学成分、组织状态、硬度、塑性、导热性和形变强化等。一般认为金属材料具有适当硬度（170 ~ 230 HBS）和足够的脆性时较易切削，从材料的种类而言，铸铁、铜合金、铝合金及一般碳钢都具有较好的切削加工性能。所以铸铁比钢切削加工性能好，一般碳钢比高合金钢切削加工性能好。改变钢的化学成分和进行适当的热处理，是改善钢切削加工性能的重要途径。

2.2　黑色金属材料

黑色金属在机械工业中应用较广。无论是钢还是铸铁，其主要都是由铁和碳两种元素组成，统称为铁碳合金。除了铁和碳以外，还有少量的其他元素，如锰、硅、硫、磷，这些元素与铁共存在钢铁中，对材料的性能产生不同的影响。不含碳的纯铁较软，应用较少。

2.2.1　铸铁的分类、牌号、性能及应用

铸铁是含碳量大于 2.11% 的铁碳合金，主要由铁、碳和硅组成。铸铁的价格较低，且稳定性好、加工容易，尤其是抗压强度较高，抗震性好，所以应用很广，如：机床的各类床身、箱体。其在日常生活中也应用很广，如：炒菜铁锅、取暖炉、污井盖、暖气片、下水管、水龙头壳体等。如图 2-11 所示。

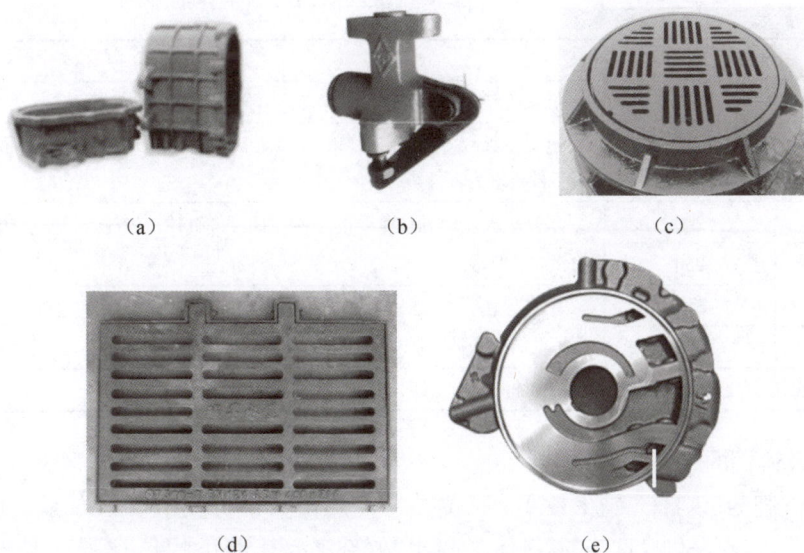

（a）　　　　　　　　　（b）　　　　　　　　　（c）

（d）　　　　　　　　　（e）

图 2-11　铸铁件应用实例

（a）箱体；（b）阀体；（c）下水道盖；（d）水箅子；（e）泵壳

1. 铸铁的分类

铸铁的分类方法是根据铸铁中石墨的形态来区分的，主要有以下四种。

（1）灰铸铁

铸铁中石墨呈片状存在。

（2）可锻铸铁

铸铁中石墨呈团絮状存在。它是由一定成分的白口铸铁经高温长时间退火后获得的。其力学性能（特别是韧性和塑性）较灰口铸铁高，故习惯上称为可锻铸铁。

（3）球墨铸铁

铸铁中石墨呈球状存在。它是在铁液浇注前经球化处理后获得的。这类铸铁不仅力学性能比灰口铸铁和可锻铸铁高，生产工艺比可锻铸铁简单，而且还可以通过热处理进一步提高其机械性能，所以在生产中的应用日益广泛。

（4）蠕墨铸铁

铸铁中石墨呈蠕虫状存在。蠕墨铸铁是指一定成分的铁液在浇注前，经蠕化处理和孕育处理，获得具有蠕虫状石墨的铸铁。蠕化处理是一种向铁液中加入使石墨呈蠕虫状结晶的蠕化剂的工艺。蠕墨铸铁的强度、韧性、耐磨性等都比灰铸铁高；由于石墨是相互连接的，其强度和韧性都不如球墨铸铁，但铸造性能、减震性和导热性都优于球墨铸铁，并接近于灰铸铁。

2. 铸铁的牌号、力学性能及应用

（1）灰铸铁的牌号和应用

灰铸铁的牌号：HT（灰铁）+ 三位数字（最小抗拉强度值 σ_b，用单铸 ϕ30 mm 试棒的抗拉强度值表示）。如 HT150 表示单铸试样最小抗拉强度值为 150 MPa 的灰铸铁。常用灰铸铁的牌号、力学性能及应用见表 2-9。

表 2-9　常用灰铸铁的牌号、力学性能及应用

牌号	σ_{bmin}/MPa	应用
HT100	100	低载荷和不重要零件，如：盖、外罩、手轮、支架等
HT150	150	承受中等应力的零件，如：底座、床身、工作台、阀体、管路附件及一般工作条件要求的零件
HT200	200	承受较大应力和较重要的零件，如：气缸体、齿轮、机座、床身、活塞、齿轮箱、油缸等
HT250	250	
HT300	350	床身导轨、车床、冲床等受力较大的床身、机座、主轴箱、卡盘、齿轮等，高压油缸、泵体、阀体、衬套、凸轮、大型发动机的曲轴、气缸体、气缸盖等
HT350	300	
注：灰铸铁根据强度分级，一般采用 ϕ30 mm 铸造试棒，经切削加工后进行测定		

（2）可锻铸铁的牌号及用途

可锻铸铁牌号：KTH（或 KTZ）+ 三位数字 + 两位数字，其中"KT"是"可铁"，"H"表示"黑心"，"Z"表示珠光体基体，两组数字表示其最小的抗拉强度和伸长率。如：KTH300-06 表示单铸试样最小抗拉强度为 300 MPa，最小伸长率为 6% 的可锻铸铁。常用可锻铸铁的牌号、力学性能及应用见表 2-10。

表 2-10　常用可锻铸铁的牌号、力学性能及应用

牌号	机械性能（不小于）			试样直径 d/mm	应用
	σ_b/MPa	σ_s/MPa	δ/%		
KTH300-06	300	186	6	12 或 15	管道配件、中低压阀门
KTH330-08	330	—	8		扳手、车轮壳、钢丝绳接头
KTH350-10	350	200	10		汽车前后轮壳，差速器壳，制动器支架，转向节壳，铁道扣板
KTH370-12	370	226	12		
KTZ450-06	450	270	6		承受较高载荷，耐磨且有一定韧性的重要零件，如：曲轴、凸轮轴、连杆、齿轮、活塞环、传动链条、扳手
KTZ550-04	550	340	4		
KTZ650-02	650	430	2		
KTZ700-02	700	530	2		

（3）球墨铸铁的牌号及用途

球墨铸铁的牌号：QT（球铁）+三位数字（最小抗拉强度 σ_b）+两位数字（最小伸长率 δ），后面两组数字都是用单铸试样时的抗拉强度值和伸长率来表示。如：QT400-18 表示单铸试样最小抗拉强度值为 400 MPa，最小伸长率为 18% 的球墨铸铁。常用球墨铸铁的牌号、力学性能及应用见表 2-11。

表 2-11　常用球墨铸铁的牌号、力学性能及应用

牌号	δ_b/MPa	σ_s/MPa	δ/%	供参考		应用
	最小值			硬度 /HBS	基体组织	
QT400-18	400	250	18	130 ~ 180	铁素体	汽车、拖拉机底盘零件；阀门的阀体和阀盖等
QT400-15	400	250	15	130 ~ 180	铁素体	
QT450-10	450	310	10	160 ~ 210	铁素体	
QT500-7	500	320	7	170 ~ 230	铁素体＋珠光体	机油泵齿轮等
QT600-3	600	370	3	190 ~ 270	铁素体＋珠光体	柴油机、汽油机的曲轴；磨床、铣床、车床的主轴；空压机、冷冻机的缸体、缸套
QT700-2	700	420	2	225 ~ 305	珠光体	
QT800-2	800	480	2	245 ~ 335	球光体或回火组织	
QT900-2	900	600	2	280 ~ 360	贝氏体或回火马氏体	汽车、拖拉机传动齿轮等

（4）蠕墨铸铁的牌号、性能特点及用途

蠕墨铸铁是近年来发展起来的一种新型工程材料。它是由液体铁水经变质处理和孕育处理随之冷却凝固后所获得的一种铸铁。

牌号中"RuT"是"蠕铁"两字汉语拼音的字头，在"RuT"后面的数字表示最低抗拉强度。蠕墨铸铁的牌号、力学性能及应用见表 2-12。

表 2-12　常用蠕墨铸铁的牌号、力学性能及应用

牌号	力学性能（不小于）			硬度 /HBS	应用
	θ_b/MPa	$\theta_{0.2}$/MPa	δ/%		
RuT420	420	335	0.75	200 ~ 280	适用于强度或耐磨性高的零件，如：制动盘、活塞、制动鼓、玻璃模具
RuT380	380	300	0.75	193 ~ 274	
RuT340	340	270	1.00	170 ~ 249	
RuT300	300	240	1.50	140 ~ 217	适用于强度高及承受热疲劳的零件，如排气管、汽缸盖、液压件、钢锭模
RuT260	260	195	3.00	121 ~ 197	适用于承受冲击载荷及热疲劳的零件，如汽车底盘零件、增压器、废气进气壳体

2.2.2　常用碳钢的分类、牌号、性能和应用

　　碳素钢（简称碳钢）是含碳量小于 2.11% 的铁碳合金。碳钢价格低廉，冶炼方便，工艺性能良好，并且在一般情况下能满足使用性能的要求，因而在机械制造、建筑、交通运输及其他工业部门中得到广泛的应用。

　　碳钢中，除含有铁和碳两种元素外，还含有少量的锰、硅、硫、磷等常见杂质元素，它们对钢的性能也有一定影响。

　　锰是炼钢时加入锰铁脱氧而残留在钢中的。锰的脱氧能力较好，能清除钢中的 FeO，降低钢的脆性；锰还能与硫形成 MnS，以减轻硫的有害作用。锰是一种有益元素，但作为杂质存在时，含量一般小于 0.8%，对钢的性能影响不大。

　　硅是炼钢时加入硅铁脱氧残留在钢中的。硅的脱氧能力比锰强，在室温下硅能溶入铁素体中，提高钢的强度和硬度。因此，硅也是有益元素。硅作为杂质存在时，含量一般小于 0.4%，对钢的性能影响不大。

　　硫是炼钢时由矿石和燃料带入钢中的。硫在钢中与铁形成化合物 FeS，FeS 与铁则形成低熔点的共晶体分布在奥氏体晶界上。当钢材加热到 1 100 ~ 1 200 ℃进行锻压加工时，晶界上的共晶体已熔化，造成钢材在锻压中开裂，即"热脆"。钢中加入锰，可以形成高熔点的 MnS，MnS 呈粒状分布在晶粒内，且在高温下有一定塑性，从而避免热脆。硫是有害元素，含量一般应控制在 0.03% ~ 0.05% 以下。

　　磷是炼钢时由矿石带入钢中的。磷可全部溶于铁素体，产生强烈的固溶强化，使钢的强度、硬度增加，但塑性、韧性显著降低。这种脆化在低温时更为严重，称"冷脆"。磷在结晶时还容易偏析，从而在局部发生冷脆。磷是有害元素，含量应严格控制在 0.035% ~ 0.045% 以下。但在硫、磷含量较多时，由于脆性较大，故切削时易于脆断而形成断裂切屑，可利于改善钢的切削加工性。

1. 碳素钢的分类

　　（1）按钢中碳的质量分数高低分类

① 低碳钢：$w_C \leqslant 0.25\%$；

② 中碳钢：$w_C = 0.25\% \sim 0.60\%$；

③ 高碳钢：$w_C \geqslant 0.60\%$。

（2）按钢中有害元素硫、磷含量的多少划分，即按钢的质量分类

① 普通碳素钢：$w_S \leqslant 0.050\%$，$w_P \leqslant 0.045\%$；

② 优质碳素钢：$w_S \leqslant 0.035\%$，$w_P \leqslant 0.035\%$；

③ 高级优质碳素钢：$w_S \leqslant 0.025\%$，$w_P \leqslant 0.025\%$。

（3）按钢的用途分类

① 碳素结构钢：用于制造各种机械零件和工程构件，碳的质量分数 w_C 小于 0.70%；

② 碳素工具钢：用于制造各种刀具、模具和量具等，碳的质量分数 w_C 在 0.70% 以上。

（4）按冶炼时脱氧程度的不同分类

① 沸腾钢（F）：脱氧程度不完全的钢；

② 镇静钢（Z）：脱氧程度完全的钢；

③ 半镇静钢（b）：脱氧程度介于沸腾钢和镇静钢之间的钢。

2. 碳素钢的牌号、性能及应用

（1）碳素结构钢

碳素结构钢中有害杂质相对较多，但价格便宜，大多用于要求不高的机械零件和一般工程构件，通常轧制成钢板或各种型材供应。

碳素结构钢的牌号表示方法是由屈服点的字母 Q、屈服点数值、质量等级符号、脱氧方法四个部分按顺序组成。其中质量等级分为 A、B、C、D 四种，A 级的硫、磷含量最多，D 级的硫、磷含量最少。脱氧方法符号用"F""Z""b""TZ"表示，分别表示沸腾钢、镇静钢、半镇静钢、特殊镇静钢。如 Q235-AF 表示碳素结构钢中屈服强度为 235 MPa 的 A 级沸腾钢。碳素结构钢的牌号、性能及用途见表 2-13。

表 2-13　碳素结构钢的牌号、力学性能及应用

钢号	质量等级	σ_s/MPa				σ_b/MPa	σ_s/%				应用
		钢材厚度（直径）/mm					钢材厚度（直径）/mm				
		≤ 16	16 ~ 40	40 ~ 60	60 ~ 100		≤ 16	16 ~ 40	40 ~ 60	60 ~ 100	
Q195	—	（195）	（185）	—	—	315 ~ 390	33	32	—	—	塑性好，有一定的强度，用于制造受力不大的零件，如：螺钉、螺母、垫圈，以及焊接件、冲压件、桥梁建筑等金属结构件
Q215	A B	215	205	195	185	335 ~ 410	31	30	29	28	
Q235	A B C D	235	225	215	205	375 ~ 460	26	25	24	23	

钢号	质量等级	σ_s/MPa				σ_b/MPa	σ_s/%				应用
		钢材厚度（直径）/mm					钢材厚度（直径）/mm				
		≤ 16	16 ~ 40	40 ~ 60	60 ~ 100		≤ 16	16 ~ 40	40 ~ 60	60 ~ 100	
Q255	A B	255	245	235	225	410 ~ 510	24	23	22	21	强度较高，用于制造承受中等载荷的零件，如：小轴、销子、连杆、农机零件等
Q275	—	275	265	255	245	490 ~ 610	20	19	18	17	

（2）优质碳素结构钢

优质碳素结构钢中有害杂质较少，其强度、塑性、韧性均比碳素结构钢好，主要用于制造较重要的机械零件。

优质碳素结构钢的牌号用两位数字表示，例：05、10、45 等，数字表示钢中平均碳含量的万分之几。上述表示平均碳的质量分数为 0.05%、0.1%、0.45%。

优质碳素结构钢按其含锰量的不同，分为普通含锰量和较高含锰量两组。含锰量较高的一组在牌号数字后加"Mn"字；若是沸腾钢则在后加"F"，如：15Mn、30Mn、45Mn、10F 等。优质碳素结构钢的牌号、性能及应用见表 2–14。

表 2–14　优质碳素结构钢的牌号、性能及应用

钢号（含碳量范围）	性能	应用
08 ~ 25	强度、硬度较低，塑性、韧性及焊接性良好	主要用于制作冲压件、焊接结构件及强度要求不高的机械零件及渗碳件，如：压力容器、小轴、法兰盘、螺钉等
30 ~ 55	有较高的强度和硬度，切削性能良好，经调质处理后能获得较好的综合力学性能	这类钢具主要用来制作受力较大的机械零件，如：曲轴、连杆、齿轮等
60 以上	具有较高的强度、硬度和弹性，焊接性不好，切削性稍差，冷变形塑性差	主要用来制造具有较高强度、耐磨性和弹性的零件，如：板簧和螺旋弹簧等弹性元件及耐磨零件

（3）碳素工具钢

碳素工具钢因含碳量比较高，硫、磷杂质含量较少，经淬火、低温回火后硬度比较高，耐磨性好，但塑性较低。其主要用于制造各种低速切削刀具、量具和模具。

碳素工具钢按质量可分为优质和高级优质两类。为了不与优质碳素结构钢的牌号发生混淆，碳素工具钢的牌号由代号"T"后加数字组成。数字表示钢中平均碳质量分数的千倍，如：T8 钢，表示平均碳的质量分数为 0.8% 的优质碳素工具钢。若是高级优质碳素工具钢，则在牌号后加"A"，如：T12A，表示平均碳的质量分数为 1.2% 的高级优质碳素工具钢。碳素工具钢的牌号、性能及应用见表 2–15。

表 2–15   碳素工具钢的牌号、性能及应用

牌号	w_C/%	硬度		应用
		退火后 HBS（≤）	淬火后 HRC（≥）	
T7，T7A	0.65 ～ 0.74	187	62	制造承受振动与冲击负荷并要求较高韧性的工具，如：錾子、简单锻模、锤子等
T8，T8A	0.75 ～ 0.84	187	62	制造承受振动与冲击负荷并要求足够韧性和较高硬度的工具，如：简单冲模、剪刀、木工工具等
T10，T10A	0.95 ～ 1.04	197	62	制造不受突然振动并要求在刃口上有少许韧性的工具，如：丝锥、手锯条、冲模等
T12，T12A	1.15 ～ 1.24	207	62	制造不受振动并要求高硬度的工具，如：锉刀、刮刀、丝锥等

（4）铸钢

生产中有许多形状复杂、力学性能要求高的机械零件难以用锻压或切削加工的方法制造，通常采用铸钢制造。由于铸造技术的进步及精密铸造的发展，铸钢件在组织、性能、精度等方面都已接近锻钢件，可在不经切削加工或只需少量切削加工后使用，能大量节约钢材和成本，因此铸钢得到了广泛应用。

铸钢中碳的含量一般为 0.15% ～ 0.6%。碳含量过高，则钢的塑性差，且铸造时容易产生裂纹。铸造碳钢的最大缺点是：熔化温度高、流动性差、收缩率大，而且在铸态时晶粒粗大。因此铸钢件均需进行热处理。

铸钢的牌号是用"ZG"后加两组数字组成，第一组代表屈服强度值，第二组数字代表抗拉强度值。如 ZG230–450 表示屈服强度为 230 MPa、抗拉强度为 450 MPa 的铸造碳钢。铸钢的牌号、性能及应用见表 2–16。

表 2–16   铸钢的牌号、力学性能及应用

牌号	σ_s/MPa	σ_b/MPa	应用
ZG200–400	200	400	用于受力不大、要求韧性较好的各种机械零件，如：机座、变速箱壳等
ZG230–450	230	450	用于受力不大、要求韧性较好的各种机械零件，如：砧座、外壳、轴承盖、底板、阀体、犁柱等
ZG270–500	270	500	用途广泛，常用作轧钢机机架、轴承座、连杆、箱体、曲拐、缸体等
ZG310–570	310	570	用于受力较大的耐磨零件，如：大齿轮、齿轮圈、制动轮、辊子、棘轮等
ZG340–640	340	640	用于承受重载荷、要求耐磨的零件，如：起重机齿轮、轧辊、棘轮、联轴器等

2.2.3 合金钢的分类、牌号、性能及应用

合金钢是为了改善钢的组织和性能，在碳钢的基础上有目的地加入一些元素而制成的，常加入的合金元素有硅、锰、铬、镍、钼、钨、钒、钛、铝、硼、稀土元素等。与碳钢相比，合金钢的淬透性、回火稳定性等性能显著提高，故应用日益广泛。

1. 合金钢的分类

合金钢的分类方法很多，但最常用的是下面两种分类方法。

（1）按合金元素总含量多少分类

① 低合金钢：合金元素总含量为 <5%；

② 中合金钢：合金元素总含量为 5% ~ 10%；

③ 高合金钢：合金元素总含量为 >10%。

（2）按用途分类

① 合金结构钢：用于制造工程结构和机械零件的钢；

② 合金工具钢：用于制造各种量具、刀具、模具等的钢；

③ 特殊性能钢：具有某些特殊物理、化学性能的钢，如：不锈钢、耐热钢、耐磨钢等。

2. 合金钢的牌号、性能及应用

合金钢牌号是按其碳含量、合金元素的种类及含量、质量级别来编制的。

（1）合金结构钢

合金结构钢指用于制造重要工程结构和机械零件的钢。合金结构钢的牌号用"两位数字＋元素符号＋数字"表示。前面两位数字代表钢中平均碳的质量分数的万倍；元素符号代表钢中含的合金元素；最后的数字表示该元素平均质量分数的百倍。如为高级优质钢，则在钢号后加符号"A"。

① 低合金结构钢。低合金结构钢是在碳素结构钢的基础上，加入少量的合金元素（含量小于 3%）。其主要加入的合金元素为 Mn，强化了铁素体，提高了强度；V，Ti 等元素使晶粒细化，使韧性提高。低合金结构钢主要用于建筑、桥梁、车辆、船舶等，以 16Mn 应用最广。常用低合金钢的牌号、性能及应用见表 2–17。

表 2–17　常用低合金钢的牌号、性能及应用

牌　号	σ_s/MPa	σ_b/MPa	δ_5/%	应用
Q295	235 ~ 295	390 ~ 570	23	适用于制作各种容器、螺旋焊管、车辆用冲压件、建筑用结构件、农机结构件、储油罐、低压锅炉汽包、输油管道等
Q345	275 ~ 345	470 ~ 630	21	适于制作桥梁、船舶、车辆、管道、锅炉、各种容器、油罐、电站、厂房结构、低温压力容器等结构件
Q390	330 ~ 390	490 ~ 650	19	适于制作锅炉汽包、中高压石油化工容器、桥梁、船舶、起重机、较高负荷的焊接件、连接构件等
Q420	360 ~ 420	520 ~ 680	18	适于制作高压容器、重型机械、桥梁、船舶、机车车辆、锅炉及其他大型焊接结构件

② 合金渗碳钢。含碳量为 0.1% ~ 0.2%，以保障芯部具有足够的韧性，合金含量小于 3%。主加元素为 Cr、Mn、Ti、V，提高了淬透性，使晶粒细化，耐磨性提高。

主要用于表面要求硬而耐磨，芯部具有足够强度和韧性的零件，如：汽车变速箱的齿轮等。常用渗碳钢的牌号、性能及应用见表 2-18。

表 2-18　常用渗碳钢的牌号、力学性能及应用

牌号	毛坯尺寸 /mm	σ_b/MPa	σ_s/MPa	δ_s/%	Ψ/%	A_k/J	应用
20Cr	15	835	540	10	40	47	制作截面规格在 30 mm 以下的负荷不大的渗碳件，如：齿轮轴、凸轮、活塞销等
20Mn2B	15	980	785	10	45	55	可代替 20Cr 钢，制作机床上轴套、齿轮、离合器、转向滚轮等
20CrMnTi	15	1 080	835	10	45	55	制作截面规格在 30 mm 以下的中或重负荷的渗碳件，如：汽车齿轮、轴、爪形离合器、蜗杆等
20MnVB	15	1 080	885	10	45	55	可代替 20CrMnTi 等，用于制作负荷较重的中小型渗碳件
20Cr2Ni4	15	1 175	1 080	10	45	63	用于大型、高强度的重要渗碳件，如：大型齿轮、轴、曲轴、活塞销等。也可用于制作调质件，如：重型机器连杆、齿轮、曲轴、螺栓等
18Cr2 Ni4WA	15	1 175	835	10	45	78	

注：表中力学性能为经热处理（淬火、回火）后的性能

③ 合金调质钢。含碳量为 0.25% ~ 0.5%，主加元素为 Cr、Mn、Si、Ni 等，以提高淬透性和强化铁素体。调质钢具有良好的综合力学性能。合金调质钢广泛用于制造汽车、拖拉机、机床和其他机器上的各种重要零件，如：齿轮、轴类件、连杆等。常用合金调质钢的牌号、热处理温度、力学性能及应用见表 2-19。

表 2-19　常用合金调质钢的牌号、热处理、力学性能及应用

钢号	试样尺寸 /mm	热处理温度 / ℃		力学性能						应用
		淬火（介质）	回火（介质）	σ_b/MPa	σ_s/MPa	δ_s/%	Ψ/%	A_k/J	HBS（≤）	
40Cr	25	850（油）	520（水、油）	980	785	9	45	79	207	制作受中等载荷，适用中速的零件，如：机床主轴、齿轮、连杆、螺栓等

续表

钢号	试样尺寸/mm	热处理温度/℃		力学性能						应用
		淬火（介质）	回火（介质）	σ_b/MPa	σ_s/MPa	δ_5/%	Ψ/%	A_k/J	HBS（≤）	
40MnB	25	850（油）	500（水、油）	980	785	10	45	47	207	代替40Cr制作中小截面调质件，如：机床主轴、齿轮、汽车半轴
40MnVB	25	850（油）	520（水、油）	980	785	10	45	47	207	
35CrMo	25	850（油）	550（水、油）	980	835	12	45	63	229	用于高载荷下工作的重要结构件，如：主轴、曲轴、锤杆等
40CrNi	25	820（油）	500（水、油）	980	785	10	45	55	241	制作截面较大、载荷较重的零件，如：轴、连杆、齿轮轴
38CrMoAl	30	940（油、水）	640（水、油）	980	835	14	50	71	229	氮化用钢，用于磨床主轴、精密丝杆、精密齿轮、高压力阀门等
40CrMnMo	25	850（油）	600（水、油）	980	785	10	45	63	217	用于大截面、高强度、高韧性的调质件，如：齿轮、连杆及汽轮机件

④ 合金弹簧钢。它具有高的弹性、疲劳强度及冲动韧度，含碳量为 0.5% ~ 0.7%，主加元素为 Cr、Mn、Si 等，以提高淬透性和弹性极限。合金弹簧钢是一种专用结构钢，主要用于制造各种弹簧和弹性元件。常用合金弹簧钢的牌号、化学成分、热处理温度、及力学性能见表 2-20。

表 2-20　常用合金弹簧钢的牌号、化学成分、热处理及力学性能

牌号	化学成分/%					热处理温度/℃		力学性能			
	C	Si	Mn	Cr	V	淬火	回火	σ_s/MPa	σ_b/MPa	δ_{10}/%	Ψ/%
								不小于			
55Si2Mn	0.52 ~ 0.60	1.50 ~ 2.00	0.60 ~ 0.90	≤ 0.35	—	870（油）	480	1 200	1 300	6	30
60Si2Mn	0.56 ~ 0.64	1.50 ~ 2.00	0.60 ~ 0.90	≤ 0.35	—	870（油）	480	1 200	1 300	5	25
50CrVA	0.46 ~ 0.54	0.17 ~ 0.37	0.50 ~ 0.80	0.80 ~ 1.10	0.10 ~ 0.20	850（油）	500	1 150	1 300	(δ_5) 10	40
60Si2CrVA	0.56 ~ 0.64	1.40 ~ 1.80	0.40 ~ 0.70	0.90 ~ 1.20	0.10 ~ 0.20	850（油）	410	1 700	1 900	(δ_5) 6	20

⑤ 滚动轴承钢。其碳质量分数一般为 0.95% ~ 1.10%，以保证其高硬度、高耐磨性和高强度。铬为基本合金元素，铬含量为 0.40% ~ 1.65%。高碳低铬，主要用来制造滚动轴承的滚动体（滚珠、滚柱、滚针）、内外套圈等，属专用结构钢，如：GCr15。常用滚动轴承钢的牌号、化学成分、热处理温度及回火后硬度见表 2-21。

表 2-21　常用滚动轴承钢的牌号、化学成分、热处理温度及回火后硬度

牌号	化学成分 /%				热处理温度 / ℃		回火后硬度 /HRC
	C	Cr	Si	Mn	淬火	回火	
GCr6	1.05 ~ 1.15	0.40 ~ 0.70	0.15 ~ 0.35	0.20 ~ 0.40	800 ~ 820（水、油）	150 ~ 170	62 ~ 64
GCr9	1.00 ~ 1.10	0.90 ~ 1.20	0.15 ~ 0.35	0.20 ~ 0.40	800 ~ 820（水、油）	150 ~ 170	62 ~ 66
GCr9SiMn	1.00 ~ 1.10	0.90 ~ 1.20	0.40 ~ 0.70	0.90 ~ 1.20	810 ~ 830（水、油）	150 ~ 160	62 ~ 64
GCrl5	0.95 ~ 1.05	1.30 ~ 1.65	0.15 ~ 0.35	0.20 ~ 0.40	820 ~ 840（油）	150 ~ 160	62 ~ 64
GCrl5SiMn	0.95 ~ 1.05	1.30 ~ 1.65	0.45 ~ 0.65	0.90 ~ 1.20	810 ~ 830（油）	150 ~ 200	61 ~ 65

（2）合金工具钢

合金工具钢与合金结构钢在牌号表示上的区别在于碳含量的表示方法不同。当 $\omega_C < 1\%$ 时，牌号前面用一位数字表示平均碳的质量分数的千倍；当 $\omega_C \geq 1\%$ 时不标碳含量。高速钢不论碳含量多少，都不标出，但当合金的其他成分相同，仅碳含量不同时，则在碳含量高的牌号前加 "C"。

碳素工具钢易加工，价格便宜，但其热硬性差，淬透性低，且容易变形和开裂。合金工具钢具有更高的硬度、耐磨性和红硬性，所以尺寸大、精度高、形状复杂及工作温度较高的工具都采用合金工具钢制造。

合金工具钢按用途分为刃具钢、量具钢和模具钢三大类。

① 合金刃具钢。合金刃具钢主要用于制造各种金属切削刀具，如：车刀、铣刀、钻头等。

对合金刃具钢的性能要求：高的硬度和耐磨性，高的热硬性，足够的强度、塑性和韧性。合金刃具钢又分为低合金刃具钢和高速钢。低合金刃具钢是在碳素工具钢的基础上加入少量的合金元素的钢制成的，其最高工作温度不超过 300 ℃。

9SiCr 是最常用的低合金刃具钢，被广泛用于制造各种薄刃刀具，如：板牙、丝锥、绞刀等。常用低合金刃具钢的牌号、热处理、硬度及应用见表 2-22。

表 2-22　常用低合金刃具钢的牌号、热处理、硬度及应用

牌号	热处理及硬度				应用
	淬火		回火		
	温度 / ℃	HRC（≥）	温度 / ℃	HRC	
9Mn2V	780 ~ 810 油	62	150 ~ 200	60 ~ 62	丝锥、板牙、铰刀、量规、块规、精密丝杠、磨床主轴
9SiCr	820 ~ 860 油	62	180 ~ 200	60 ~ 63	耐磨性高、切削不剧烈的刀具，如：板牙、丝锥、钻头、铰刀、齿轮、铣刀等

续表

牌号	热处理及硬度				应用
	淬火		回火		
	温度 / ℃	HRC（≥）	温度 / ℃	HRC	
CrWMn	800 ~ 830 油	62	140 ~ 160	62 ~ 65	要求淬火变形小的刀具，如：拉刀、长丝锥、量规、高精度冷冲模等
Cr2	830 ~ 860 油	62	150 ~ 170	60 ~ 62	低速、切削量小、加工材料不是很硬的刀具，测量工具，如：样板、冷轧辊
CrW5	800 ~ 820 油	65	150 ~ 160	64 ~ 65	低速切削硬金属用的刀具，如：车刀、铣刀、刨刀、长丝锥等
9Cr2	820 ~ 850 油	62			冷轧辊、钢印、冲孔凿、尺寸较大的铰刀、木工工具

高速钢是一种具有高硬度、高耐磨性和高耐热性的工具钢，又名风钢或锋钢，意思是淬火时即使在空气中冷却也能硬化并且很锋利。它是一种成分复杂的合金钢，含有钨、钼、铬、钒、钴等，合金元素总量达 10% ~ 25%。它在高速切削产生高热情况下（约 500 ℃）仍能保持高的硬度，HRC 在 60 以上，这就是高速钢最主要的特性——红硬性。

高速钢的热处理工艺较为复杂，必须经过退火、淬火、三次回火等一系列过程。常用的高速钢有 W18Cr4V、W6Mo5Cr4V2、W9Mo3Cr4V 三种。常用高速钢的牌号、成分、热处理、硬度、热硬性及应用见表 2–23。

表 2–23　常用高速钢的牌号、成分、热处理、硬度及应用

牌号	热处理及硬度					热硬性 /HRC	应用
	退火		淬火、回火				
	温度 / ℃	硬度 / HBW	淬火温度 / ℃	回火温度 / ℃	回火后硬度 / HRC		
W18Cr4V	860 ~ 880	207 ~ 255	1 260 ~ 1 285	550 ~ 570	63 ~ 66	61.5 ~ 62	制造一般高速切削用车刀、刨刀、钻头、铣刀、铰刀等
W6Mo5Cr4V2	820 ~ 840	≤ 255	1 210 ~ 1 230	540 ~ 560	>64	60 ~ 61	制造要求耐磨性和韧性很好配合的高速切削刀具，如：丝锥、钻头、滚刀、拉刀等
W6Mo5Cr4V2Al	850 ~ 870	≤ 269	1 230 ~ 1 240	540 ~ 560	67 ~ 69	65	制造加工合金钢的车刀和成形刀具，也可作热作模具零件
W9Mo3Cr4V	—	≤ 255	1 210 ~ 1 240	540 ~ 560	>64		具有 W18Cr4V 和 W6Mo5Cr4V2 的共同优点，应用广泛

② 合金量具钢。量具用钢用于制造各种测量工具，如：卡尺、千分尺、块规。其性能要求主要有两个方面：一是高硬度（大于 56 HRC）和高耐磨性；二是高尺寸稳定性，即在存放和使用过程中，尺寸不发生变化。量具名称、选用钢号实例及热处理方法见表 2-24。

表 2-24　量具名称、选用钢号实例及热处理方法

量具名称	选用钢号实例	热处理
形状简单、精度不高的量规、塞规等	T10A、T12A、9SiCr	淬火 + 低温回火
精度不高、耐冲击的卡板、平样板等	15、20、20Cr、15Cr	渗碳 + 淬火 + 低温回火
	50、60、65Mn	高频感应淬火
高精度量块等	GCr15、Cr2、CrMn	淬火 + 低温回火
高精度、形状复杂的量规、量块等	CrWMn	淬火 + 低温回火

③ 特殊性能钢。特殊性能钢具有特殊物理或化学性能，用来制造除要求具有一定的机械性能外，还要求具有特殊性能的零件。其种类很多，机械制造中主要使用不锈耐酸钢、耐热钢、耐磨钢。不锈耐酸钢包括不锈钢与耐酸钢。能抵抗大气腐蚀的钢称为不锈钢。而在一些化学介质（如：酸类等）中能抵抗腐蚀的钢称为耐酸钢。

不锈钢的钢号前的数字表示平均含碳量的千分之几，合金元素仍以百分数表示。当含碳量 ≤ 0.03% 及 ≤ 0.08% 时，在钢号前分别冠以"00"或"0"，例如：不锈钢 3Cr13 的平均含碳量为 0.3%、含铬量约为 13%；0Cr13 钢的平均含碳量 ≤ 0.08%、含铬量约为 13%；00Cr18Ni10 钢的平均含碳量 ≤ 0.03%、含铬量约为 18%、含镍量约为 10%。

热强钢在高温下的强度有两个特点：一是温度升高，金属原子间结合力减弱、强度下降；二是在再结晶温度以上，即使金属受的应力不超过该温度下的弹性极限，它也会缓慢地发生塑性变形，且变形量随时间的增长而增大，最后导致金属破坏。这种现象称为蠕变，产生的原因是在高温下金属原子扩散能力增大，使那些在低温下起强化作用的因素逐渐减弱或消失。热强钢采用的合金元素，如：铬、镍、钼、钨、硅等，除具有提高高温强度的作用外，还可提高高温抗氧化性。图 2-12 所示为热强钢的应用实例。

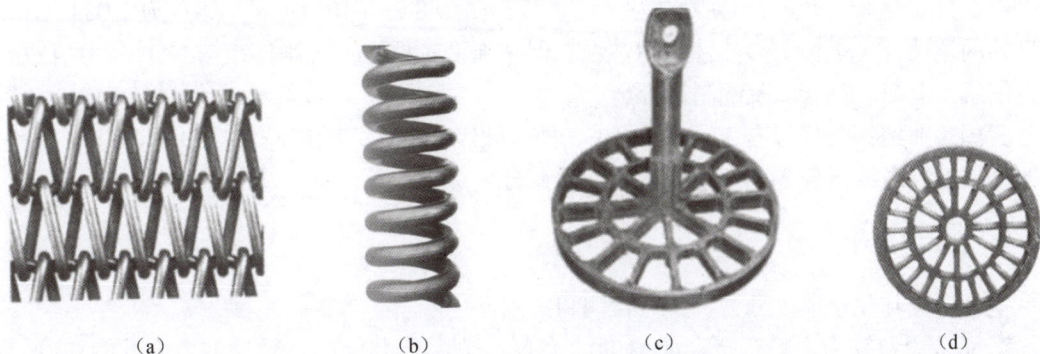

| （a） | （b） | （c） | （d） |

图 2-12　热强钢的应用实例

（a）输送带；（b）电阻丝；（c）热处理炉挂具；（d）锅炉炉栅

耐磨钢是指在强烈冲击载荷作用下才能发生硬化的高锰钢。它只有在强烈冲击与摩擦的作用下，才具有耐磨性，在一般机器工作条件下并不耐磨。它主要用于制造坦克、拖拉机的履带，挖掘机铲斗的斗齿以及防弹钢板、保险箱钢板、铁轨分道岔等。由于高锰钢极易加工硬化，使切削加工困难，故大多数高锰钢零件是采用铸造成型的，如图2-13所示应用实例。

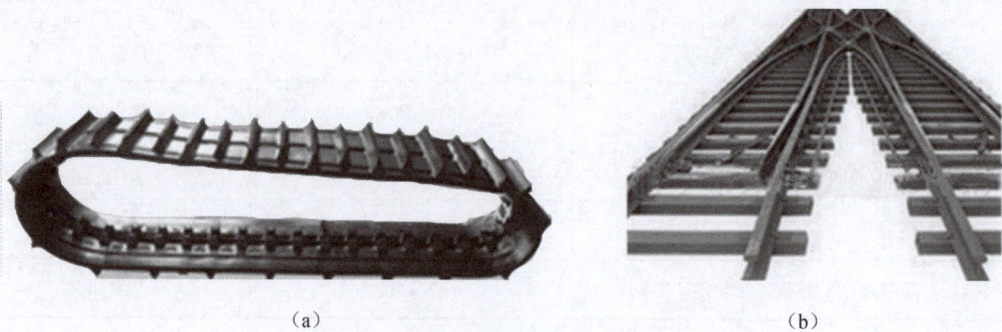

（a）   （b）

图2-13　耐磨钢应用实例

（a）履带；（b）铁轨分道岔

2.3　有色金属材料

除黑色金属以外的其他金属统称为有色金属，由于其特殊性质，在工业上得到广泛的应用。常用的有色金属有铜、铝及其合金。钛及其合金的重量较轻，又有其特殊的性能，在工业上的应用越来越广，但是价格较高。

2.3.1　铜及铜合金

1. 工业纯铜

纯铜外观呈紫红色，所以又称为紫铜。其密度为 8.93×10^3 kg/m³，熔点为 1 083 ℃，具有良好的塑性、导电性、导热性和耐蚀性。但它强度较低，不宜制作结构零件，而广泛用于制造电线、电缆、铜管以及配制铜合金。

我国工业纯铜的代号有T1、T2、T3三种，顺序号越大，纯度越低。T1、T2用于制造导电器材或配制高级铜合金；T3用来配制普通铜合金。

2. 常用铜合金

铜合金按其化学成分分为黄铜、青铜和白铜。

黄铜是铜和锌为主的合金，如：H80，色泽美观，作装饰品，较好的力学性能和冷、热加工性；H70，强度高，塑性好，冷成形性能好，可用深冲压方法制作弹壳、散热器、垫片等；H62，强度较高，热状态下塑性好，切削性好，易焊接，耐腐蚀，价格便宜，应用较多，多用作散热器、油管、垫片、螺钉等。

特殊黄铜是在铜锌合金中加入硅、锡、铝、铅、锰等元素，如：铅黄铜 HPb59-1 有良好的切削加工性，用来制作各种结构零件；铝黄铜 HAl59-3-2 耐蚀性好，用于制作耐腐蚀零件。

青铜是锡铜合金或含铝、硅、铅、铍、锰的铜基合金。如：锡青铜，具有良好的强度、硬度、耐磨性、耐蚀性和铸造性；锡青铜的铸造收缩率小，适用于铸造形状复杂、壁厚的零件，但流动性差，易形成分散的微缩小孔，不适于制造要求致密度高和密封性好的铸件；抗腐蚀性高，抗磨性好。铝青铜，价格低廉、性能优良，强度、硬度比黄铜和锡青铜高，而且耐蚀性、耐磨性也高。铝青铜作为锡青铜的代用品，常用于铸造承受重载的耐磨、耐蚀零件。铍青铜经淬火时效强化后强度、硬度高，弹性极限、疲劳强度、耐磨性、耐蚀性、导电性、导热性好，有耐寒、无磁性及冲击不产生火花等特性，用于制造精密仪器或仪表中的贵重弹簧及零件和耐磨件，但价格昂贵，工艺复杂且有毒。钛青铜的物理化学性能和力学性能与铍青铜相似，但生产工艺简单、无毒、价格便宜。

白铜是以镍为主要添加元素的铜合金。锰白铜：锰铜 BMn3-13、康铜 BMn40-1.5、考铜 BMn43-0.5，其具有极高的电阻率、非常小的电阻温度系数。

2.3.2　铝及铝合金

1. 工业纯铝

纯铝具有银白色的金属光泽，其密度为 2.72×10^3 kg/m³，熔点为 660 ℃，具有良好的导电、导热性（仅次于银、铜）。铝在空气中易氧化，在表面形成一层致密的三氧化二铝氧化膜，它能阻止铝进一步氧化，从而使铝在空气中具有良好的抗蚀能力。铝的塑性高，强度、硬度低，易于加工成形。通过加工硬化，可使其强度提高，但塑性降低。纯铝主要用来配制铝合金，还可以用来制造导线包覆材料及耐蚀器具等。

2. 铝合金

向纯铝中加入适量的合金元素，可改变其组织结构，提高性能，即形成铝合金。由于这些合金元素的强化作用，使得铝合金既具有高强度又能保持纯铝的优良特性。因此，铝合金可用于制造承受较大载荷的机械零件和构件，成为工业中广泛应用的有色金属材料。

铝合金根据化学成分和工艺特点的不同一般分为变形铝合金和铸造铝合金两大类。变形铝合金的塑性好，适于压力加工；铸造铝合金则适于铸造。

（1）变形铝合金

常用变形铝合金根据性能的不同，可分为：防锈铝合金、硬铝合金、超硬铝合金、锻铝合金四种，图 2-14 所示为其应用实例。

（2）铸造铝合金

通过铸造成型的铝制零件，如摩托车的内燃机外壳缸体、汽车活塞体等，应用于形状结构较为复杂的零件中，硬度和强度比变形铝合金好。铝合金中通过加入不同的元素来改变其强度等力学性能，常用的合金元素有铜、镁、锌、硅等，图 2-15 所示为其应用实例。

  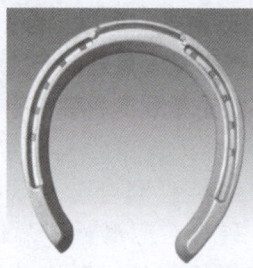

（a）　　　　　　　　　　（b）　　　　　　　　　　（c）

图 2-14　常用变形铝合金应用实例

（a）防锈铝合金制品；（b）飞机起落架（超硬铝合金）；（c）马蹄掌（锻铝合金）

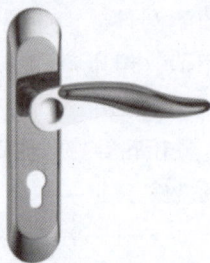 

（a）　　　　　　　　　　　　　（b）

图 2-15　铸造铝合金应用实例

（a）铸造铝合金门拉手；（b）铸造铝合金轮毂

2.3.3　钛及钛合金

Ti 在地壳中的含量为 0.56%（质量分数，下同），在所有元素中居第 9 位，而在可作为结构材料的金属中居第 4 位，仅次于 Al、Fe、Mg，其储量比常见金属 Cu、Pb、Zn 储量的总和还多。我国钛资源丰富，储量为世界第一。钛合金的密度小，比强度、比刚度高，抗腐蚀性能、高温力学性能、抗疲劳和蠕变性能都很好，具有优良的综合性能，是一种新型的、很有发展潜力和应用前景的结构材料。近年来，钛工业和钛材料加工技术得到了飞速发展，海绵钛、变形钛合金和钛合金加工材料的生产和消费都达到了很高的水平，在航空航天领域、舰艇及兵器等军品制造中的应用日益广泛，在汽车、化学和能源等行业也有着巨大的应用潜力。常用工业纯钛的牌号、材料状态、力学性能及应用见表 2-25。$\alpha+\beta$ 钛合金的牌号、力学性能及应用见表 2-26。

表 2-25　常用工业纯钛的牌号、材料状态、力学性能及应用

牌号	材料状态	力学性能			应用
		σ_b/MPa	δ_5/%	A_k/（J·cm^{-2}）	
TA1	板材	350 ~ 500	30 ~ 40	—	航空：飞机骨架、发动机部件； 化工：热交换器、泵体；
	棒材	343	25	80	

续表

牌号	材料状态	力学性能			应用
		σ_b/MPa	δ_5/%	A_k/(J·cm^{-2})	
TA2	板材	450 ~ 600	25 ~ 30	—	造船：耐海水腐蚀的管道、阀门、泵、柴油发动机活塞、连杆；机械：低于 350 ℃条件下工作且受力较小的零件
	棒材	441	20	75	
TA3	板材	550 ~ 700	20 ~ 25	—	
	棒材	539	15	50	

表 2-26　α+β 钛合金的牌号、力学性能及应用

牌号	力学性能		应用
	σ_b/MPa	δ_5/%	
TC1	588	25	低于 400 ℃环境下工作的冲压件和焊接件
TC2	686	15	低于 500 ℃环境下工作的焊接件和模锻件
TC4	902	12	低于 400 ℃环境下长期工作的零件，各种锻件、泵、坦克履带、舰船耐压壳体
TC6	981	10	低于 300 ℃环境下工作的零件
TC10	1 059	10	低于 450 ℃环境下长期工作的零件，如：飞机结构件、导弹发动机外壳、武器结构件

2.4　钢的热处理常识

热处理就是将固态金属或合金采用适当的方式进行加热、保温和冷却以获得所需组织结构的工艺。普通热处理都要经过如图 2-16 所示的三个阶段，其主要区别在于加热温度、保温时间和冷却速度。

热处理工艺的特点是不改变金属零件的外形尺寸，只改变材料内部的组织与零件的性能。所以钢的热处理目的是消除材料的组织结构上的某些缺陷，更重要的是改善和提高钢的性能，充分发挥钢的性能潜力，这对提高产品质量和延长使用寿命有重要的意义。常用的热处理工艺与作用汇总见表 2-27。

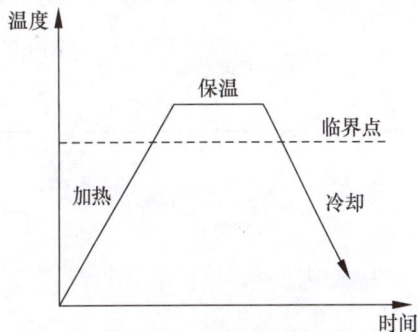

图 2-16　热处理工艺曲线

表 2-27 常用的热处理工艺与作用汇总

热处理种类			热处理方法	作用
退火			将钢加热到 500～600 ℃，保温后随炉冷却	消除铸件、锻件、焊接件、机加工工件中的残余应力，改善加工性能
正火			将钢加热到 500～600 ℃，在炉外空气中冷却	改善铸件、锻件、焊接件的组织，降低工件硬度，消除内应力，为后续加工做准备
淬火			将工件加热到一定温度，保温后在冷却液（水、油）中快速冷却	提高钢件的硬度和耐磨性，是改善零件使用性能的最主要的热处理方法
回火		高温回火（调质）	淬火后，加热到 500～650 ℃，经保温后再冷却到室温	获得良好的力学性能，用于重要零件，如：轴、齿轮等
		中温回火	淬火后，加热到 350～500 ℃，经保温后再冷却到室温	获得较高的弹性和强度，用于各种弹簧的制造
		低温回火	淬火后，加热到 150～250 ℃，经保温后再冷却到室温	降低内应力和脆性，用于各种工、模具及渗碳或表面淬火工件
表面热处理	表面淬火	火焰加热淬火	用"乙炔—氧"或"煤气—氧"混合气体燃烧的火焰，直接喷射在工件表面快速增温，再喷水冷却的淬火方法	获得一定的表面硬度，淬硬层深度一般为 2～6 mm。适用于单件和小批量及大型零件的表面热处理，如：大齿轮、钢轨等
		感应加热淬火	中碳合金钢材料的零件，利用感应电流，将零件表面迅速加热后，立即喷水冷却的热处理方法	加热速度快，加热温度和淬硬层可控，能防止表层氧化和脱落，工件变形小。但设备较贵，维修调整困难，不适合用于形状复杂的零件，适用于大批量生产
	化学热处理	渗碳	将低碳钢、低碳合金钢（0.1%～0.25%）放入含碳的介质中，加热并保温。渗碳后的工件还需要进行淬火和低温回火处理	经渗碳的工件提高了表面硬度和耐磨性，同时保持芯部良好的塑性和韧性。主要用于承受较大冲击载荷和易磨损的零件，如：轴、齿轮等
		渗氮	将氮原子渗入钢件表层的热处理方法	提高零件表面的硬度、耐磨性。用于精密机床的主轴、高速传动的齿轮等
		碳氮共渗	钢的表面同时渗入碳和氮，常用的是气体碳氮共渗	与渗碳相比，其加热温度低，零件变形小，生产周期短，而且渗层有较高的硬度、耐磨性和疲劳强度

2.4.1 钢的普通热处理

1. 退火

将钢加热到适当的温度，保温一定的时间，然后缓慢冷却（一般随炉冷却）至室温，这样的热处理工艺称为退火，退火的目的如下：

① 降低钢的硬度，提高塑性，以利于切削加工；

② 细化晶粒，均匀钢的组织，改善钢的性能，为以后的热处理做组织准备；

③ 消除钢中的残余应力，以防止工件变形与开裂。

根据钢的成分及退火的目的不同，常用的退火方法有完全退火、球化退火、去应力退火、再结晶退火。常用退火方法、目的及应用见表 2–28。

表 2–28　常用退火方法、目的及应用

类 别	主 要 目 的	应 用
完全退火	细化组织，降低硬度，改善切削加工性能，去除内应力	中碳钢、中碳合金钢的铸、轧、锻焊件等
球化退火	降低硬度，改善切削加工性，改善组织，为淬火做准备	碳素工具钢、合金钢等，在锻压加工后，必须进行球化退火
去应力退火	消除内应力，防止变形开裂	铸、锻、轧、焊接件与机械加工工件等
再结晶退火	工件经过一定量的冷塑变形（如冷冲和冷轧等）后，产生加工硬化现象及残余的内应力，经过再结晶退火后，消除加工硬化现象和残余应力，提高塑性	冷形变钢材（如：冷拉、冷轧、冷冲等）和零件

2. 正火

将钢加热到一定温度，保温一段时间，然后在空气中冷却下来的热处理工艺称为正火。

正火的目的与退火基本相同，其目的是：细化晶粒，调整硬度；消除碳化物网，为后续加工及球化退火、淬火等做好组织准备。

正火的冷却速度比退火要快，过冷度较大。因此，正火后的组织比退火组织要细小些，钢件的强度、硬度比退火高一些。同时正火与退火相比具有操作简便、生产周期短、生产效率较高、成本低等特点。其在生产中的主要应用范围如下：

① 改善切削加工性。因低碳钢和某些低碳合金钢的退火组织中铁素体量较多，硬度偏低，在切削加工时易产生"黏刀"现象，增加表面结构值。采用正火能适当提高硬度，改善切削加工性。

② 消除网状碳化物，为球化退火做好组织准备。对于过共析钢或合金工具钢，因正火冷却速度较快，可抑制渗碳体呈网状析出，并可细化层片状珠光体，有利于球化退火。

③ 用于普通结构零件或某些大型非合金钢工件的最终热处理，以代替调质处理。

④ 用于淬火返修零件，消除内应力，细化组织，以防重新淬火时产生变形和开裂。

3. 淬火

淬火是将钢加热到一定温度，经保温后在水中（或油中）快速冷却的热处理工艺，也是决定零件使用性能最重要的热处理工艺。

淬火操作难度比较大，主要因为淬火时要求得到马氏体，冷却速度必须大于钢的临界冷却速度（v_k），而快冷总是不可避免地要造成很大的内应力，往往会引起钢件的变形与开裂。怎样才能既得到马氏体又最大限度地减小变形与避免开裂呢？主要可以从两方面着手：其一是寻找一种比较理想的淬火介质；其二是改进淬火冷却方法。常用的淬火冷却介质有水、矿物油、盐水溶液等。

由于淬火介质性能不能完全符合理想，故需配以适当的冷却方法进行淬火，才能保证零件的热处理质量。常用的淬火冷却方法如图 2-17 所示。

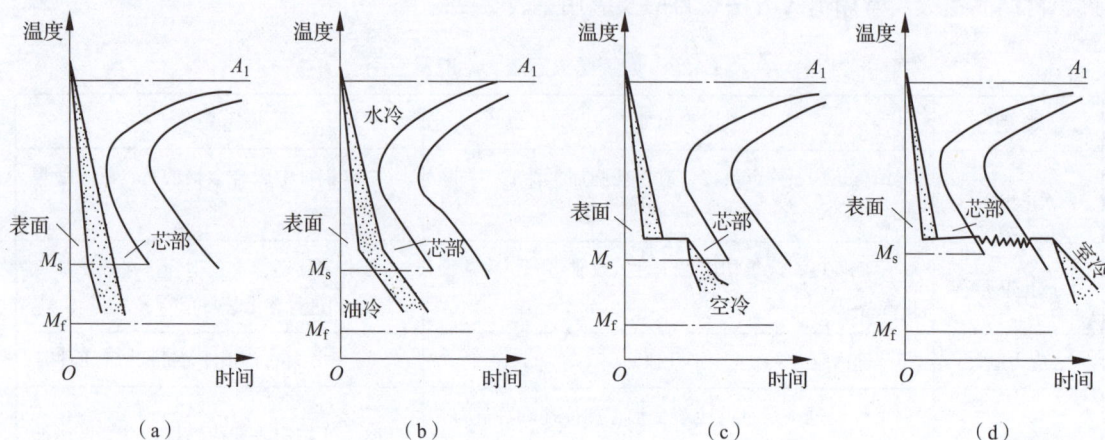

图 2-17 淬火方法示意图

（a）单液淬火；（b）双液淬火；（c）分级淬火；（d）等温淬火

（1）单液淬火如图 2-17（a）所示

单液淬火就是将加热后的钢件，在一种冷却介质中进行淬火操作的方法。通常碳钢用水冷却，合金钢用油冷却。单液淬火应用最普遍，碳钢及合金钢机器零件在绝大多数的情况下均用此法，其操作简单，易于实现机械化和自动化。但水和油对钢的冷却特性都不够理想，某些钢件（如外形复杂的中、高碳钢工件）水淬易变形、开裂，油淬易造成硬度不足。

（2）双液淬火如图 2-17（b）所示

将工件加热到淬火温度后，先在冷却能力较强的介质中冷却至 400 ~ 300 ℃，再把工件迅速转移到冷却能力较弱的冷却介质中继续冷却至室温的淬火方法，称为双液淬火。

双液淬火可减少淬火内应力，但操作比较困难，主要用于高碳工具钢制造的易开裂工件，如：丝锥、板牙等。

（3）分级淬火如图 2-17（c）所示

分级淬火就是把加热成奥氏体的工件，放入温度为 200 ℃左右（M_s 附近）的热介质（熔化的盐类物质或热油）中冷却，并在该介质中做短时间停留，然后取出空冷至室温。

零件在 M_s 点附近停留保温，使工件内外的温度差及壁厚处和壁薄处的温度差减到最小，以减小淬火应力，防止工件变形和开裂。而马氏体转变又是在空冷条件下进行的，因此分级淬火是避免和减小零件开裂和变形的有效措施。但对于碳钢零件，分级淬火后会出现珠光体组织。所以分级淬火主要适用于合金钢零件或尺寸较小、形状复杂的碳钢工件。

（4）等温淬火如图 2-17（d）所示

把奥氏体化的钢，放入稍高于 M_s 温度的盐浴中，保温足够时间，使奥氏体转变为下贝氏体的工艺操作叫等温淬火。它和一般淬火的目的不同，是为了获得下贝氏体组织，故又称贝氏体淬火。

等温淬火产生的内应力很小，所得到的下贝氏体组织具有较高的硬度和韧性，故常用于处理形状复杂，要求强度、韧性较好的工件，如：各种模具、成形刀具等。

4. 回火

钢件淬火后，在硬度、强度提高的同时，其韧性却大为降低，并且还存在很大的内应力（残余应力），使用中很容易破断损坏。为了提高钢的韧性，消除或减小钢的残余内应力必须进行回火。

在生产中由于对钢件性能的要求不同，回火可分为下列三类：

（1）低温回火

淬火钢件在 250 ℃以下的回火称为低温回火。低温回火主要是消除内应力，降低钢的脆性，一般很少降低钢的硬度，即低温回火后可保持钢件的高硬度，如：钳工实习时用的锯条、锉刀等一些要求使用条件下有高硬度的钢件，都是淬火后经低温回火处理。

（2）中温回火

淬火钢件在 250 ~ 500 ℃之间的回火称为中温回火。淬火钢件经中温回火后可获得良好的弹性，因此弹簧、压簧、汽车中的板弹簧等，常采用淬火后的中温回火处理。

（3）高温回火

淬火钢件在高于 500 ℃的回火称为高温回火。淬火钢件经高温淬火后，具有良好综合力学性能（既有一定的强度、硬度，又有一定的塑性、韧性）。所以一般中碳钢和中碳合金钢常采用淬火后的高温回火处理，轴类零件应用最多。淬火 + 高温回火称为调质处理。

2.4.2　钢的表面热处理

1. 表面淬火

所谓表面淬火，顾名思义就是仅把零件需耐磨的表层淬硬，而中心仍保持未淬火的高韧性状态。表面淬火必须用高速加热法使零件表面层很快达到淬火温度，而不等其热量传至内部，立即冷却使表面层淬硬。

表面淬火用的钢材必须是中碳（0.35%）以上的钢，常用 40、45 钢或中碳合金钢 40Cr 等。

（1）火焰加热表面淬火

用高温的氧—乙炔火焰或氧与其他可燃气（煤气、天然气等）的火焰，将零件表面迅速加热到淬火温度，然后立即喷水冷却。

（2）感应加热表面淬火

这是利用感应电流，使钢表面迅速加热后淬火的一种方法。此法具有效率高、工艺易于操作和控制等优点，所以目前在机床、机车拖拉机以及矿山机器等机械制造工业中得到了广泛的应用。常用的有高频和中频感应加热两种。

2. 化学热处理

化学热处理是通过改变钢件表层化学成分，使热处理后的表层和芯部组织不同，从而使表面获得与芯部不同的性能，将工件放在一定的活性介质中加热，使某些元素渗入工件表层，以改变表层化学成分和组织，从而改善表层性能的热处理工艺。

化学热处理的方法很多，已用于生产的有渗碳、渗氮、碳氮共渗（提高零件的表面硬度增加耐磨性和疲劳强度等）以及渗金属等多种。不论哪一种方法都是通过以下三个基本过程来完成的：

① 分解：介质在一定的温度下，发生化学分解，产生渗入元素的活性原子；

② 吸收：活性原子被工件表面吸收，例如活性碳原子溶入铁的晶格中形成固溶体、与铁化合成金属化合物；

③ 扩散：渗入的活性原子，在一定的温度下，由表面向中心扩散，形成一定厚度的扩散层（渗层）。

（1）渗碳

为了增加钢表面的含碳量，将钢件放入含碳的介质中，加热并保温，使钢件表层提高含碳量，这一工艺称为渗碳。

低碳钢或低碳合金钢可采用渗碳处理，例如：15、20、20cr 等钢。渗碳件经淬火和低温回火后，表面具有高硬度、高耐磨性及较高的疲劳强度，而芯部仍保持良好的韧性和塑性。

（2）渗氮

在一定温度下，使活性氮原子渗入工件表面的化学热处理工艺称为渗氮。它与渗碳相比，渗氮层有更高的硬度、耐磨性、疲劳强度和耐蚀性。

专用的渗氮钢为38CrMoAlA，经渗氮后，表面硬度可达（950 ~ 1 200）HV。渗氮是在较低的温度下完成的，渗氮后无须淬火，因此变形小，但渗氮生产周期长、工艺复杂、成本高，需用专用渗氮钢。

（3）碳氮共渗

在一定温度下，将碳、氮同时渗入工件表层，并以渗碳为主的化学热处理工艺称为碳氮共渗。碳氮共渗与渗碳相比，不仅加热温度低，零件不易过热，变形小，而且渗层有较高的硬度、耐磨性、疲劳强度。其适用钢种：低、中碳钢及合金钢。

（4）渗金属

渗金属是指以金属原子渗入钢的表面层的过程。它是使钢的表面层合金化，以使工件表面具有某些合金钢、特殊钢的特性，如：耐热、耐磨、抗氧化、耐腐蚀等。生产中常用的有渗铝、渗铬、渗硼、渗硅等。通俗地讲，就是使一种或多种金属原子渗入金属工件表层内的化学热处理工艺。将金属工件放在含有渗入金属元素的渗剂中，加热到一定温度，保持适当时间后，渗剂热分解所产生的渗入金属元素的活性原子便被吸附到工件表面，并扩散进入工件表层，从而改变工件表层的化学成分、组织和性能。

随着科技的发展，金属材料的热处理，还有变形热处理及真空热处理等方法，近年来在冶金和机械制造业中已获得广泛应用。

2.5 工程塑料及复合材料

塑料是以天然或合成的高分子化合物为主要成分的原料，添加各种辅助剂（如：填料、增塑剂、稳定剂、胶黏剂及其他添加剂）塑制成形，故称为塑料。

2.5.1 工程塑料的性能、种类及应用

1. 塑料的特性

塑料与金属比的优点是：质量轻，比强度高，化学稳定性好，减摩、耐磨性好，电绝缘性优异，消声和吸震性好，成形加工性好，加工方法简单，生产率高。

塑料的缺点是：强度、刚度低，耐热性差，易燃烧和老化，导热性差，热膨胀系数大。

2. 塑料的分类及用途

根据树脂在加热和冷却时所表现的性质，塑料可分为热塑性塑料和热固性塑料两种。

（1）热塑性塑料

热塑性塑料加热时变软，冷却后变硬，再加热又可变软，可反复成形，基本性能不变，其制品使用的温度低于 120 ℃。热塑性塑料成形工艺简单，可直接经挤塑、注塑、压延、压制、吹塑成形，生产率高。

常用的热塑性塑料有以下几类：

① 聚乙烯（PE），如图 2-18 所示，适用于薄膜、软管、瓶、食品包装、药品包装以及承受小载荷的齿轮、塑料管、板、绳等。

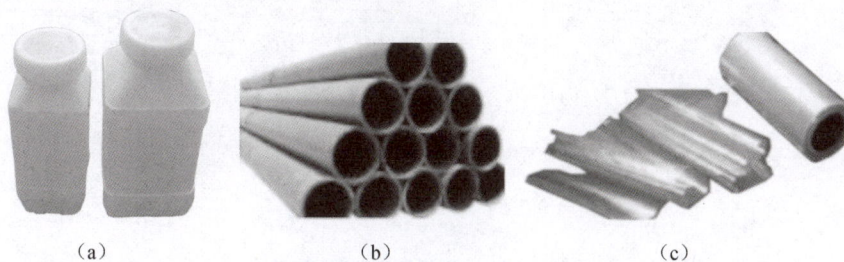

（a） （b） （c）

图 2-18 聚乙烯应用实例

（a）聚乙烯塑料瓶；（b）聚乙烯塑料管；（c）聚乙烯薄膜

② 聚氯乙烯（PVC），如图 2-19 所示，适用于输油管、容器、阀门管件等耐蚀结构件以及农业和工业包装用薄膜、人造革材料（因材料有毒，不能包装食品）等。

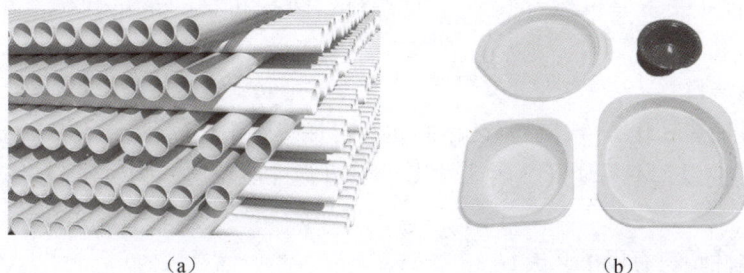

（a） （b）

图 2-19 聚氯乙烯应用实例

（a）聚氯乙烯管材；（b）聚氯乙烯容器

③ ABS塑料是丙烯腈（A）丁二烯（B）苯乙烯（C）三元共聚物，如图2-20所示。其应用于机械、电器、汽车、飞机、化工等行业，如：齿轮、叶轮、轴承、把仪表盘等零件。

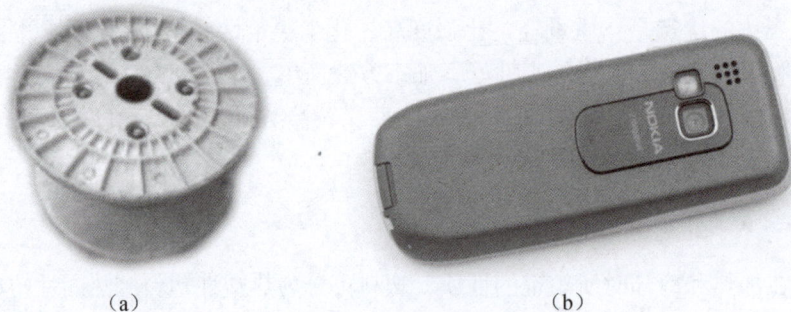

（a） （b）

图2-20 ABS塑料应用实例

（a）ABS塑料线盘；（b）ABS塑料手机壳

④ 有机玻璃（PMMP），如图2-21所示。其应用于航空、电子、汽车、仪表等行业中的透明件、装饰件等。

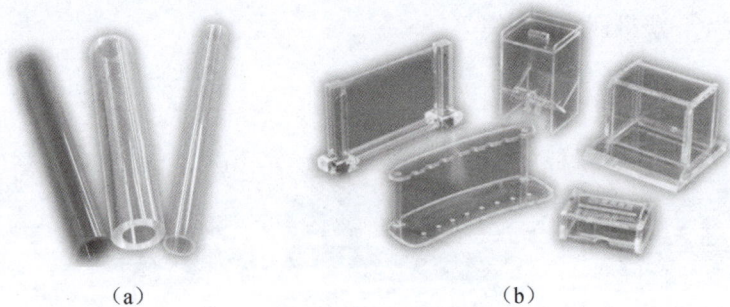

（a） （b）

图2-21 有机玻璃应用实例

（a）有机玻璃管材；（b）有机玻璃制品

⑤ 聚酰胺（PA，俗称尼龙），如图2-22所示。PA具有良好的综合性能，包括：力学性能、耐热性、耐磨损性、耐化学药品性和自润滑性，且摩擦系数低，有一定的阻燃性，易于加工，适于用玻璃纤维和其他填料填充增强改性、提高性能和扩大应用范围，在汽车、电气设备、机械部构、交通器材、纺织机械、造纸机械等方面得到广泛应用。

（2）热固性塑料

热固性塑料加热软化，冷却后坚硬，固化后再加热则不再软化或熔融，不能再成形。热固性塑料抗蠕变性强、不易变形、耐热性高，但树脂性能较脆、强度不高、成形工艺复杂、生产率低。

常用的热固性塑料有以下几类：

① 酚醛塑料（PF），俗称"电木"，如图2-23所示。其用于制造开关壳、插座壳、水润滑轴承、耐蚀衬里、绝缘件及复合材料等。

（a）

（b）

（c）

（d）

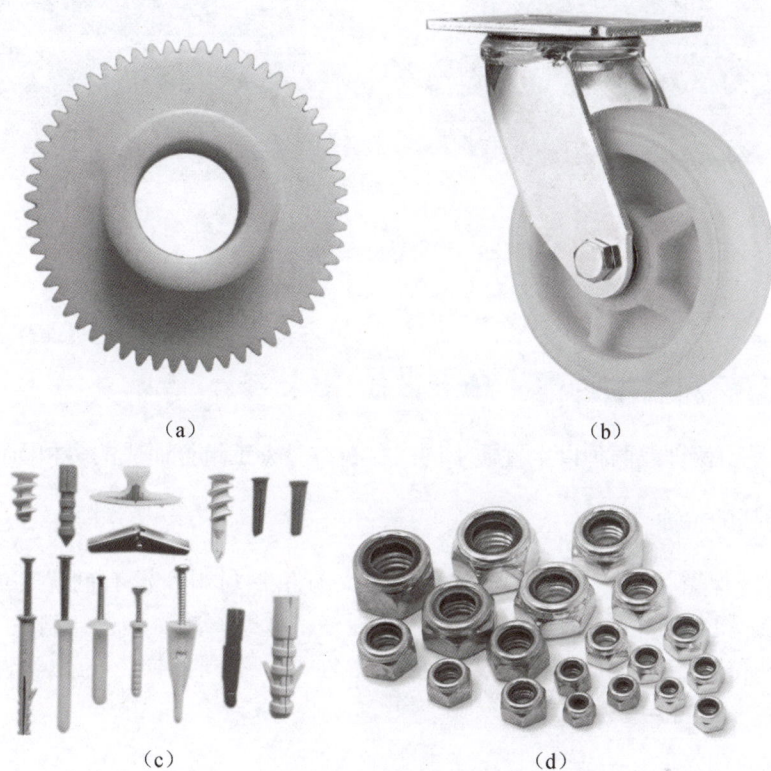

图 2-22　聚酰胺应用实例

（a）尼龙齿轮；（b）尼龙滚轮；（c）尼龙膨胀螺栓；（d）尼龙锁紧螺母

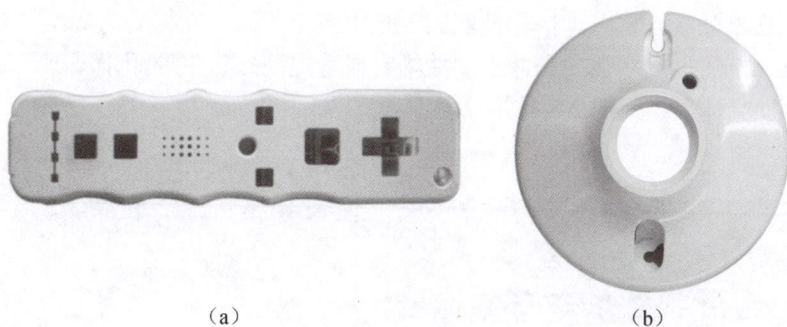

（a）

（b）

图 2-23　酚醛塑料应用实例

（a）酚醛塑料插座壳；（b）酚醛塑料灯座

　　② 环氧树脂塑料（EP），如图 2-24 所示。其适用于制造玻璃纤维增强塑料（环氧玻璃钢）、塑料模具、仪表、电器零件，且可用于涂覆、包封和修复机件。

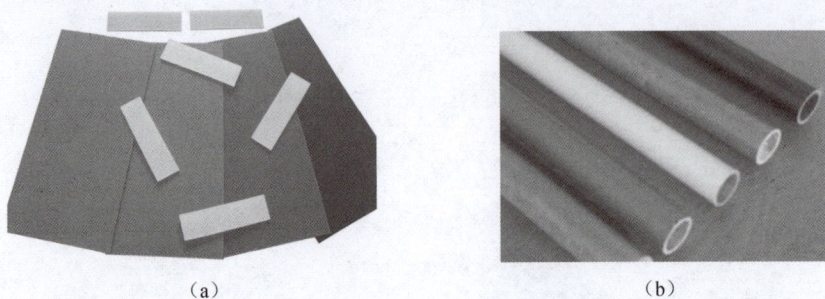

（a）　　　　　　　　　　　　　（b）

图 2-24　环氧树脂塑料应用实例

（a）环氧树脂绝缘板；（b）环氧玻璃钢型材

2.5.2　复合材料的性能、种类及应用

复合材料是由两种或两种以上性质不同的材料，经人工组合而成的多相固体材料。

1. 复合塑料的特性

复合材料既保留了单一材料各自的优点，又有单一材料所没有的优良综合性能。其优点是强度高，抗疲劳性能好，耐高温、耐蚀性好，减摩、减震性好，制造工艺简单，可以节省原材料和降低成本。它的缺点是抗冲击性差，不同方向上的力学性能存在较大差异。

2. 复合材料的分类及用途

复合材料分为基体相和增强相。基体相起黏结剂作用，增强相起提高强度和韧性的作用。常用复合材料为纤维增强复合材料、层叠复合材料和颗粒复合材料三种。

（1）纤维增强复合材料

如玻璃纤维增强复合材料（俗称玻璃钢）是用热塑（固）性树脂与纤维复合的一种复合材料，其抗拉、抗压、抗弯强度和冲击韧性均有显著提高。它主要用于减摩、耐磨零件及管道、泵体、船舶壳体等，如图 2-25 所示。

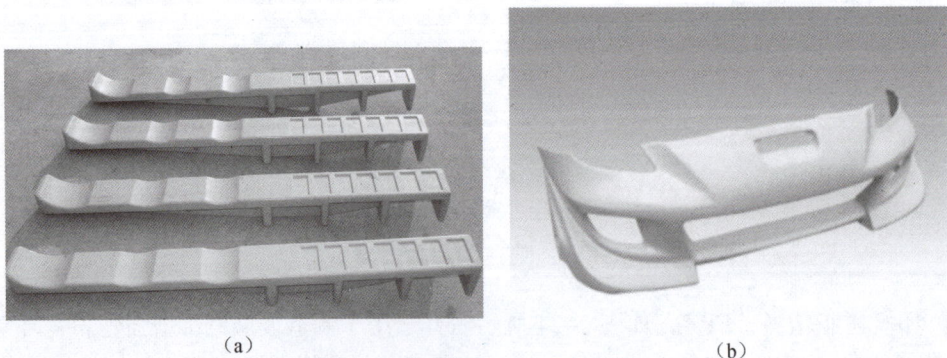

（a）　　　　　　　　　　　　　（b）

图 2-25　纤维增强复合材料应用实例

（a）纤维增强热固性复合材料支架；（b）纤维增强复合材料汽车零件

（2）层叠复合材料

层叠复合材料是由两层或两层以上不同材料复合而成，其强度、刚度、耐磨、耐蚀、绝热和隔声等性能分别得到改善，主要应用于飞机机翼、火车车厢、轴承、垫片等零件，如图 2-26 所示。

（a）　　　　　　　　　　　　（b）

图 2-26　层叠复合材料应用实例

（a）飞机机翼上下翼面的层叠复合材料；（b）胶合板

（3）颗粒复合材料

颗粒复合材料是一种或多种材料的颗粒均匀分散在基体内所组成的。金属粒和塑料的复合是将金属粉加入塑料中，改善导热、导电性，降低线膨胀系数，如：加铅粉于塑料中，可作防 γ 射线辐射的罩屏，加铅粉可制作轴承等，如图 2-27 所示。

（a）　　　　　　　　　　　　（b）

图 2-27　颗粒复合材料应用实例

（a）铝基颗粒增强复合材料制动盘；（b）颗粒增强复合材料刀具

复合材料在制造业中，用来制造高强度零件、化工容器、汽车车身、耐腐蚀结构件、绝缘材料和轴承等，复合材料的应用日益广泛。

任务训练

一、填空题

1. 金属材料的使用性能是指金属材料在使用条件下所表现出来的性能，包括物理性能、_____、_____等。

2. 填出下列力学性能指标的符号：屈服点_____、洛氏硬度 A 标尺_____、断后伸长率_____、断面收缩率_____、对称弯曲疲劳强度_____。

3. 金属材料的工艺性能包括_____、_____、_____、切削加工性能和热处理工艺性能等。

4. 金属材料的力学性能包括_____、_____、_____、_____及疲劳强度等。

5. 灰铸铁是指一定成分的铁水做简单的_____处理，浇注后获得具有_____状石墨的铸铁。其力学性能主要取决于_____和_____的分布状态。

6. 牌号 HT150 表示单铸试样最小抗拉强度值为_____MPa 的_____铸铁。

7. 由于球墨铸铁中的石墨呈_____状，使得其对基体的_____作用和应力集中的作用减至最小，在铸铁中，_____铸铁具有最高的力学性能。

8. 45 号钢按用途分类属于_____钢，按质量分类属于_____钢。

9. T12A 钢按用途分类属于_____钢，按碳的质量分数分类属于_____，按质量分类属于_____。

10. 高速钢是含有较多的碳（0.7%～1.50%）和大量的_____、_____、_____、钼等强碳化物形成元素的高合金工具钢如：W18Cr4V、W6Mo5Cr4V2。

11. 不锈钢有铬不锈钢和铬镍不锈钢两种，常用铬不锈钢的牌号有_____、_____和_____等，通称___型不锈钢，铬镍不锈钢的牌号有_____、_____等。

12. 普通黄铜是_____、_____二元合金，在普通黄铜中再加入其他元素时称_____黄铜。

13. 纯铝具有_____小、_____低、良好的_____性和_____性，在大气中具有良好的_____性。

14. 钢加热到适当的温度，保温一定的时间，然后_____（一般随炉冷却）至室温，这样的热处理工艺称为退火。常用的退火方法有_____、_____、_____、再结晶退火等。

15. 表面热处理仅处理工件_____，对工件的_____不做处理，保持其原来的特性。一般应用在工件表面需要具有较高的_____，而芯部又要有较高的_____。

16. 塑料是以天然或合成的_____化合物为主要成分的原料，添加各种_____（如：填料、增塑剂、稳定剂、胶黏剂及其他添加剂）塑制成形，故称为塑料。

17. 根据树脂在加热和冷却时所表现的性质，塑料可分为热塑性塑料和热固性塑料两种。

18. 热塑性塑料加热时变软，冷却后变硬，再加热又可变软，可反复成形，基本性能_____，其制品使用的温度低于_____ ℃。

19. 热固性塑料加热软化，冷却后_____，固化后再加热则不再软化或熔融，不能再成形。热固性塑料抗_____性强，不易变形，耐热性高，但树脂性能较脆，强度不高，成形工艺复杂，生产率低。

20. 常用复合材料为_____复合材料、_____复合材料和_____复合材料三种。

二、选择题

1. 人类最先利用的材料是（　　）。

A. 石头　　　　　B. 青铜　　　　　C. 钢铁　　　　　D. 塑料

2. 通过拉伸试验可测金属材料的力学性能指标是（　　）。

A. 布氏硬度　　　B. 冲击韧度　　　C. 塑性　　　　　D. 疲劳强度

3. 拉伸试验时，试样拉断前能承受的最大标拉应力称为材料的（　　）。

A. 屈服点　　　　B. 抗拉强度　　　C. 弹性极限　　　D. 刚度

4. 铸铁是含碳量大于（　　）的铁碳合金，主要由铁、碳和硅组成。

A. 2.11%　　　　B. 3.0%　　　　　C. 0.21%　　　　D. 0.45%

5. 日常生活中，如：炒菜铁锅、取暖炉、污井盖、暖气片、下水管、水龙头壳体等主要选用（　　）。

A. 铸铁　　　　　B. 钢　　　　　　C. 铝合金　　　　D. 有色金属

6. 球墨铸铁：石墨呈（　　）。

A. 片状　　　　　B. 团絮状　　　　C. 球状　　　　　D. 蠕虫状

7. 沸腾钢：脱氧程度（　　）的钢。

A. 不完全　　　　　　　　　　　　B. 完全

C. 介于沸腾钢和镇静钢之间的钢　　D. 无要求

8. Q235-AF 表示碳素结构钢中屈服强度为（　　）MPa 的 A 级沸腾钢。

A. 2　　　　　　　B. 35　　　　　　C. 235　　　　　　D. 0

9. 变速齿轮主要用（　　）。

A. 低合金结构钢　B. 合金渗碳钢　　C. 合金调质钢　　D. 合金弹簧钢

10. 滚动轴承钢碳质量分数一般为（　　）。

A. 0.1% ~ 0.2%　B. 0.25% ~ 0.5%　C. 0.5% ~ 0.7%　D. 0.95% ~ 1.10%

11. 合金量具钢要求硬度（　　）56 HRC。

A. 大于　　　　　B. 小于　　　　　C. 等于　　　　　D. 小于或等于

12. 不锈钢的钢号前的数字表示平均含碳量的（　　）之几。

A. 十分　　　　　B. 百分　　　　　C. 千分　　　　　D. 万分

13. （　　）主要用于制造坦克、拖拉机的履带，挖掘机铲斗的斗齿以及防弹钢板、保险箱钢板、铁轨分道岔等。

A. 不锈耐酸钢　　B. 耐热钢　　　　C. 耐磨钢　　　　D. 不锈钢

14. 将钢加热到适当温度，保持一定时间，然后在炉中缓慢地冷却的热处理工艺称为钢的（　　）。

A. 退火　　　　　B. 正火　　　　　C. 淬火　　　　　D. 回火

15. （　　）淬火将加热后的零件投入一种冷却剂中冷却至室温。

A. 单液   B. 双液   C. 分级   D. 综合

16. 中温回火温度范围是（   ）℃。

A. 150～250   B. 350～500   C. 350～650   D. 500～650

17. 黄铜是（   ）为主的合金。

A. 铜和锌   B. 铜和铝   C. 铜和锰   D. 铜和硅

18. （   ）适用于薄膜、软管、瓶、食品包装、药品包装等。

A. 聚乙烯（PE）   B. 聚氯乙烯（PVC）

C. ABS 塑料   D. 聚酰胺（PA）

19. （   ），俗称"电木"，用于制造开关壳、插座壳、水润滑轴承、耐蚀衬里、绝缘件及复合材料等。

A. 聚乙烯（PE）   B. 聚氯乙烯（PVC）

C. ABS 塑料   D. 酚醛塑料（PF）

20. （   ）用于飞机机翼、火车车厢、轴承、垫片等。

A. 纤维增强复合材料   B. 层叠复合材料   C. 颗粒复合材料   D. 玻璃钢

三、判断题（对的打√，错的打 ×）

1. 一般来说，材料的硬度越高，耐磨性越好，则强度也越高。   （   ）

2. 碳的质量分数对碳钢力学性能的影响是随着钢中碳的质量分数的增加，钢的硬度、强度增加，塑性、韧性下降。   （   ）

3. 无论是钢还是铸铁，主要都是由铁和碳两种元素组成的，统称为铁碳合金。（   ）

4. 可锻铸铁具有较好的力学性能，可以进行锻造加工。   （   ）

5. 由于灰铸铁的抗压强度、硬度与耐磨性主要取决于基体，石墨的存在影响不大，故其抗压强度远低于抗拉强度。   （   ）

6. 碳素工具钢主要用于制造各种低速切削刀具、量具和模具。   （   ）

7. 合金钢是为了改善钢的组织和性能，在碳钢的基础上，有目的地加入一些元素而制成的钢。   （   ）

8. 合金工具钢与合金结构钢在牌号的表示上碳含量的表示方法相同。   （   ）

9. 用 65 钢制成的沙发弹簧，使用不久就失去弹性，是因为没有进行淬火和高温回火。   （   ）

10. GCr15 是滚动轴承钢，Cr 含量为 15%，主要用于制造滚动轴承的内外圈。 （   ）

11. 纯铝主要用来配制铝合金，还可以用来制造导线包覆材料及耐蚀器具等。（   ）

12. 我国钛资源丰富，储量为世界第一。   （   ）

13. 为了防止环境污染，所以塑料不能作为包装材料。   （   ）

14. 塑料是以天然或合成的高分子化合物为主要原料，添加各种辅助剂塑制成形，故称为塑料。   （   ）

15. 热固性塑料加热软化，冷却后坚硬，固化后再加热能再成形。   （   ）

四、综合题

1. 绘制低碳钢力—伸长曲线，并解释低碳钢伸长曲线上的几个变形阶段。

2. 何谓强度？衡量强度的常用指标有哪些？各用什么符号表示？

3. 何谓塑性？衡量塑性的指标有哪些？各用什么符号表示？

4. 何谓硬度？常用的硬度试验法有哪三种？各用什么符号表示？

5. 常用的洛氏硬度标尺有哪三种？各适于测定哪些材料的硬度？

6. 有五种材料，它们的硬度分别为478HV，81 HRB，79 HRA，65HRC，474 HBW。试比较这五种材料硬度的高低。

7. 何谓金属的工艺性能？主要包括哪些内容？

8. 什么是铸铁？根据碳在铸铁中的存在形式铸铁可分为几类？

9. 可锻铸铁和球墨铸铁哪种适合铸造薄壁铸件？其原因是什么？

10. 碳素钢的分类方法有哪些？

11. 钢中常存元素有哪些？它们对钢的性能有何影响？

12. 合金结构钢按主要用途可以分为哪几类？举例说明应用。

13. 合金工具钢按主要用途可以分为哪几类？举例说明应用。

14. 不锈钢分哪几类？含碳量对不锈钢的性能有何影响？

15. 解释下列钢的牌号标识含义？说明其应用场合？

Q215-A，45，16Mn，08F，T12A，HT350，KTH330-08，QT400-15，RuT420，20CrMnTi，60Si2Mn，9SiCr，GCr15，ZGMn13，W18Cr4V，1Cr18Ni9

16. 钢的热处理要经过哪三个阶段？它们各自的目的如何？

17. 什么叫表面热处理？表面热处理如何分类？

18. 化学热处理都要通过哪三个阶段？

19. 试举例说明变形铝合金和铸造铝合金的性能特点。

20. 工程塑料的种类有哪些？其应用如何？

第 3 章　常用机构和机械传动

学习目标

1. 熟悉铰链四杆机构的组成、运动特点及应用；
2. 了解铰链四杆机构的演化形式及应用；
3. 了解平面四杆机构急回运动特性和死点位置的运动现象；
4. 了解凸轮机构的组成、特点及应用；
5. 学会分析从动件的运动规律；
6. 了解步进运动机构的种类及应用；
7. 了解带传动及链传动的工作原理、类型和应用；
8. 了解 V 带的结构和规格，熟悉 V 带轮的材料和结构；
9. 会正确安装、调试和维护 V 带传动及链传动；
10. 了解常用螺纹的类型、特点和应用；
11. 熟悉螺纹连接的主要形式、应用和防松方法；
12. 了解螺旋传动的类型和应用；
13. 了解摩擦轮传动及齿轮传动的类型、特点、工作过程和传动比；
14. 熟悉常用齿轮传动的应用场合；
15. 了解机械润滑的目的、润滑剂的作用、常用润滑剂及其选用和常用润滑方法；
16. 了解机械密封的目的和常用密封方式。

　　机械设计及机械产品离不开常用的各种机构，机器的运转离不开各类传动。机构只产生运动的转换，目的是传递或变换运动。机构的种类繁多，常见的有平面连杆机构、凸轮机构、步进运动机构等。现代工业中主要应用的传动方式有机械传动、液压传动、气动传动和电气传动等四种。其中，机械传动是一种最基本的传动方式，应用最普遍。

3.1　铰链四杆机构

　　平面连杆机构是低副机构。所有构件均在同一平面内运动或在相互平行的平面内运动的连杆机构称为平面连杆机构。由四个构件组成的平面连杆机构称为平面四杆机构，它是平面

连杆机构中最为常见的形式。若平面四杆机构中的低副全部都是转动副，则称其为铰链四杆机构，它是平面四杆机构的基本形式，其他形式的平面四杆机构都可看成是在它的基础上演化而成的。

3.1.1　机械常用名词

1. 机械常用名词术语

机械常用名词术语的含义见表 3-1。

表 3-1　机械常用名词术语的含义

名词	涵盖内容
机械	是机器和机构的统称
机器	① 是由构件组合而成的； ② 各构件间具有确定的相对运动； ③ 能代替人的劳动，完成有用的机械功或实现能量的转换
机构	① 是由构件组合而成的； ② 各构件间具有确定的相对运动
构件	是机器中独立的运动单元
零件	是机器中独立的制造单元

2. 运动副

机构的重要特征是构件之间具有确定的相对运动，为此必须对各个构件的运动加以必要的限制。在机构中，每个构件都以一定的方式与其他构件相互接触，二者之间形成一种可动的连接，从而使两个相互接触的构件之间的相对运动受到限制。两个构件之间的这种可动连接，称为运动副。

运动副是两构件直接接触组成的可动连接，它限制了两构件之间的某些相对运动，而又允许有另一些相对运动。

两构件组成运动副时，构件上能参与接触的点、线、面称为运动副元素。

根据运动副中两构件的接触形式不同，运动副可分为低副和高副。

运动副的分类及特征见表 3-2。

3.1.2　铰链四杆机构的应用特点

平面连杆机构是在各种机器中应用最为广泛的机构之一，特点显著，应用广泛。

（1）寿命较长

因为连杆机构以低副连接，接触表面为平面或圆柱面，压力小，且便于润滑，磨损较小，故寿命较长。

（2）易于制造

因连杆机构以杆件为主，结构简单，制造加工比较容易。

表 3-2　运动副的分类及特征

分类	图例	特征
低副	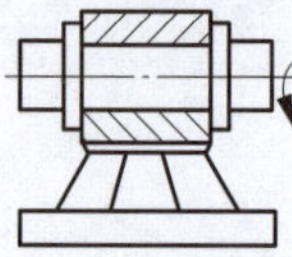 转动副 移动副 螺旋副	低副是指两构件以面接触的运动副。其容易制造和维修，承受载荷时单位面积压力较低（故称低副），低副比高副的承载能力大。低副属滑动摩擦，摩擦损失大，因而效率较低。此外，低副不能传递较复杂的运动
高副	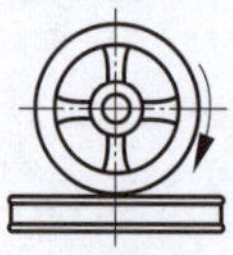 滚动副 凸轮副 齿轮副	高副是指两构件以点或线接触的运动副。其承受载荷时单位面积压力较高（故称高副），两构件接触处容易磨损，寿命短，制造和维修也较困难。高副的特点是能传递较复杂的运动

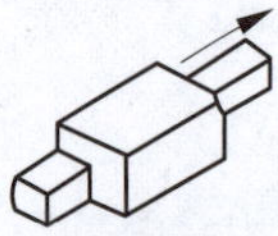

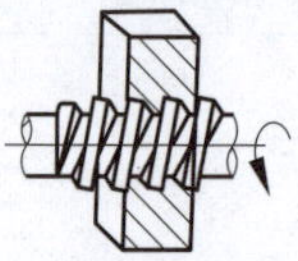

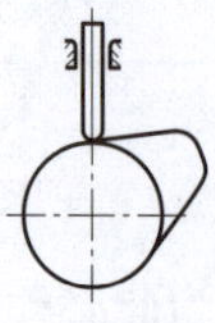

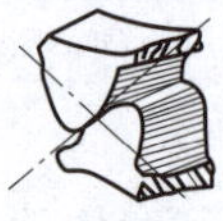

（3）可实现远距离操纵控制

因连杆易于做成较长的构件，所以可实现远距离操纵控制。

（4）可实现预定的运动轨迹或预定的运动规律

因为连杆机构中存在做平面运动的构件，其上各点的轨迹和运动规律丰富多样，所以连杆机构常常用来作为实现预定运动轨迹或预定运动规律的机构。

（5）缺点

连杆机构的设计计算比较复杂，所实现的运动规律往往精度也不高。

连杆机构由于具有以上特点，因而广泛应用于各种机械和仪表平面连杆机构。如：雷达天线俯仰角的调整机构，如图 3-1（a）所示；摄影车的升降机构，如图 3-1（b）所示；电风扇的摇头机构，如图 3-1（c）所示，以及颚式破碎机、回转油泵、拖拉机等机器中的传动或控制机构。

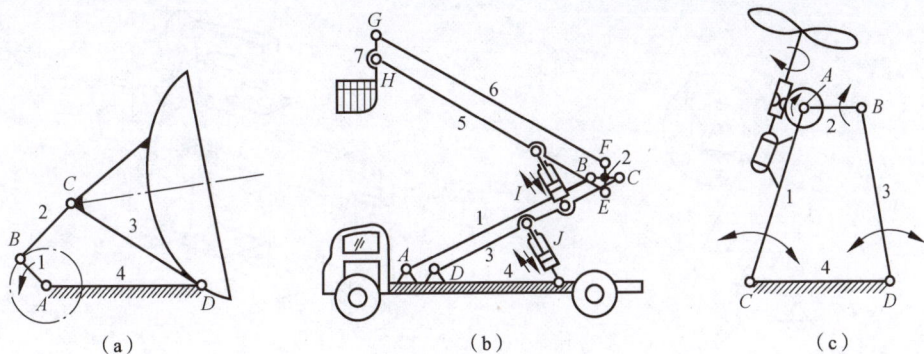

图 3-1　连杆机构应用实例

（a）雷达俯仰器；（b）摄影升降机构；（c）电扇摇头机构

3.1.3　铰链四杆机构的基本形式及应用

如图 3-2 所示铰链四杆机构中，杆 4 是机架，与机架相对的杆 2 称为连杆，与机架相连的杆 1 和杆 3 称为连架杆，在铰链四杆机构中能做整周回转运动的连架杆称为曲柄，不能做整周回转运动的连架杆称为摇杆。

根据两连架杆运动形式的不同，铰链四杆机构有三种基本形式。

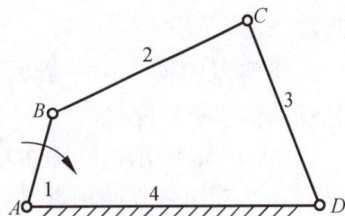

图 3-2　铰链四杆机构

1. 曲柄摇杆机构

曲柄摇杆机构——两连架杆中一个是曲柄、一个是摇杆的铰链四杆机构，运动原理如图 3-3 所示，当曲柄为原动件时，可将曲柄的连续转动转变为摇杆的往复摆动。

曲柄摇杆机构一般以曲柄为原动件做等速转动、摇杆为从动件做往复摆动。如图 3-1（a）所示雷达天线俯仰角调整机构及如图 3-4 所示的搅拌机构。在曲柄摇杆机构中也有以摇杆为原动件而曲柄作从动件的情况，如图 3-5 所示的脚踏砂轮机构和如图 3-6 所示的缝纫机踏板机构等。

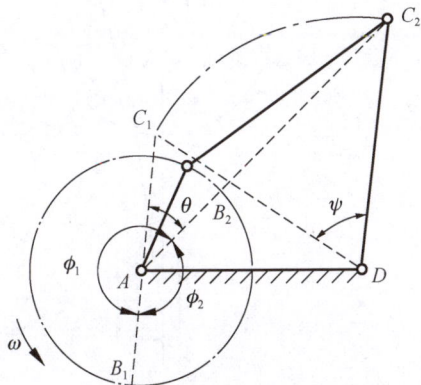

图 3-3　曲柄摇杆机构

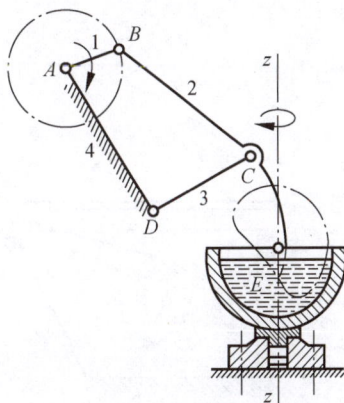

图 3-4　搅拌机构

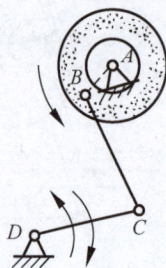

图 3-5 脚踏砂轮机构

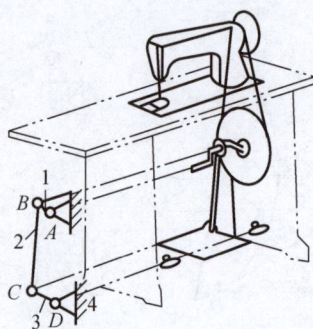

图 3-6 缝纫机踏板机构

2. 双曲柄机构

两连架杆均为曲柄的铰链四杆机构称为双曲柄机构。当原动曲柄连续转动时，从动曲柄也做连续转动，图 3-7 所示为不等双曲柄机构运动原理图。

不等双曲柄机构一般原动曲柄做等速转动，从动曲柄做变速转动。

如图 3-8 所示惯性筛机构正是利用从动曲柄做变速运动而带动筛子做变速运动，使颗粒物料因惯性作用而达到分筛的目的。

图 3-9 所示为插床的主运动机构运动简图，主动曲柄 AB 做等速回转时，连杆 BC 带动从动曲柄构件 CDE 做周期性变速回转，再通过构件 EF 使滑块带动插刀做上下往复运动，实现慢速工作行程（下插）和快速退刀行程的工作要求。

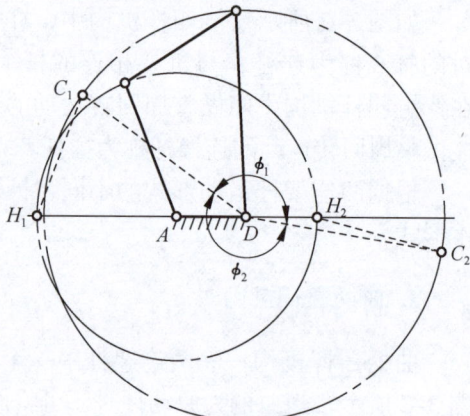

图 3-7 不等双曲柄机构

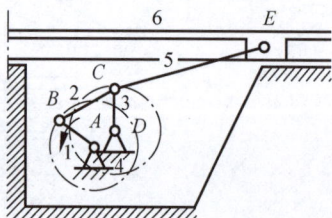

图 3-8 惯性筛机构

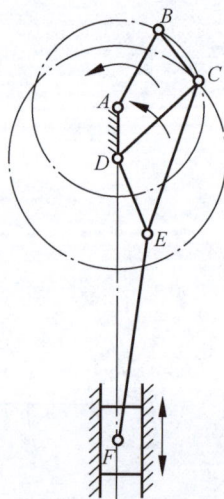

图 3-9 插床的主运动机构

当连杆与机架的长度相等且两个曲柄长度相等时，若曲柄转向相同，则称为平行四边形机构，如图 3-10（a）所示；若曲柄转向不同，则称为反向平行双曲柄机构，简称反向双曲柄机构，如图 3-10（b）所示。

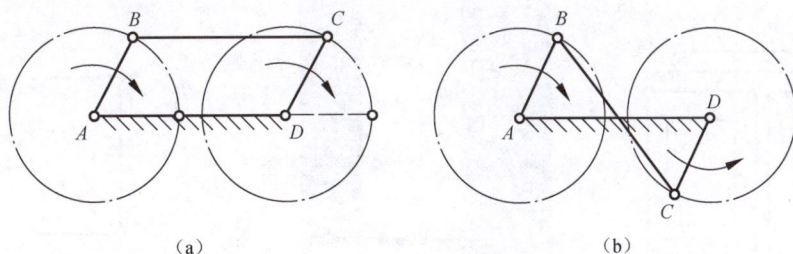

（a）　　　　　　　　　　　　　　（b）

图 3-10　等长双曲柄机构

（a）平行四边形机构；（b）反向平行双曲柄机构

平行四边形机构的运动特点是：两曲柄的回转方向相同，角速度相等。反向平行双曲柄机构的运动特点是：两曲柄的回转方向相反，角速度不等。

平行四边形机构在运动过程中，主动曲柄 AB 如图 3-11 每回转一周，两曲柄与连杆 BC 出现两次共线，此时会产生从动曲柄 CD 运动的不确定现象。为消除这种运动不确定现象，可采取三种措施：

① 依靠构件本身的质量或附加一转动惯量较大的飞轮，依靠其惯性作用来导向；

② 添加辅助构件；

③ 采用多组机构错列等形式，如图 3-12 所示的机车车辆机构。

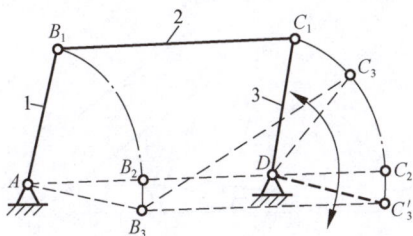

图 3-11　平行四边形机构的运动不确定性

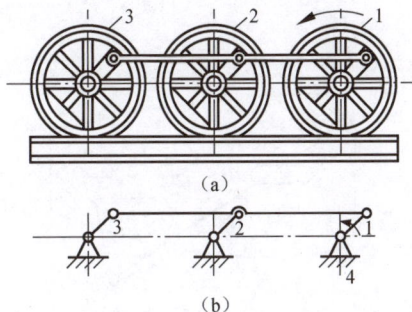

（a）

（b）

图 3-12　机车车辆机构

图 3-13 所示为车门启闭机构，采用的是反向平行双曲柄机构。当主动曲柄 AB 转动时，通过连杆 BC 使从动曲柄 CD 反向转动，从而保证了两扇车门的同时开启和关闭至各自的预定位置。

3. 双摇杆机构

两连架杆均为摇杆的四杆机构称为双摇杆机构，运动原理如图 3-14 所示。双摇杆机构常用于操纵机构、仪表机构等。如图 3-15（a）所示的港口起重机变幅机构、图 3-15（b）所示的汽车前轮转向机构、图 3-15（c）所示的飞机起落架收放机构及图 3-15（d）所示自动翻斗车等，这些都是双摇杆机构的应用实例。

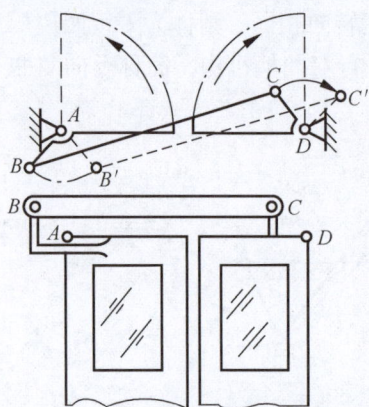

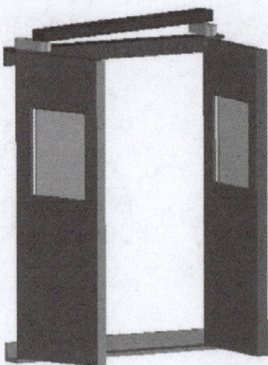

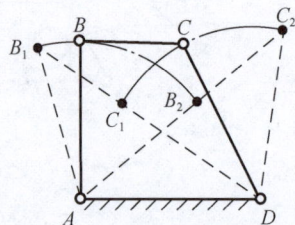

图 3-13　车门启闭机构　　　　　　　　图 3-14　双摇杆机构运动原理

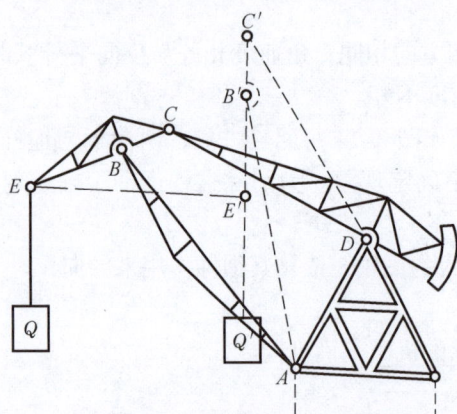

（a）

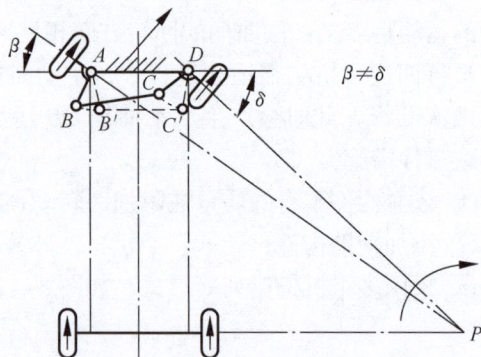

（b）

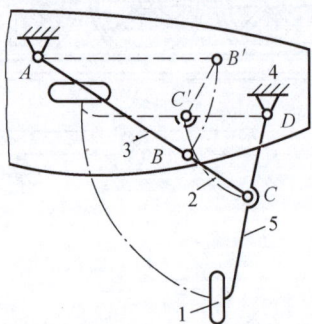

（c）

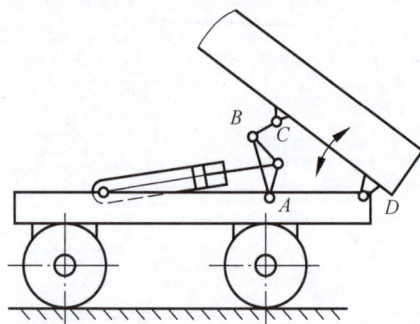

（d）

1—主动摇杆；2—机架；3—连杆；4—从动摇杆；5—着陆轮

图 3-15　双摇杆机构应用实例

（a）鹤式起重机；（b）汽车前轮转向机构；（c）飞机起落架收放机构；（d）自动翻斗车

3.1.4　铰链四杆机构的演化及应用

　　工程实际中，平面四杆机构的形式多种多样，但其中绝大多数是在铰链四杆机构的基础上发展演化而来的，这说明各种平面四杆机构甚至多杆机构之间是有内在联系的。

1. 曲柄滑块机构

在图 3-16（a）所示的曲柄摇杆机构中，摇杆 3 上 C 点的轨迹是以 D 为圆心、CD 为半径的圆弧。现将转动副 D 的半径扩大，并在机架 3 上做出弧形槽，杆 3 做成与弧形槽相配合的弧形滑块，如图 3-16（b）所示。此时，尽管转动副 D 的外形改变了，但机构的相对运动性质未变。若将弧形槽的半径增至无穷大，即转动副 D 的中心移至无穷远处，此时弧形槽变成了直槽，弧形滑块变成了平面滑块，滑块 3 上 C 点的轨迹变成了直线，转动副 D 也就演化成了移动副，如图 3-16（c）所示，机构的相对运动性质也发生了变化。通过这样的转变后所得到的机构叫作曲柄滑块机构。

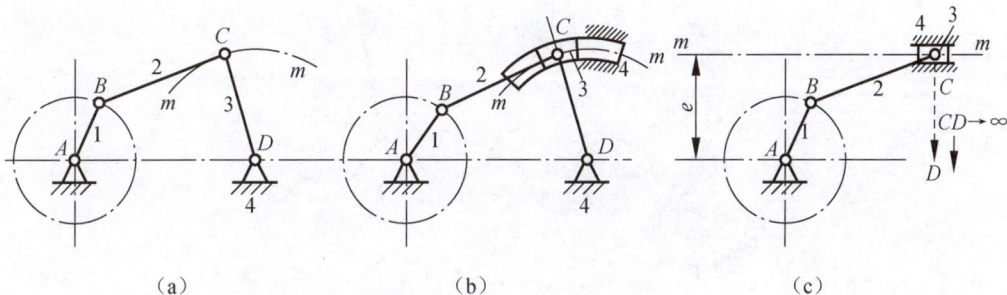

图 3-16　曲柄滑块机构的演化

在图 3-16（c）中，由于滑块的移动路线不通过曲柄的转动中心 A，故称为偏置曲柄滑块机构，滑块移动导路线至曲柄的转动中心 A 的垂直距离称为偏距 e。当 e=0 时，滑块移动导路线通过曲柄的转动中心，称为对心曲柄滑块机构，如图 3-17 所示。曲柄滑块机构广泛应用于压力机、往复泵和压缩机等装置中。

图 3-18 所示为内燃机中的曲柄滑块机构。活塞（即滑块）的往复直线运动通过连杆转换成曲轴（即曲柄）

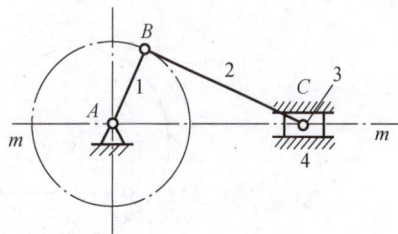

图 3-17　对心曲柄滑块机构

的连续回转运动。由于滑块为主动件，因此该机构存在两个死点位置（俗称上死点和下死点）。对于单缸工作的内燃机，如手扶拖拉机用的柴油机，通常采用附加飞轮，利用惯性来使曲轴顺利通过死点位置；对于多缸工作的内燃机，如汽车发动机、船用柴油机和活塞式航空发动机等，通常采用错列各缸的曲柄滑块机构的方式。

当要求滑块的行程 H 很小时，曲柄长度必须很小。此时，出于结构的需要，常将曲柄做成偏心轮，用偏心轮的偏心距 e 来替代曲柄的长度，曲柄滑块机构演化成偏心轮机构，如图 3-19 所示。在偏心轮机构中，滑块的行程等于偏心距的两倍，即 $H=2e$。在偏心轮机构中，只能以偏心轮为主动件。

2. 导杆机构

导杆机构可看成是改变曲柄滑块机构中的不同固定构件演化而来的。如图 3-20（a）所示的曲柄滑块机构，若改取杆 1 为固定构件，即得导杆机构。杆 4 称为导杆，滑块 3 相对

导杆滑动并一起绕 A 点转动。通常取杆 2 为原动件。如图 3-20（b）所示，有两种情况：当 $L_1<L_2$ 时，杆 2 和杆 4 均可做整周回转，称为转动导杆机构；当 $L_1>L_2$ 时，杆 4 只能往复摆动，称为摆动导杆机构。此外还可以固定杆 2 或滑块，固定滑块形式称为固定滑块机构，如图 2-20（d）所示。

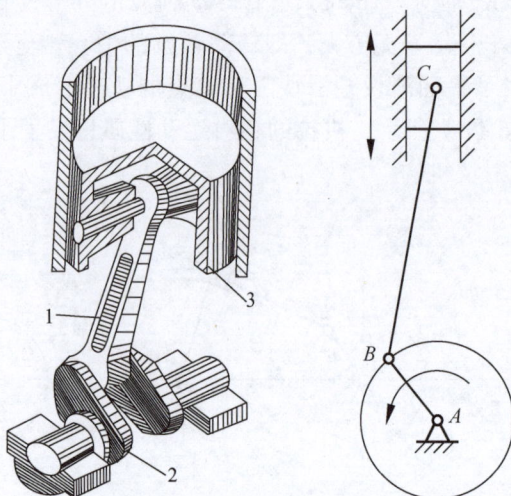

1—连杆；2—曲轴（曲柄）；3—活塞（滑块）

图 3-18　内燃机中的曲柄滑块机构

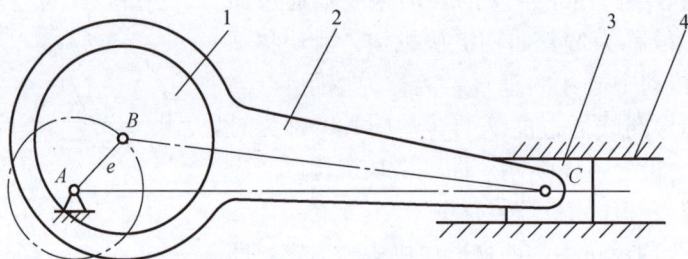

1—偏心轮；2—连杆；3—滑块；4—机架

图 3-19　偏心轮机构

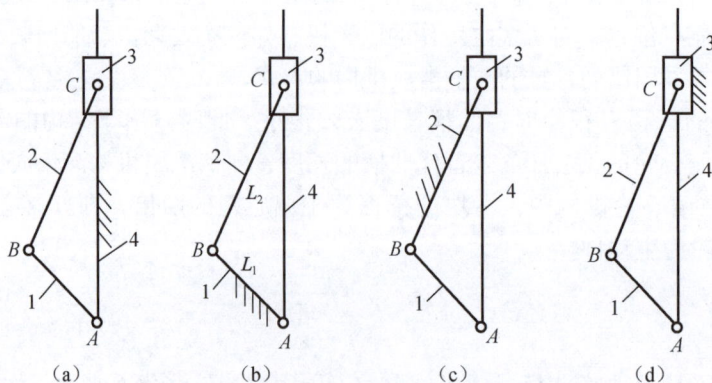

（a）　　　　（b）　　　　（c）　　　　（d）

图 3-20　曲柄滑块机构的演化

导杆机构具有很好的传力性能,广泛应用于回转式油泵(如图 3-21 所示)、牛头刨床(如图 3-22 所示)及插床等机器中。

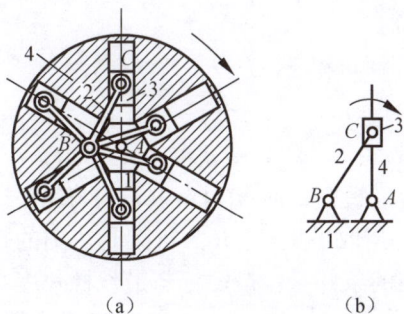

图 3-21　回转式油泵机构

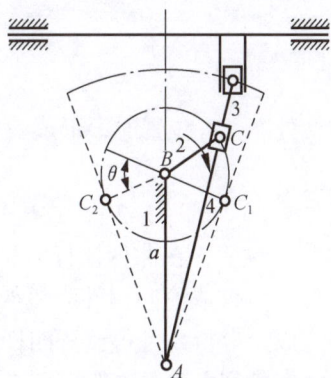

图 3-22　牛头刨床机构

若取杆 2 为机架,如图 3-20(c)所示,则应用于卡车自动卸料机构(如图 3-23 所示)、插齿机(如图 3-24 所示)及摆缸式原动机等机器中。

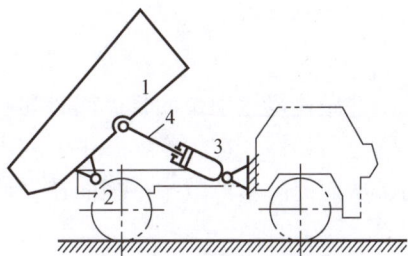

图 3-23　自动卸料机构

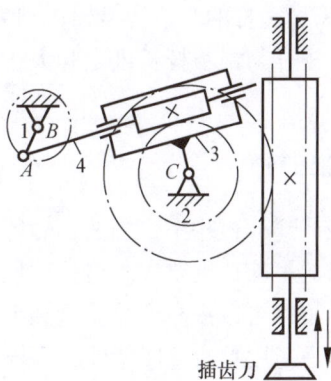

图 3-24　插齿机

3.1.5　铰链四杆机构的运动特性

1. 曲柄存在的条件

铰链四杆机构中是否存在曲柄,取决于机构中各杆的相对长度和机架的选择。如图 3-25 所示的铰链四杆机构,杆 1 是曲柄,杆 2 为连杆,杆 3 为摇杆,机构 4 为机架,以 a、b、c、d 分别代表杆 1、2、3、4 的长度。为保证杆 1 成为曲柄且能做整周的回转运动,必须要求杆 1 能顺利通过 AB_1 和 AB_2 两个位置。

当曲柄处于 AB_1 位置时,形成三角形 AC_1D,

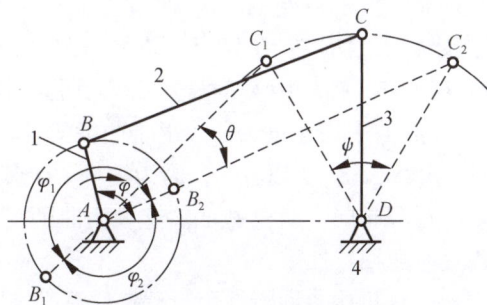

图 3-25　四杆机构曲柄存在的条件

根据三角形任意两边之和必大于（极限情况下等于）第三边的定理可得：

$$d \leqslant b-a+c$$

$$c \leqslant b-a+d$$

即

$$a+d \leqslant b+c \qquad\qquad (3-1)$$

$$a+c \leqslant b+d \qquad\qquad (3-2)$$

当曲柄处于 AB_2 位置时，形成三角形 AC_2D，同样可得：

$$a+b \leqslant c+d \qquad\qquad (3-3)$$

由式（3-1）、式（3-2）、式（3-3）式可知：$a \leqslant b$，$a \leqslant c$，$a \leqslant d$。

上述关系说明，在曲柄摇杆机构中曲柄 AB 为最短杆，而 BC 杆、CD 杆和 AD 杆中必有一个最长杆。考虑取不同构件为机架的演化原理，当取最短杆 AB 为机架时得到的是双曲柄机构。综合以上分析，可得铰链四杆机构曲柄存在的条件是：最短杆与最长杆长度之和小于等于其余两杆长度之和；连架杆和机架中，必有一个是最短杆。

结论：

若铰链四杆机构满足最短杆与最长杆长度之和小于等于其余两杆长度之和的条件，且

① 以最短杆为机架，则为双曲柄机构；

② 以最短杆的邻边为机架，则为曲柄摇杆机构；

③ 以最短杆的对边为机架，则为双摇杆机构。

若最短杆与最长杆长度之和大于其余两杆长度之和，则不论以何杆作为机架，都为双摇杆机构。

2. 急回特性

在某些连杆机构中，当曲柄做等速转动时，从动件做往复运动，而且返回时的平均速度比前进时的平均速度要大，这种性质称为连杆机构的急回特性。在生产实际中，利用连杆机构的急回特性可以提高产品质量和缩短非生产时间，从而提高生产效率，因而在设计各种机器时常考虑采用具有急回特性的连杆机构。

如图 3-26 所示的曲柄摇杆机构，在原动件曲柄 AB 做等速转动一周的过程中，它与连杆 BC 应两次共线，此时从动件摇杆 CD 分别位于两极限位置 C_1D 和 C_2D，在此两极限位置时曲柄相应两个位置所夹的锐角称为极位夹角，以 θ 表示。

当曲柄顺时针从 AB_1 转到 AB_2 位置时，转过角度 $\varphi_1=180°+\theta$，摇杆由 C_1D 摆至 C_2D，所需时间为 t_1，C 点的平均速度为 v_1。当曲柄顺时针从 AB_2 转到 AB_1 位置时，转过角度 $\varphi_2=180°-\theta$，摇杆由 C_2D 摆至 C_1D，所需时间为 t_2，C 点的平均速度为 v_2。由于曲柄等速转动，且 φ_1 大于 φ_2，所以 $t_1>t_2$，因为摇杆 CD 来回摆动的行程相同，所以 $v_2>v_1$。这说明曲柄摇杆机构具有急回特性。

连杆机构急回特性用行程速比系数 K 来表示，即

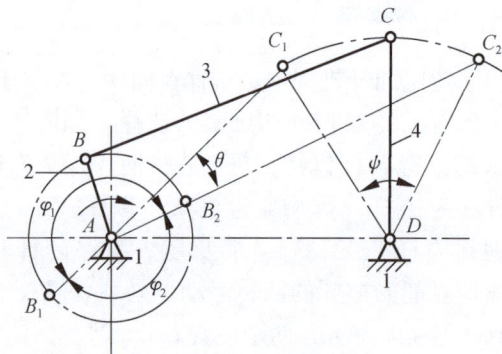

图 3-26　曲柄摇杆机构

$$K=\frac{\text{从动件空回行程平均速度}}{\text{从动件工作行程平均速度}}=\frac{v_2}{v_1}=\frac{t_1}{t_2}=\frac{\varphi_1}{\varphi_2}=\frac{180°+\theta}{180°-\theta} \tag{3-4}$$

式（3-4）经变形后可得

$$\theta=180°\frac{K-1}{K+1} \tag{3-5}$$

由式（3-5）可见，连杆机构的急回特性取决于急位夹角 θ 的大小，θ 角越大，K 值越大，机构的急回程度越高，若 $\theta=0°$，则 $K=1$，机构无急回特性。

对其他连杆机构，如图 3-27 所示，图（a）为对心曲柄滑块机构，极位夹角为零，所以无急回特性；图（b）为偏置曲柄滑块机构，因极位夹角 $\theta\neq0°$，所以有急回特性；图（c）为导杆机构，其极位夹角 θ 等于导杆摆角 ψ，不可能等于零，所以有急回特性。

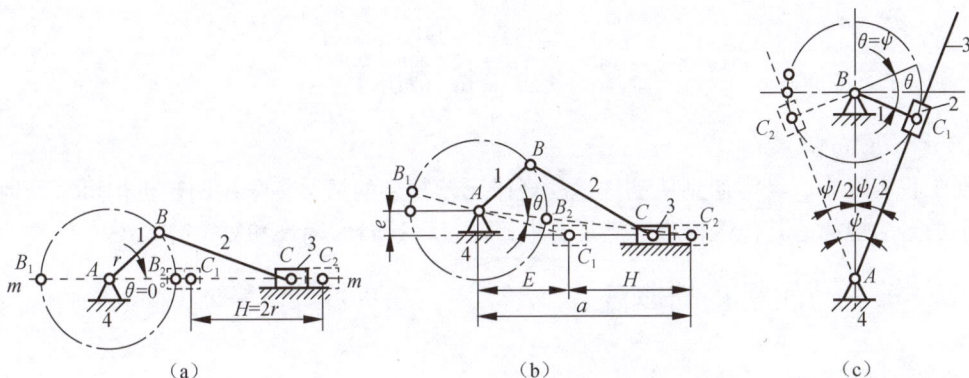

图 3-27　其他连杆机构的急回特性

（a）对心曲柄滑块机构；（b）偏置曲柄滑块机构；（c）导杆机构

3. 死点

机构出现运动不定向或卡死现象的点称为死点。

四杆机构中是否存在死点，取决于从动件是否与连杆共线。对曲柄摇杆机构，若以曲柄为原动件，因连杆与从动摇杆无共线位置，故不存在死点；若以摇杆为原动件，因连杆与从动曲柄有共线位置，故存在死点。

从传动的角度来看，机构中存在死点是不利的，因为这时从动件会出现卡死或运动不确定的现象，如缝纫机踏不动或倒车，如图 3-28 所示。为克服死点对传动的不利影响，应采取相应措施使需要连续运转的机器顺利通过死点。比如在机器上加装惯性较大的飞轮，利用惯性来通过死点（如缝纫机）或利用错位排列的方法通过死点。

工程上有时也利用死点来实现一定的工作要求。如图 3-29 所示夹具，工件被夹紧后 BCD 成一条直线，此时夹紧机构处于死点位置，即使工件反力很大也不能使夹紧机构反转，使工件的夹紧牢固可靠。再如图 3-30 所示的折叠椅也是利用死点位置来承受外力。

图 3-28　缝纫机脚踏机构

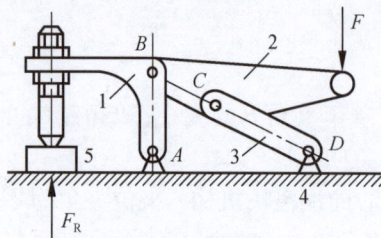

图 3-29　夹具

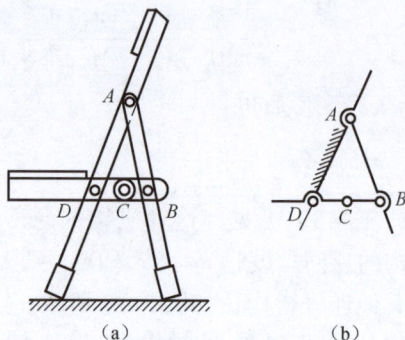

（a）　　　　　　　（b）

图 3-30　折叠椅

3.2　凸 轮 机 构

在工程实际中，经常遇到从动件运动规律比较复杂的情况，采用凸轮机构可精确地实现所要求的运动规律。其他机构难以满足要求，而且设计较为困难和复杂。

3.2.1　凸轮机构的概述

1. 凸轮机构的特点

凸轮机构一般由凸轮、从动件和机架 3 个构件组成。通常凸轮为原动件，做连续等速转动，从动件（如推杆或摆杆）按预定规律做往复移动或摆动，其特点有：

① 结构简单、紧凑。

② 设计方便。只需要设计出适当的凸轮轮廓，就可使从动件实现任何预期的运动规律。

③ 易磨损。因为凸轮副是高副，容易磨损，故凸轮机构主要用于传递动力不大的场合。

图 3-31 所示为内燃机的配气机构，原动件凸轮 1 做匀速转动时，通过其向径的变化驱使从动件阀杆 2 按预期运动规律做上下往复运动，从而实现气阀的开启和关闭。

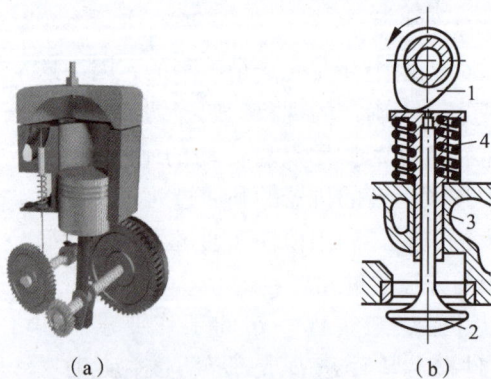

（a）　　　　　　　（b）

1—凸轮；2—阀杆；3—机架；4—弹簧

图 3-31　内燃机的配气机构

（a）实物图；（b）机械图

2. 凸轮机构的分类

凸轮机构的类型很多，通常可按凸轮的形状、从动件端部的结构、从动件的运动形式等分类。凸轮机构按凸轮的形状分类说明见表 3-3。

表 3-3　凸轮机构按凸轮的形状分类

名称	图例	特性
盘形凸轮		绕固定轴线转动，并具有半径变化的盘形零件
移动凸轮	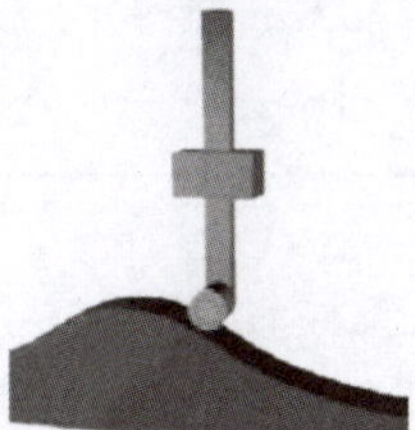	回转中心趋于无穷远，凸轮沿机架做直线运动
圆柱凸轮		空间凸轮的一种形式

按照从动件端部的结构分类可分为尖顶从动件、滚子从动件和平底从动件三种，见表 3-4。

表 3-4　凸轮机构按照从动件端部的结构分类

名称	图例	特性
尖顶从动件		尖顶从动件能与任意复杂的凸轮轮廓曲线保持接触，可以实现复杂的运动规律，而且结构简单。但尖顶容易磨损，只用于低速、轻载的场合

名称	图例	特性
滚子从动件		滚子与从动件之间的相对转动是一个局部自由度，它改善了从动件与凸轮轮廓曲线间的接触状况，使滑动摩擦变成滚动摩擦，减少了磨损。因此，滚子从动件可承受较大的载荷，应用较广
平底从动件		这种从动件的结构简单，在一定的条件下与凸轮轮廓曲线接触处容易形成润滑油膜，传动效率较高，而且传力性能较好，常用于高速场合

3.2.2　凸轮机构的运动分析

在凸轮机构中，从动件的运动是由凸轮轮廓曲线的形状决定的。进行凸轮机构运动分析的目的在于分析从动件的运动规律，即从动件的位移 s、速度 v 和加速度 a。

1. 凸轮机构的运动过程

要研究凸轮机构的运动过程首先要熟悉凸轮机构的如下相关概念：

① 基圆：以凸轮理论轮廓上最小向径为半径所画的圆。如图 3-32、图 3-33 所示的 r_{min} 为基圆半径。

② 偏距 e：从动件导路偏离凸轮回转中心的距离。如图 3-33 所示中的 e，如是对心凸轮机构，则偏距为零。

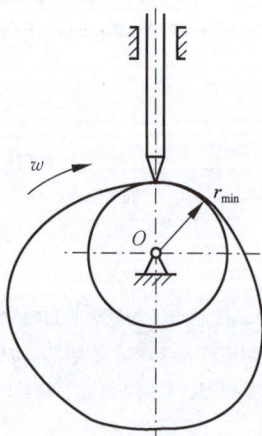

图 3-32　对心凸轮机构

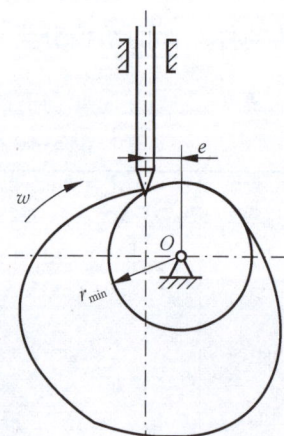

图 3-33　偏置凸轮机构

③ 推程：从动件尖顶被凸轮轮廓推动，以一定的运动规律由离回转中心最近位置 A 到达最远位置 B 的过程，如图 3-34 所示。

④ 行程：从动件在推程中所走过的距离 h，如图 3-34 所示。

⑤ 推程运动角：与推程相对应的凸轮转角 δ_t，如图 3-34 所示。

⑥ 远休止角：从动件在最远位置停止不动所对应的凸轮转角 δ_s，如图 3-34 所示。

⑦ 回程：从动件在弹簧力或重力作用下，以一定的运动规律回到起始位置的过程。

⑧ 回程运动角：与回程相对应的凸轮转角 δ_h，如图 3-34 所示。

⑨ 近休止角：从动件在最近位置停止不动所对应的凸轮转角 $\delta_{s'}$，如图 3-34 所示。

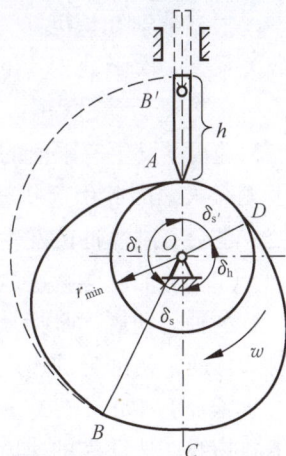

图 3-34　凸轮机构运动图

2. 从动件的位移曲线

由于凸轮以等角速度 ω 做等速转动，以纵坐标代表从动件位移 s_2，横坐标代表凸轮转角 δ_1 或 t，所画出的位移与转角之间的关系曲线，如图 3-35 所示。

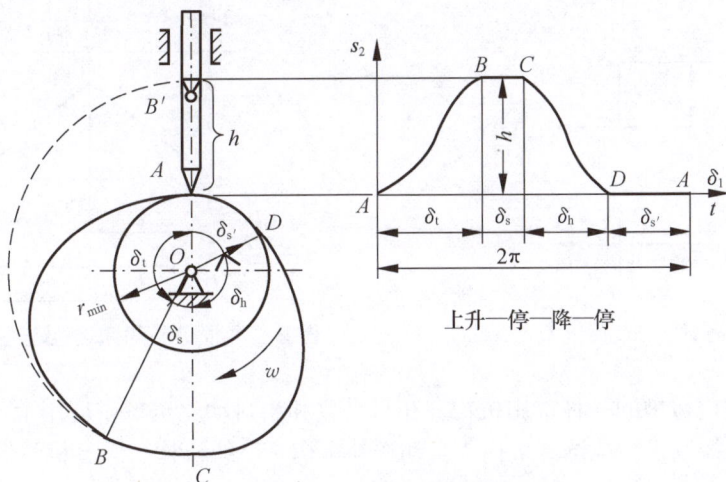

图 3-35　从动件的位移曲线

从动件的运动规律是指在推程和回程中，从动件的位移、速度、加速度随凸轮转角或时间变化的规律。

3. 从动件常用的运动规律

根据凸轮机构的运动分析，从动件常用的运动规律有等速运动、等加速等减速运动和余弦加速度运动等。

（1）等速运动规律

从动件的运动速度 v 为常数时的运动规律，称为等速运动规律，如图 3-36 所示。在从动件运动的起点和终点处，从动件的瞬时速度发生变化。

根据数学知识可知，由于速度 v 为常数，因此从动件的位移 s 与凸轮的转角 δ 之间的函数关系是一次函数，其位移曲线是一条斜直线。

在等速运动过程中，由于速度 v 为常数，因此加速度 $a=0$。但是从动件在等速运动的起点，速度 v 发生有限值的突变，即从 0 立即达到某常数值，从而使得瞬时加速度在理论上趋于无穷大，因此引起机构的强烈冲击，这种现象称为刚性冲击。同样，在等速运动的终点处，也会有刚性冲击发生。

（2）等加速等减速运动规律

这种运动规律是指从动件在一个行程中，前半行程做等加速运动，后半行程做等减速运动，且通常两部分加速度的绝对值相等，属于柔性冲击，加速度发生有限值的突变（适用于中速场合），如图 3-37 所示。从动件的位移 s 与凸轮的转角 φ 之间的函数是二次函数，是一条抛物线；从动件的速度 v 与凸轮的转角 φ 之间的函数关系是一次函数，是一条斜直线；加速度为常数。

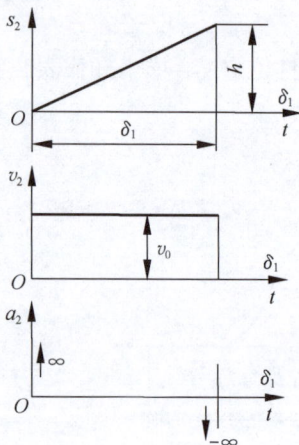

图 3-36 等速运动规律线图

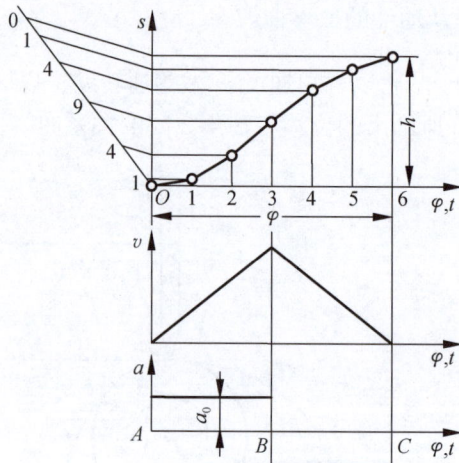

图 3-37 等加速等减速运动规律线图

凸轮机构是机械中的一种常用机构，在自动化和半自动化机械中应用十分广泛。其主要用于受力不大的控制机构或调节机构、自动送料机构、绕线机构、录音机卷带机构等。

3.3 步进运动机构

在机器工作的时候，常常需要将主动件的连续运动变换为从动件的周期性的运动和停歇。如机械加工中成品或工件的输送运动，各种机器工作台的转位运动等。这种能够实现单向周期性间歇运动的机构，称为步进运动机构。本节将介绍应用广泛的棘轮机构和槽轮机构。

3.3.1　棘轮机构

1. 棘轮机构的组成

图 3-38（a）所示为一种典型的外啮合齿式棘轮机构，在机械传动系统中经常使用。它主要由摇杆 3、棘爪 4、棘轮 5 和机架 6 所组成。棘轮 5 与机构的输出轴 O 固连；摇杆 3 空套在机构的输出轴 O 上，并可绕轴 O 往复摆动；而棘爪 4 用转动副铰接在摇杆 3 上。此外，机构中有时还设有弹簧 7 和制动棘爪 8。

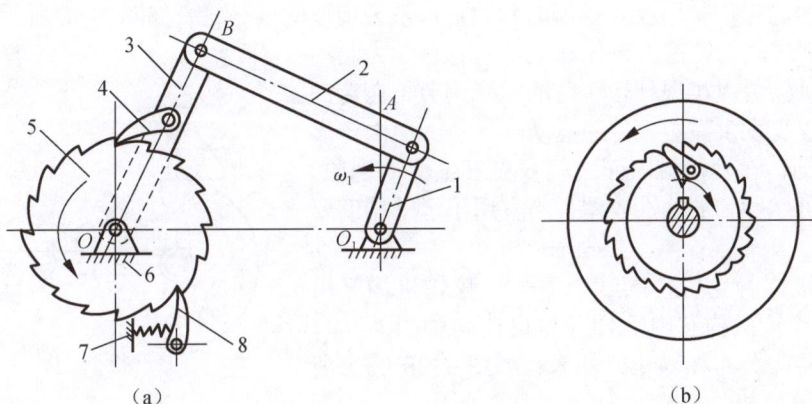

1—曲柄；2—连架杆；3—摇杆；4—棘爪；5—棘轮；6—机架；7—弹簧；8—制动棘爪

图 3-38　齿式棘轮机构

（a）棘轮机构；（b）棘轮

2. 棘轮机构的工作原理

在棘轮机构中，一般棘爪为主动件，棘轮为从动件。棘爪可由曲柄摇杆机构、凸轮机构、齿轮齿条机构等推动。

如图 3-38（a）所示的棘轮机构是通过曲柄摇杆机构来推动棘爪运动的。在曲柄摇杆机构中，曲柄 1 做匀速连续的转动，而摇杆 3 则做往复摆动。当摇杆 3 逆时针方向摆动时，棘爪 4 插入棘轮的齿槽内，推动棘轮逆时针转过一定的角度，此时制动棘爪 8 在棘轮的齿上滑过。而当摇杆顺时针方向摆动时，棘爪在棘轮的齿上滑过并落入棘轮的下一个齿槽内。同时在弹簧 7 的作用下，制动棘爪 8 插在棘轮的齿槽中，阻止棘轮顺时针方向转动，因此棘轮静止不动。这样，当摇杆做连续的往复摆动时，可以使棘轮实现单向的间歇运动。为了保证制动棘爪 8 工作可靠，通常利用弹簧 7 使其与棘轮 5 保持接触。如果需要棘轮做双向的间歇运动，可以把棘轮的轮齿做成矩形，棘爪做成可翻转的结构，如图 3-39 所示。

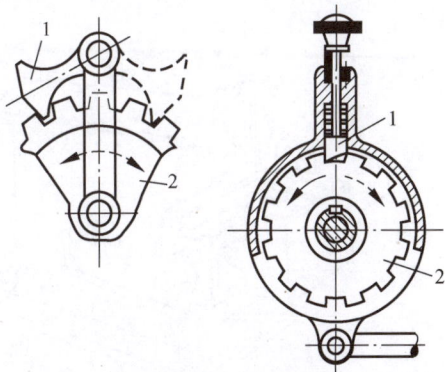

1—棘爪；2—棘轮

图 3-39　双向棘轮机构

当棘爪 1 位于实线位置时，摇杆将推动棘轮沿逆时针方向做单向间歇运动；当把棘爪 1 绕销轴转过 180° 时，棘轮 2 将沿顺时针方向做单向间歇运动。

3. 棘轮机构的分类及特点

棘轮机构可分为齿式棘轮机构和摩擦式棘轮机构。在齿式棘轮机构中，棘轮外缘或内缘上具有刚性轮齿，依靠棘爪与棘轮齿间的啮合传递运动，如图 3-38 所示。这种棘轮机构的结构简单、制造方便、运动可靠，且棘轮的转角可以在一定的范围内有级调节。但在运动开始和终止时，会产生噪声和冲击，运动的平稳性较差，轮齿容易磨损，高速时尤其严重。因此，常用于低速、轻载和转角要求不大的场合。

摩擦式棘轮机构采用没有棘齿的棘轮，棘爪为扇形的偏心轮，如图 3-40 所示。其依靠棘爪 1 与棘轮 2 之间的摩擦力来传递运动，棘爪 3 为制动棘爪。这种机构可以实现棘轮转角的无级调节，在传动的过程中，很少发生噪声，传递运动较平稳。但由于靠摩擦楔紧传动，在其接触表面之间容易发生滑动现象，因而运动的可靠性和准确性较差，不宜用于运动精度要求高的场合。

另外，根据棘轮机构的啮合方式，棘轮机构又可分为外啮合棘轮机构和内啮合棘轮机构两种。外啮合棘轮机构的轮齿分布在棘轮的外缘，如图 3-38（a）所示；内啮合棘轮机构的轮齿分布在棘轮的内缘，如图 3-38（b）所示。工程实际中常用外啮合齿式棘轮机构。

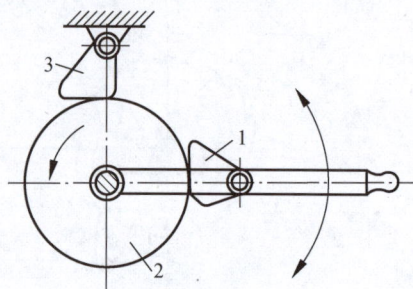

1，3—棘爪；2—棘轮

图 3-40　摩擦式棘轮机构

4. 棘轮机构的应用实例

在生产中，棘轮机构的单向间歇运动的特性可满足多种要求。

图 3-41 所示为牛头刨床上用于控制工作台横向进给的齿式棘轮机构。当主动曲柄 1 转动时，摇杆 3 做往复摆动，通过棘爪使棘轮做单向间歇运动，从而带动工作台 4 做横向进给运动。

棘轮机构除了能够实现间歇运动外，还能实现超越运动。图 3-42 所示为自行车后轴上的飞轮机构，这是一种典型的超越机构。

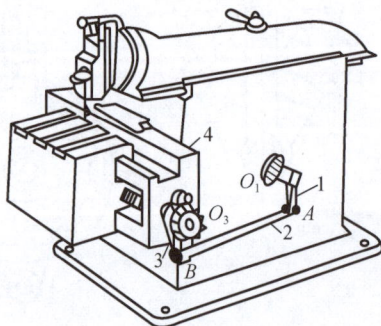

1—曲柄；2—连架杆；3—摇杆；4—工作台

图 3-41　牛头刨床工作台横向进给机构

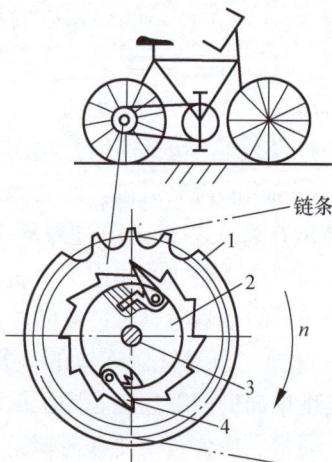

1—内齿棘轮；2—后轮轴；3—轴心；4—棘爪

图 3-42　自行车后轴上的飞轮超越机构

当脚蹬踏板时，链条带动内圈具有棘齿的链轮 1 顺时针转动。通过棘爪 4 的作用，带动后轮轴 2 一起做顺时针转动，从而驱使自行车前进。在前进的过程中，如果脚不蹬踏板，则踏板不动，链轮也就停止转动。这时，由于惯性的作用，后轮轴 2 带动棘爪 4 从棘轮的齿上滑过，使得后轮轴 2 超越链轮 1 而继续转动，这种运动称为超越运动。因此，在不蹬踏板的时候，自行车仍能自由地滑行，从而实现了超越运动。

棘轮机构还可以起到制动的作用。在一些起重设备或牵引设备中，经常用棘轮机构作为制动器，以防止机构的逆转。图 3-43 所示为起重机的棘轮制动器。在提升重物的过程中，由于设备故障或意外停电等原因造成动力源被切断，此时，棘爪插入棘轮的齿槽中，制止棘轮在重物作用下的顺时针转动，使得重物停留在这个瞬时位置上，从而防止重物坠落而造成事故。

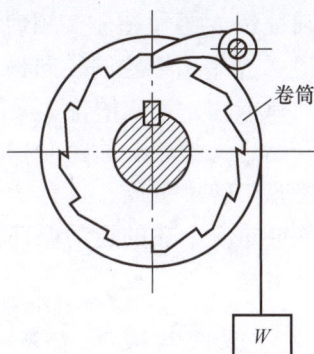

图 3-43　棘轮制动器

当重物提升到任何需要的高度位置时，为了节省能源，也可以人为地切断动力源而保持重物不动。

此外，棘轮机构在钟表机构以及电器设备中，也得到了广泛的应用。

3.3.2　槽轮机构

1. 槽轮机构的组成

图 3-44 所示为单圆柱销外啮合槽轮机构，它由带有圆柱销 A 的拨盘 1、具有径向槽的槽轮 2 和机架所组成。

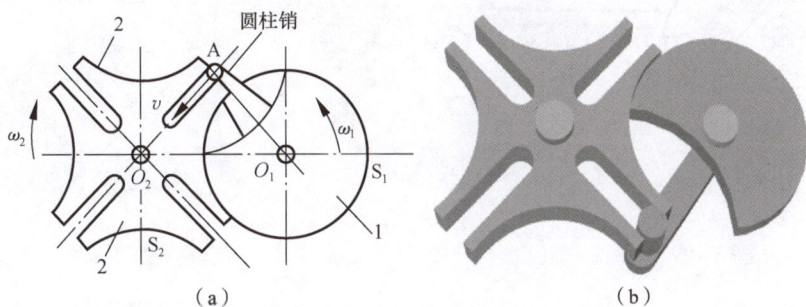

1—拨盘；2—槽轮

图 3-44　单圆柱销外啮合槽轮机构

（a）原理图；（b）实物图

2. 槽轮机构的工作原理

如图 3-44（a）所示，在槽轮机构中，通常拨盘 1 为主动件，槽轮 2 为从动件。当拨盘 1 以等角速度 ω_1 做逆时针的连续转动时，驱动槽轮 2 做反向间歇运动。当拨盘 1 上的圆柱销 A 尚未进入槽轮的径向槽时，槽轮 2 的内凹锁止弧被拨盘 1 的外凸圆弧 S_1 卡住，槽轮 2 静止不动。拨盘 1 的圆柱销 A 开始进入槽轮 2 的径向槽，此时锁止弧 S_2 被松开，圆柱销 A 驱使槽轮 2 顺时针转动。当拨盘 1 与槽轮各自转过角度 $2\varphi_1$ 和 $2\varphi_2$ 之后，圆柱销 A 开始从槽轮的径向槽中脱出。此时，槽轮 2 的下一个内凹锁止弧又被拨盘 1 的外凸圆弧卡住，致使槽轮 2 又静止不动。圆柱销 A 继续转过一个角度，拨盘 1 的圆柱销 A 又开始进入槽轮 2 的径向槽，此时锁止弧 S_2 又被松开，圆柱销 A 驱使槽轮 2 顺时针转动，拨盘 1 转过一周，这称为一个运动循环。当圆柱销 A 再进入槽轮 2 的下一个径向槽时，又会重复上述的运动循环。这样，拨盘 1 的连续等速转动就转换为槽轮的单向周期性间歇运动。

3. 槽轮机构的类型及特点

（1）根据啮合情况分类

根据啮合的情况，槽轮机构可分为外啮合和内啮合两种类型。在外啮合槽轮机构中，如图 3-44 所示，主动件的转动方向与从动件的转动方向相反；在内啮合的槽轮机构中，如图 3-45 所示，两个构件的转动方向相同，而且内啮合槽轮机构的结构比较紧凑。

（2）根据圆柱销数分类

圆柱销可以是一个，也可以是多个。在单圆柱销槽轮机构中，拨盘转动一周，槽轮转动一次，如图 3-44 和图 3-45 所示。如果有多个圆柱销，拨盘转动一周，则槽轮转动多次。图 3-46 所示为双圆柱销外啮合槽轮机构，在这种机构中，拨盘 1 转动一周，槽轮转动两次。

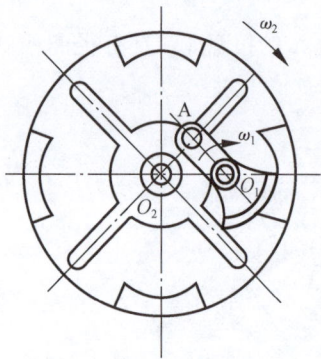

图 3-45 内啮合槽轮机构

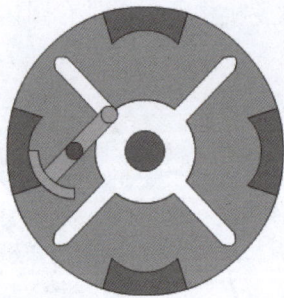

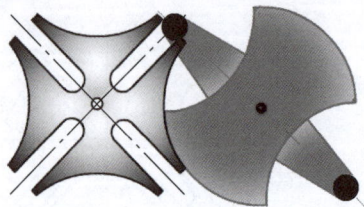

图 3-46 双圆柱销外啮合槽轮机构

（3）特点

槽轮机构的结构简单，制造容易，工作可靠，机械效率高，与棘轮机构相比运动平稳。它的缺点是工作时有冲击，转角的大小不能调节。因此，槽轮机构一般用于要求转速不高，且角度不需要调节的场合。

4. 槽轮机构的应用

图 3-47 所示为槽轮机构在电影放映机送片机构上的应用。为了适应人眼的视觉暂留现象，要求胶片做间歇地移动。槽轮 2 上具有四个径向槽，当拨盘 1 转动一周时，圆柱销拨动槽轮转过 1/3 周，将胶片上的一幅画面移到方框中，并停留一定的时间。这样，利用槽轮机构的间歇运动，使得胶片上的画面依次通过方框，从而获得了连续的场景。

图 3-48 所示为自动机床的刀架转位机构，利用槽轮机构的工作原理，可根据零件加工工艺的要求，自动调换需要的刀具。

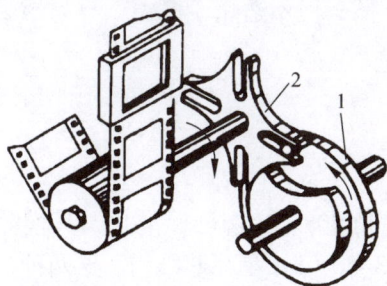

1—拨盘；2—槽轮

图 3-47　电影放映机中的槽轮机构

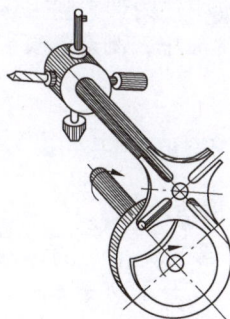

图 3-48　刀架转位机构

3.4　带传动和链传动

带传动和链传动都属于两传动轴中心距较远的机械传动。带传动是依靠摩擦力来传递动力和转矩；链传动是依靠啮合力来传递动力和转矩。

3.4.1　带传动

1. 带传动的类型

带传动可分为平型带传动、V 带传动、圆形带传动和同步带传动等，如图 3-49 所示。

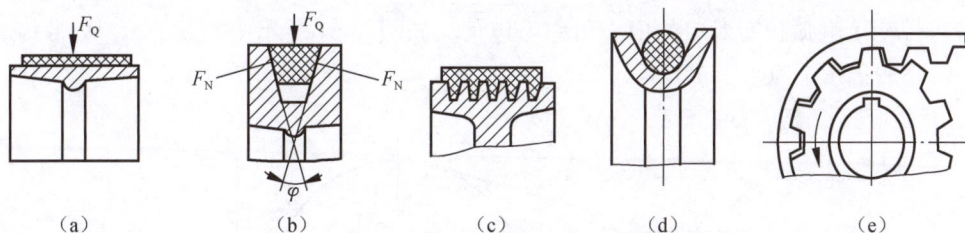

图 3-49　带传动中带的截面形状

（a）平型带传动；（b），（c）V 带传动；（d）圆形带传动；（e）同步带

2. 带传动的特点

① 由于传动带具有良好的弹性，所以能缓和冲击、吸收振动，传动平稳，无噪声。但因带传动存在滑动现象，所以不能保证恒定的传动比。

② 传动带与带轮是通过摩擦力传递运动和动力的。因此过载时，传动带在轮缘上会打

滑,从而可以避免其他零件的损坏,起到安全保护的作用。但传动效率较低,带的使用寿命短;轴、轴承承受的压力较大。

③ 适宜用在两轴中心距较大的场合,但外廓尺寸较大。

④ 结构简单,制造、安装、维护方便,成本低,但不适用于高温、有易燃易爆物质的场合。

3. V带传动的相关知识

（1）V带结构

普通V带为无接头的环形带,V带两侧面夹角40°,V带已标准化,其横截面结构如图3-50所示。其中图3-50(a)是帘布结构,图3-50(b)是绳芯结构。这两种结构的V带均由以下四部分组成:伸张层——由胶料构成,带弯曲时受拉;强力层——由几层挂胶的帘布或浸胶的尼龙绳构成,工作时主要承受拉力;压缩层——由胶料构成,带弯曲时受压;包布层——由挂胶的帘布构成。

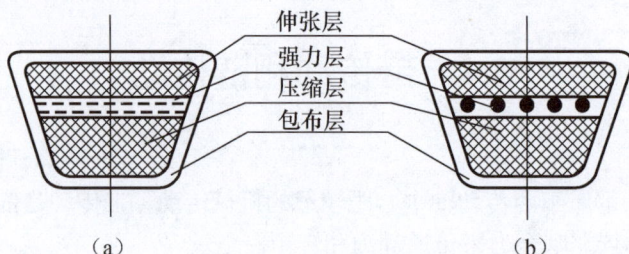

图 3-50　V带的结构

（a）帘布结构；（b）绳芯结构

一般用途的带传动主要用帘布结构的V带。绳芯结构比较柔软,抗弯强度高,抗拉强度稍差,适用于转速较高、载荷不大或带轮直径较小的场合。

（2）包角 α

带与带轮接触弧长所对应的中心角称为包角。如图3-51所示中的 α_1、α_2,V带传动中,一般小带轮的包角不应小于120°。

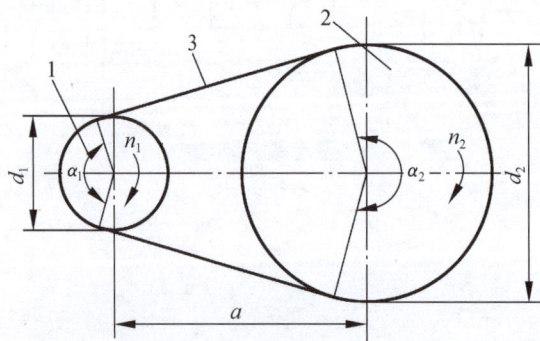

1—主动轮；2—从动轮；3—传动带

图 3-51　带传动示意图

（3）传动比 i

工程上一般将从动轮转速与主动轮转速的比值称为传动比。

如图 3-51 所示，1 为主动轮，2 为从动轮，其传动比就是主动轮转速与从动轮转速的比值。传动比用符号 i 表示，表达式为：

$$i=\frac{n_1}{n_2} \tag{3-6}$$

式中　n_1——主动轮转速，r/min；

$\quad\quad n_2$——从动轮转速，r/min。

传动时如果带与两轮在接触处任意选一点，设想没有相对滑移，则它们的线速度的值相等，即 $v_1=v_2$。

因为

$$v_1=\frac{\pi D_1 n_1}{1\,000 \times 60} \quad\quad（\text{m/s}）$$

$$v_2=\frac{\pi D_2 n_2}{1\,000 \times 60} \quad\quad（\text{m/s}）$$

所以

$$n_1 D_1 = n_2 D_2$$

或

$$\frac{n_1}{n_2}=\frac{D_2}{D_1}$$

由此可知：两带轮的转速之比等于它们直径的反比。得：

$$i=\frac{n_1}{n_2}=\frac{D_2}{D_1} \tag{3-7}$$

式中　D_1——主动轮直径，mm；

$\quad\quad D_2$——从动轮直径，mm。

（4）V 带的线速度 v：

$$v=\frac{\pi D n}{1\,000 \times 60}（\text{m/s}） \tag{3-8}$$

式中　v——V 带的线速度，m/s；

$\quad\quad D$——V 带轮的直径，mm；

$\quad\quad n$——V 带轮的转速，r/min。

（5）中心距 a

两带轮轴线间的距离称为中心距。中心距越小，带轮包角越小，带的寿命越短。中心距过大，运行时带会产生剧烈的抖动。

（6）V 带的根数

V 带的根数过多，会影响每根带受力的均匀性，一般以不超过 8 ~ 10 根为宜。

（7）V 带的张紧装置

V 带在使用一段时间后会松弛，从而影响带传动的质量，所以必须对 V 带张紧（拉紧）。V 带的张紧装置有定期张紧［如图 3-52（a）和图 3-52（b）所示］和自动张紧［如图 3-52（c）］所示，以及使用张紧轮张紧［如图 3-52（d）和图 3-52（e）所示］等形式。

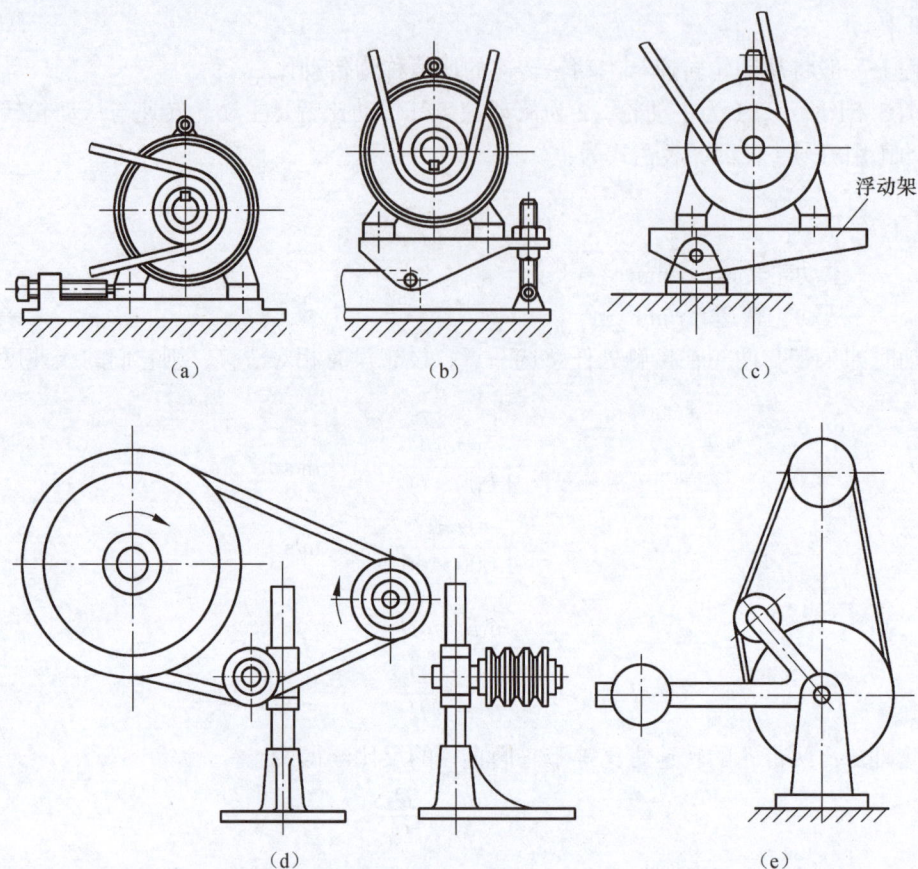

图 3-52　带传动的张紧装置

（a），（b）定期张紧；（c）自动张紧；（d），（e）使用张紧轮张紧

（8）V带轮的结构

V带轮质量轻，结构工艺性好，质量分布均匀，轮槽角小于V带两侧面夹角40°，轮槽工作表面结构 Ra 为 1.6 ~ 3.2 μm，具有一定尺寸精度，可延长带的使用寿命，典型结构如图 3-53 所示。

（9）V带传动的安装和使用

① V带必须正确地安装在轮槽中，一般以带的外边缘与轮缘平齐为准。

② 传动带的张紧力要适当。张紧力过小容易打滑，不能传递足够的功率；张紧力太大会使传动轴产生弯曲变形，降低传动带的使用寿命，加剧轴和轴承的磨损，同时也会降低传动效率。

③ 两带轮的轴线要保持平行，且两轮轮槽要相互对齐。

④ 装、拆V带时，应先将中心距调小，将V带套上带轮后再调回正确位置，避免硬撬而损坏V带。

⑤ 调换V带时，一般要成组更换，不宜逐根调换。

⑥ 传动带在带轮上的包角不能太小，否则容易打滑。V带传动的包角不能小于120°。

⑦ 带的工作温度不应超过 60 ℃。带不宜与油、酸、碱等腐蚀性物质接触。

⑧ 为了保证安全，带传动应加防护罩。

（a）

（b）

（c）

（d）

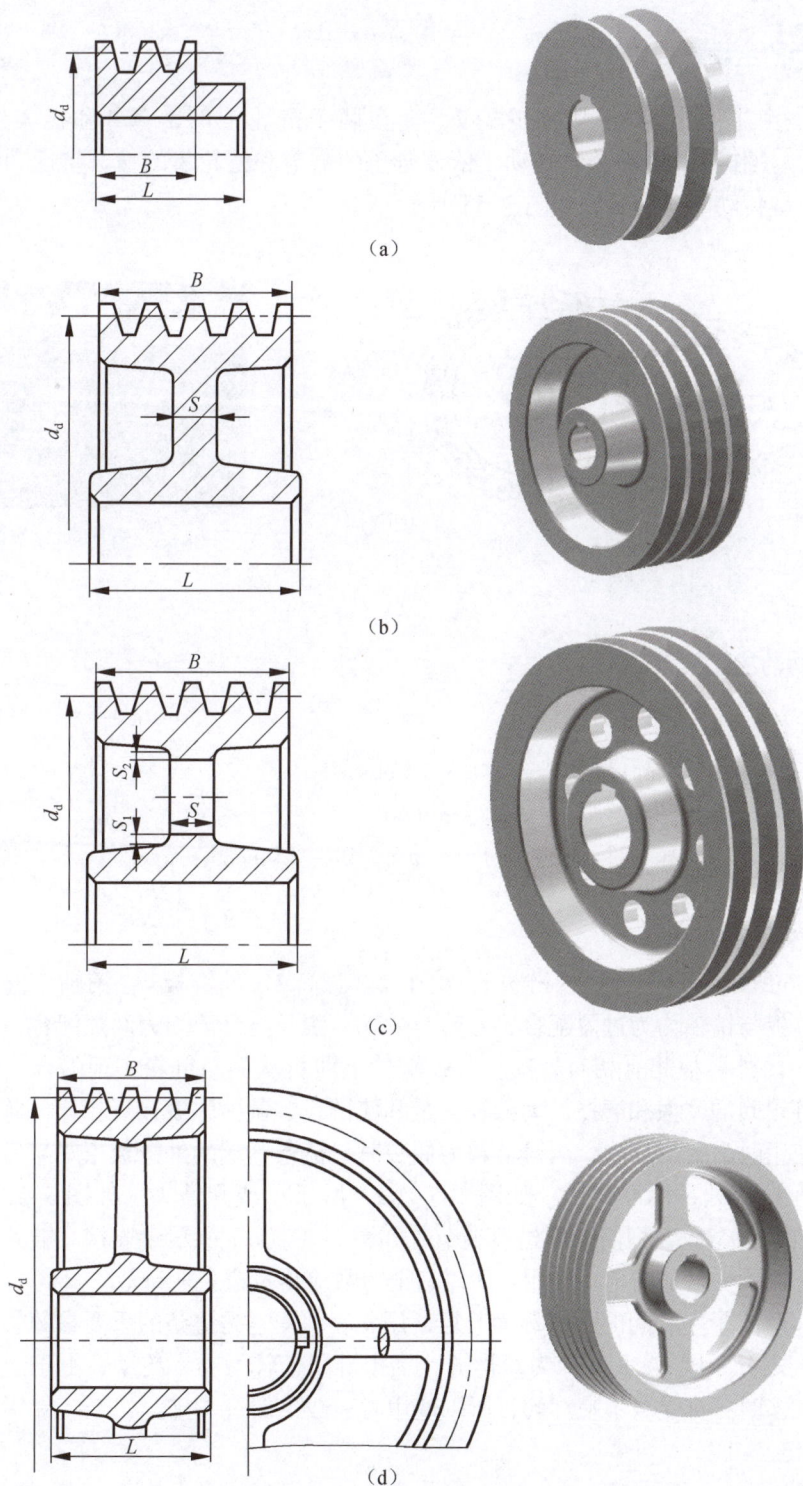

图 3-53 带轮的结构

（a）实心带轮；（b）腹板带轮；（c）孔板带轮；（d）轮辐式带轮

3.4.2　链传动

1. 链传动的组成和工作原理

链传动是由主动链轮1、从动链轮2、套在两个链轮上的链条3和机架组成的，如图3-54所示。工作时，主动链轮转动，依靠链条的链节和链轮齿的啮合将运动和动力传递给从动链轮。链传动的应用实例如图3-55所示。

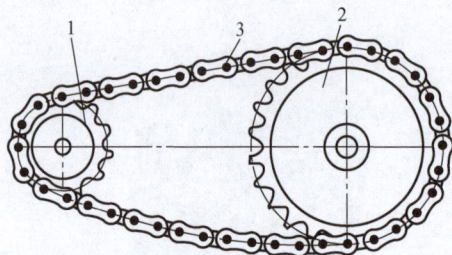

1—主动链轮；2—从动链轮；3—链条

图3-54　链传动

图3-55　链传动的应用实例

2. 链传动的主要类型

（1）按工作特性分

① 起重链——用于提升重物——$v \leq 0.25$ m/s；

② 曳引链——运输机械——$v \leq 2 \sim 4$ m/s；

③ 传动链——用于传递运动和动力——$v \leq 12 \sim 15$ m/s。

（2）按传动链接形式分

① 套筒滚子链。

如图3-56所示，滚子链由内链板1、滚子2、套筒3、外链板4、销轴5组成。内链板与套筒、外链板与销轴均为过盈配合，套筒与销轴、滚子与套筒均为间隙配合，这样链节就像铰链一样，内外链板间有相对转动，可在链轮上曲折从而与链轮实现啮合，同时，还可减少链条与链轮间的摩擦和磨损。为减轻质量和使链板各截面强度接近相等，链板制成8字形。滚子链使用时为封闭环形，当链节数为偶数时，链条一端的外链板正好与另一端的销轴板相连接，在接头处，用开口销［如图3-57（a）所示］或弹簧夹［如图3-57（b）所示］锁紧。若链节数为奇数，则需采用过渡链节［如图3-57（c）所示］连接。链条受拉时，过渡链节的弯链板承受附加的弯矩作用，所以，链节数应尽量避免取奇数。

链条相邻两滚子中心间的距离称为节距，用p表示，它是链条的重要参数。滚子链有单排链和多排链之分，图3-58所示为双排链。多排链用于较大功率传动，由于制造和装配误差，当排数较多时各排受载不易均匀，所以使用时一般不超过4排。

② 齿形链。

如图3-59所示，齿形链传动平稳、承受冲击好、齿多、受力均匀、噪声相对较小，故称无声链。它允许速度高，但结构较复杂、价格贵、制造较困难且较重。摩托车用链应用于高速机运动精度要求较高的场合，故目前应用较少。

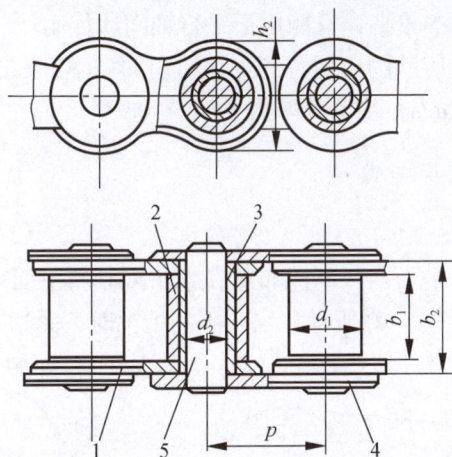

1—内链板；2—滚子；3—套筒；4—外链板；5—销轴

图 3-56　滚子链的结构

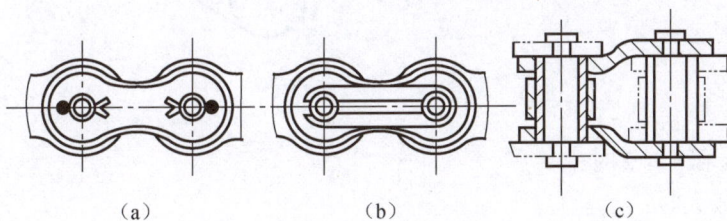

（a）　　　　　　　（b）　　　　　　　（c）

图 3-57　滚子链接头形式

（a）开口销；（b）弹簧夹；（c）过渡链节

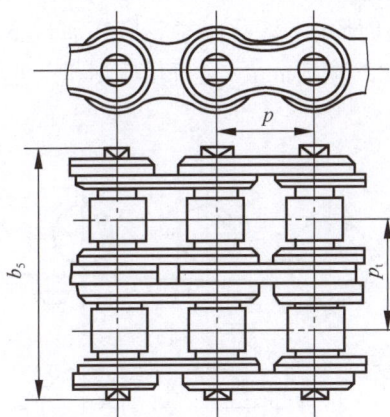

图 3-58　双排链

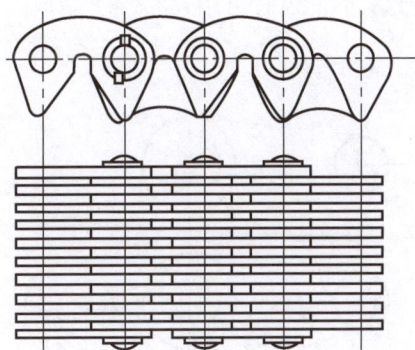

图 3-59　齿形链

3. 链传动的应用特点

链传动为具有中间挠性件的啮合传动，与带传动和其他传动相比，链传动具有如下特点：中心距使用范围较大；没有相对滑动，能得到准确的平均传动比；张紧力小，故对轴的压力小；结构较紧凑；可在高温、油污、潮湿等环境恶劣的情况下工作。但其传动平衡性差；工作时有噪声；制造成本较高；只能用于平行轴间的传动。

根据链传动的特点，链传动的应用范围为：传递的功率 $P \leqslant 100$ kW；传动比 $i \leqslant 8$；中心距 $a \leqslant 6$ m；链速 $v \leqslant 15$ m/s；传动效率为 0.94 ~ 0.98。

4. 链传动的布置、张紧与润滑

（1）布置

链传动只能布置在垂直平面内，不能布置在水平或倾斜平面内，两轮中心线最好水平或与水平面夹角小于 45°，如图 3-60 所示。当属下列情况时，紧边在上：

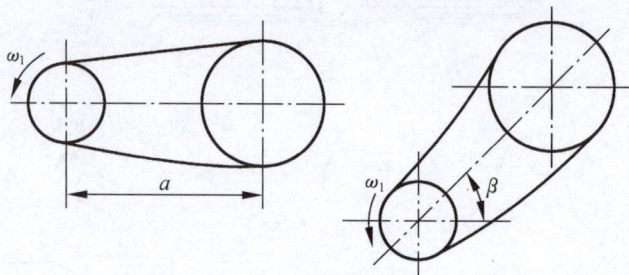

图 3-60　链传动的布置

① $a \leqslant 30p$ 和 $i \geqslant 2$ 时；

② 倾斜角较大时；

③ $a \geqslant 60p$ 和 $i \leqslant 1.5$，$Z \leqslant 25$ 时。

（2）张紧

张紧的目的不取决于工作能力，而是由垂度大小决定，一般用移动轮系的方法，以增大中心距 a。当 a 不能调时也可用张紧轮，如图 3-61 所示，注意张紧轮应在靠近主动轮的从动边上。不带齿者可用夹布胶木制成，宽度比链轮约宽 5 mm，且直径应尽量与小轮直径相近。

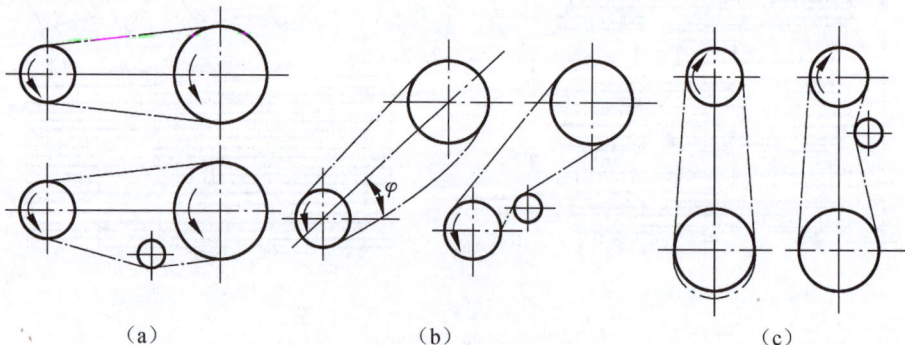

（a）　　　　　　　　　　（b）　　　　　　　　　　（c）

图 3-61　链传动的张紧

（3）润滑

润滑有利于缓冲、减小摩擦、降低磨损，润滑是否良好对承载能力与寿命长短有影响。润滑方式按图 3-62 选取，注意链速越高，润滑方式要求也越高。

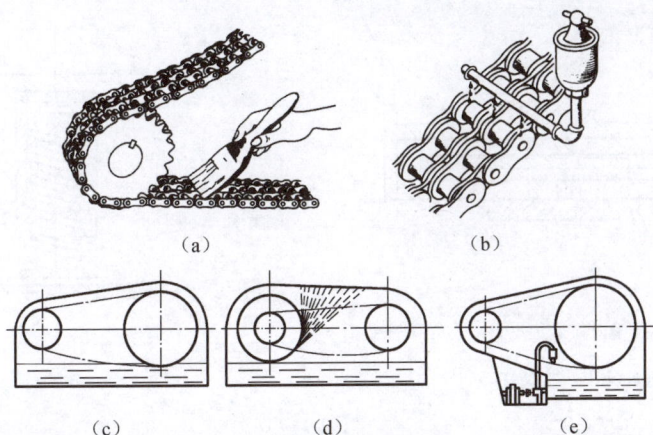

图 3-62 链传动的润滑

（a）人工定期润滑；（b）滴油润滑；（c），（d）油浴或飞溅润滑；（e）压力喷油润滑

3.5 螺 旋 传 动

螺旋传动是利用螺旋副来传递运动和（或）动力的一种机械传动。

3.5.1 螺旋传动的应用形式

常用的螺旋传动有：普通螺旋传动、差动螺旋传动和滚珠螺旋传动等。

1. 普通螺旋传动

由构件螺杆和螺母组成的简单螺旋副实现的传动是普通螺旋传动。

（1）普通螺旋传动的应用形式

① 螺母固定不动，螺杆回转并做直线运动。图 3-63 所示为螺杆回转并做直线运动的台虎钳。与活动钳口 2 组成转动副的螺杆 1 以右旋单线螺纹与螺母 4 啮合组成螺旋副。螺母 4 与固定钳口连接。当螺杆按图示方向相对螺母 4 做回转运动时，螺杆连同活动钳口向右做直线运动（简称右移），与固定钳口实现对工件的夹紧。当螺杆反向回转时，活动钳口随螺杆左移，松开工件。通过螺旋传动，完成夹紧与松开工件的要求。

② 螺杆固定不动，螺母回转并做直线运动，图 3-64 所示为螺旋千斤顶中的一种结构形式。螺杆 4 连接于底座固定不动，转动手柄使螺母 2 回转并做上升或下降的直线运动，从而举起或放下托盘 1。螺杆不动，螺母回转并做直线运动的形式常用于插齿机刀架传动等。

③ 螺杆回转，螺母做直线运动，图 3-65 所示为螺杆回转、螺母做直线运动的传动结构图。螺杆 1 与机架 3 组成转动副，螺母 2 与螺杆 1 以左旋螺纹啮合并与工作台 4 连接。当转动手轮使螺杆按图示方向回转时，螺母带动工作台沿机架的导轨向右做直线运动。螺杆回转、螺母做直线运动的形式应用较广，如机床的滑板移动机构等。

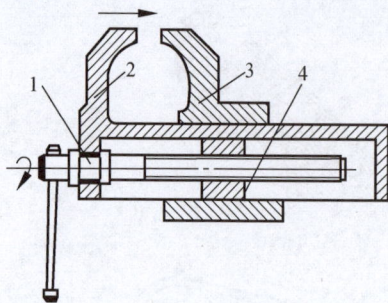

1—螺杆；2—活动钳口；3—固定钳口；4—螺母

图 3-63　台虎钳

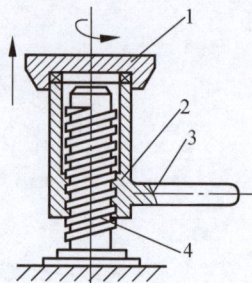

1—托盘；2—螺母；3—手柄；4—螺杆

图 3-64　螺旋千斤顶

④ 螺母回转，螺杆做直线运动，图 3-66 所示为应力试验机上的观察镜螺旋调整装置。螺杆 2、螺母 3 为左旋螺旋副。当螺母按图示方向回转时，螺杆带动观察镜 1 向上移动；螺母反向回转时，螺杆连同观察镜向下移动。

（2）直线运动方向的判定

普通螺旋传动时，从动件做直线运动的方向（移动方向）不仅与螺纹的回转方向有关，还与螺纹的旋向有关。正确判定螺杆或螺母的移动方向十分重要。判定方法如下：

① 右旋螺纹用右手，左旋螺纹用左手。手握空拳，四指指向与螺杆（或螺母）回转方向相同，大拇指竖直。

② 若螺杆（或螺母）回转并移动，螺母（或螺杆）不动，则大拇指指向即为螺杆（或螺母）的移动方向，如图 3-67 所示。

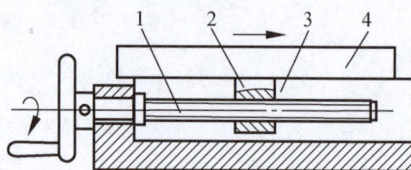

1—螺杆；2—螺母；

3—机架；4—工作台

图 3-65　机床工作台移动机构

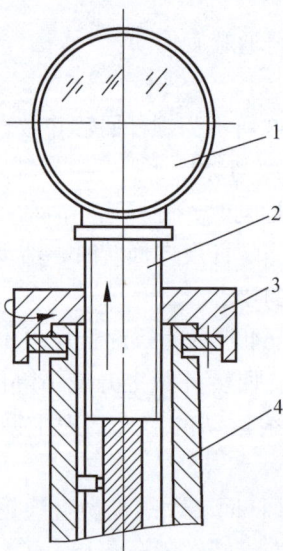

1—观察镜；2—螺杆；3—螺母；4—机架

图 3-66　观察镜螺旋调整装置

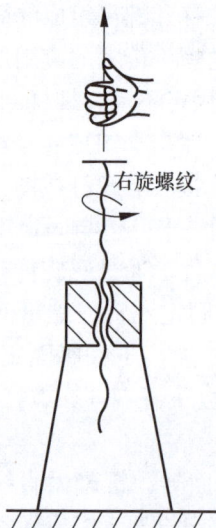

右旋螺纹

图 3-67　螺杆或螺母移动方向的判定

③ 若螺杆（或螺母）回转，螺母（或螺杆）移动，则大拇指指向的相反方向即为螺母（或螺杆）的移动方向。

图 3-68 所示为卧式车床床鞍的丝杠螺母传动机构。丝杠为右旋螺杆，当丝杠如图示方向回转时，开合螺母带动床鞍向左移动。

（3）直线运动距离

在普通螺旋传动中，螺杆（或螺母）的移动距离与螺纹的导程有关。螺杆相对螺母每回转一圈，螺杆（或螺母）移动一个等于导程的距离。因此，移动距离等于回转圈数与导程的乘积，即

1—床鞍；2—丝杠；3—开合螺母

图 3-68　卧式车床床鞍的螺旋传动

$$L = N \cdot P_{\mathrm{h}} \qquad (3-9)$$

式中　L——螺杆（螺母）移动的距离，mm；

　　　N——回转圈数；

　　　P_{h}——螺纹导程，mm。

2. 差动螺旋传动

由两个螺旋副组成的、使活动的螺母与螺杆产生差动（即不一致）的螺旋传动称为差动螺旋传动。

（1）差动螺旋传动原理

图 3-69 所示为一差动螺旋机构。螺杆分别与活动螺母和机架组成两个螺旋副，机架上为固定螺母（不能移动），活动螺母不能回转而只能沿机架的导向槽移动。设机架和活动螺母的旋向同为右旋，当如图示方向回转螺杆时，螺杆相对机架向左移动，而活动螺母相对螺杆向右移动，这样活动螺母相对机架实现差动移动，螺杆每转 1 转，活动螺母实际移动距离为两段螺纹导程之差。如果机架上螺母螺纹旋向仍为右旋，活动螺母的螺纹旋向为左旋，则如图示回转螺杆时，螺杆相对机架左移，活动螺母相对螺杆亦左移，螺杆每转 1 转，活动螺母实际移动距离为两段螺纹的导程之和。

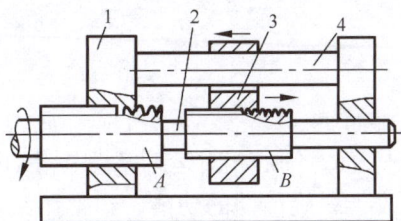

1—机架；2—螺杆；3—螺母；4—导向杆

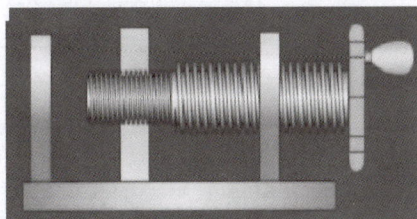

图 3-69　差动螺旋传动原理

（2）差动螺旋传动的移动距离和方向的确定

由上面分析可知，在如图 3-69 所示的差动螺旋机构中：

① 螺杆上两螺纹旋向相同时，活动螺母移动距离减小。当机架上固定螺母的导程大于

活动螺母的导程时，活动螺母移动方向与螺杆移动方向相同。当机架上固定螺母的导程小于活动螺母的导程时，活动螺母移动方向与螺杆移动方向相反。当两螺纹的导程相等时，活动螺母不动（移动距离为零）。

② 螺杆上两螺纹旋向相反时，活动螺母移动距离增大。活动螺母移动方向与螺杆移动方向相同。

③ 在判定差动螺旋传动中活动螺母的移动方向时，应先确定螺杆的移动方向。差动螺旋传动中活动螺母的实际移动距离和方向，可用式（3-10）表示如下：

$$L=N \cdot (P_{hl} \pm P_{h2}) \qquad\qquad (3-10)$$

式中　L——活动螺母的实际移动距离，mm；

　　　N——螺杆的回转圈数；

　　　P_{hl}——机架上固定螺母的导程，mm；

　　　P_{h2}——活动螺母的导程，mm。

当两螺纹旋向相反时，公式中用"+"号；当两螺纹旋向相同时，公式中用"-"号。计算结果为正值时，活动螺母实际移动方向与螺杆移动方向相同；计算结果为负值时，活动螺母实际移动方向与螺杆移动方向相反。

（3）差动螺旋传动的应用实例

差动螺旋传动机构可以产生极小的位移，而其螺纹的导程并不需要很小，加工较容易。所以差动螺旋传动机构常用于测微器、计算机、分度机及诸多精密切削机床、仪器和工具中。图3-70所示为应用于微调镗刀上的差动螺旋传动实例，图3-71所示为铣床夹具的微调装置。

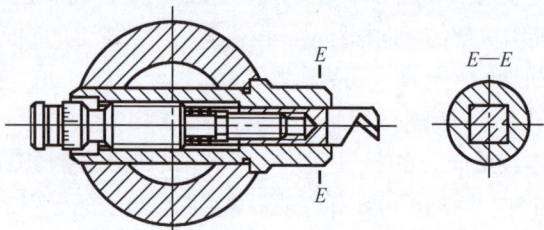

图 3-70　差动螺旋传动的微调镗刀　　　　图 3-71　铣床夹具的微调装置

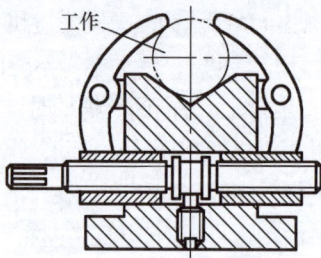

3. 滚珠螺旋传动

在普通的螺旋传动中，由于螺杆与螺母的牙侧表面之间的相对运动摩擦是滑动摩擦，因此，传动阻力大，摩擦损失严重，效率低。为了改善螺旋传动的功能，经常用滚珠螺旋传动，如图3-72所示，用滚动摩擦来替代滑动摩擦。

滚珠螺旋传动主要由滚珠、螺杆、螺母及滚珠循环装置组成。其工作原理是：在螺杆和螺母的螺纹滚道中，装有一定数量的滚珠（钢球），当螺杆与螺母做相对螺旋运动时，滚珠在螺纹滚道内滚动，并通过滚珠循环装置的通道构成封闭循环，从而实现螺杆与螺母间的滚动摩擦。

（1）滚珠丝杠的主要优点

① 滚动摩擦系数小，传动效率高，其效率可达90%以上，摩擦系数$f=0.002 \sim 0.005$；

② 摩擦系数与速度的关系不大，故起动扭矩接近运转扭矩，工作较平稳；

③ 磨损小且寿命长，可用调整装置调整间隙，传动精度与刚度均得到提高；

④ 不具有自锁性，可将直线运动变为回转运动。

（2）滚珠丝杠的缺点

① 结构复杂，制造困难；

② 在需要防止逆转的机构中，要加自锁机构；

③ 承载能力不如滑动螺旋传动大。

滚珠丝杠多用在车辆转向机构及对传动精度要求较高的场合，如飞机机翼和起落架的控制驱动、大型水闸闸门的升降驱动及数控机床的进给机构等。

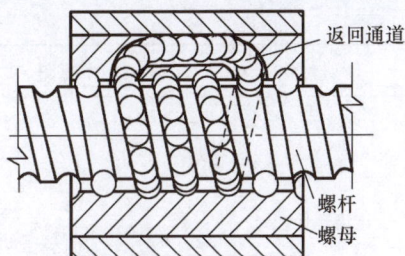

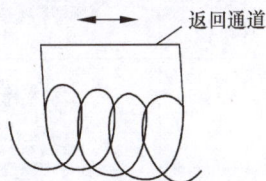

图 3-72　滚珠螺旋传动

3.6　齿 轮 传 动

齿轮传动属于两传动轴中心距较近的机械传动，齿轮传动是依靠啮合力来传递动力和转矩的。

3.6.1　齿轮传动的类型及特点

齿轮传动是现代机械中应用最广的一种机械传动。但制造和安装精度要求高、成本高，且不宜用于中心距较大的传动。常用齿轮传动的主要类型和特点见表 3-5。

表 3-5　常用齿轮传动的主要类型和特点

传动类型	示意图	主要特点
直齿圆柱齿轮传动		① $i_{瞬}$ 恒定，传动平稳、准确可靠； ② P、v 范围大，适应性强； ③ i 较大，η 高，寿命长； ④ 制、装要求高； ⑤ 中心距 a 不能太大
斜齿轮传动（轴线平行）		① 承载大，传递功率大； ② 平稳，噪声小，高速（$v_斜 > v_直 > v_螺旋$），ε 大； ③ 寿命长； ④ 有轴向力，不能作滑轮齿轮。β 大，则轴向力大，故 $\beta=8° \sim 15°$，用人字齿或向心推力轴承承受；

传动类型	示意图	主要特点
锥齿轮传动		① 用来传递空间两相交轴之间运动和动力的一种齿轮机构； ② 其轮齿分布在截圆锥体上，齿形从大端到小端逐渐变小； ③ 为计算和测量方便，通常取大端参数为标准值； ④ 两轴线间的夹角 Σ 称为轴角，一般机械中多取 $\Sigma=90°$
蜗杆传动		① 承载能力大； ② i 大，传动准确、紧凑； ③ 传动最平稳，噪声最小； ④ $\gamma < 5°$，有自锁性； ⑤ 效率低，$Z_1=1$ 时，$\eta=0.5$，故其传递功率不能太大（$P=50\text{kW}$）； ⑥ 材料贵（减摩性、耐磨性、抗胶合性好的材料）； ⑦ 不能任意互换啮合（滚刀的 m、α、d_1、Z_1、γ 都与蜗杆相同时才能啮合）

3.6.2 直齿圆柱齿轮

1. 直齿圆柱齿轮的啮合过程

近代齿轮传动广泛采用渐开线作为齿廓曲线，是因为渐开线齿廓有很好的啮合特性。

（1）恒定的传动比传动

渐开线齿廓能保证恒定的传动比传动，如图 3-73 所示，C_1、C_2 为两渐开线齿轮上互相啮合的一对齿廓，K 为两齿廓的接触点。过 K 点作两齿廓的公法线 nn 与两轮连心线交于 P 点。根据渐开线性质可知，nn 必同时与两轮的基圆相切，即 nn 为两轮基圆的一条内公切线。由于两基圆的大小和位置都已确定，同一方向的内公切线只有一条，故它与连心线的交点是一位置确定的点。

可以证明，互相啮合传动的一对齿廓，在任一瞬时的传动比与连心线被其啮合齿廓在接触点的公法线所分得的两线段成反比，即

$$i_{12}=\frac{\omega_1}{\omega_2}=\frac{\overline{O_2P}}{\overline{O_1P}}$$

（3-11）

因渐开线的性质决定了 P 为定点，则 $\overline{O_1P}$、$\overline{O_2P}$ 为定长。因此无论两齿廓在任何位置接触，$\dfrac{\overline{O_2P}}{\overline{O_1P}}$ 为定值，故

$$i_{12}=\frac{\overline{O_2P}}{\overline{O_1P}}=常数$$

上述过两齿廓接触点所作的齿廓公法线与两轮连心线的交点 P 称为啮合节点。以 O_1 和

O_2 为圆心，过节点 P 的两个相切圆称为节圆，其半径分别用 r_1 和 r_2 表示。由于 $\omega_1 \overline{O_1 P} = \omega_2 \overline{O_2 P}$，说明两轮节点的圆周速度相等。因此一对齿轮的啮合传动相当于一对节圆做纯滚动。一对外啮合齿轮的中心距恒等于两节圆半径之和。

（2）中心距可分离性

中心距可分离性如图 3-73 所示，作 $O_1 N_1 \perp nn$ 垂足为 N_1，作 $O_2 N_2 \perp nn$ 垂足为 N_2，则 $\triangle O_1 N_1 P \backsim \triangle O_2 N_2 P$，所以

$$i_{12} = \frac{\omega_1}{\omega_2} = \frac{\overline{O_2 P}}{\overline{O_1 P}} = \frac{r_{b_2}}{r_{b_1}}$$

即两齿轮的传动比不仅与两轮节圆半径成反比，同时也与两轮基圆的半径成反比。而在齿轮加工完成后，其基圆半径已确定。

（3）传动平稳

齿廓间的正压力方向不变，一对渐开线齿廓，无论在哪一点接触，过接触点的齿廓公法线总是两基圆的内公切线 $N_1 N_2$。所以，在啮合的全过程中，所有接触点都在 $N_1 N_2$ 上，即 $N_1 N_2$ 是两齿廓接触点的轨迹，称其为齿轮传动的啮合线。因为两齿廓啮合传动时，其间的正压力是沿齿廓法线方向作用的，也就是沿啮合线方向传递，啮合线为直线，故齿廓间正压力方向保持不变。若齿轮传递的力矩恒定，则轮齿之间、轴与轴承之间的压力大小及方向均不变，因而传动平稳。这是渐开线齿轮传动的又一优点。

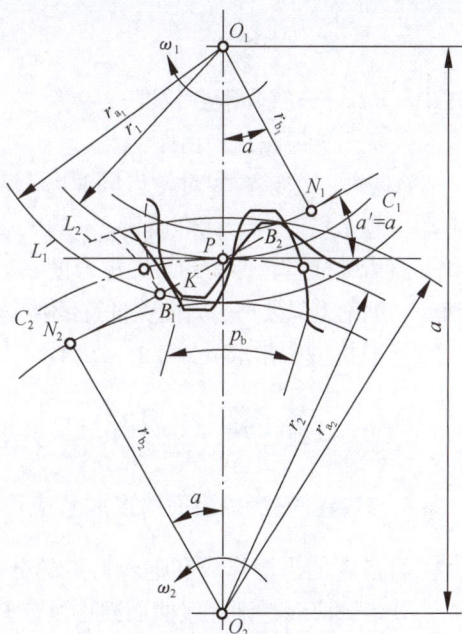

图 3-73　渐开线齿廓的啮合传动

2. 直齿圆柱齿轮的啮合条件

（1）正确啮合条件

如图 3-73 所示，$N_1 N_2$ 是两齿轮在齿廓接触点处的公法线，由渐开线的性质可知，齿轮的法向齿距应等于齿轮的基圆齿距。要使两齿轮能正确啮合，即两轮齿之间不产生间隙或卡住，则必须满足两齿轮的法向齿距相等的条件，亦即 $p_{b_1} = p_{b_2}$，而由于模数和压力角都已标准化，所以要满足上式，应使

$$m_1 = m_2 = m$$

$$a_1 = a_2 = a$$

即对渐开线直齿圆柱齿轮正确啮合的条件是：两齿轮的模数和压力角应分别相等。

（2）连续啮合条件

要保证齿轮能连续啮合传动，应要求在前一对轮齿的啮合点到达啮合终止点时，后一对轮齿已提前或至少同时到达啮合起始点进入啮合状态。否则主动齿轮 1 继续转过一定角度后，后一对轮齿才进入啮合，这样，齿轮传动的啮合过程就出现中断，并产生冲击。因此，保证一对齿轮能连续啮合传动的条件是：实际啮合线段的长度应大于或等于齿轮的法向齿距。因齿轮的法向齿距等于基圆齿距，所以有

$$\varepsilon = \frac{b_1 b_2}{p_b} \geq 1 \qquad\qquad (3-12)$$

式中　　$b_1 b_2$——实际啮合长度；

　　　　p_b——齿轮法向齿距。

ε 越大，意味着多对轮齿同时参与啮合的时间越长，每对轮齿承受的载荷就越小，齿轮传动也越平稳。对于标准齿轮，ε 的大小主要与齿轮的齿数有关，齿数越多，ε 越大。

直齿圆柱齿轮传动的最大重合度 ε=1.982，即直齿圆柱齿轮传动不可能始终保持两对齿同时啮合。理论上只要 ε=1 就能保证连续传动，但因齿轮有制造和安装等误差，故实际应使 ε>1。

一般机械中常取 $\varepsilon \geq 1.1 \sim 1.4$。

3.6.3　斜齿圆柱齿轮

1. 斜齿圆柱齿轮齿面的形成及应用

直齿轮的齿廓形成和啮合特点的分析都是在齿轮端面进行的。由于齿轮有一定宽度，所以，其齿廓应该是渐开线曲面而不是渐开线，而且渐开线曲面是由发生面在基圆柱上做纯滚动时，发生面上任一与基圆柱母线平行的直线 BB 在空间的轨迹形成的，如图 3-74（a）所示。

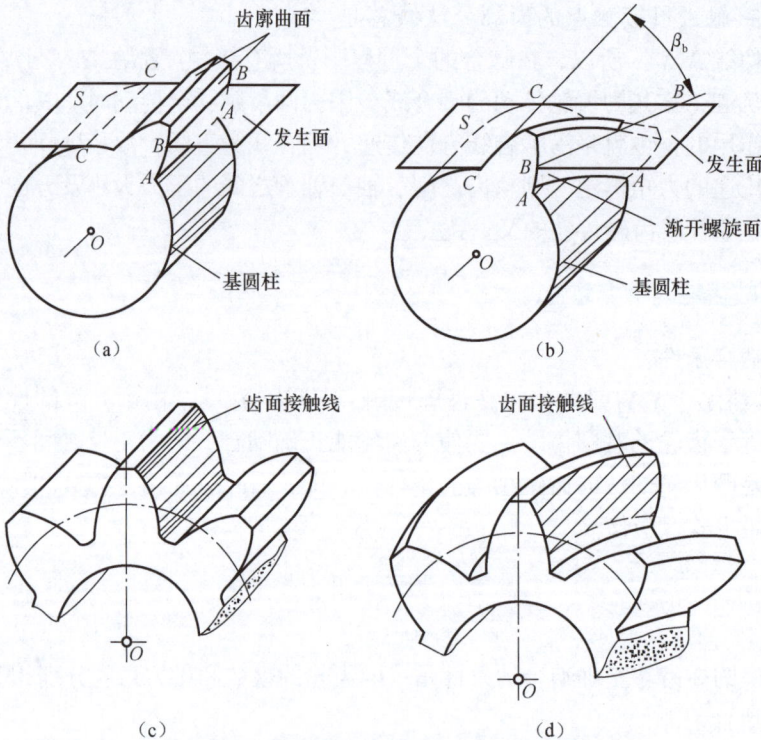

图 3-74　圆柱齿轮齿廓曲面的形成及接触线

（a）直齿轮的齿廓形成图；（b）斜齿轮的齿廓形成图；（c）直齿轮的齿面图；（d）斜齿轮的齿面图

在齿廓曲面形成过程中，发生面上与基圆柱母线成一夹角 β 的直线 BB 在空间的轨迹将形成一渐开螺旋面。若以渐开螺旋面作为齿轮的齿廓，则所得到的齿轮称为斜齿轮，如

图 3-74（b）所示。

由齿廓曲面的形成过程可看出，直齿轮啮合传动时，齿面接触线皆为与齿轮轴线平行的等宽直线，如图 3-74（c）所示，啮合开始和终止都是沿齿宽突然发生的，易引起冲击、振动和噪声，尤其在高速传动中更为严重。而斜齿轮啮合传动时，齿面接触线与齿轮轴线相倾斜，如图 3-74（d）所示，其长度由点到线逐渐增长，到某一位置后又逐渐缩短，直至退出啮合。因此斜齿轮啮合是逐渐进入和逐渐退出的，且多齿啮合的时间比直齿轮长，故斜齿轮传动平稳、噪声小、重合度大、承载能力强，适用于高速和大功率场合。

斜齿轮传动的缺点是啮合时要产生轴向力 F_a，如图 3-75（a）所示，F_a 使轴承支承结构变得复杂。为此可采用人字齿轮，使轴向力相互平衡，但人字齿轮制造困难，主要用于重型机械。

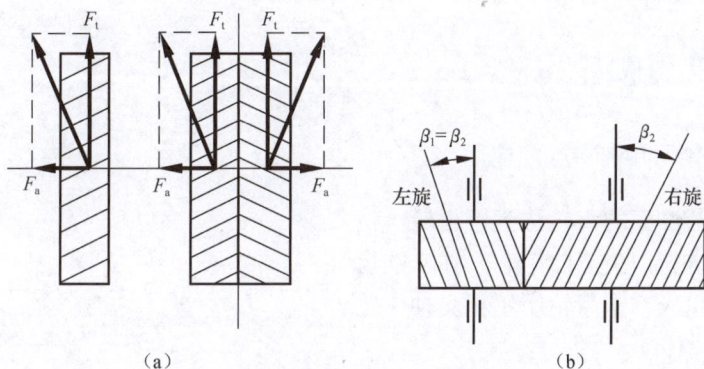

图 3-75　斜齿轮轴向力及轮齿旋向
（a）斜齿轮轴向力；（b）轮齿旋向

2. 斜齿圆柱齿轮正确啮合的条件

图 3-76 所示为斜齿轮分度圆柱面的展开图，图中阴影线部分为被剖切轮齿，空白部分为齿槽。

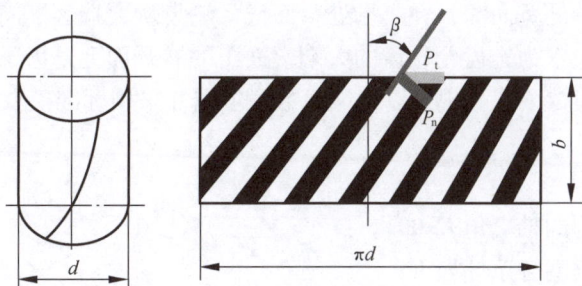

图 3-76　斜齿轮分度圆柱面展开图

在图 3-76 中，P_n 表示法向齿距，P_t 表示端面齿距，β 为螺旋角，它们之间的关系为：

$$P_n = P_t \cdot \cos\beta$$

因为

$$P = \pi \cdot m$$

所以

$$m_n = m_t \cdot \cos\beta \tag{3-13}$$

式中　m_t——端面模数；

m_n——法面模数，一般取 m_n 为标准模数。

斜齿轮在分度圆上的压力角也有法向压力角 α_n 和端面压力角 α_t 之分，两者之间的关系为：$\tan\alpha_n = \tan\alpha_t \cdot \cos\beta$

一般规定法向压力角取标准值，即 $\alpha_n = 20°$。

在端面内，斜齿圆柱齿轮和直齿圆柱齿轮一样，都是渐开线齿廓。因此一对斜齿圆柱齿轮传动时，必须满足：$m_{n_1} = m_{n_2}$，$\alpha_{t_1} = \alpha_{t_2}$。另外，斜齿轮要正确啮合，还必须要求两齿轮的螺旋角相等。斜齿圆柱齿轮正确啮合的条件为：

$$m_{n_1} = m_{n_2}$$
$$\alpha_{n_1} = \alpha_{n_2}$$
$$\beta_1 = -\beta_2$$

3.6.4 直齿锥齿轮

1. 直齿锥齿轮的几何特点及应用

分度曲面为圆锥面的齿轮称为锥齿轮。按齿线形状分锥齿轮有直齿锥齿轮、斜齿锥齿轮、曲线齿锥齿轮等。锥齿轮用于相交轴齿轮传动和交错轴齿轮传动。

齿线是分度圆锥面直母线的锥齿轮称为直齿锥齿轮。直齿锥齿轮用于相交轴齿轮传动，两轴的交角通常为 90°（即 $\Sigma=90°$），如图 3-77 所示。

直齿锥齿轮的几何特点是：齿顶圆锥面（顶锥）、分度圆锥面（分锥）和齿根圆锥面（根锥）三个圆锥面相交于一点；轮齿分布在

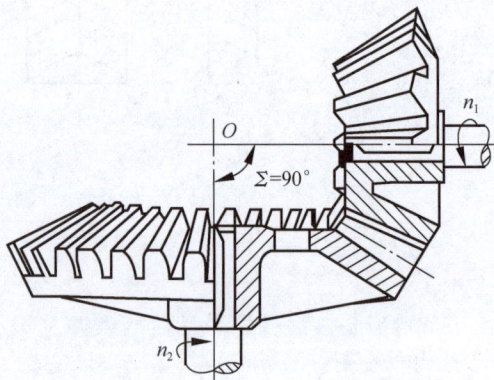

图 3-77 直齿锥齿轮传动

圆锥面上，齿槽在大端处宽而深，在小端处窄而浅，轮齿从大端逐渐向锥顶缩小；在其母线垂直于分锥的背锥（通常为锥齿轮轮齿的大端端面）的展开面上，齿廓曲线为渐开线。锥齿轮由大端至小端，其模数不同。规定以大端模数为依据并采用标准模数。

2. 直齿锥齿轮的正确啮合条件

标准直齿锥齿轮副的轴交角 $\Sigma=90°$。

直齿锥齿轮的正确啮合条件如下：

$$m_1 = m_2$$
$$\alpha_1 = \alpha_2 = 20°$$

3.6.5 蜗杆传动简介

1. 蜗杆传动的类型及应用

蜗杆传动主要由蜗杆和蜗轮组成，如图 3-78 所示。它用于传递交错轴之间的回转运动

和动力,通常轴交角 $\varSigma=90°$,一般用于减速传动,蜗杆为主动件。

圆柱蜗杆传动相当于交错轴的两个各自绕其自身支承轴线转动的斜齿轮正交传动。其中圆柱蜗杆可认为是一个齿数少、直径小于配对蜗轮的宽斜齿轮,形如螺杆。它有左旋和右旋、单头和多头之分,一般常用右旋。蜗轮则是齿数较多,齿体的中间曲面呈环面的、与圆柱蜗杆配对的斜齿轮。由于蜗杆与蜗轮轴线正交,为了轮齿间啮合,蜗杆导程角 γ 和蜗轮螺旋角 β 必须相等,且旋向相同,即 $\gamma=\beta$ 。

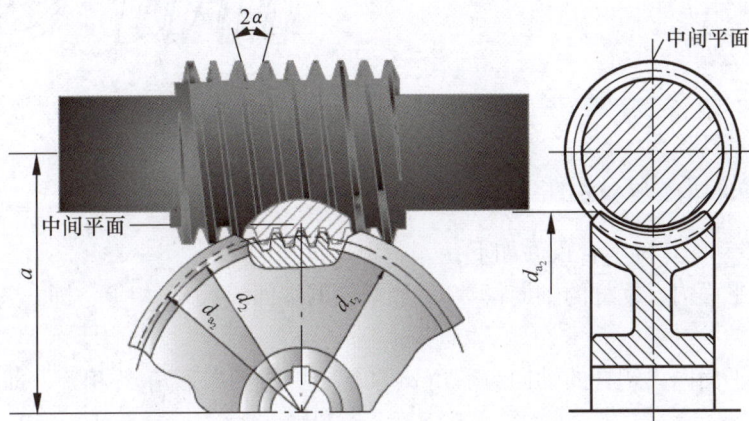

图 3-78　蜗杆传动

蜗杆传动按照蜗杆的外形可分为:如图 3-79(a)所示的圆柱蜗杆传动、如图 3-79(b)所示的圆环面蜗杆传动和如图 3-79(c)所示的锥面蜗杆传动。

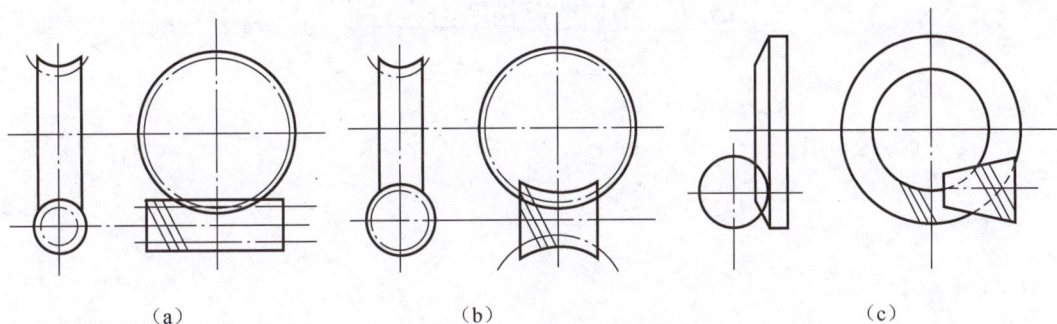

（a）　　　　　　　　（b）　　　　　　　　（c）

图 3-79　蜗杆传动的类型

(a)圆柱蜗杆传动;(b)圆环面蜗杆传动;(c)锥面蜗杆传动

圆柱蜗杆按螺旋面的形状可分为阿基米德蜗杆(如图 3-80 所示)和渐开线蜗杆(如图 3-81 所示)等。

阿基米德蜗杆的端面齿廓是阿基米德螺旋线,轴向齿廓是直线。其加工与车普通梯形螺纹相似,容易制造,故应用广泛,缺点是不易得到高的精度。

渐开线蜗杆的端面是渐开线,加工时刀具切削刃切于基圆,也可以用滚刀加工,磨削方便,制造精度较高,适用于成批生产以及功率较大的高速传动,传动效率较高,缺点是要专用设备加工。

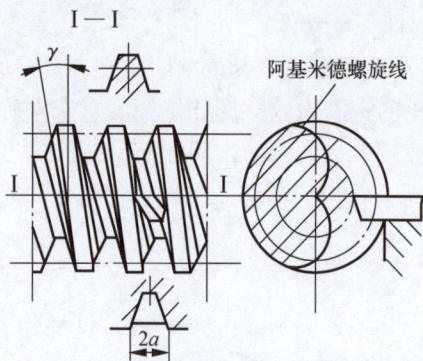

图 3-80　阿基米德蜗杆

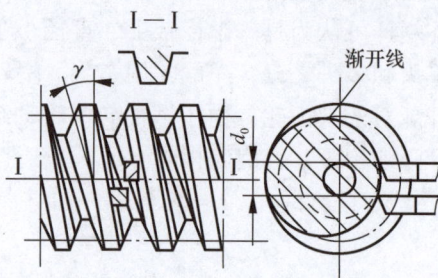

图 3-81　渐开线蜗杆

2. 蜗杆传动的正确啮合条件

圆柱蜗杆传动的正确啮合条件如下：

① 在中间平面内，蜗杆的轴向模数 m_{x_1} 和蜗轮的端面模数 m_{t_2} 相等，即

$$m_{x_1}=m_{t_2}=m$$

② 在中间平面内，蜗杆的轴向齿形角 α_{x_1} 和蜗轮的端面齿形角 α_{t_2} 相等，即

$$\alpha_{x_1}=\alpha_{t_2}=\alpha=20°$$

③ 蜗杆分度圆柱面导程角 γ_1 和蜗轮分度圆柱面螺旋角 β_2 相等，且旋向一致，即

$$\gamma_1=\beta_2$$

3.7　机械润滑与密封

3.7.1　机械润滑

1. 摩擦与磨损

（1）摩擦

摩擦是两接触的物体在接触表面间相对滑动或有滑动趋势时产生阻碍其发生相对滑动的切向阻力，这种现象叫摩擦。摩擦状态如图 3-82 所示，摩擦的种类如下：

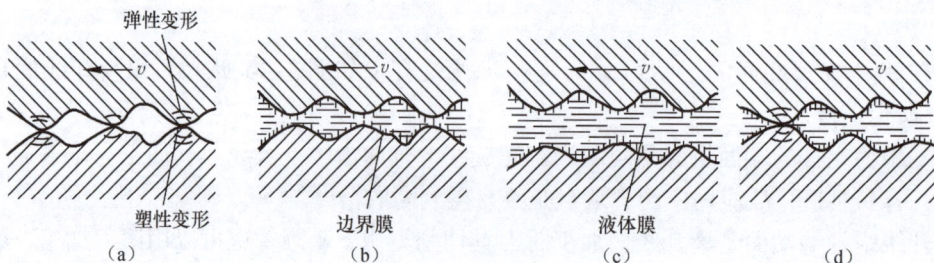

图 3-82　摩擦状态

（a）干摩擦；（b）边界摩擦；（c）流体摩擦；（d）混合摩擦

① 干摩擦——两摩擦表面直接接触，不加入任何润滑剂的摩擦，而实际上即使很洁净的表面上也存在脏污膜和氧化膜。

② 边界摩擦（边界润滑）——摩擦面上有一层边界膜起润滑作用。

③ 混合摩擦（润滑）——λ 越大，油膜承载比例截止大，此时虽仍有一些微凸体直接接触，但其摩擦阻力小得多，f 也比边界摩擦小得多。

④ 流体摩擦（润滑）——膜厚比 $\lambda > 5$，摩擦表面间的润滑膜厚度大到足以将两个表面的轮廓完全隔开时，即形成了完全液体摩擦，f 极小，是理想摩擦状态。

（2）磨损

磨损是由于摩擦引起的摩擦能耗和导致材料表面的不断损耗或转移，使零件的表面形状与尺寸遭到缓慢而连续破坏，导致零件的精度、可靠性、效率下降直至破坏。磨损一般是有害的，但工程上也有利用磨损作用的场合：如精加工中的磨削与抛光、机器的跑合等。

常见的磨损类型有以下几种：

① 黏着磨损——由于吸附膜破裂而使轮廓直接接触形成冷焊结点（黏着），并由于接触表面间的相对运动使材料由一表面转移至另一表面，载荷越大，温度越高，黏着越严重。

② 磨粒磨损——由于外部进入的硬质颗粒或摩擦表面上的硬质凸出物在较软的材料表面（犁刨出很多沟，没时间被移去的材料）进行微切削的过程叫磨粒磨损。零件材料表面越硬，磨损越小，一般要求金属材料的硬度应至少比磨粒硬度大 30%。

③ 表面疲劳磨损——受交变接触应力的摩擦副表面微体积材料在重复变形时疲劳破坏而从摩擦副表面剥落下来，这种现象称表面疲劳磨损（点蚀）。

④ 腐蚀磨损——摩擦过程中，金属与周围介质发生化学反应或电化学反应而引起的磨损。

2. 机械润滑目的

润滑是为了减少摩擦、降低磨损的一种有效手段，机械润滑的目的如下：

① 减少摩擦、减轻磨损；

② 降温冷却；

③ 清洗作用；

④ 防止腐蚀；

⑤ 缓冲、减振作用；

⑥ 密封作用。

3. 润滑剂的种类及选用

润滑剂有：液体（水、油）、单固体（润滑脂）、固体（石墨、二硫化钼）、气体（空气）等，适用于不同的润滑场合。常用的是润滑油和润滑脂。

润滑油的种类和应用：有机油（动植物油）使用较少，性能不稳定；矿物油（石油产品）来源广、成本低，适用范围广且稳定性好，所以应用最为广泛；合成油（用化学手段合成）有特殊性能，针对特殊用途，且成本较高。常用润滑油的主要质量指标及用途见表 3–6。

表 3-6　常用润滑油的主要质量指标及用途

名称	牌号	主要质量指标					简要说明及主要用途
		运动黏度（40℃）/（mm²·s⁻¹）	凝点/℃（不高于）	倾点/℃（不高于）	闪点/℃（不低于）	黏度指数	
全损耗系统用油（GB 443—1989）	L—AN15 L—AN22 L—AN32 L—AN46 L—AN68	13.5 ~ 16.5 19.8 ~ 24.2 28.8 ~ 35.2 41.4 ~ 50.6 61.2 ~ 74.8	−15 −15 −15 −10 −10		65 170 170 180 190		适用于对润滑油无特殊要求的锭子、轴承、齿轮和其他低负荷机械等部件的润滑，不适用循环系统
L—HL液压油（GB 11118.1—2001）	L—HL32 L—HL46 L—HL68 L—HL100	28.8 ~ 35.2 41.4 ~ 50.6 61.2 ~ 74.8 90.0 ~ 110		−6 −6 −6 −6	180 180 200 200	90 90 90 90	抗氧化、防锈、抗浮化等性能优于普通机油，适用于一般机床主轴箱、液压齿轮箱以及类似的机械设备的润滑
工业闭式齿轮油（GB 5903—1995）	L—CKB100 L—CKB150 L—CKB220	90.0 ~ 110 135 ~ 165 198 ~ 242		−8 −8 −8		90 90 90	一种抗氧防锈型润滑油，适用于正常油温下运转的轻载荷工业闭式齿轮润滑
普通开式齿轮油（SH/T 0363—1992）	150 220 320	135 ~ 165 198 ~ 242 288 ~ 352			200 210 210		适用于正常油温下轻载荷普通开式齿轮的润滑
蜗轮蜗杆油（SH/T 0094—1991）	L—CKF220 L—CKF320 L—CKF460	198 ~ 242 288 ~ 352 414 ~ 506		−12 −12 −12	200 200 200		适用于正常油温下轻载荷蜗杆传动的润滑
主轴、轴承和有关离合器用油（SH/T 0017—1990）	L—FC22 L—FC32 L—FC46	19.8 ~ 24.2 28.8 ~ 35.2 41.4 ~ 50.6					适用于主轴、轴承和有关离合器油的压力油浴和油雾润滑

润滑脂——润滑油加稠化剂（如：钙、钠、锂的金属皂）的膏状混合物，常用润滑脂的主要质量指标及用途见表 3-7。

表 3-7 常用润滑脂的主要质量指标及用途

名称	代号	滴点 / ℃（不低于）	工作锥入度 /10⁻¹ mm（25 ℃, 1.5 N）	主要用途
钙基润滑脂（GB/T 491—2008）	1 号 2 号 3 号	80 85 90	310 ~ 340 265 ~ 295 220 ~ 250	有耐水性能。它用于工作温度低于 55 ~ 60 ℃的各种工农业、交通运输设备的轴承润滑，特别是水、潮湿处
钠基润滑脂（GB/T 492—1989）	2 号 3 号	160 160	265 ~ 295 220 ~ 250	不耐水（潮湿）。它用于工作温度在 −10 ~ 10 ℃的一般中等载荷机械设备轴承的润滑
通用锂基润滑脂（GB/T 7324—2010）	1 号 2 号 3 号	170 175 180	310 ~ 340 265 ~ 295 220 ~ 250	多效通用润滑脂。它适用于各种机械设备的滚动轴承和滑动轴承及其他摩擦部位的润滑。使用温度为 −20 ~ 120 ℃
钙钠基润滑脂（SH/T 0368—1992）	1 号 2 号	120 135	310 ~ 340 265 ~ 295	用于有水、较潮湿环境中工作的机械润滑，多用于铁路机车、列车及发电机滚动轴承的润滑，不适用于低温工作。其使用温度为 80 ~ 100 ℃
7407 号齿轮润滑脂（SH/T 0469—1994）		160	75 ~ 90	用于各种低速，中、高载荷齿轮、链和联轴器的润滑。其使用温度小于 120 ℃
7014—1 高温润滑脂（GB 11124—1989）	7014-1	55 ~ 75		用于高温下工作的各种滚动轴承的润滑，也用于一般滑动轴承和齿轮的润滑。其使用温度为 −40 ~ 200 ℃

不同传动装置的运行情况不一样，选择的润滑方式自然就不同，如滑动轴承的润滑、滚动轴承的润滑、齿轮传动润滑等都会视具体因素选择所需的润滑方式，现以齿轮传动为例说明齿轮润滑方式的选择及注意事项，见表 3-8。

表 3-8 齿轮润滑方式的选择及注意事项

齿轮速度 v/（m·s⁻¹）	润滑方式	注意事项
<0.8	涂抹或填充润滑脂	润滑脂中加油性或极压添加剂
<12	浸油润滑	① 齿轮圆周速度 v<12 m/s 时，一般采用浸油润滑； ② 润滑油中加抗氧化、抗泡沫添加剂； ③ 齿轮浸油深度 h_1=1 ~ 2 个齿高（≥ 10 mm）； ④ 齿顶线到箱底内距离 h_2>30 ~ 50 mm； ⑤ 每千瓦功率的油池体积 >0.35 ~ 0.7 L； ⑥ 锥齿轮浸油深度要保证全齿宽接触油
3 ~ 12	飞溅润滑	润滑油中加抗氧化、抗泡沫添加剂
>12 ~ 15	压力喷油	① 滑润油中加抗氧化、抗泡沫添加剂； ② 喷油压力为 0.1 ~ 0.25 MPa； ③ 喷嘴放在啮入侧（一般情况），喷嘴放在啮出侧，散热好
	油雾润滑	① 一般用于高速、轻载且要求润滑油黏度稍低的场合； ② 喷油压力 <0.6 MPa

3.7.2 机械密封

1. 机械密封的目的

机械密封又称端面密封，机械密封性能可靠，泄漏小，使用寿命长，功耗低，无须经常维修且能适应于生产过程自动化和高温、低温、高压、真空、高速以及各种强腐蚀性介质、含固体颗粒介质等苛刻工况的密封要求。

机械密封是靠一对或几对垂直于轴做相对滑动的端面在流体压力和补偿机构的弹力（或磁力）作用下保持接合并配以辅助密封而达到的阻漏的轴封装置。

机械密封与软填料密封比较如下：

（1）优点

① 密封可靠，在长期运转中密封状态很稳定，泄漏量很小，其泄漏约为软填料密封的1%；

② 使用寿命长，在油、水介质中一般可达 1 ~ 2 年或更长，在化工介质中一般能工作半年以上；

③ 摩擦功率消耗小，其摩擦功率仅为软填料密封的 10% ~ 50%；

④ 轴或轴套基本上不磨损；

⑤ 维修周期长，端面磨损后可自动补偿，一般情况下不需要经常维修；

⑥ 抗振性好，对旋转轴的振动以及轴对密封腔的偏斜不敏感；

⑦ 适用范围广，机械密封能用于高温、低温、高压、真空、不同旋转频率以及各种腐蚀介质和含磨粒介质的密封。

（2）缺点

① 较复杂，对加工要求高；

② 安装与更换比较麻烦，要求工人有一定的技术水平；

③ 发生偶然性事故时，处理较困难；

④ 价高。

2. 常用密封方式

（1）机械密封前的准备工作

① 检查机械密封的型号、规格是否符合设计图纸的要求，所有零件（特别是密封面、辅助密封圈）有无损伤、变形、裂纹等现象，若有缺陷，必须更换或修复。

② 检查机械密封各零件的配合尺寸、表面粗糙度、平行度是否符合设计要求。

③ 使用小弹簧机械密封时，应检查小弹簧的长短和刚性是否相同。

④ 检查主机的窜动量、摆动量和挠度是否符合技术要求。

⑤ 应保持清洁，特别是旋转环和静止环密封面及辅助密封圈表面应无杂质、灰尘。不允许用不清洁的布擦拭密封面。

⑥ 不允许用工具敲打密封元件，以防止密封件被损坏。

（2）机械密封安装、使用技术要领

① 设备转轴的径向跳动应 ≤ 0.04 mm，轴向窜动量不允许大于 0.1 mm。

② 设备的密封部位在安装时应保持清洁，密封零件应进行清洗，密封端面完好无损，防止杂质和灰尘被带入密封部位。

③ 在安装过程中严禁碰击、敲打，以免使机械密封摩擦副破损而密封失效。

④ 安装时在与密封相接触的表面应涂一层清洁的机械油，以便能顺利安装。

⑤ 安装静环压盖时，拧紧螺丝必须受力均匀，保证静环端面与轴心线的垂直要求。

⑥ 安装后用手推动动环，能使动环在轴上灵活移动，并有一定弹性。

⑦ 安装后用手盘动转轴，转轴应无轻重感觉。

⑧ 设备在运转前必须充满介质，以防止干摩擦而使密封失效。

⑨ 对易结晶、颗粒介质，对介质温度 >80 ℃时，应采取相应的冲洗、过滤、冷却措施，各种辅助装置请参照机械密封有关标准。

⑩ 安装时在与密封相接触的表面应涂一层清洁的机械油，要特别注意机械油的选择（对于不同的辅助密封材质），避免造成 O 形圈侵油膨胀或加速老化，导致密封提前失效。

（3）密封方式

常见的密封方式及相关知识见表 3-9，密封工作图例如图 3-83 所示。

表 3-9　密封类型及相关知识

密封类型	使用条件		耐压性	耐高速性	耐热性	耐寒性	耐久性	用途	备注
	往复运动	转动							
填料密封	良	良	良	良	良	可	可	泵、水轮机、阀、高压釜	可用缠绕填料、纺织填料或成型填料
O 形圈密封	良	可	良	可 – 良	可 – 良	可	可	活塞密封	可广泛用作静密封，此时耐久性良好
Y 形圈密封	优	×	优	良	良 – 可	可	可	活塞密封	有时作静密封
机械密封	×	优	优	优	优	优	优	泵、水轮机、高压釜、压气机、搅拌机	可用不同的材料组合，包括金属波纹管密封
油封	（可）	优	可	优	良 – 可	可	可	轴承密封	与其他密封并用，防尘
分瓣滑环密封	可	良	优	优	优	优	优	水轮机、汽轮机	多用石墨作滑环
迷宫式密封	优	优	优	优	优	优	优	汽轮机、泵、压气机	往复运动时，宜高速，低速不用
浮动环密封	可	良	优	优	优	优	优	泵、压气机	
离心密封和螺旋密封	×	优	良	良	良	良	优	泵	
磁流体密封	×	优	可	优	良	可	优	压气机	只用于气体介质

I 放大

$\delta < 5\ \mu m$

（a）

（b）

齿轮轴

漏油

（c）

3
2
1

（d）

节流槽

0.1~0.3

（e）

（f）

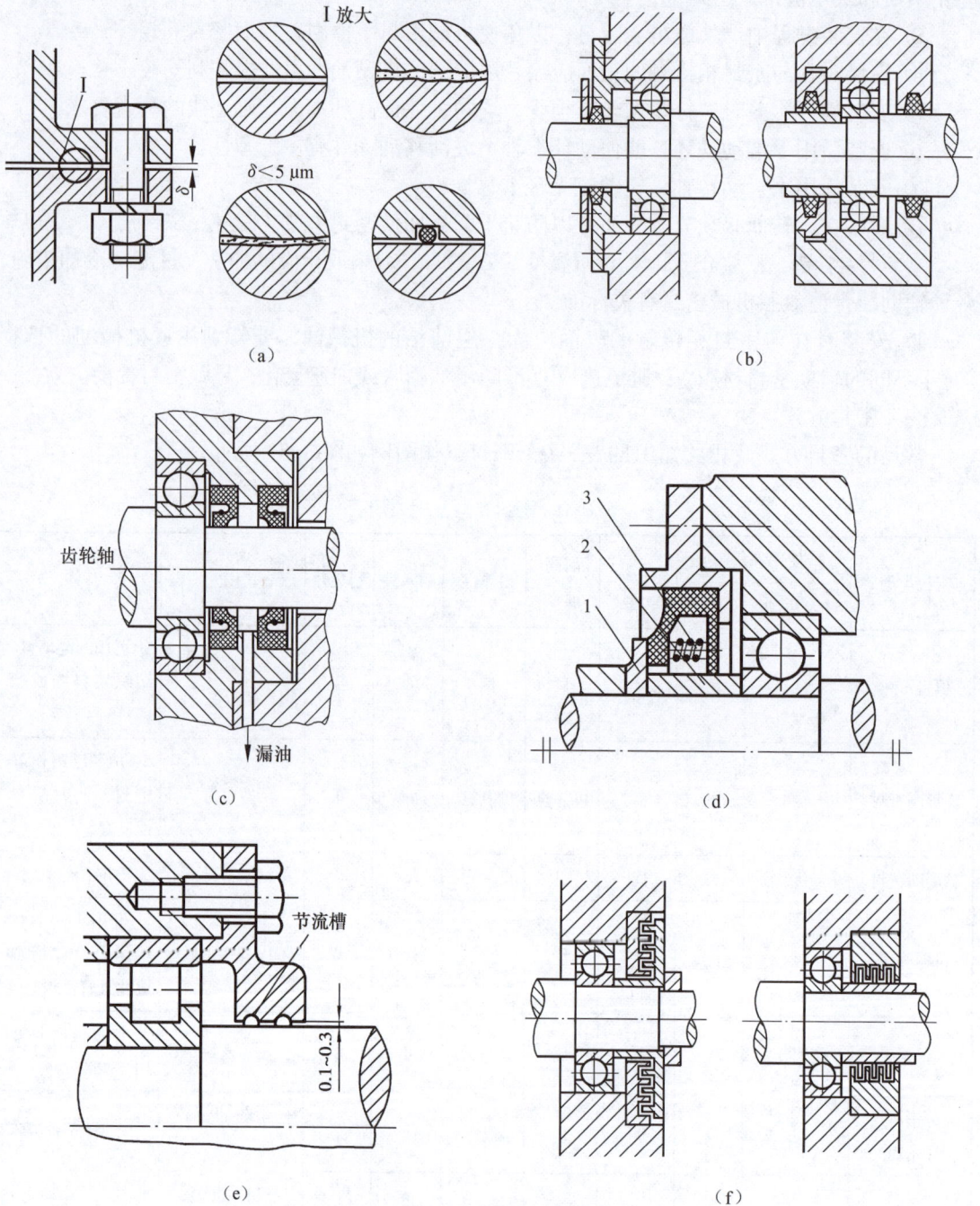

1—挡圈；2—套筒；3—弹簧

图 3-83　常见的机械密封方式

（a）静密封；（b）毡圈密封；（c）密封圈密封；（d）机械密封；

（e）间隙密封；（f）迷宫式密封

任务训练

一、填空题

1. 机构只产生运动的转换，目的是_____或_____运动。

2. 构件是_____的单元，零件是_____的单元。

3. 现代工业中主要应用的传动方式有_____、_____、_____和电气传动等四种。其中，机械传动是一种最基本的传动方式，应用最普遍。

4. 若平面四杆机构中的低副全部都是_____，则称其为铰链四杆机构，它是平面四杆机构的基本形式，其他形式的平面四杆机构都可看成是在它的基础上_____而成的。

5. 根据两连架杆运动形式的不同，铰链四杆机构有_____、_____、_____三种基本形式。

6. 导杆机构可看成是改变_____机构中的_____构件演化而来的。

7. 若最短杆与最长杆长度之和大于其余两杆长度之和，则不论以何杆作为机架，都为_____。

8. 凸轮机构的类型很多，通常可按_____的形状、_____端部的结构、从动件的_____等分类。

9. 棘轮机构的功用是将主动件的_____运动转换为从动件的_____运动。

10. 槽轮机构中做等速回转的构件是_____，做间歇运动的构件是_____。

11. 带传动和链传动都属于两传动轴中心距_____的机械传动，带传动是依靠摩擦力来传递_____和_____；链传动是依靠_____来传递_____和_____。

12. V 带的工作截面形状为_____，平型带的截面形状为_____。

13. V 带传动与平型带传动的工作原理都是依靠_____，但前者与后者的不同之处是_____，所以 V 带传动的传递能力比平型带大。

14. 链传动的常用类型按用途分为_____、_____和_____。

15. 螺旋传动有_____、_____和_____三种形式。

16. 斜齿轮的参数有_____面和_____面之分，规定以_____为标准值。

17. 蜗杆传动的正确啮合条件为_____。

18. 摩擦有_____、_____、_____、_____四种。

19. 磨损一般是有害的，但工程上也有利用磨损作用的场合：如精加工中的_____与抛光、机器的_____等。

20. 机械密封是靠一对或几对垂直于轴做相对滑动的_____在流体压力和补偿机构的弹力（或磁力）作用下保持接合并配以辅助密封而达到的_____的_____装置。

二、选择题

1. 机构都有（　　）个共同的特性。

A. 1　　　　　　　B. 2　　　　　　　C. 3　　　　　　　D. 0

2. 普通车床上的拖板与导轨间组成的运动副是（　　）。

A. 转动副　　　　B. 移动副　　　　C. 螺旋副　　　　D. 滚动副

3. 根据零件和构件的定义可知，整体式曲轴（　　）。

A. 是零件　　　　　B. 是构件　　　　　C. 既是零件又是构件

4. 同等条件下，两构件组成高副比组成低副传动时，传动效率（　　）。

A. 高　　　　　　　B. 低　　　　　　　C. 两种情况下相同

5. 机械效率值永远（　　）。

A. 大于 1　　　　　B. 小于 1　　　　　C. 等于 1　　　　　D. 为 0

6. 铰链四杆机构存在曲柄的必要条件是最短杆与最长杆长度之和小于或等于其他两杆之和，而充分条件是取（　　）为机架。

A. 最短杆或最短杆相邻边　　　　B. 最长杆　　　　　C. 最短杆的对边

7. 铰链四杆机构中，若最短杆与最长杆长度之和小于其余两杆长度之和，当以（　　）为机架时，有两个曲柄。

A. 最短杆相邻边　　B. 最短杆　　　　　C. 最短杆对边

8. 在死点位置时，机构的压力角 $\alpha=$（　　）。

A. 0°　　　　　　　B. 45°　　　　　　C. 90°　　　　　　D. 都不是

9. 曲柄滑块机构是由（　　）演化而来的。

A. 曲柄摇杆机构　　B. 双曲柄机构　　　C. 双摇杆机构

10. 凸轮机构中，从动件的运动规律取决于（　　）。

A. 凸轮轮廓的大小　B. 凸轮轮廓的形状　C. 基圆的大小

11. 等速运动规律的凸轮机构，从动件在运动开始和终止时，将引起（　　）冲击。

A. 刚性　　　　　　B. 柔性　　　　　　C. 无

12. 等加速、等减速运动规律的凸轮机构将引起（　　）冲击。

A. 刚性　　　　　　B. 柔性　　　　　　C. 无

13. 曲柄每转一周，槽轮反向并完成两次间歇转动，此机构是（　　）槽轮机构。

A. 双圆销外啮合　　B. 单圆销外啮合　　C. 双圆销内啮合　　D. 单圆销内啮合

14. 槽轮机构的槽轮槽数至少应取（　　）。

A. 1　　　　　　　B. 2　　　　　　　C. 3　　　　　　　D. 4

15. 最常见的棘轮齿形是（　　）。

A. 锯齿　　　　　　B. 对称梯形　　　　C. 三角形　　　　　D. 矩形

16. 带传动是依靠（　　）来带动从动轮转动的。

A. 主轴的动力　　　　　　　　　B. 带与带轮间摩擦力

C. 主动轮转矩　　　　　　　　　D. 带和带轮间的正压力

17. 一般选用的 V 带轮轮槽角为（　　）。

A. 42°　　　　　　B. 36°　　　　　　C. 40°

18. V 带传动与平型带传动相比，应用较广泛的原因是（　　）。

A. 带的使用寿命长　　　　　　　B. 传动效率高

C. 在传递相同功率时，传动外廓小　D. 带的价格低

19. （　　）传动适于相距较远的两轴实现缓冲、平稳而无噪声的传动。

A. 链传动　　　　　B. 轮系传动　　　　C. 带传动

20. 链传动中，当要求传动速度高、噪声小时，应选用（　　）。

A. 套筒链　　　　　　　B. 套筒滚子链　　　　C. 齿形链

21. 差动增速机构，固定端与活动端螺纹的旋向应（　　　）。

A. 相同或相反　　　　B. 相反　　　　　　C. 相同　　　　　　D. 条件不全，无法判定

22. 求齿轮传动实现转动与移动的传递，采用（　　　）

A. 内啮合传动　　　　B. 外啮合传动　　　　C. 齿轮齿条传动

23. 齿轮传动与蜗杆传动、带传动及链传动相比，其最主要的优点在于（　　　）。

A. 适用于大中心距　　　　　　　　　B. 单级传动比大

C. 传动效率高　　　　　　　　　　　D. 瞬时传动比准确

24. 渐开线齿轮连续传动条件：重叠系数（　　　）。

A. >0　　　　　　　B. <0　　　　　　C. >1　　　　　　D. <1

25. 下列传动中，传动效率最低的是（　　　）。

A. 链传动　　　　　　B. 多头螺旋传动　　　C. 单头蜗杆传动　　D. 带传动

三、判断题（对的打√，错的打×）

1. 构件是最小的运动单元，故其在工作中一定是运动的。（　　　）

2. 任何机器都是人类的劳动产品。（　　　）

3. 构成移动副的两个构件间只能做相对转动。（　　　）

4. 运动副可分为面接触运动副和线接触运动副。（　　　）

5. 雷达天线的角度调整机构应用的是曲柄摇杆机构。（　　　）

6. 惯性筛应用了双摇杆机构。（　　　）

7. 死点位置存在会使机构主动件产生无孔式运动不确定的现象。（　　　）

8. 曲柄摇杆机构中的极位夹角可以等于 0，也可以大于 0。（　　　）

9. 曲柄摇杆机构中，若将回转运动转换成往复运动，定有急回特性。（　　　）

10. 急回特性可以缩短工作时间，从而提高生产率。（　　　）

11. 单缸内燃机的气缸应用了曲柄滑块机构。（　　　）

12. 凸轮机构是低副机构，具有效率低、承载大的特点。（　　　）

13. 间歇运动的主动件不能成为从动件。（　　　）

14. 棘轮机构中，棘轮的转角随摇杆摆角的减小而减小。（　　　）

15. 槽轮的转角与槽轮的槽数有关，与圆柱销数无关。（　　　）

16. 自动车床的刀架转位机构应用了槽轮机构。（　　　）

17. 一般情况下，大带轮的包角总比小带轮的包角大，故只要限制小带轮的包角大于等于 120°，平带传动就能正常工作。（　　　）

18. 正确的调整、使用和维护是保证 V 带传动正常工作和正长寿命的有效措施。（　　　）

19. 齿形链具有比压大、不易磨损、传动平稳、传动速度高、噪声小等特点。（　　　）

20. 链传动能在高速、重载和高温条件下及尘土飞扬的不良环境中工作，能保证准确的瞬时传动比。（　　　）

21. 机床上移动机构常用的螺纹大多数是三角形螺纹。（　　　）

22. 差动螺旋传动既可以实现微量移动，也可以实现快速移动。（　　　）

23. 斜齿轮传动与直齿轮传动比较，其突出的优点是重叠系数大、传动平稳。（　　　）

24. 锥齿轮的轮齿从小端向大端逐渐增大，且各截面尺寸不相等。（　　　）

25. 蜗杆传动中，蜗杆轴线与蜗轮轴线垂直相交。 （　　　）

四、综合题

1. 如习题图 3-1 所示机构，$AB=30$ mm，$BC=100$ mm，$CD=70$ mm，$AD=80$ mm，回答下列问题：

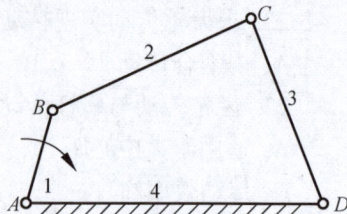

习题图 3-1

（1）若以 AD 杆为机构，机构类型为＿＿＿＿＿；

若以 AB 杆为机构，机构类型为＿＿＿＿＿；

若以 CD 杆为机构，机构类型为＿＿＿＿＿；

若以 BC 杆为机构，机构类型为＿＿＿＿＿。

（2）若以＿＿＿＿为＿＿＿＿＿主动件，则有急回特性；

若以＿＿＿＿＿为主动件，则存在死点位置，数量为＿＿＿个。

（3）作出图示的极位夹角 θ。

（4）若只改变 AB 杆长度，即长度由 30 改变为 35，则 CD 杆的摆角将会＿＿＿。（增大、不变、减小）

（5）若只改变 BC 杆长度，即长度由 100 改变为 90，则 CD 杆的摆角将会＿＿＿。（增大、不变、减小）

（6）若机架不变，BC 杆长度由 100 增加至 120，该机构则变化成为＿＿＿＿＿机构，存在＿＿＿个死点位置，＿＿＿（有、无）急回特性。试作出此时的死点位置。

2. 将下列实例与机构用横线正确地连接起来。

家用缝纫机　　　　　　　　　　曲柄滑块机构

油泵压油机构　　　　　　　　　转动导杆机构

牛头刨床主运动机构　　　　　　摆动导杆机构

牛头刨床横向进给机构　　　　　曲柄摇杆机构

自卸翻斗机构　　　　　　　　　摇块机构

搓丝机　　　　　　　　　　　　移动导杆机构

3. 根据（习题图 3-2）已知凸轮机构从动杆的位移规律，试回答：

凸轮转角	0°～35°	35°～75°	75°～135°	135°～360°
从动杆运动	等速上升 20 mm	停止不动	等加速等减速下降到原处	原处停止不动

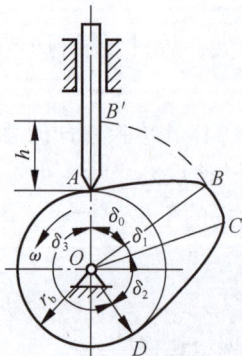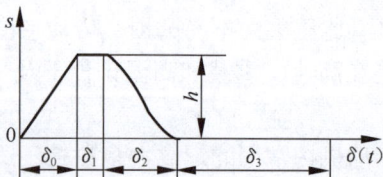

(a)　　　　　　　　　　(b)

习题图 3-2

（1）该机构中，从动杆的行程是＿＿＿＿＿＿＿＿，推程运动角是＿＿＿＿＿＿＿＿，回程运动角是＿＿＿＿＿＿＿＿，远休止角为＿＿＿＿＿＿＿＿，近休止角为＿＿＿＿＿＿＿＿。

（2）从动杆在运动过程的状态变化规律是＿＿＿＿＿＿＿＿。

（3）该机构在所注字母＿＿＿＿＿＿＿＿处易产生刚性冲击，若不改变运动规律而要减小冲击，则应采用＿＿＿＿＿＿＿＿＿＿＿＿＿＿＿＿＿＿方法加以解决。

4. 根据电影放映机卷片机构图，放映时若以每秒 23 张的速度通过镜头，则求：

（1）每张胶片的停留时间；

（2）每张胶片的转位时间。

5. 摩擦的种类有哪些？磨损一般是有害的，但工程上有没有利用磨损作用的场合？请举例说明。

6. 机械润滑的主要目的有哪些？常用的机械密封方式有哪些？

学习目标

1. 了解常用金属切削机床的分类和编号；
2. 会分析机床运动情况；
3. 熟悉车床的类型、组成及应用范围；
4. 懂得车床日常维护和保养的有关知识；
5. 熟悉数控车床的类型、组成、主要技术参数及其含义；
6. 了解铣床的种类及应用；
7. 了解数控铣床的组成结构，认识数控铣床的附件及其应用；
8. 熟悉磨床的主要类型及应用范围；
9. 了解数控磨床的应用常识；
10. 初步了解刨床、齿轮加工机床、加工中心等机床知识。

金属切削机床是机械制造业的主要加工设备。它用切削的方法将金属毛坯多余的金属切除，加工成符合一定形状、尺寸和表面质量要求的机械零件。

4.1　机　床　常　识

4.1.1　机床的分类方法

为了满足不同类型的工件和不同的加工需要，机床的品种和规格繁多，为了便于区别、使用和管理，需要对机床进行分类和编制型号。

1. 按照机床的加工方式、使用的刀具和用途分

将机床共分为 12 类：车床、钻床、镗床、磨床、齿轮加工机床、螺纹加工机床、铣床、刨插床、拉床、特种加工机床、锯床和其他机床。

2. 按加工精度的等级分

大部分车床、磨床、齿轮加工机床有 3 个相对精度等级，在机床型号中用汉语拼音字

母 P（普通精度，在型号中可省略）、M（精密级）、G（高精度级）表示。有些用于高精度精密加工的机床，要求加工精度等级很高，这些机床通常称为高精度精密机床，如：坐标镗床、坐标磨床、螺纹磨床等。

3. 按照万能性程度分为

① 通用机床：这类机床的工艺范围很宽，可以加工一定尺寸范围内的多种类型零件，完成多种多样的工序，如：卧式车床、万能升降台铣床、万能外圆磨床等。

② 专门化机床：这类机床的工艺范围较窄，只能用于加工不同尺寸的一类或几类零件的一种（或几种）特定工序，如：丝杠车床、凸轮轴车床等。

③ 专用机床：这类机床的工艺范围最窄，通常只能完成某一特定零件的特定工序。如：加工机床主轴箱体孔的专用镗床，加工机床导轨的专用导轨磨床等。它是根据特定的工艺要求专门设计、制造的，生产率和自动化程度较高，应用于大批量生产。组合机床也属于专用机床。

4. 按自动化程度分

手动机床、机动机床、半自动机床和自动机床。

5. 按机床重量分

仪表机床、中小型机床（一般机床）、大型机床（10 t）、重型机床（大于 30 t）和超重型机床（大于 100 t）。

6. 按控制方式分

仿形机床、数控机床、加工中心等，在机床型号中分别用汉语拼音字母 F、K、H 表示。

7. 按机床的结构布局分

立式机床、卧式机床、龙门式机床等。

4.1.2　机床型号的编制方法

按国家推荐标准（GB/T 15375—2008），普通机床型号用下列方式表示：

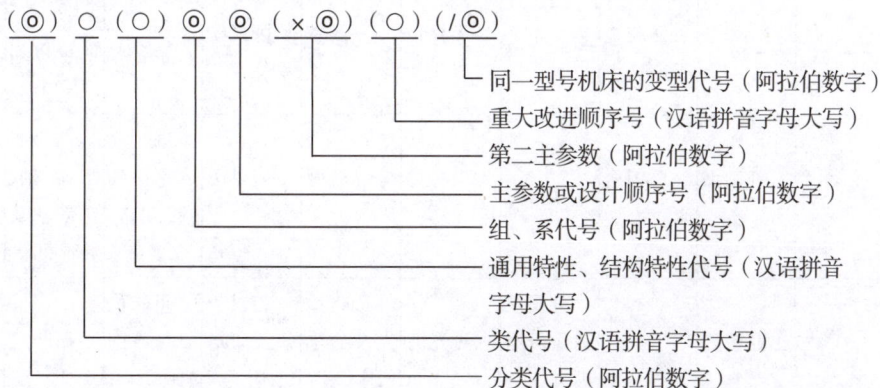

$$(\bigodot)\ \bigcirc\ (\bigcirc)\ \bigodot\ \bigodot\ (\times\bigodot)\ (\bigcirc)\ (/\bigodot)$$

- 同一型号机床的变型代号（阿拉伯数字）
- 重大改进顺序号（汉语拼音字母大写）
- 第二主参数（阿拉伯数字）
- 主参数或设计顺序号（阿拉伯数字）
- 组、系代号（阿拉伯数字）
- 通用特性、结构特性代号（汉语拼音字母大写）
- 类代号（汉语拼音字母大写）
- 分类代号（阿拉伯数字）

其中：有"（ ）"的为代号或数字，当无内容时则不表示，若有内容则不带括号；

有"○"符号者，为大写的汉语拼音字母；

有"◎"符号者，为阿拉伯数字。

1. 机床的类别代号

用汉语拼音字首（大写）表示，并按名称读音。表4-1列出了通用机床的12个类别。

表4-1 通用机床分类代号

类别	车床	钻床	镗床	磨床			齿轮加工机床	螺纹加工机床	铣床	刨插床	拉床	特种加工机床	锯床	其他机床
代号	C	Z	T	M	2M	3M	Y	S	X	B	L	D	G	Q
读音	车	钻	镗	磨	二磨	三磨	牙	丝	铣	刨	拉	电	割	其

2. 机床的组系代号

每类机床可划分为10个组，每个组又可划分为10个系。在同一类机床中，主要布局或使用范围基本相同的机床，即为同一组。在同一组机床中，其主参数、主要结构及布局形式相同的机床，即为同一系。见表4-2所示为金属切削机床类、组的划分。机床型号中，在类别代号和特性代号之后，第一位阿拉伯数字表示组别，第二位阿拉伯数字表示系别。机床类、组划分及其代号见表4-2。

表4-2 金属切削机床类、组的划分

类别 \ 组别		0	1	2	3	4	5	6	7	8	9
车床 C		仪表车床	单轴自动、半自动车床	多轴自动、半自动车床	回轮、转塔车床	曲轴及凸轮轴车床	立式车床	落地及卧式车床	仿形及多刀车床	轮、轴、辊、锭及铲齿车床	其他车床
钻床 Z		—	坐标镗钻床	深孔钻床	摇臂钻床	台式钻床	立式钻床	卧式钻床	铣钻床	中心孔钻床	—
镗床 T		—	—	深孔镗床	—	坐标镗床	立式镗床	卧式铣镗床	精镗床	汽车、拖拉机修理用镗床	—
磨床	M	仪表磨床	外圆磨床	内圆磨床	砂轮机	坐标磨床	导轨磨床	刀具刃磨床	平面及端面磨床	曲轴、凸轮轴、花键轴及轧辊磨床	工具磨床
	2M	—	超精机	内圆研磨机	外圆及其他研磨机	抛光机	砂带抛光及磨削机床	刀具刃磨及研磨机床	可转位刀片磨削机床	研磨机	其他磨床

续表

类别＼组别		0	1	2	3	4	5	6	7	8	9
磨床	3M	—	球轴承套圈沟磨床	滚子轴承套圈滚道磨床	轴承套圈超精机床	—	叶片磨削机床	滚子加工机床	钢球加工机床	气门、活塞及活塞环磨削机床	汽车、拖拉机修磨机床
齿轮加工机床 Y		仪表齿轮加工机	—	锥齿轮加工机	滚齿及铣齿机	剃齿及研齿机	插齿机	花键轴铣床	齿轮磨齿机	其他齿轮加工机	齿轮倒角及检查机
螺纹加工机床 S		—	—	—	套丝机	攻丝机	—	螺纹铣床	螺纹磨床	螺纹车床	—
铣床 X		仪表铣床	悬臂及滑枕铣床	龙门铣床	平面铣床	仿形铣床	立式升降台铣床	卧式升降台铣床	床身铣床	工具铣床	其他铣床
刨插床 B		—	悬臂刨床	龙门刨床	—	—	插床	牛头刨床	—	边缘及模具刨床	其他刨床
拉床 L		—	—	侧拉床	卧式外拉床	连续拉床	立式内拉床	卧式内拉床	立式外拉床	键槽及螺纹拉床	其他拉床
锯床 G		—	—	砂轮片锯床	—	卧式带锯床	立式带锯床	圆锯床	弓锯床	锉锯床	—
其他机床 Q		其他仪表机床	管子加工机床	木螺钉加工机	—	刻线机	切断机	—	—	—	—

注：特种加工机床 D 将在后面介绍，此处不作介绍。

例如：C6 表示落地及卧式车床。

C5 表示立式车床。其中，C51 单柱立式车床、C52 双柱立式车床。

3. 机床的特性代号

① 通用特性代号：机床通用特性代号见表 4-3。通用特性代号用汉语拼音字母（大写）表示，列在类别代号之后。如 CK6136 中，"K"表示该车床具有程序控制特性。

表 4-3　通用特性代号

通用特性	高精度	精密	自动	半自动	数控	加工中心（自动换刀）	仿形	轻型	加重型	简式或经济型	柔性加工单元	数显	高速
代号	G	M	Z	B	K	H	F	Q	C	J	R	X	S
读音	高	密	自	半	控	换	仿	轻	重	简	柔	显	速

② 结构特性代号：对主参数相同，但结构、性能不同的机床，在型号中加结构特性代号予以区分，结构特性代号用汉语拼音字母表示，如 A、D、E 等。结构特性代号应排在通用特性代号之后。如 CA6140 中"A"是结构特性代号，表示 CA6140 与 C6140 车床主参数相同，但结构不同。

4. 机床主参数、第二主参数的表示方法

机床主参数代表机床的规格，主参数代号代表主参数的折算值，排在组、系代号之后。表 4–4 列出了常用机床的主参数及其折算系数。

表 4–4　常见机床主参数及折算系数

机床	主参数名称	主参数折算系数	第二主参数
卧式车床	床身上最大回转直径	1/10	最大工件长度
立式车床	最大车削直径	1/100	最大工件高度
摇臂钻床	最大钻孔直径	1/1	最大跨距
卧式镗铣床	镗轴直径	1/10	—
坐标镗床	工作台面宽度	1/10	工作台面长度
外圆磨床	最大磨削直径	1/10	最大磨削长度
内圆磨床	最大磨削孔径	1/10	最大磨削深度
矩台平面磨床	工作台面宽度	1/10	工作台面长度
齿轮加工机床	最大工件直径	1/10	最大模数
龙门铣床	工作台面宽度	1/100	工作台面长度
升降台铣床	工作台面宽度	1/10	工作台面长度
龙门刨床	最大刨削宽度	1/100	最大刨削长度
插床及牛头刨床	最大插削及刨削长度	1/10	—
拉床	额定拉力	1/1	最大行程

第二主参数（多轴机床的主轴数除外）一般不予表示，它是指最大模数、最大跨区、最大工件长度等。在型号中表示的第二主参数，一般折算成两位数为宜。

5. 机床重大改进顺序号

当机床的性能及结构有重大改进时，按其设计改进的次序，用字母 A，B，C，…表示，写在机床型号的末尾，以区别于原机床。如 M1432A 中"A"表示第一次重大改进后的万能外圆磨床，最大磨削直径为 320 mm。

6. 同一型号机床的变型代号

某些类型机床，根据不同的加工需要，在基本型号机床的基础上，仅改变机床的部分性能结构时，则在原机床型号之后加变型代号，以便区别。变型代号以阿拉伯数字 1，2，3，…表示，并用"/"分开，读作"之"。

通用机床的型号编制举例：

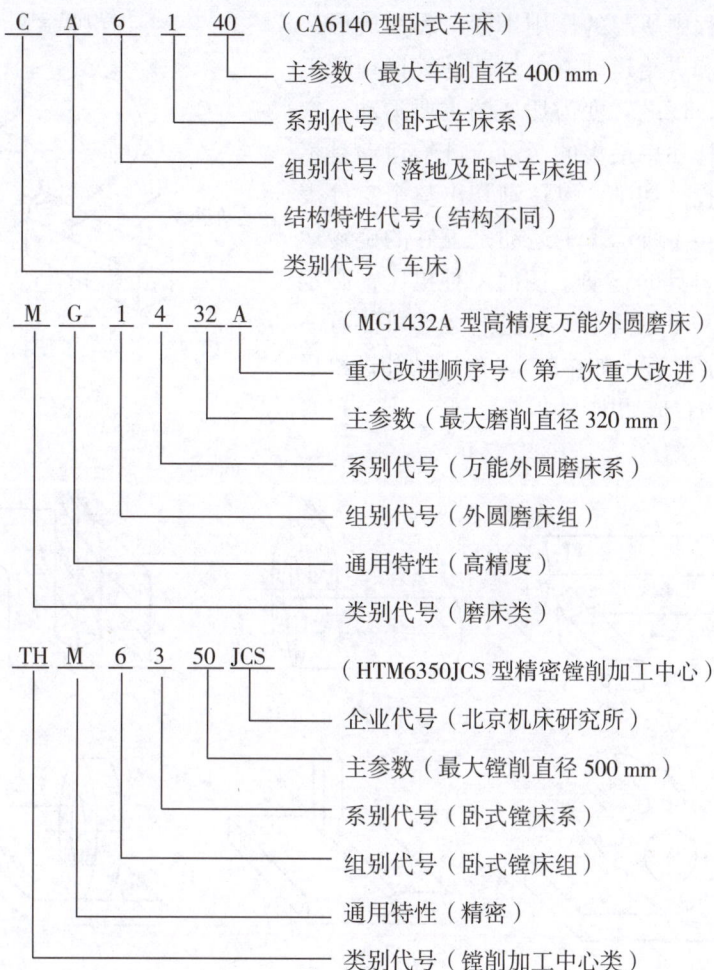

```
C   A   6   1   40   （CA6140 型卧式车床）
                └──── 主参数（最大车削直径 400 mm）
            └──────── 系别代号（卧式车床系）
        └──────────── 组别代号（落地及卧式车床组）
    └──────────────── 结构特性代号（结构不同）
└────────────────────  类别代号（车床）
```

```
M   G   1   4   32   A   （MG1432A 型高精度万能外圆磨床）
                     └──── 重大改进顺序号（第一次重大改进）
                └──────── 主参数（最大磨削直径 320 mm）
            └──────────── 系别代号（万能外圆磨床系）
        └──────────────── 组别代号（外圆磨床组）
    └──────────────────── 通用特性（高精度）
└──────────────────────── 类别代号（磨床类）
```

```
TH   M   6   3   50   JCS   （HTM6350JCS 型精密镗削加工中心）
                      └──── 企业代号（北京机床研究所）
                 └──────── 主参数（最大镗削直径 500 mm）
             └──────────── 系别代号（卧式镗床系）
         └──────────────── 组别代号（卧式镗床组）
     └──────────────────── 通用特性（精密）
└──────────────────────── 类别代号（镗削加工中心类）
```

4.1.3 机床运动

在切削加工中，为了得到具有一定几何形状、一定精度和表面质量的工件，就要使刀具和工件间按一定的规律完成一系列的运动。这些运动按其功用可分为表面成形运动和辅助运动两大类。

1. 表面成形运动

直接参与切削过程，使之在工件上形成一定几何形状表面的刀具和工件间的相对运动称为表面成形运动。如图 4-1 所示，为了在车床上车削圆柱面，工件的旋转运动和车刀的纵向直线移动是形成圆柱外表面的成形运动，表面成形运动是机床上最基本的运动，它对被加工表面的精度和表面粗糙度有着直接的影响。各种机床加工时所必须具备的表面成形运动的形式和数目，决定于被加工表面的形状以及所采用的加工方法和刀具结构。图 4-2 所示为常见的几种工件表面的加工方法及加工的成形运动，由图可以看到，用不同加工方法形成各种表面所需的成形运动，其基本形式为旋转运动和直线运动，即使刀具和工件的运动轨迹比较复杂，也仍然是由这两种运动合成所得到的。例如，车削成形表面时［如图 4-2（j）所示］，车刀沿曲线的运动是由相互垂直的两个直线运动 s_1 和 s_2 组合而成的。

根据切削过程中所起的作用不同，表面成形运动可分为主运动和进给运动。主运动是直接切除工件上的被切削层，使之转变为切屑的主要运动，它是速度最高、消耗功率最多的运动。进给运动是不断地把被切削层投入切削，以逐渐切出整个工件表面的运动，如图 4-1 所示。主运动是工件的旋转运动，进给运动是刀具的移动。任何一种机床，必定有且通常也只有一个主运动，但进给运动可能有一个或几个，也可能没有（如拉削）。主运动和进给运动合成的运动称为合成切削运动。

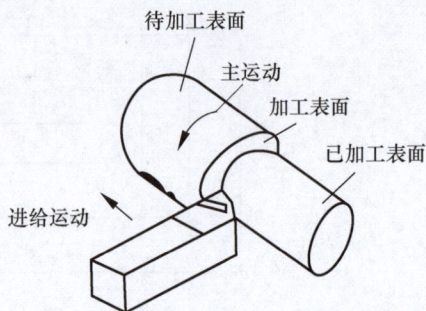

图 4-1　车削圆柱面过程中的运动

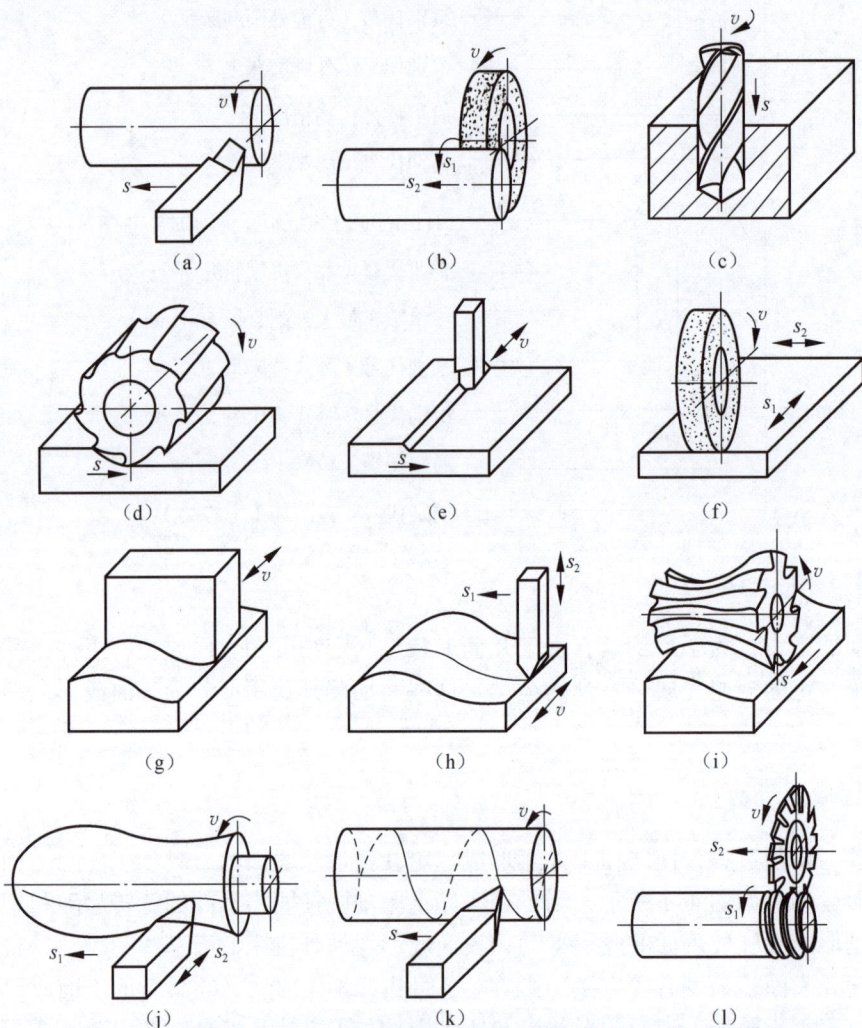

图 4-2　常见工件表面的加工方法及其成形运动

（a）车外圆柱面；（b）磨外圆柱面；（c）钻内圆柱面；（d）铣平面；（e）刨平面；（f）磨平；

（g）用成形刨刀刨成形面；（h）用尖头刨刀刨成形面；（i）用成形铣刀铣成形面；

（j）用尖头车刀车成形面；（k）用螺纹车刀车螺纹；（l）用螺纹铣刀铣螺纹

2. 辅助运动

机床上除表面成形运动外的所有运动都是辅助运动，其功用是实现机床加工过程中所必需的各种辅助动作。辅助运动的种类很多，包括：保证获得一定加工尺寸所需的切刀运动，如摇臂钻床上移动钻头对准被加工孔中心；多工位工作台和刀架周期换位以及逐一加工许多相同的局部表面时工件周期换位所需的分度运动，如在万能升降台铣床上做分度头加工齿轮时工件周期地转过一定角度等。此外，机床的启动、停止、变速、变向以及部件和工件的夹紧、松开等操纵控制运动，也都属于辅助运动。

4.2　车床与数控车床

4.2.1　车床

在一般机器制造厂中，车床在金属切削机床中所占的比例最大，占金属机床总台数的20% ～ 35%。由此可见，车床的应用是很广泛的，车床主要用于加工各种回转表面（内外圆柱面、圆锥面、成形回转面）和回转体的端面。通常由工件旋转完成主运动，而由刀具沿平行或垂直于工件旋转轴线移动完成进给运动。与工件旋转轴线平行的进给运动称为纵向进给运动；垂直的进给运动称为横向进给运动。

1. 车床的主要类型

车床的种类很多，按其用途和结构的不同，可分为下列几类：
① 卧式车床及落地车床；
② 立式车床；
③ 转塔车床（六角车床）；
④ 多刀半自动车床；
⑤ 仿形车床及仿形半自动车床；
⑥ 单轴自动车床；
⑦ 多轴自动车床及多轴半自动车床。
此外，还有各种专门化车床，例如：凸轮轴车床、曲轴车床、铲齿车床等。

2. 卧式车床

卧式车床是一种品种较多的车床。根据对卧式车床功能要求的不同，这类车床可分卧式车床（普通车床）、马鞍车床、精整车床、无丝杠车床、卡盘车床、落地车床和球面车床等。

卧式车床的加工工艺范围很广，能进行多种表面的加工，如图 4-3 所示，车削内外圆柱面、圆锥面、成形面、端面、各种螺纹、切槽、切断；也能进行钻孔、扩孔、铰孔和滚花等工作。

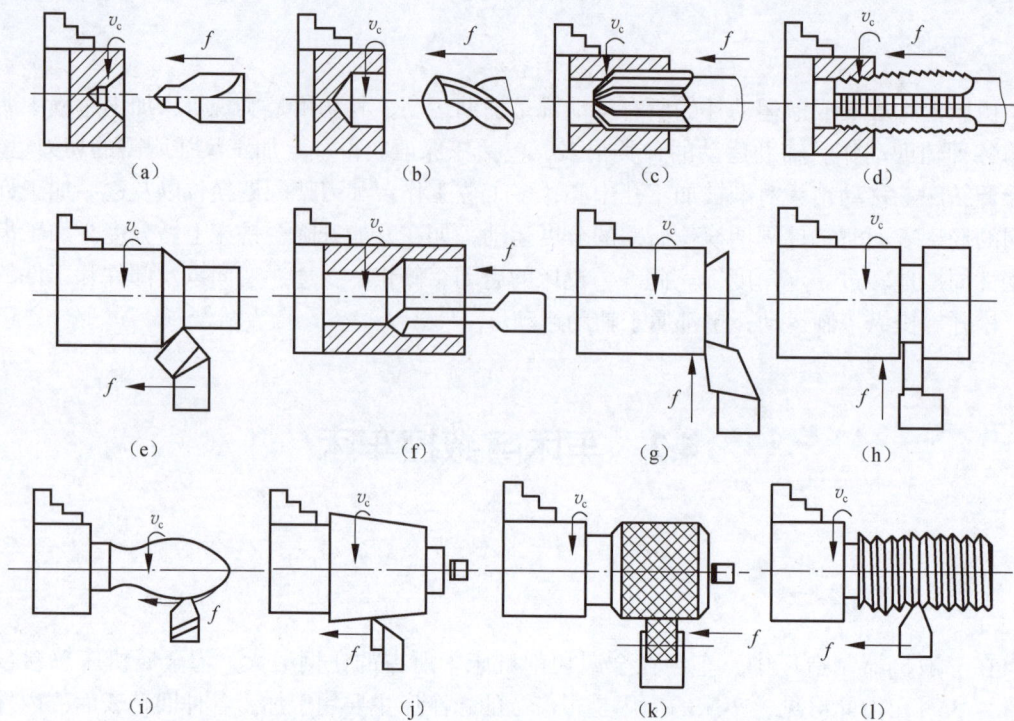

图 4-3　卧式车床的加工工艺范围

（a）钻中心孔；（b）钻孔；（c）铰孔；（d）攻螺纹；（e）车外圆；（f）镗孔；（g）车端面；

（h）车槽；（i）车成形面；（j）车圆锥；（k）滚花；（l）车螺纹

卧式车床的工艺范围广，生产效率低，适于单件小批量生产和修配车间。卧式车床主要是对各种轴类、套类和盘类零件进行加工。

3. 车床组成部件及功用

卧式车床主要由主轴箱、交换齿轮箱（又称挂轮箱）、进给箱、溜板部分（包括：溜板箱、床鞍、中滑板、小滑板和刀架）、床身、尾座和冷却、照明部分等组成。车床各部分的名称如图 4-4 所示。

① 床身。床身固定在左、右床腿上，是车床的支承部件，用以支承和安装车床的各个部件，如：主轴箱、溜板箱、尾座等，并保证各部件之间具有正确的相对位置和相对运动。床身上面有两组平行导轨——床鞍导轨和尾座导轨。

② 主轴箱。主轴箱安装在床身的左上部，箱内有主轴部件和主运动变速机构。调整变速机构可以获得合适的主轴转速。主轴是空心的，中间可以穿过棒料，是主运动的执行件。主轴的前端可以安装卡盘或顶尖等以装夹工件，实现主运动。

③ 进给箱。进给箱安装在床身的左前侧，箱内有进给运动变速机构。主轴箱的运动通过挂轮变速机构将运动传给进给箱。进给箱通过光杠或丝杠将运动传给溜板箱和刀架。

④ 溜板箱。溜板箱安装在刀架部件底部，并通过光杠或丝杠接受进给箱传来的运动，将运动传给刀架部件，实现纵、横向进给或车螺纹运动。床身前方床鞍导轨下安装有长齿条；溜板箱中的小齿轮与其啮合，可带动溜板箱纵向移动。

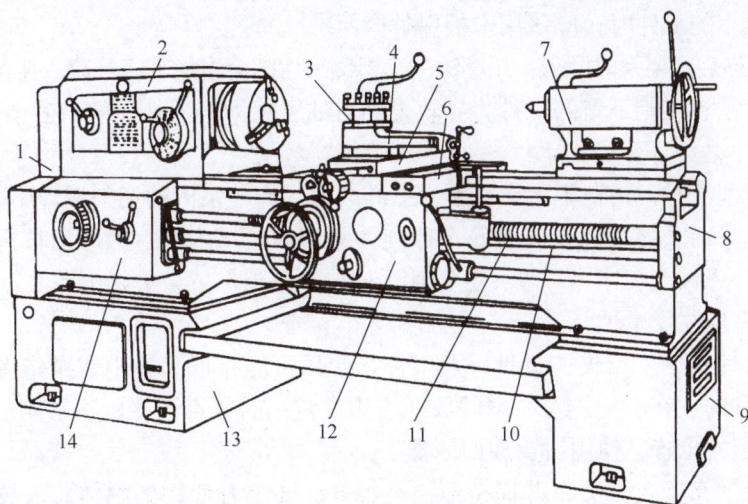

1—推轮变速机构；2—主轴箱；3—刀架；4—小滑板；5—中滑板；6—床鞍；7—尾座；8—床身；
9—右床腿；10—光杠；11—丝杠；12—溜板箱；13—左床腿；14—进给箱

图 4-4　车床各部分的名称

⑤ 刀架。刀架装在床身的刀架导轨上，由小滑板、中滑板、床鞍、方刀架组成。方刀架处于最上层，用于夹持刀具。小滑板在方刀架与中滑板之间，与中滑板以转盘相连，可在水平面一定角度内任意转动一个角度，调好方向后带动刀架实现斜向手动进给，用于加工锥体。中滑板处于小滑板与床鞍之间，可沿床鞍上面的导轨做横向自动或手动进给，当把丝杠螺母机构脱开后，用靠模法可自动加工锥体。床鞍处于中滑板与床身之间，可沿床身上床鞍导轨纵向移动，以实现纵向自动或手动进给。

⑥ 尾座。尾座通常安装在床身右上部，并可沿床身上的尾座导轨调整其位置，通过顶尖支承不同长度的工件。尾座可在其底板上做少量横向移动，通过调整位置，可以在用前、后顶尖支承的工件上车锥体。尾座孔内也可以安装钻头、丝锥、铰刀等刀具，进行内孔加工。

⑦ 挂轮变速机构。挂轮变速机构装在主轴箱与进给箱的左侧，其内部的挂轮连接主轴箱和进给箱，当车削英制螺纹、径节螺纹、精密螺纹、非标准螺纹时须调换挂轮。

⑧ 丝杠与光杠。丝杠与光杠的左端装在进给箱上，右端装在床身右前侧的挂角上，中间穿过溜板箱。通常丝杠主要用于车螺纹。

4. 车床安全使用注意事项

文明生产是工厂管理中一项十分重要的内容，它直接影响产品质量的好坏，影响设备和工、夹、量具的使用寿命，影响操作工人技能的发挥。因此，各项要求如下。

（1）操作者在操作时必须做到的事项

① 开车前，应检查车床各部分机构是否完好，各传动手柄、变速手柄位置是否正确，以防开车时因突然撞击而损坏机床。启动后，应使主轴低速空转 1 ~ 2 min，使润滑油散布到各需要之处（冬天更为重要），等车床运转正常后才能工作。

② 工作中主轴需要变速时，必须先停车再变速。变换进给箱手柄位置要在低速时进行。使用电器开关的车床不准用正、反车做紧急停车，以免打坏齿轮。

③ 不允许在卡盘及床身导轨上敲击或校直工件，床面上不准放置工具或工件。

④ 装夹较重的工件时，应该用木板保护床面。

⑤ 车刀磨损后，要及时磨刃，用磨钝的车刀继续切削会增加车床负荷，甚至损坏机床。

⑥ 车削铸铁、气割下料的工件，导轨上润滑油要擦去，工件上的型砂杂质应清除干净，以免磨坏床面导轨。

⑦ 使用切削液时，要在车床导轨上涂上润滑油。冷却泵中的切削液应定期调换。

⑧ 实习结束时，应清除车床上及车床周围的切屑及切削液，擦净后按规定在加油部位加上润滑油，将床鞍摇至床尾一端，各转动手柄放到空挡位置，关闭电源。

（2）操作者应注意事项

① 工作时使用的工、夹、量具以及工件，应尽可能靠近和集中在操作者的周围。放置物件时，右手拿的放在右边，左手拿的放在左边；常用的放得近些，不常用的放得远些。物件放置应有固定的位置，使用后要放回原处。

② 工具箱的布置要分类，并保持清洁、整齐。要小心使用的物体应放置稳妥，重的东西放下面，轻的放上面。

③ 图样、操作卡片应放在便于阅读的位置，并注意保持清洁和完整。

④ 毛坯、半成品和成品应分开，并按次序整齐排列，以便安放或拿取。

⑤ 工作位置周围应保持整齐、清洁。

（3）操作时必须遵守事项

① 工作时应穿工作服，袖口应扎紧，女同学应戴工作帽，头发或辫子应塞入帽内，操作中不准戴手套。

② 工作时注意头部与工件不能靠得太近，高速切削时必须戴防护眼镜。

③ 车床转动时，不准测量工件，不准用手去触摸工件表面。

④ 应该用专用的钩子清除切屑，不准用手直接清除。

5. 车床的润滑和维护保养

为了使车床在工作中减少机件磨损，保持车床的精度，延长车床的使用寿命，应注意日常的维护保养。车床的所有摩擦部件必须进行润滑。

（1）车床润滑的几种方式

① 浇油润滑，通常用于外露的滑动表面，如：床身导轨面和滑板导轨面等。

② 溅油润滑，通常用于密封的箱体中，如：车床的主轴箱，它利用齿轮转动把润滑油飞溅到各处进行润滑。

③ 油绳导油润滑，通常用于车床进给箱的溜板箱的油池中，它利用毛线吸油和渗油的能力，把润滑油慢慢地引到所需的润滑处，如图4-5（a）所示。

④ 弹子油杯注油润滑，通常用于尾座和滑板摇动手柄转动的轴承处。注油时，以油嘴把弹子揿下，滴入润滑油，如图4-5（b）所示。使用弹子油杯的目的是防尘、防屑。

⑤ 黄油（油脂）杯润滑，通常用于车床挂轮架的中间轴。使用时，先在黄油杯中装满工业油脂，当拧进油杯盖时，油脂就挤进轴承套内，比加机油方便。使用油脂润滑的另一特点是：存油期长，不需要每天加油，如图4-5（c）所示。

⑥ 油泵输油润滑，通常用于转速高，润滑油需要量大的机构中，如：车床的主轴箱一般都采用油泵输油润滑。

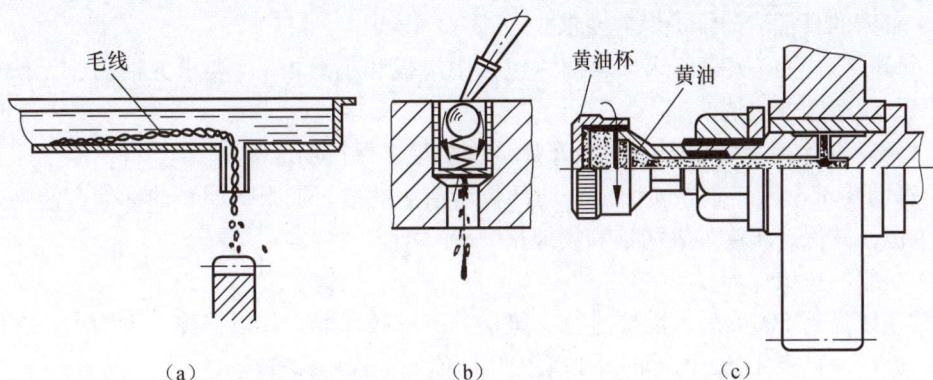

图 4-5　润滑的几种方式

（a）油绳导油润滑；（b）弹子油杯注油润滑；（c）黄油杯润滑

（2）车床的润滑系统

图 4-6 所示为 CA6140 型卧式车床的润滑系统图，图中润滑部位用数字标出，除所注 ② 处的润滑部位是用 2 号钙基润滑脂进行润滑外，其余各部位都用机油润滑。图中 $\frac{30}{7}$ 分子表示油类号为 30 号机油，分母表示两班制工作时换油间隔天数为 7 天。换油时，应将废品油放尽，然后用煤油把箱体内冲洗干净，再注入新机油，注油时应用网过滤，且油面不得低于油标中心线。

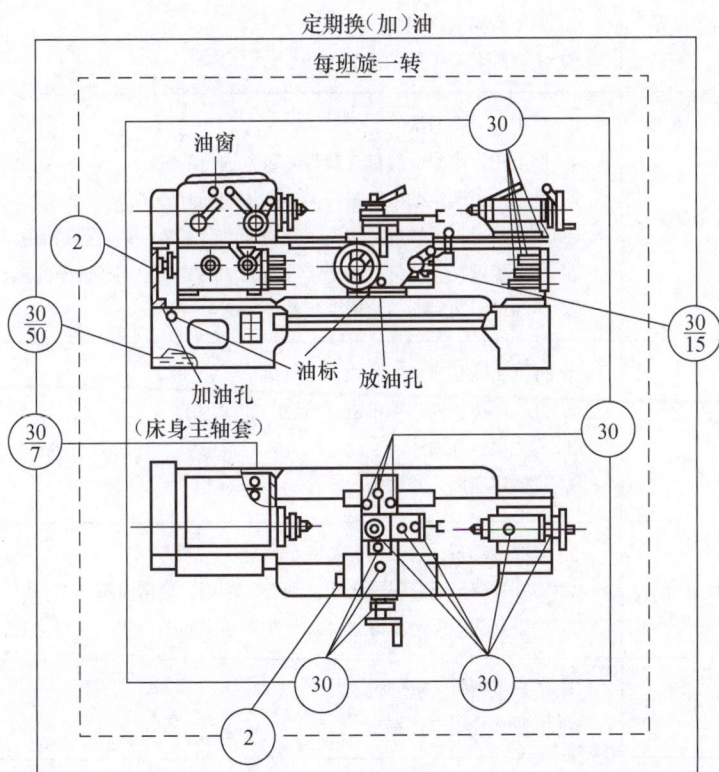

图 4-6　车床润滑部位

（3）车床的日常清洁维护保养要求

① 每班工作后应擦净车床导轨面（包括中滑板和小滑板），要求无油污、无铁屑，并浇油润滑，使车床外表清洁。

② 每班工作结束后清扫切屑盘及车床周围场地，保持场地清洁。

③ 每周要求车床三个导轨面及转动部位清洁、润滑，油眼畅通，油标油窗清晰，清洗护床油毛毡，并保持车床外表清洁和场地整齐等。

（4）车床的一级保养

通常车床运行 500 h 后，需要进行一级保养。一级保养工作以操作工人为主，在维修人员配合下进行，见表 4-5。保养时，必须先切断电源，以确保安全。

表 4-5 车床的一级保养

序号	保养内容	保养操作说明
1	外表保养	① 清洗车床外表面及各罩盖，保持其清洁，无锈蚀，无油污。 ② 清洗丝杠、光杠和操纵杆。 ③ 检查并补齐各螺钉、手柄等
2	主轴箱保养	① 拆下滤油器并进行清洗，使其无杂物并进行复装。 ② 检查主轴，其锁紧螺母应无松动现象，紧定螺钉应拧紧。 ③ 调整离合器摩擦片间隙及制动器
3	交换齿轮箱保养	① 清洗齿轮、轴套等，并在黄油杯中注入新油脂。 ② 调整齿轮啮合间隙。 ③ 检查轴套有无晃动现象
4	刀架和滑板保养	① 拆下方刀架清洗。 ② 拆下中、小滑板丝杠、螺母、镶条进行清洗。 ③ 拆下床鞍防尘油毛毡进行清洗、加油和复装。 ④ 中滑板丝杠、螺母、镶条、导轨加油后复装，调整镶条间隙和丝杠螺母间隙。 ⑤ 小滑板丝杠、螺母、镶条、导轨加油后复装，调整镶条间隙和丝杠螺母间隙。 ⑥ 擦净方刀架底面，涂油、复装、压紧
5	尾座保养	① 拆下尾座套筒和压紧块，进行清洗、涂油。 ② 拆下尾座丝杠、螺母进行清洗、加油。 ③ 清洗尾座并加油。 ④ 复装尾座部分并加油
6	润滑系统保养	① 清洗冷却泵、滤油器和盛液盘。 ② 检查并保证油路畅通无阻，油孔、油绳、油毡应清洁无切屑。 ③ 检查油质应保持良好，油杯齐全，油窗明亮
7	电器保养	① 清扫电器箱、电动机。 ② 电器装置固定整齐
8	清理车床附件	中心架、跟刀架、配换齿轮、卡盘等擦洗干净，摆放整齐

6. 其他车床

（1）立式车床

立式车床用于加工径向尺寸大而轴向尺寸相对较小且形状比较复杂的大型和重型零件。图 4-7 所示为立式车床，其中图（a）所示为单柱式，图（b）所示为双柱式，前者用于加工直径小于 1.6 m 的零件，后者可用于加工直径大于 2 m 的零件。

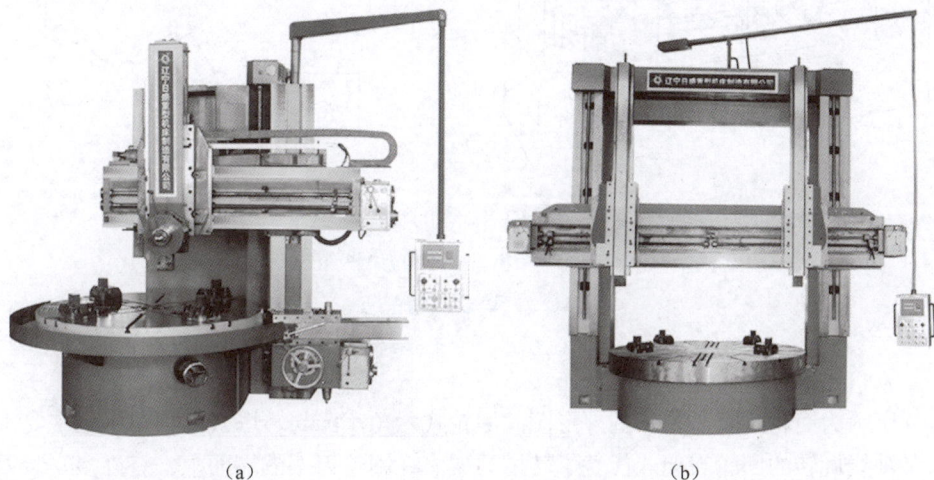

（a）   （b）

图 4-7　立式车床

（a）单柱式；（b）双柱式

立式车床在结构布局上的主要特点是主轴垂直布置，工作台面水平布置，以使工件的装夹和找正都比较方便，而且工件及工作台的质量能均匀地作用在工作台导轨或推力轴承上，机床易于长期保持工作精度。

立式车床的工作台装在底座上，工件装夹在工作台上并由工作台带动做旋转主运动。进给运动由垂直刀架和侧刀架来实现。侧刀架可在立柱的导轨上移动做垂直进给，还可沿刀架滑座的导轨做横向进给。垂直刀架可沿其刀架滑座的导轨做垂直进给，而且中小型立式车床的一个垂直刀架上通常带有转塔刀架。横梁沿立柱导轨上下移动，以适应加工不同高度工件的需要。

（2）六角车床

成批生产时，为了提高劳动生产率而在车床上安装更多的刀具，对形状较为复杂的零件进行顺次切削。因此，在普通车床的基础上发展了六角车床。它的主要特点是用六角转塔刀架代替了普通车床的尾架。加工前，可事先按工艺要求将被加工零件所需要的刀具全部安装在转塔刀架和横刀架相应的位置上，并且按工件的尺寸要求调整好刀具间的相对位置，用行程挡块控制行程的大小。这样，在完成一个零件的加工循环中不再像普通车床上那样反复地更换刀具或反复试切、测量而节省了辅助时间。所以六角车床的生产率比普通车床高得多。

六角车床按其六角刀架形式的不同，可分为转塔式六角车床和回轮式六角车床。图 4-8 所示为转塔式六角车床的外形图。它具有转塔刀架 4 和前刀架 3。转塔刀架可绕垂直轴线转动，以便更换刀具并能精确可靠地定位。同时转塔刀架又可沿床身导轨做纵向进给，以进行外圆车削、钻孔、扩孔、铰孔、镗孔等工作。前刀架 3 既可做横向进给又可做纵向进给运动。它用来车削较大的外圆和端面、切槽、切断等工作。在六角车床上没有丝杠，加工螺纹时一般采用丝攻或板牙。

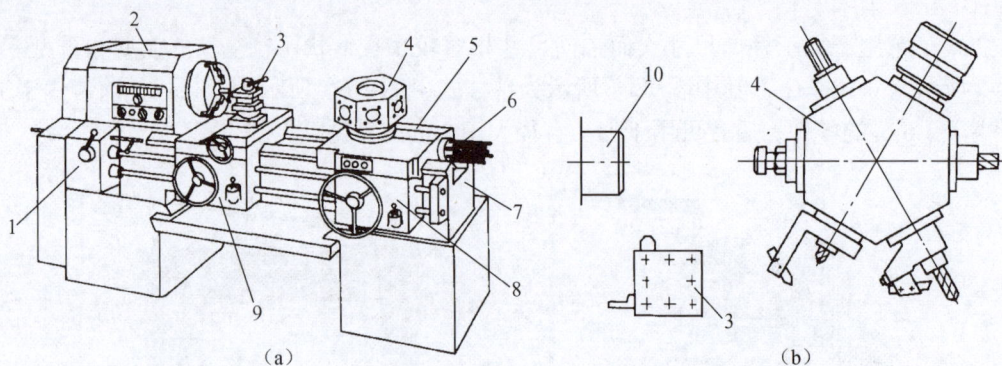

1—进给箱；2—主轴箱；3—前刀架；4—转塔刀架；5—纵向溜板；6—定程装置；

7—床身；8—转塔刀架溜板箱；9—前刀架溜板箱；10—主轴

图 4-8　转塔式六角车床

（a）总图；（b）单个部件图

图 4-9 所示为回轮式六角车床的外形图。回轮式六角车床与转塔式六角车床的主要不同点是以绕水平轴线旋转的回轮刀架 4 代替了转塔刀架。在回轮刀架的端面上，有许多安装刀具的孔，可以根据需要安装不同的几组刀具。回轮式六角车床更适于加工棒料且直径较小的工件。

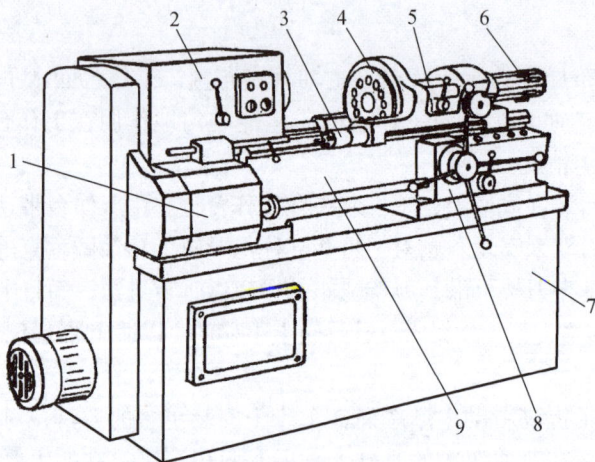

1—进给箱；2—主轴箱；3—刚性纵向定程机构；4—回轮刀架；5—纵向刀具溜板箱；

6—纵向定程机构；7—底座；8—溜板箱；9—床身

图 4-9　回轮式六角车床

（3）半自动车床

半自动车床主要有单轴、多轴、卧式和立式形式，主要用于盘类、环类和轴类工件的加工，其生产效率比普通车床高 3～5 倍，主要适用于复杂小零件的成批加工。图 4-10 所示为液压多刀半自动车床。

（4）自动车床

如图 4-11 所示，自动车床是通过凸轮来控制加工程序的自动加工机床。这种机床具有高性能、高精度、低噪声等特点，其基本核心是经过一定设置与调教后，可以长时间重复加工一批同样的工件，适用于大批量生产。

图 4-10　液压多刀半自动车床

图 4-11　自动车床

4.2.2　数控车床

1. 数控车床的分类

数控车床的外形与普通车床相似，即由床身、主轴箱、刀架、进给系统、液压系统、冷却和润滑系统等部分组成。数控车床的进给系统与普通车床有质的区别，传统普通车床有进给箱和交换齿轮架，而数控车床是直接用伺服电动机通过滚珠丝杠驱动溜板和刀架实现进给运动，因而进给系统的结构大为简化，数控车床品种繁多、规格不一，其分类方法见表 4-6。

表 4-6　数控车床分类

分类方法	类型	相关说明
按车床主轴位置分类	卧式数控车床如图 4-12（a）所示	分为数控水平导轨卧式车床和数控倾斜导轨卧式车床。其倾斜导轨结构可以使车床具有更大的刚性并易于排除切屑
	立式数控车床如图 4-12（b）所示	其车床主轴垂直于水平面，一个直径很大的圆形工作台，用来装夹工件。这类机床主要用于加工径向尺寸大、轴向尺寸相对较小的大型复杂零件
按刀架数量分类	单刀架数控车床如图 4-12（c）所示	数控车床一般都配置有各种形式的单刀架，如：四工位卧动转位刀架或多工位转塔式自动转位刀架
	双刀架数控车床如图 4-12（d）所示	这类车床的双刀架配置平行分布，也可以是相互垂直分布

分类方法	类型	相关说明
按功能分类	经济型数控车床如图 4-12（e）所示	采用步进电动机和单片机对普通车床的进给系统进行改造后形成的简易型数控车床，成本较低，但自动化程度和功能都比较差，车削加工精度也不高，适用于要求不高的回转类零件的车削加工
	普通数控车床如图 4-12（f）所示	根据车削加工要求在结构上进行专门设计并配备通用数控系统而形成的数控车床，数控系统功能强，自动化程度和加工精度也比较高，适用于一般回转类零件的车削加工。这种数控车床可同时控制两个坐标轴，即 X 轴和 Z 轴
	车削加工中心如图 4-12（g）所示	在普通数控车床的基础上，增加了 C 轴和动力头，更高级的数控车床带有刀库，可控制 X、Z 和 C 三个坐标轴，联动控制轴可以是（X，Z）、（X，C）或（Z，C）。由于增加了 C 轴和车削动力头，这种数控车床的加工功能大大增强，除可以进行一般车削外，还可以进行径向和轴向铣削、曲面铣削、中心线不在零件回转中心的孔和径向孔的钻削等加工

（a）

（b）

（c）

（d）

（e）

（f）

（g）

图 4-12　各类数控车床实物图

（a）卧式数控车床；（b）立式数控车床；（c）单刀架数控车床；（d）双刀架数控车床；（e）经济型数控车床；

（f）普通数控车床；（g）车削加工中心内部示意图

2. 数控车床的组成结构

数控车床一般均由车床主体、数控装置和伺服系统三大部分组成。图 4-13 所示为数控车床的基本组成方框图。

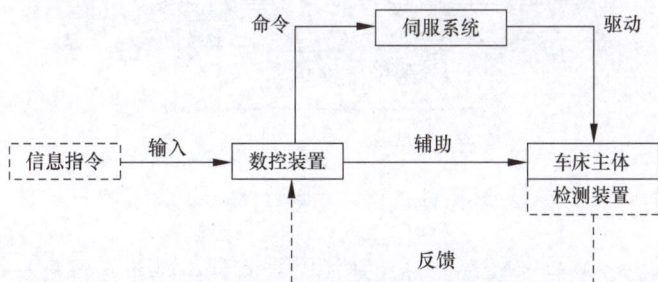

图 4-13　数控车床的基本组成方框图

除了基本保持普通车床传统布局形式的部分经济型数控车床外，目前大部分数控车床均已通过专门设计并定型生产。

（1）主轴与主轴箱

① 主轴。数控车床主轴的回转精度，直接影响到零件的加工精度；其功率大小、回转速度影响到加工的效率；其同步运行、自动变速及定向准停等要求，影响到车床的自动化程度。

② 主轴箱。具有有级自动调速功能的数控车床，其主轴箱内的传动机构已经大大简化；具有无级自动调速（包括定向准停）的数控车床，起机械传动变速和变向作用的机构已经不复存在了，其主轴箱也成了"轴承座"及"润滑箱"的代名词；对于改造式（具有手动操作和自动控制加工双重功能）数控车床，则基本上保留其原有的主轴箱。

（2）导轨

数控车床的导轨是保证进给运动准确性的重要部件。它在很大程度上会影响车床的刚度、精度及低速进给时的平稳性，是影响零件加工质量的重要因素之一。除部分数控车床仍沿用传统的滑动导轨（金属型）外，定型生产的数控车床已较多地采用贴塑导轨。这种新型滑动导轨的摩擦系数小，其耐磨性、耐腐蚀性及吸震性好，润滑条件也比较优越。

（3）机械传动机构

除了部分主轴箱内的齿轮传动等机构外，数控车床已在原普通车床传动链的基础上做了大幅度的简化，如：取消了挂轮箱、进给箱、溜板箱及其绝大部分传动机构，而仅保留了纵、横进给的螺旋传动机构，并在驱动电动机至丝杠间增设了（少数车床未增设）可消除其侧隙的齿轮副。

① 螺旋传动机构。数控车床中的螺旋副，是将驱动电动机所输出的旋转运动转换成刀架在纵、横方向上直线运动的运动副。构成螺旋传动机构的部件一般为滚珠丝杠副，如图 4-14 所示。

滚珠丝杠副的摩擦阻力小，可消除轴向间隙及预紧，故传动效率及精度高、运动稳定、动作灵敏。但其结构较复杂，制造技术要求较高，所以成本也较高。另外，它自行调整其间隙大小时，难度亦较大。

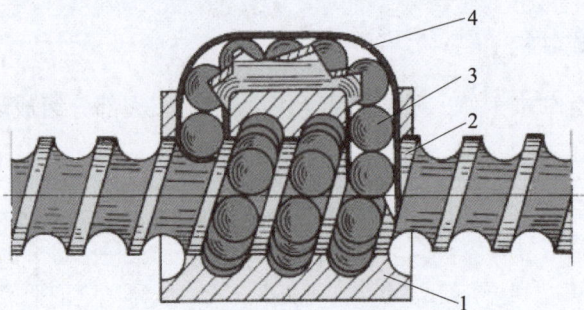

1—螺母；2—丝杠；3—滚珠；4—滚珠循环装置

图 4-14　滚珠丝杠副

② 齿轮副。在较多数控车床的驱动机构中，其驱动电动机与进给丝杠间设置有一个简单的齿轮箱（架）。齿轮副的主要作用是保证车床进给运动的脉冲当量符合要求，避免丝杠可能产生的轴向窜动对驱动电动机的不利影响。

（4）自动转动刀架

除了车削中心采用随机换刀（带刀库）的自动换刀装置外，数控车床一般带有固定刀位的自动转位刀架，有的车床还带有各种形式的双刀架。

（5）检测反馈装置

检测反馈装置是数控车床的重要组成部分，对加工精度、生产效率和自动化程度有很大影响。检测装置包括位移检测装置和工件尺寸检测装置两大类，其中工件尺寸检测装置又分为机内尺寸检测装置和机外尺寸检测装置两种。工件尺寸检测装置仅在少量的高档数控车床上配用。

（6）对刀装置

除了极少数专用性质的数控车床外，普通数控车床几乎都采用了各种形式的自动转位刀架，以进行多刀车削。这样，每把刀的刀位点在刀架上安装的位置，或相对于车床固定原点的位置，都需要对刀、调整和测量，并予以确认，以保证零件的加工质量。

（7）数控装置

数控装置的核心是计算机及其软件，它在数控车床中起"指挥"作用：数控装置接收由加工程序送来的各种信息，并经处理和调配后，向驱动机构发出执行命令；在执行过程中，其驱动、检测等机构同时将有关信息反馈给数控装置，以便经处理后发出新的执行命令。

（8）伺服系统

伺服系统准确地执行数控装置发出的命令，通过驱动电路和执行元件（如步进电动机等），完成数控装置所要求的各种位移。

3. 数控车床的主要技术参数的含义

数控车床的主要技术参数包括：最大回转直径、最大车削长度、各坐标轴行程、主轴转速范围、切削进给速度范围、定位精度、刀架定位精度等，见表 4-7。

表 4-7　数控车床的主要技术参数

类别	主要内容	作用
尺寸参数	X、Z 轴最大行程	影响加工工件的尺寸范围（质量）、编程范围及刀具、工件、机床之间干涉
	卡盘尺寸	
	最大回转直径	
	最大车削直径	
	尾座套筒移动距离	
	最大车削长度	
接口参数	刀位数，刀具装夹尺寸	影响工件及刀具安装
	主轴头型式	
	主轴孔及尾座孔锥度、直径	
运动参数	主轴转速范围	影响加工性能及编程参数
	刀架快进速度、切削进给速度范围	
动力参数	主轴电动机功率	影响切削负荷
	伺服电动机额定转矩	
精度参数	定位精度、重复定位精度	影响加工精度及其一致性
	刀架定位精度、重复定位精度	
其他参数	外形尺寸（长 × 宽 × 高）、质量	影响使用环境

　　数控车床与普通车床的加工对象结构及工艺有着很大的相似之处，但由于数控系统的存在，也有着很大的区别。与普通车床相比，数控车床具有以下特点：

　　① 由于数控车床刀架的两个方向运动分别由两台伺服电动机驱动，所以它的传动链短。不必使用挂轮、光杠等传动部件，用伺服电动机直接与丝杠连接带动刀架运动。伺服电动机丝杠间也可以用同步皮带副或齿轮副连接。

　　② 多功能数控车床是采用直流或交流主轴控制单元来驱动主轴，按控制指令做无级变速，主轴之间不必用多级齿轮副来进行变速。为扩大变速范围，现在一般还要通过一级齿轮副，以实现分段无级调速，即使这样，床头箱内的结构也比传统车床简单得多。数控车床的另一个结构特点是刚度大，这是为了与控制系统的高精度控制相匹配，以便适应高精度的加工。

　　③ 数控车床的第三个结构特点是轻拖动。刀架移动一般采用滚珠丝杠副。滚珠丝杠副是数控车床的关键机械部件之一，滚珠丝杠两端安装的滚动轴承是专用轴承，它的压力角比常用的向心推力球轴承要大得多。这种专用轴承通常配对安装，是选配的，最好在轴承出厂时就是成对的。

　　④ 为了拖动轻便，数控车床的润滑都比较充分，大部分采用油雾自动润滑。

　　⑤ 由于数控机床的价格较高、控制系统的寿命较长，所以数控车床的滑动导轨也要求

耐磨性好。数控车床一般采用镶钢导轨，这样机床精度保持的时间就比较长，其使用寿命也可延长许多。

⑥ 数控车床还具有加工冷却充分、防护较严密等特点，自动运转时一般都处于全封闭或半封闭状态。

⑦ 数控车床一般还配有自动排屑装置。

4.3　铣床与数控铣床

4.3.1　铣床

铣床是一种用途广泛的机床。在铣床上可以加工平面（水平面、垂直面等）、沟槽（键槽、T形槽、燕尾槽等）、分齿零件（齿轮、链轮，棘轮，花键轴等）、螺旋形表面（螺纹、螺旋槽）及各种曲面。此外，还可用于对回转体表面及内孔进行加工，以及进行切断工作等，如图 4-15 所示。

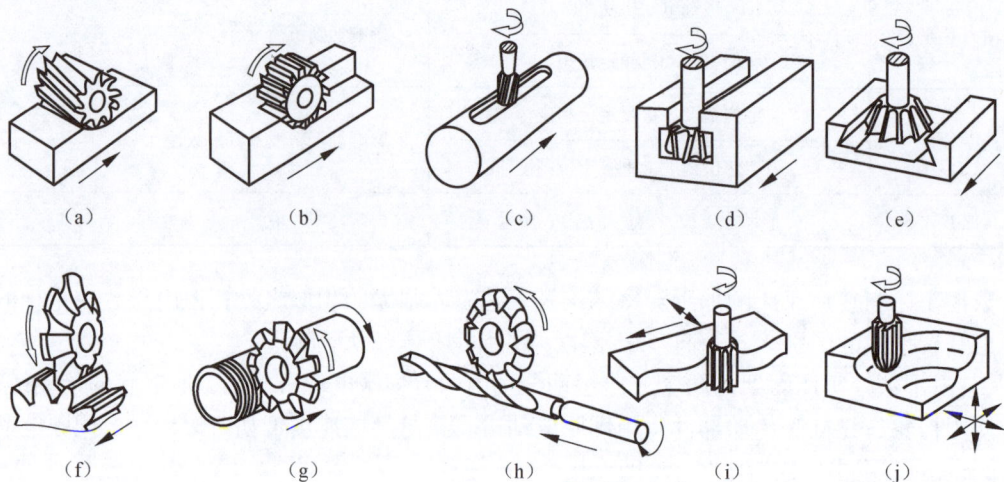

图 4-15　铣床加工的典型表面

（a）铣水平面；（b）铣垂直面；（c）铣键槽；（d）铣 T 形槽；（e）铣燕尾槽；（f）铣齿轮；

（g）铣螺纹；（h）铣螺旋槽；（i），（j）铣曲面

铣床工作时的主运动是铣刀的旋转运动。在大多数铣床上，进给运动是由工件在垂直于铣刀轴线方向的直线运动来实现的。在少数铣床上，进给运动是工件的回转运动或曲线运动。为了适应加工不同形状和尺寸的工件，铣床保证工件与铣刀之间可在相互垂直的三个方向上调整位置，并根据加工要求，在其中任一方向实现进给运动。在铣床上，工作进给和调整刀具与工件相对位置的运动，根据机床类型不同，可由工件或分别由刀具及工件来实现。

由于铣床使用旋转的多刃刀具加工工件，同时有数个刀齿参加切削，因此生产率较高，

且能改善加工表面的结构。但是，由于铣刀每个刀齿的切削过程是断续的，同时每个刀齿的切削厚度又是变化的，这就使切削力相应地发生变化，容易引起机床振动。因此，铣床在结构上要求有较高的刚度和抗振性。

1. 铣床的种类及用途

铣床的种类很多，根据构造特点及用途分，主要类型有：升降台式铣床、工作台不升降式铣床、龙门铣床、仿形铣床、万能工具铣床等。此外，还有仪表铣床、专门化铣床（包括键槽铣床、曲轴铣床、凸轮铣床）等。

（1）升降台式铣床

这种铣床的工作台安装在垂直升降台上，使工作台可在相互垂直的三个方向上调整位置或完成进给运动，升降台结构刚性较差，工作台上不能安装过重的工件，故该类铣床只适宜于加工中小型工件。这是应用较广的一类铣床。

① 卧式升降台铣床。它具有水平安装铣刀杆的主轴（如图 4-16 所示），可用圆柱铣刀、盘形铣刀、成形铣刀和组合铣刀等加工平面及具有直导线的曲面和各种沟槽。

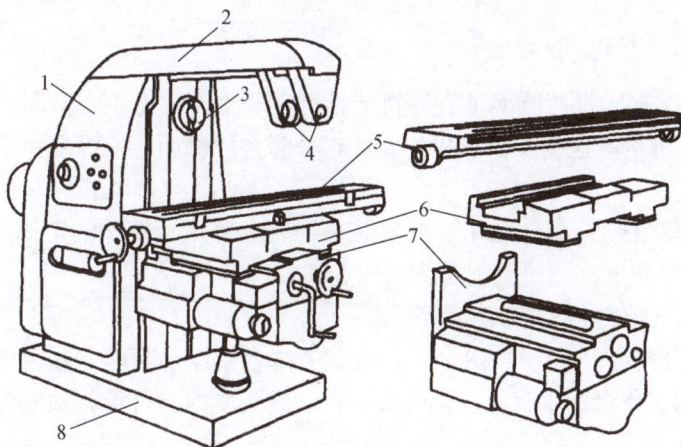

1—床身；2—悬梁；3—主轴；4—支架；5—工作台；6—床鞍；7—升降台；8—底座

图 4-16　卧式升降台铣床

② 万能升降台铣床。万能升降台铣床如图 4-17 所示，它的主要部件名称和用途如下：

底座 1：固定与支承其他部件的基础。

床身 2：固定在底座 1 上，用以安装和支承其他部件。顶部与前面分别有水平和垂直的燕尾导轨，与横梁 3 和升降台 8 相配合，床身内装有主轴部件、主变速传动装置及其变速操纵机构。床身是保证机床具有足够刚性和加工精度的重要零件。

横梁 3：安装在床身顶部，并可沿燕尾导轨调整前后位置。

刀杆支架 4：安装在横梁上用以支承刀杆，以提高其刚性。

主轴 5：用来安装与紧固刀杆并带动铣刀旋转。主轴由安装在床身孔中的滚动轴承支承，具有较高的旋转精度，是保证加工精度的重要部件。

纵向工作台 6：安装在回转盘的燕尾导轨上，沿纵向导轨完成纵向进给。

横向工作台 7：安装在升降台水平导轨上，沿横向水平导轨完成横向进给。

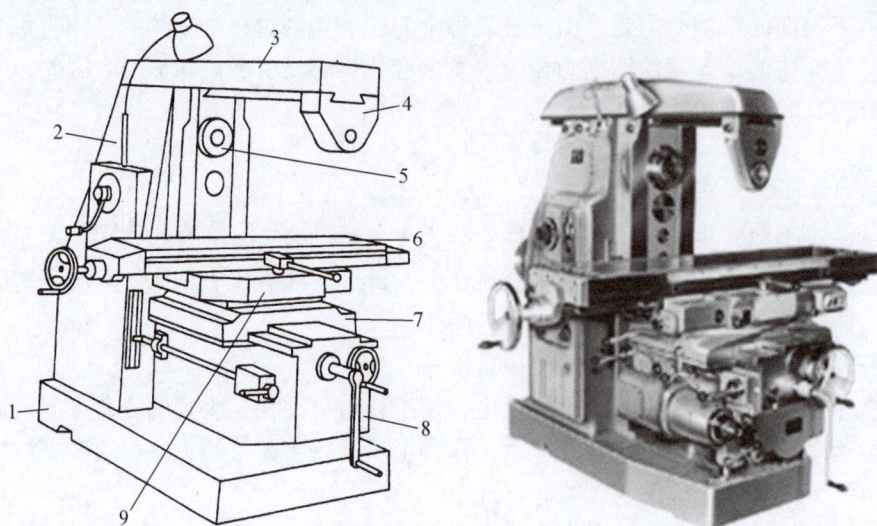

1—底座；2—床身；3—横梁；4—刀杆支架；5—主轴；6—纵向工作台；

7—横向工作台（床鞍）；8—升降台；9—回转盘

图 4-17　万能升降台铣床

　　升降台 8：安装在床身两侧面垂直导轨上，可带动工作台做垂直升降，以调整铣刀与工作台之间的距离。进给变速箱及操纵机构安装在升降台的侧面，操纵变速手柄，可使工作台获得不同的进给速度。

　　回转盘 9：安装在横向工作台上，使安装在回转盘燕尾导轨上的工作台 6，绕垂直轴线在 ±45° 范围内调整角度，以便铣削螺旋表面。

　　此外，还有电气控制和冷却润滑系统等。

　　③ 立式升降台铣床，如图 4-18 所示。立式升降台铣床与万能升降台铣床的区别主要是主轴立式布置，与工作台面垂直。主轴 2 安装在立铣头 1 内，可沿其轴线方向进给或经手动

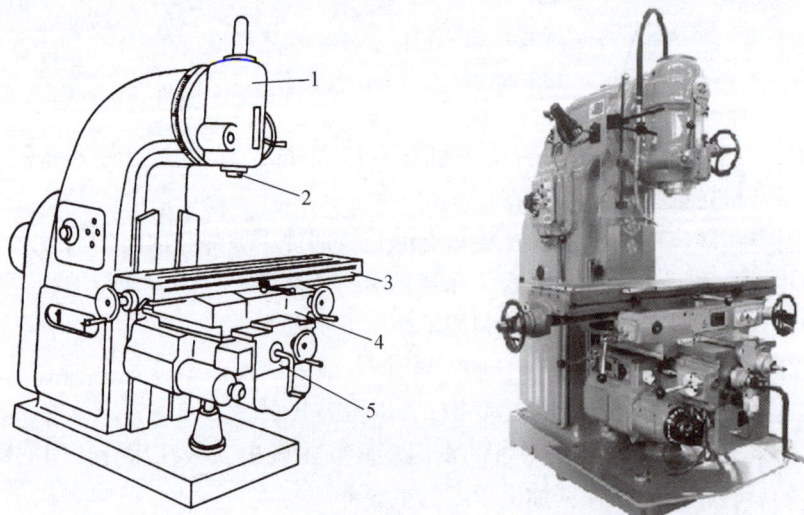

1—立铣头；2—主轴；3—工作台；4—床鞍；5—升降台

图 4-18　立式升降台铣床

调整位置。立铣头 1 可根据加工要求在垂直平面内向左或向右的 45°范围内回转，使主轴与台面倾斜成所需角度，以扩大铣床的工艺范围。立式铣床的其他部分，如工作台 3、床鞍 4 及升降台 5 的结构与卧式升降台铣床相同，在立式铣床上可安装端铣刀或立铣刀加工平面沟槽、斜面、台阶和凸轮等表面。

（2）工作台不升降式铣床

这类铣床的工作台不做升降运动，机床的垂直进给运动是由主轴箱的升降来实现的。其尺寸规格介于升降台铣床与龙门铣床之间，适用于加工中等尺寸的零件。

工作台不升降式铣床根据工作台面的形状分为两类：一类为矩形工作台式，这类铣床的结构形式很多，图 4-19（a）所示为其中的一种；另一类为圆工作台式，这类铣床分为单铣头式及双铣头式两种。双铣头式圆工作台铣床如图 4-19（b）所示，可在工作台上装卡多个工件，工件在一次装夹中连续进给，由两把铣刀分别完成粗精加工，且工件的装卸时间和机动时间重合，生产效率较高，适用于汽车、拖拉机、纺织机械等行业的零件加工。

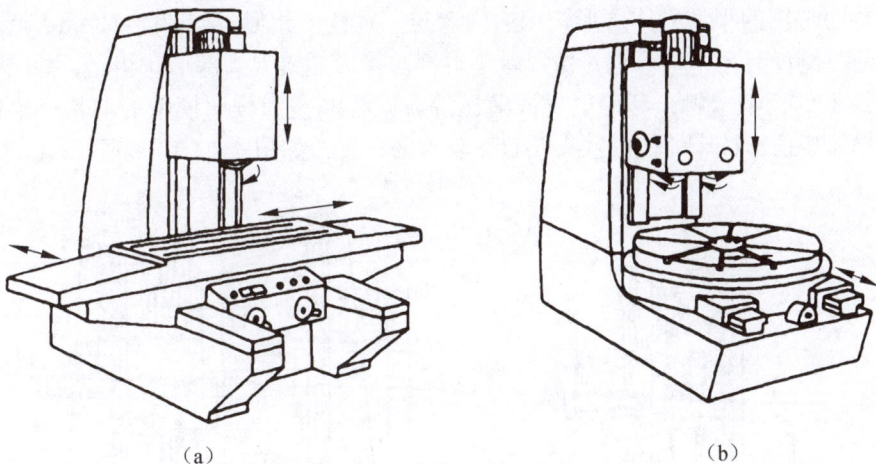

（a）　　　　　　　　　　　　　　（b）

图 4-19　无升降台铣床

（a）工作台移动；（b）工作台转动

（3）龙门铣床

龙门铣床是一种大型高效能通用机床，主要用于加工各类大型工件上的平面、沟槽，借助于附件并可完成斜面、孔等加工。龙门铣床不仅可以进行粗加工及半精加工，亦可进行精加工。图 4-20 所示为具有四个铣头的中型龙门铣床。加工时，工件固定在工作台上做直线进给运动。横梁上的两个垂直铣头可在横梁上沿水平方向调整位置。横梁本身可沿立柱导轨调整在垂直方向上的位置。立柱上的两个水平铣头则可沿垂直方向调整位置。各铣刀的切深运动，均由铣头主轴套筒带动铣刀主轴沿轴向移动来实现。龙门铣床可以用几个铣头同时加工工件的几个平面，从而提高机床的生产效率。

大型、重型及超重型龙门铣床用于单件小批生产中加工大型及重型零件，机床仅有 1～2 个铣头，但配备有多种铣削及镗孔附件，以满足各种加工需要。这种机床是发展轧钢、造船、发电站、航空等工业的关键设备，因此其生产量及拥有量是衡量一个国家工业发展水平的重要标志之一。

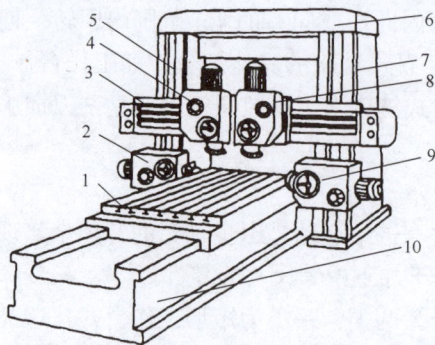

1—工作台；2，9—水平铣头；3—横梁；4，8—垂直铣头；5，7—立柱；6—顶梁；10—床身

图 4-20　龙门铣床

（4）仿形铣床

仿形铣床是以一定方式控制铣刀按照模型或样板形状做进给运动，铣出工件的成形面。在模具制造中常用的小型立体仿形铣床的构造与立式铣床相似，如图 4-21（a）所示，一般在立铣头的一侧设有一个仿形头，仿形触头端部与指形立铣刀头部形状相同，并与工件装在同一工作台上的模型接触，利用电气或液压等方式控制铣刀按照模型的形状进给做仿形铣削。大的立体型仿形铣床的仿形触头铣刀一般水平布置，如图 4-21（b）所示。

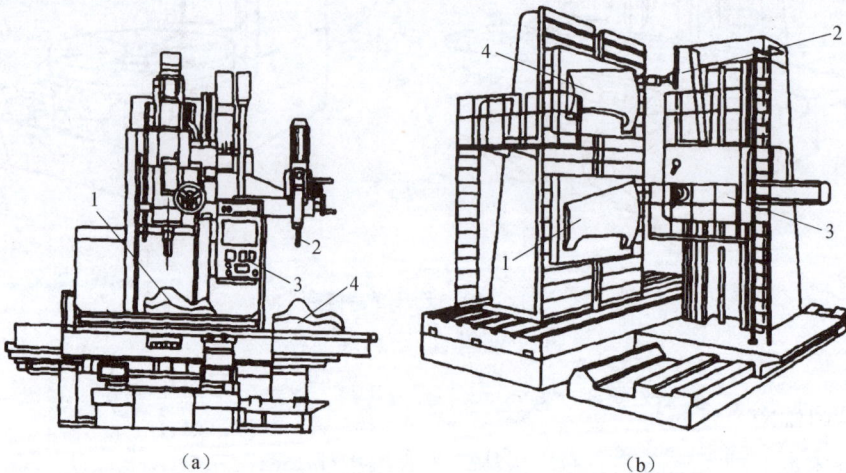

（a）　　　　　　　　　　　　　　（b）

1—工件；2—仿形控制传感器（仿形触销）；3—操作显示器；4—模型

图 4-21　仿形铣床

（a）中小型立体仿形铣床；（b）大型立体仿形铣床

（5）万能工具铣床

万能工具铣床的基本布局与万能升降台铣床相似，但配备有多种附件，因而扩大了机床的万能性。图 4-22 所示为万能工具铣床外形及其附件，机床安装着主轴座 1、固定工作台 2，此时机床的横向进给运动与垂直进给运动仍分别由工作台 2 及升降台 3 来实现。根据加工需要，机床可安装其他附件，万能铣床具有较强的万能性，故常用于工具车间中加工形状较复杂的各种切削刀具、夹具及模具零件等。

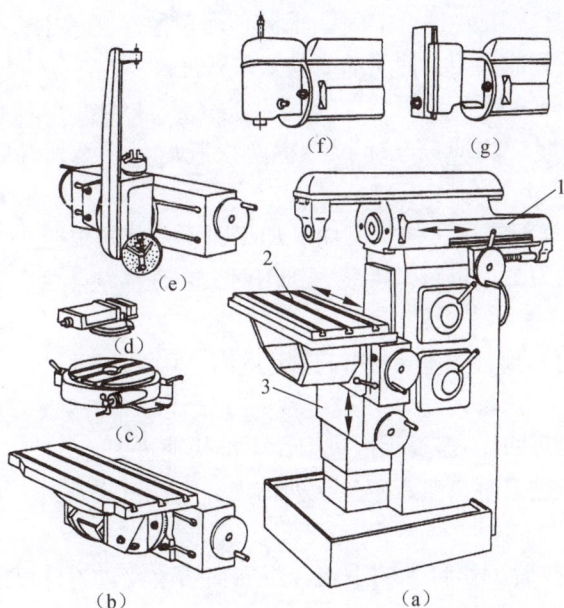

1—主轴座；2—工作台；3—升降台

图 4-22　万能工具铣床

（a）万能工具铣床外形；（b）可倾斜工作台；（c）回转工作台；（d）平口钳；

（e）分度装置；（f）立铣头；（g）插削头

另外，还有小型的平面和立体的刻模铣床，它是利用与缩放绘图仪原理相同的平行四边形铰链四杆机构，用手动方式操纵仿形头，使铣刀按样板形状加工已缩小工件的仿形加工。图 4-23 所示为刻模铣床，这种机床常用于刻字、雕刻图等。

2. 铣床的安全操作规程

铣床的种类很多，但是其安全操作规程基本如下：

① 工作服要合身，无拖出的带子和衣角，袖口要扎好，不准戴手套。女工要戴工作帽。

② 工作前要检查机床各系统是否安全好用，各手轮摇把的位置是否正确，快速进刀有无障碍，各限位开关是否能起到安全保护的作用。

③ 每次开车及开动各移动部位时，要注意刀具及各手柄是否在需要位置上。扳快速移动手柄时，要先轻轻开动一下，看移动部位和方向是否相符。严禁突然开动快速移动手柄。

④ 安装刀杆、支架、垫圈、分度头、虎钳、刀孔等，接触面均应擦干净。

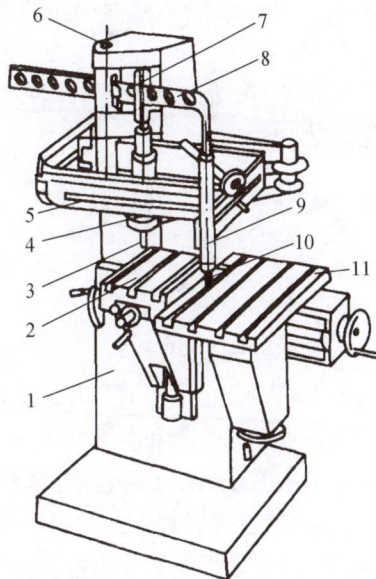

1—床身；2—工作台；3—铣刀；4—铣头；

5—铰链四杆机构；6—转轴；

7—支点；8—立体仿形杠杆；

9—仿形头；10—触销；

11—靠模工作台

图 4-23　立体的刻模铣床

⑤ 机床开动前，检查刀具是否装牢，工件是否牢固，压板必须平稳，支承压板的垫铁不宜过高或块数过多，刀杆垫圈不能做其他垫用，使用前要检查平行度。

⑥ 在机床上进行上下工件、刀具、紧固、调整、变速及测量工件等工作时必须停车，更换刀杆、刀盘、立铣头、铣刀时，均应停车。拉杆螺丝松脱后，注意避免砸手或损伤机床。

⑦ 机床开动时，不准量尺寸、对样板或用手摸加工面。加工时不准将头贴近加工表面观察吃刀情况。取卸工件时，必须移动刀具后进行。拆装立铣刀时，台面需垫木板，禁止用手去托刀盘。

⑧ 装平铣刀，使用扳手扳螺母时，要注意扳手开口选用适当，用力不可过猛，以防止滑倒。

⑨ 对刀时必须慢速进刀，刀接近工件时，需要手摇进刀，不准快速进刀，正在走刀时，不准停车。铣深槽时要停车退刀。快速进刀时，注意避免手柄伤人。万能铣垂直进刀时，工件装卡要与工作台有一定的距离。

⑩ 吃刀不能过猛，自动走刀必须拉脱工作台上的手轮，不准突然改变进刀速度，有限位撞块时应预先调整好。

⑪ 在进行顺铣时一定要清除丝杠与螺母之间的间隙，防止打坏铣刀。

⑫ 开快速时，必须使手轮与转轴脱开，防止手轮转动伤人，高速铣削时，要防止铁屑伤人，且不准紧急制动，防止将轴切断。

⑬ 铣床的纵向、横向、垂直移动，应与操作手柄指的方向一致，否则不能工作。铣床工作时，纵向、横向、垂直的自动走刀只能选择一个方向，不能随意拆下各方向的安全挡板。

⑭ 工作结束时，关闭各开关，把机床各手柄扳回空位，擦拭机床，注润滑油，维护机床清洁。

4.3.2　数控铣床

1. 数控铣床简介

数控铣床是用计算机数字化信号控制的铣床。它可以加工由直线和圆弧两种几何要素构成平面轮廓，也可以直接用逼近法加工非圆曲线构成的平面轮廓（采用多轴联动控制），还可以加工立体曲面和空间曲线。

华中系统 XK713 数控立式铣床的结构布局如图 4-24 所示，FANUC 系统 XK713 数控立式升降台铣床的结构布局如图 4-25 所示，它对主轴套筒和工作台纵横向移动进行数字式自动控制或手动控制。用户加工零件时，按照待加工零件的尺寸及工艺要求，编成零件加工程序，通过控制器面板上的操作键盘输入计算机，计算机经过处理发出伺服需要的脉冲信号，该信号经驱动单元放大后驱动电机，实现铣床的 X、Y、Z 三坐标联动功能（也可加装第四轴）完成各种复杂形状的加工。

本类机床的主轴电机为交流变频电动机，主轴采用交流变频调速来实现无级变速。变频器采用施耐德公司 ATV-28 型变频器。施耐德变频器具有灵活的压频特性曲线设计，加减速控制功能以及电机失速、过扭矩等多种保护功能，可靠性强。

图 4-24　XK713 华中数控立式铣床

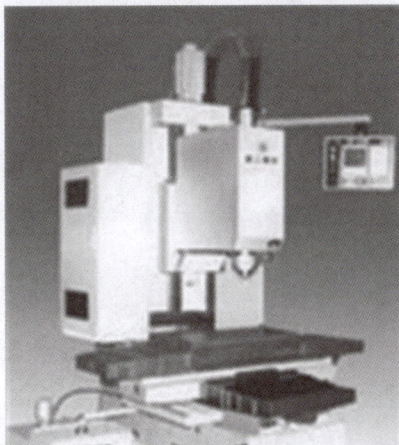

图 4-25　XK713 发那科数控立式铣床

本类机床适用于多品种小批量生产和新产品试制等零件，对各种复杂曲线的上凸轮、样板、弧形槽等零件的加工效能尤为显著。由于本机床是三坐标数控铣床，驱动部件输出力矩大、高、低性能均好，且系统具备手动回机械零点功能，机床的定位精度和重复定位精度较高，同时本机床所配系统具备刀具半径补偿和长度功能，降低了编程复杂性，提高了加工效率。本系统还具备零点偏置功能，相当于可建立多工件坐标系，实现多工件的同时加工。空行程可采用快速，以减少辅助时间，进一步提高劳动生产率。机床配备数控分度头后，可实现第四轴加工。

系统主要操作均在键盘和按钮上进行，显示屏可实时提供各种系统信息：编程、操作、参数和图像。每一种功能下具备多种子功能，可以进行后台编辑。

2. 数控铣床的组成结构

（1）铣床主机

它是数控铣床的机械本体，包括：床身、主轴箱、工作台和进给机构等。

（2）控制部分

它是数控铣床的控制中心，如：华中系统、BEIJING–FANUC 0i–MC 系统等。

（3）驱动部分

它是数控铣床执行机构的驱动部件，包括：主轴电动机和进给伺服电动机等。

（4）辅助部分

它是数控铣床的一些配套部件，包括：刀库、液压装置、气动装置、冷却系统、润滑系统和排屑装置等。

以华中系统 XK713 数控立式铣床结构为例，该机床分为八个主要部分，即：床身部件、工作台床鞍部件、立柱部件、铣头部件、润滑系统、冷却系统、气动系统、电气系统组成。

① 床身部件。

床身采用封闭式框架结构。床身通过调节螺栓和垫铁与地面相连，调整工作台可使机床工作台处于水平。

② 工作台床鞍部件。

工作台位于床鞍上，用于安装工装、夹具和工件，并与床鞍一起分别执行 X、Y 向的进给运动。工作台、床鞍导轨结构相似。三向导轨均采用淬硬面、贴塑面导轨副、内侧定位，以保证机床精度的持久性。

③ 立柱部件。

立柱安装于床身后部。立柱上设有 Z 向矩形导轨用于连接铣头部件，并使其沿导轨做 Z 向进给运动。

④ 铣头部件。

铣头部件由铣头本体、主传动系统及主轴组成。铣头本体是铣头部件的骨架，用于支承主轴组件及各传动件。

⑤ 冷却系统。

机床的冷却系统是由冷却泵、出水管、回水管、开关及喷嘴等组成，冷却泵安装在机床底座的内腔里，冷却泵将冷却液从底座内储液池打至出水管，然后经喷嘴喷出对切削区进行冷却。

⑥ 润滑系统。

机床的润滑系统由手动润滑油泵、分油器、节流阀和油管等组成。

机床润滑方式：周期润滑方式。机床采用自动润滑油泵，通过分油器对主轴套筒，纵横向导轨及三向滚珠丝杆进行润滑，以提高机床的使用寿命并防止出现低速进给时的爬行现象。

润滑剂：根据机床的性能推荐采用以下几种润滑剂见表 4-8。

表 4-8　根据机床的性能推荐使用润滑剂

润滑部位	润滑油或润滑脂品种	运动黏度
手拉式润滑泵	精密机床导轨油 40#	37 ~ 43
床身立导轨	精密机床导轨油 40#	37 ~ 43
有级变速箱	精密机床导轨油 40#	37 ~ 43
其他润滑部位	精密机床主轴轴承润滑脂	265 ~ 295

⑦ 气动系统。

本机床的气动动作均由手动控制。气源压缩空气经气动三联体过滤、减压进入管路。用于控制主轴刀具装卸，气动系统工作压力 $P=6\ \text{kgf}$[①]$/\text{cm}^2$。

⑧ 电气系统。

电气箱位于机床后侧，装有 CRT 的操作箱通过悬臂与电气箱连接，并可任意转动。

3. 数控铣床附件

（1）卸刀座

卸刀座是完成铣刀装卸的装置，如图 4-26 所示。

图 4-26　卸刀座

---

① 1 kgf=9.8 N。

（2）刀柄

数控铣床使用的刀具通过刀柄与主轴相连，刀柄通过拉钉紧固在主轴上，由刀柄夹持铣刀传递转速、扭矩。刀柄与主轴的配合锥面一般采用 7：24 的锥度。在我国应用最为广泛的是 BT40 和 BT50 系列刀柄和拉钉。下面列举几种常用的刀柄。

① 弹簧夹头刀柄及卡簧，如图 4-27 所示，用于装夹各种直柄立铣刀、键槽铣刀、直柄麻花钻及中心钻等直柄刀具。

图 4-27　弹簧夹头刀柄及卡簧

② 莫氏锥度刀柄，如图 4-28 所示。莫氏锥度刀柄有 2 号、3 号、4 号等，可装夹相应的莫氏钻夹头、立铣刀、加速装置和攻螺纹夹头等。图 4-28（a）所示为扁尾莫氏圆锥孔刀柄，图 4-28（b）所示为无扁尾莫氏圆锥孔刀柄。

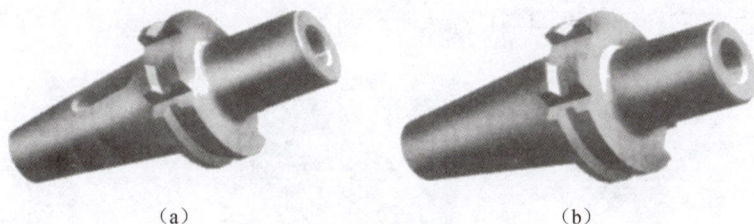

（a）　　　　　　　　　　　　　　（b）

图 4-28　莫氏锥度刀柄

（a）带扁尾莫氏圆锥孔刀柄；（b）无扁尾莫氏圆锥孔刀柄

③ 铣刀杆，如图 4-29（a）所示，可装夹套式端面铣刀、三面刃铣刀、角度铣刀、圆弧铣刀及锯片铣刀等。

④ 镗刀杆，如图 4-29（b）图所示，可装夹镗孔刀。

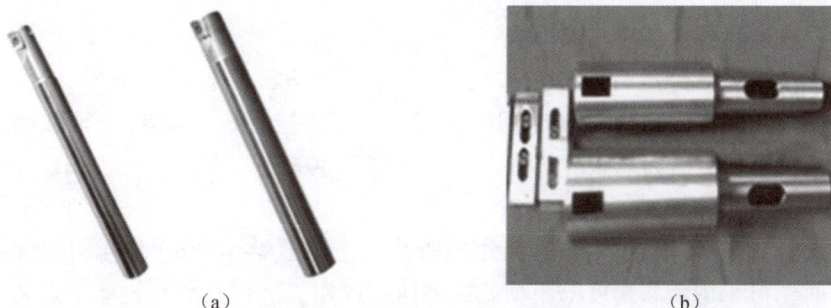

（a）　　　　　　　　　　　　　　（b）

图 4-29　铣刀杆和镗刀杆

（a）铣刀杆；（b）镗刀杆

⑤ 套筒，如图 4-30（a）所示，用于其他测量工具的套接。

（3）Z 轴设定器

如图 4-30（b）所示，主要用于确定工件坐标系原点在机床坐标系中的 Z 轴坐标，通过光电指示或指针指示判断刀具与对刀器是否接触，对刀精度应达到 0.005 mm。Z 轴设定器高度一般为 50 mm 或 100 mm。

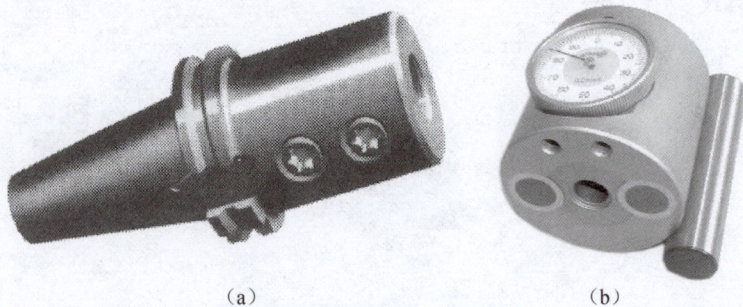

（a）   （b）

图 4-30　套筒和 Z 轴设定器

（a）套筒；（b）Z 轴设定器

（4）寻边器

主要用于确定工件坐标系原点在机床坐标系中的 X、Y 值，也可以测量工件的简单尺寸，有偏心式和光电式等类型，如图 4-31（a）所示。

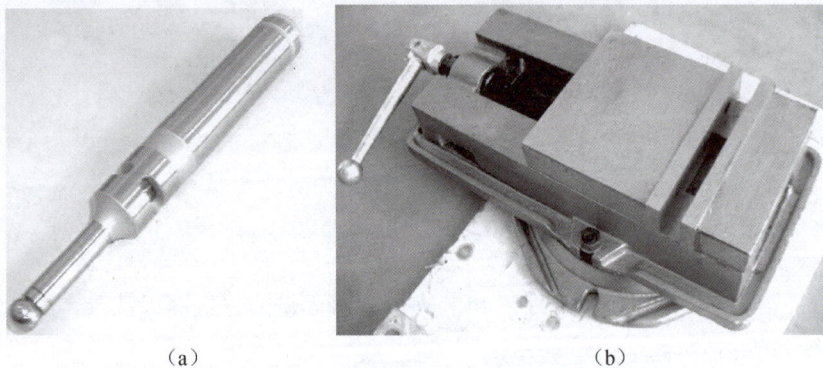

（a）   （b）

图 4-31　寻边器和机用虎钳

（a）寻边器；（b）机用虎钳

（5）数控回转工作台

可以使数控铣床增加一个或两个回转坐标，通过数控系统实现 4、5 轴联动，可有效扩大加工工艺范围，加工更为复杂的零件。

（6）机用虎钳与铣床用卡盘

形状比较规则的零件铣削时常用机用虎钳装夹，如图 4-31（b）所示；精度较高，需较大的夹紧力时，可采用较高精度的机械式或液压式虎钳。虎钳在数控铣床上安装时，要根据加工精度要求，控制钳口与 X 轴或 Y 轴的平行度，零件夹紧时要注意控制工件变形和一端钳口上翘。

4. 数控铣床的一般操作规程

① 开机前要检查润滑油是否充裕、冷却是否充足，发现不足应及时补充。

② 打开数控铣床电器柜上的电器总开关。

③ 按下数控铣床控制面板上的"ON"按钮，启动数控系统，等自检完毕后进行数控铣床的强电复位。

④ 手动返回数控铣床参考点，首先返回 +Z 方向，然后返回 +X 和 +Y 方向。

⑤ 手动操作时，在 X、Y 移动前，必须使 Z 轴处于较高位置，以免撞刀。

⑥ 数控铣床出现报警时，要根据报警号，查找原因，及时排除警报。

⑦ 更换刀具时应注意操作安全。在装入刀具时应将刀柄和刀具擦拭干净。

⑧ 在自动运行程序前，必须认真检查程序，确保程序的正确性。在操作过程中必须集中注意力，谨慎操作。在运行过程中，一旦发生问题，应及时按下复位按钮或紧急停止按钮。

⑨ 加工完毕后，应把刀架停放在远离工件的换刀位置。

⑩ 一人在操作时，其他人禁止按控制面板的任何按钮、旋钮，以免发生意外及事故。

⑪ 严禁任意修改、删除机床参数。

⑫ 关机前，应使刀具处于较高位置，把工作台上的切屑清理干净，并把机床擦拭干净。

⑬ 关机时，先关闭系统电源，再关闭电器总开关。

4.4　磨床与数控磨床

4.4.1　磨床

磨削加工是一种常用的金属切削加工方法。磨削的加工范围很广，有曲轴磨削、外圆磨削、螺纹磨削、成形磨削、花键磨削、齿轮磨削、圆锥磨削、内圆磨削、无心外圆磨削、刀具刃磨、导轨磨削和平面磨削等，如图 4-32 所示，其中最基本的磨削方式是外圆磨削、内圆磨削和平面磨削 3 种。

在磨削时具有极高的圆周线速度，一般达 35 m/s 左右，高速磨削达 45 ~ 85 m/s；有强烈的摩擦，磨削区温度高达 400 ~ 1 000 ℃；磨削加工后的工件精度可达 IT6 ~ IT7 级，表面结构达 $Ra0.8$ ~ $Ra0.05$ μm，高精度磨削圆度公差为 0.001 mm，表面粗糙度达 $Ra0.005$ μm；磨削切除金属的效率较低；可以磨削铜、铝、铸铁、淬硬件、高速钢刀具、钛合金、硬质合金和玻璃等；砂轮还具有自锐作用。

为了适应磨削加工表面、结构形状和尺寸大小不同的各种工件的需要，以及满足不同生产批量的要求，磨床的种类很多。它根据用途和采用的工艺方法不同，大致可分为以下几类。

① 为适应磨削不同的零件表面而发展的通用磨床有：普通外圆磨床、万能外圆磨床、无心外圆磨床、普通内圆磨床、行星内圆磨床以及各种平面磨床、齿轮磨床和螺纹磨床等。

② 为适应提高生产率要求而发展的高效磨床有：高速磨床、高速深切快进给磨床、低速深切缓进给磨床、宽砂轮磨床、多砂轮磨床以及各种砂带磨床。

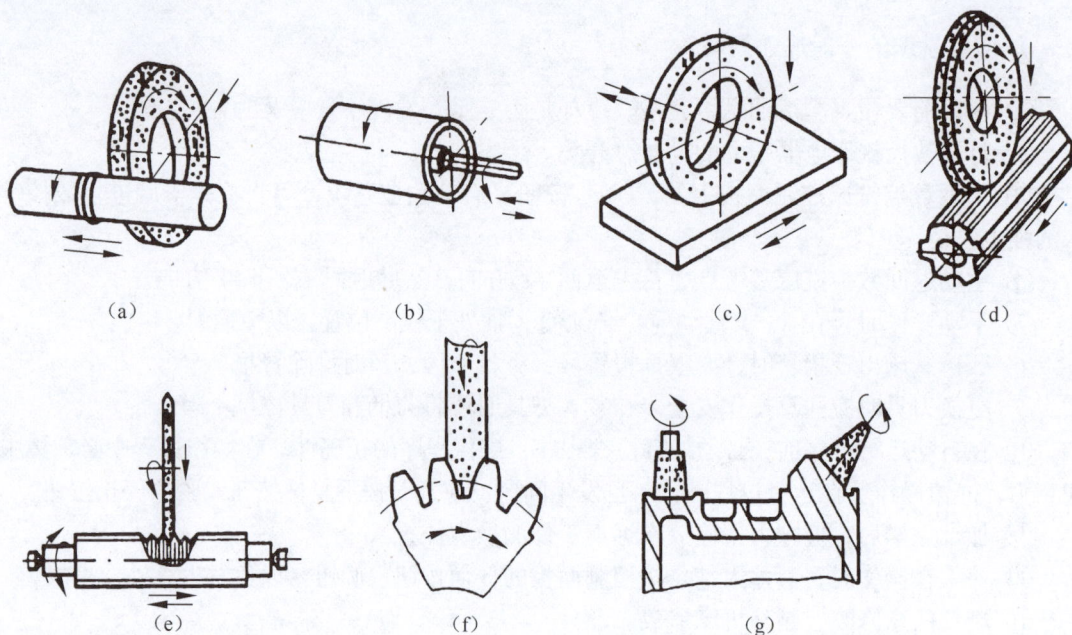

图 4-32　磨削的几种加工方式

（a）外圆磨削；（b）内圆磨削；（c）平面磨削；（d）花键轴磨削；

（e）螺纹磨削；（f）齿轮磨削；（g）导轨磨削

③ 为适应磨削特殊零件而发展的专门化磨床有：曲轴磨床、凸轮轴磨床、轧辊磨床、花键磨床、导轨磨床以及各种轴承滚道磨床等。

此外，还有各种超精加工磨床和工具磨床等。

1. M1432A 型万能外圆磨床

万能外圆磨床的工艺范围较宽，可以磨削内外圆柱面、内外圆锥面、端面等，但其生产效率较低，适用于单件小批量生产。

（1）M1432A 磨床的组成

图 4-33 所示为 M1432A 型万能外圆磨床的外形，机床的主要组成部件如下：

① 床身。床身 1 是磨床的基础部件，用于支承砂轮架 5、工作台 3、头架 2、尾架 6 等部件，并保持它们准确的相对位置和运动精度。床身内部是液压装置和纵、横进给机构等。

② 头架。头架 2 由壳体、主轴部件、传动装置等组成，用于安装和夹持工件，并带动工件转动。调节变速机构，可改变工件的旋转速度。

③ 工作台。工作台 3 分上下两层。上工作台可绕下工作台的心轴在水平面内偏转 ±10° 的角度，以便磨削锥面。下工作台由机械或液压传动，带动头架 2 和尾座 6 随其沿床身做纵向进给运动，行程则由撞块控制。

④ 内圆磨具

内圆磨具 4 用于磨削工件的内孔，它的主轴端可安装内圆砂轮，通过单独的电动机驱动实现磨削运动。

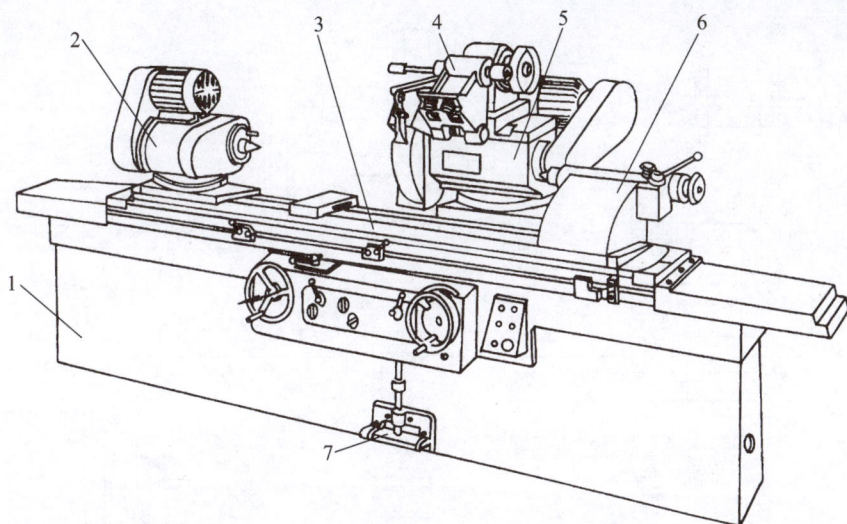

图 4-33　M1432A 型万能外圆磨床

⑤ 砂轮架

砂轮架 5 用于支承并传动高速旋转的砂轮主轴。砂轮架装在横向导轨上，操纵横向进给手轮可实现砂轮的横向进给运动。当磨削短圆锥面时，砂轮架和头架可分别绕垂直轴线转动 ± 30° 和 +90° 的角度。

⑥ 尾座

尾座 6 和头架 2 的前顶尖一起，用于支承工件，尾座套筒后端的弹簧可调节顶尖对工件的轴向压力。

⑦ 脚踏操纵板

用于控制尾架上的液压顶尖，进行快速装卸工件。

（2）M1432A 型万能外圆磨床的机械传动系统

M1432A 型万能外圆磨床的运动由机械和液压联合传动，除工作台的纵向往复运动、砂轮架的快速进退和周期自动切入进给及尾座顶尖套筒的伸缩为液压传动外，其余运动都是机械运动。图 4-34 所示为磨床的机械传动系统图。

2. M7120A 平面磨床

（1）M7120A 磨床的组成

M7120A 型平面磨床是卧轴矩台平面磨床，由床身、工作台、立柱、磨头及砂轮修整器等部件组成，图 4-35 所示为 M7120A 型平面磨床的外形。它既可以用砂轮的圆周面磨削各种工件的平面，又可用砂轮的端面磨削工件的垂直平面。工件按其尺寸大小及结构形状，可用螺钉和压板直接固定在机床工作台上，或放在电磁吸盘上装夹。电磁吸盘采用硅整流器作为直流电源，其吸力可按工件需要进行调整。

该机床的加工精度为：在 500 mm 长度上两平面的平行度误差不大于 0.05 mm，表面粗糙度可达 $Ra0.2\ \mu m$。

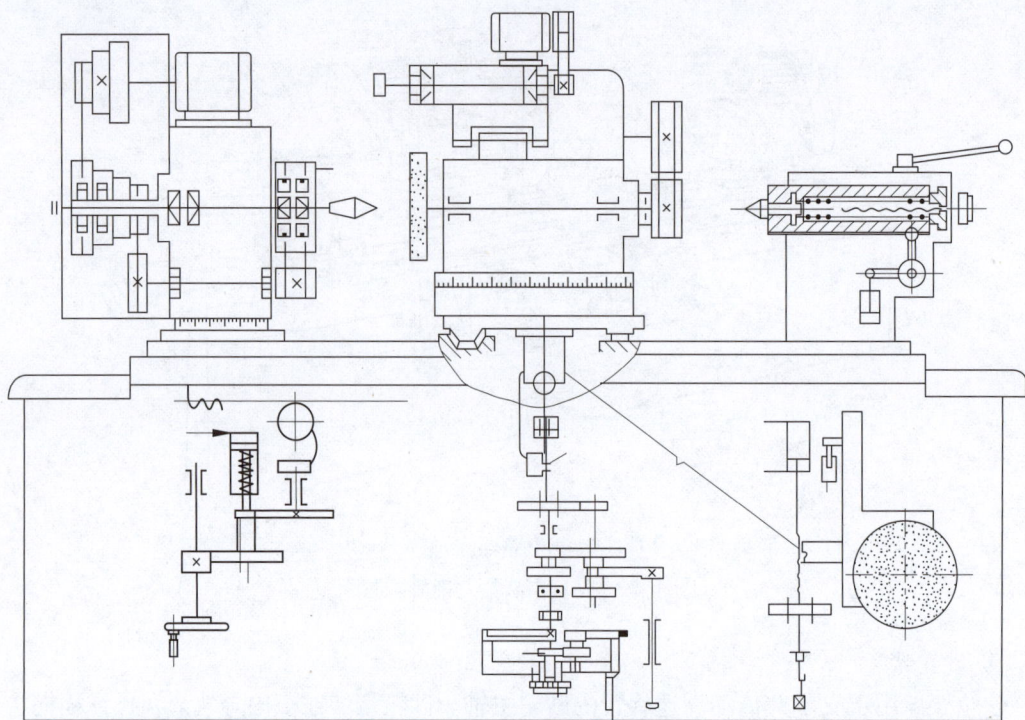

图 4-34　磨床的机械传动系统图

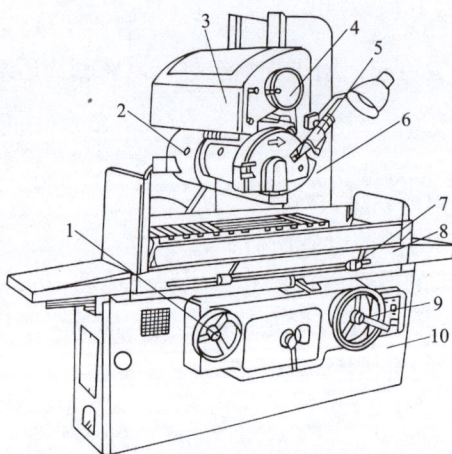

1—工作台手轮；2—磨头；3—拖板；4—横向进给手轮；5—砂轮修整器；6—立柱；7—行程挡块；

8—工作台；9—垂直进给手轮；10—床身

图 4-35　M7120A 型平面磨床

（2）M7120A 磨床的机械传动系统

　　M7120A 型平面磨床的机械传动系统如图 4-36 所示。该系统用于实现砂轮主轴的旋转、砂轮架的垂直和横向手动进给、工作台的手动纵向移动。

　　砂轮主轴由装入式电动机直接传动旋转。转动手轮 9，经蜗杆 13 和蜗轮 12，由小齿轮 11 带动齿条 10（固定在砂轮架体壳上），使砂轮架做横向周期进给或连续移动。

　　当横向进给由液压传动时，压力油进入液压缸 14，使小齿轮 11 与齿条 10 脱开，手摇机构不起作用。液压系统停止工作时，在弹簧力的作用下，通过活塞使小齿轮与齿条重新啮合，如图 4-37 所示。

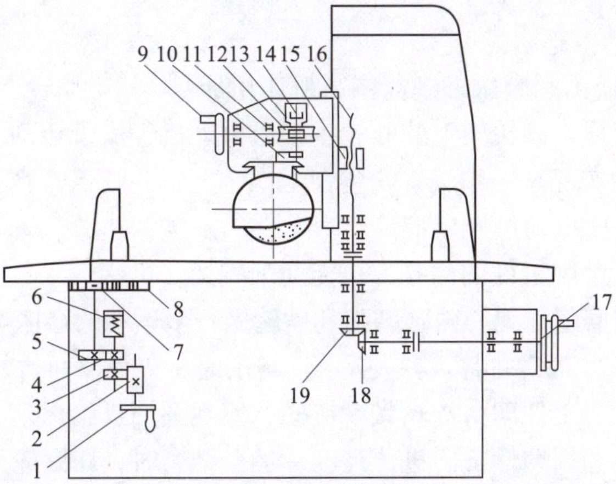

1，9，17—手轮；2，3，4，5—齿轮；6，14—液压缸；7，11—小齿轮；8，10—齿条；
12—蜗轮；13—蜗杆；15—螺母；16—丝杠；18，19—锥齿轮

图 4-36　M7120A 型平面磨床机械传动系统

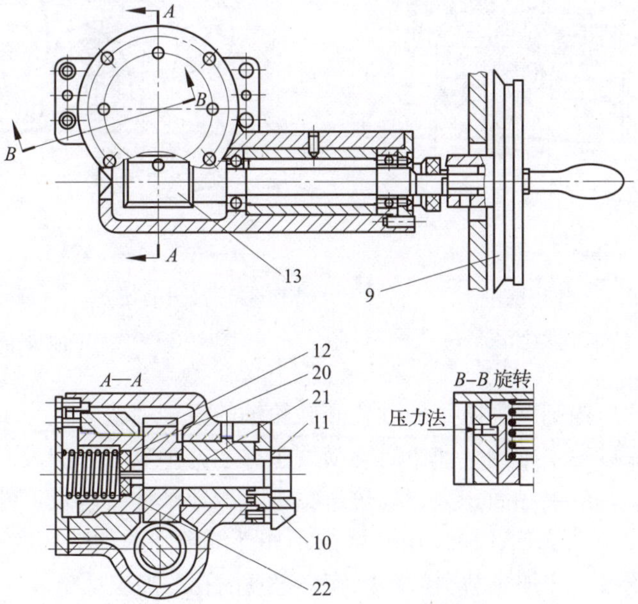

9—手轮；10—齿条；11—小齿轮；12—蜗轮；13—蜗杆；
20—活塞；21—齿轮轴；22—弹簧

图 4-37　砂轮架横向进给手摇机构

　　转动手轮 17，通过一对锥齿轮 18 和 19、联轴器、丝杠 16 以及固定在砂轮架滑板上的螺母 15，可使砂轮做垂直进给。转动手轮 1，通过齿轮 2、3、4 和 5，由小齿轮 7 带动固定

在工作台上的齿条 8，可使工作台纵向移动。工作台由液压传动时，压力油进入液压缸 6，通过活塞使齿轮 4 和 5 脱离啮合，工作台手摇机构即不起作用。

3. 其他磨床简介

（1）内圆磨床

图 4-38 所示为普通内圆磨床外观简图。机床由床身 1、工作台 2、头架 3、砂轮架 4 和滑板座 5 等主要部件组成。砂轮架上的砂轮主轴由电动机经皮带传动。砂轮架沿板座做横向进给，可以手动或机动实现。工作头架安装在工作台上，并随工作台一起沿床身导轨做纵向往复运动。头架主轴也由电动机经皮带传动。

内圆磨床主要用于磨削工件的内孔，也能磨削端面。机床的主参数为最大磨孔直径。内圆磨削可以分普通内圆磨削、无心内圆磨削和砂轮做行星运动的磨床。

无心内圆磨削的工作原理如图 4-39 所示。磨削时，工件支承在滚轮 1 和导轮 4 上，压紧轮 2 使工件靠紧导轮，工件即由导轮带动旋转，实现圆周进给运动。砂轮除了完成主运动外，还做纵向进给运动和周期性横向进给运动。加工结束时，压紧轮沿箭头方向 A 摆开，以便装卸工件。无心内圆磨削适用于大批量加工薄壁类零件，如轴承套圈等。

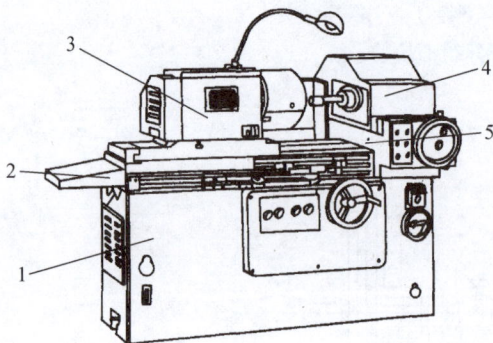

1—床身；2—工作台；3—头架；
4—砂轮架；5—滑板座

图 4-38　普通内圆磨床图

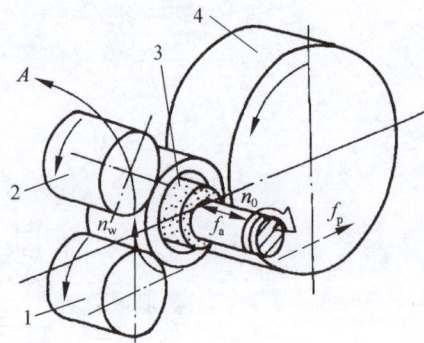

1—滚轮；2—压紧轮；3—工件；4—导轮；
f_a—纵向进给；f_p—横向进给；n_w—周向进给转速；n_0—砂轮转速

图 4-39　无心内圆磨削的工作原理

与外圆磨削相比，内圆磨削所用的砂轮和砂轮轴的直径都较小，为了获得所要求的砂轮线速度，就必须提高砂轮主轴的转速，故容易发生振动，影响工件的表面质量。此外，由于内圆磨削时砂轮与工件的接触面积大、发热量集中、冷却条件差以及工件热变形大，特别是砂轮主轴刚性差，易弯曲变形，所以内圆磨削不如外圆磨削的加工精度高。在实际生产中，常采用减少横向进给量、增加光磨次数等措施来提高内孔的加工质量。

（2）无心外圆磨床

图 4-40 所示为无心外圆磨床外观简图。无心外圆磨床由床身、砂轮架、砂轮修整器、导轮修整器、导轮架和支架等主要部件组成。无心外圆磨床是一种生产率很高的精加工方法。无心外圆磨床进行磨削时，工件不是支承在顶尖上或夹持在卡盘中，而直接置于砂轮和导轮之间的托板上，以工件自身外圆为定位基准，其中心略高于砂轮和导轮的中心连线。磨削时，导轮转速与砂轮转速相比较低，由于工件与导轮（通常是用橡胶结合剂做的，磨粒较

粗）之间的摩擦较大，所以工件接近于导轮转速回转，从而在砂轮与工件间形成很大的速度差，据此产生磨削作用。改变导轮的转速，便可以调整工件的圆周进给速度。无心磨床所磨削的工件，尺寸精度和几何精度都较高，且有很高的生产率。如果配备自动上下料机构，很容易实现单机自动化，适用于大批量生产。

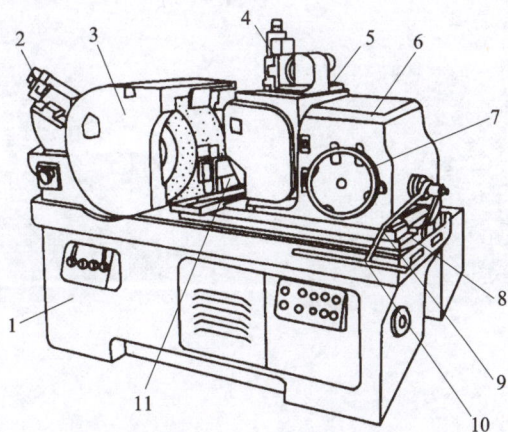

1—床身；2—砂轮修整器；3—砂轮架；4—导轮修整器；5—转动体；6—尾架；
7—微量进给受柄；8—回转底座；9—滑板；10—快速进给受柄；11—支座

图4-40　无心外圆磨床

（3）工具磨床

工具磨床是对各种特殊复杂工件磨削加工所使用磨床的统称，主要用于磨削各种切削刀具的刃口，如车刀、铣刀、铰刀、齿轮刀具、螺纹刀具等。其装上相应的机床附件，可对体积较小的轴类外圆、矩形平面、斜面、沟槽和半球等外形复杂的机具、夹具、模具进行磨削加工。具体包括工具曲线磨床、钻头沟槽磨床、拉刀刃磨床、滚刀刃磨床以及花键轴磨床、螺纹磨床、活塞环磨床、齿轮磨床等，如图4-41所示。

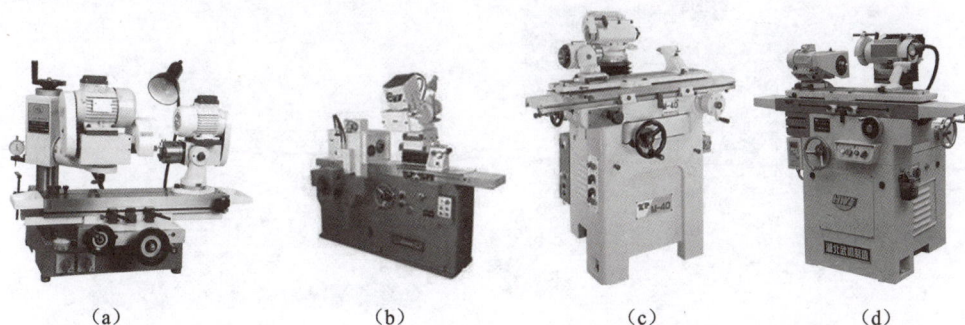

（a）　　　　　（b）　　　　　（c）　　　　　（d）

图4-41　工具磨床

（a）多功能内圆工具磨床；（b），（d）万能工具磨床；（c）钻头、丝锥磨床

4.4.2　数控磨床

数控磨床是利用磨具对工件表面进行磨削加工的机床。大多数的磨床是使用高速旋转的

砂轮进行磨削加工，少数的是使用油石、砂带等其他磨具和游离磨料进行加工，如珩磨机、超精加工机床、砂带磨床、研磨机和抛光机等。数控磨床还包括数控平面磨床、数控无心磨床、数控内外圆磨床、数控立式万能磨床、数控坐标磨床、数控成形磨床等。图 4-42 所示为数控磨床的外形图。

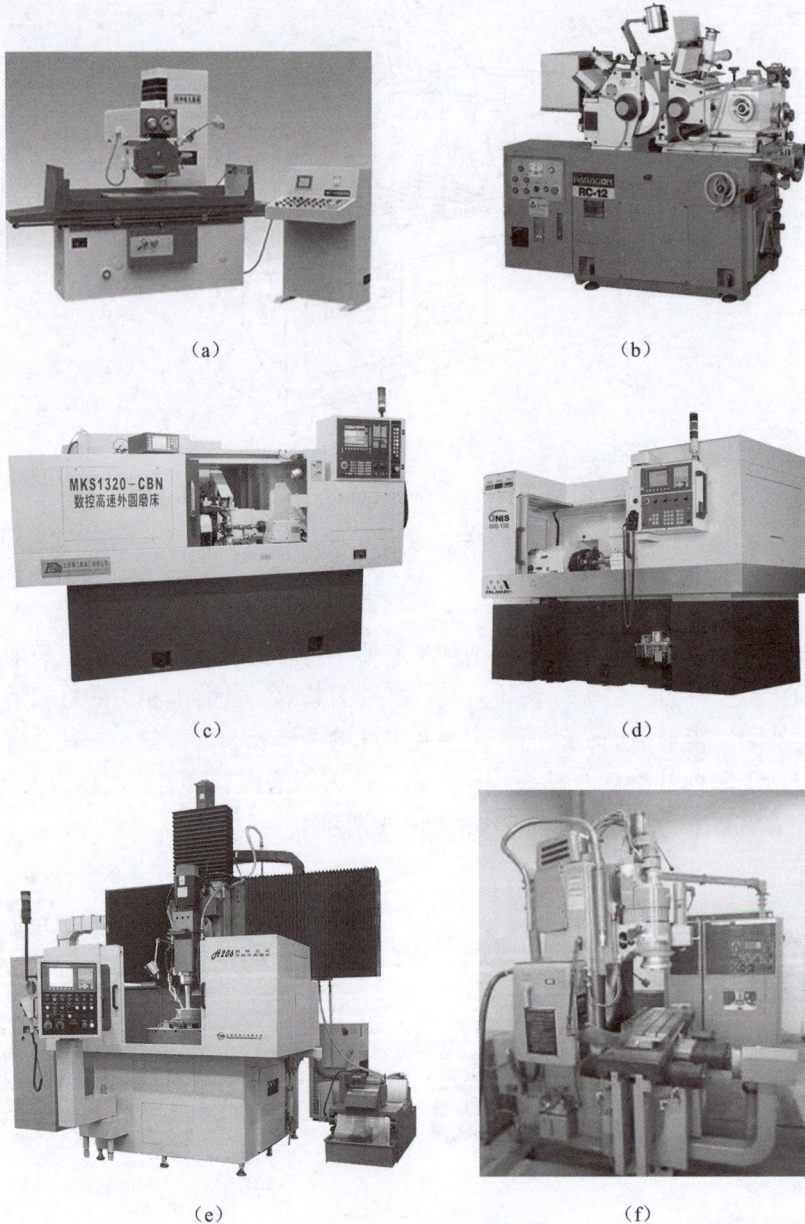

（a）   （b）

（c）   （d）

（e）   （f）

图 4-42　数控磨床

（a）数控平面磨床；（b）数控无心磨床；（c）数控外圆磨床；（d）数控内圆磨床；

（e）数控立式万能磨床；（f）数控坐标磨床

4.5　其他金属切削机床简介

4.5.1　刨床

刨床类机床主要用于加工各种平面（如水平面，垂直面及斜面等）和沟槽（如 T 形槽、燕尾槽、V 形槽等），有时也用于加工直线成形面。

刨床类机床主要有牛头刨床、龙门刨床和插床三种类型，现分别介绍如下。

1. 牛头刨床

（1）牛头刨床的组成

牛头刨床主要由床身、滑枕、刀架、工作台、横梁等部分组成，如图 4-43（a）所示。

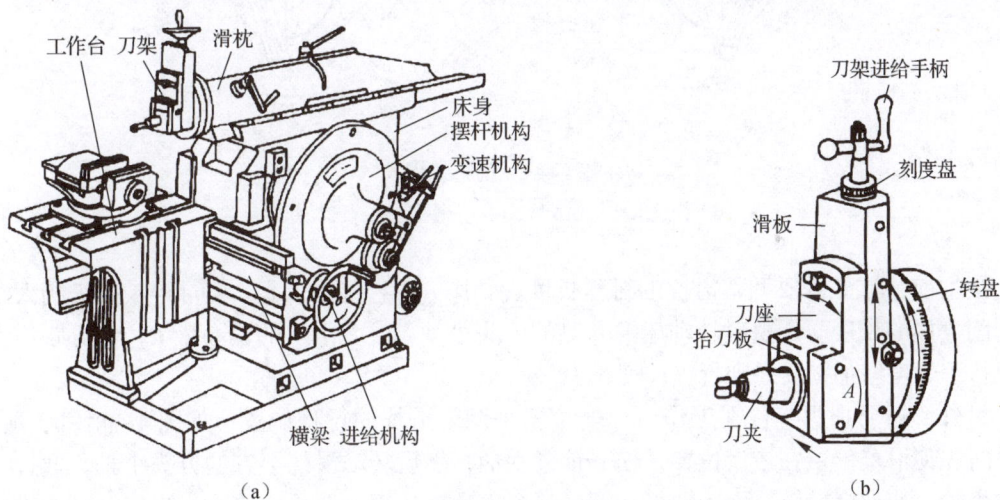

（a）　　　　　　　　　　　　　　　（b）

图 4-43　牛头刨床

（a）刨床；（b）刀架

①　床身。床身用来支撑和连接刨床的各个部件，其顶面导轨供滑枕做往复运动，其侧面导轨供工作台升降。床身内部装有齿轮变速机构和摆杆机构，以改变滑枕的往复运动速度和行程长度。

②　滑枕。滑枕主要用来带动刨刀做直线往复运动（即主运动）。滑枕前端装有刀架，内部装有丝杆螺母传动装置，可用以改变滑枕的往复行程位置。

③　刀架。刀架如图 4-43（b）所示，用来装夹刨刀、转动刀架手柄，可使刨刀做垂直的进、退刀运动。另外，松开转盘上的螺母，将转盘扳转一定角度后，可使刀架做斜向进给。刀架的滑板装有可偏转的刀座（又称刀盒），刀架的抬刀板可以绕刀座的 A 轴向上转动。刨刀安装在刀夹上，在回程时，刨刀可绕 A 轴自由上抬，减少了刀具与工件的摩擦。

④　工作台。工作台是用来装夹工件的，其台面上的 T 形槽可穿入螺栓来装夹工件或夹

具。工作台可随横梁在床身的垂直导轨上做上下调整，同时也可在横梁的水平导轨上做水平方向移动或间歇地进给运动。

⑤ 横梁。横梁用来带动工作台做横向进给运动，它还可以沿床身的铅垂导轨做升降运动。

⑥ 传动机构。牛头刨床的传动机构主要有摆杆机构和棘轮机构（进给机构）。

⑦ 摆杆机构。摆杆机构的作用是使滑枕做直线往复运动，如图4-44所示。摆杆下端与支架相连，上端与滑枕的螺母相连，摆杆齿轮的端面装有一滑块，滑块嵌入摆杆槽中并能在槽中滑移。当摆杆齿轮由小齿轮带动旋转时，滑块就能带动摆杆绕支架中心左右摆动，从而使滑枕做往复的直线运动（如图中的实线、虚线位置）。

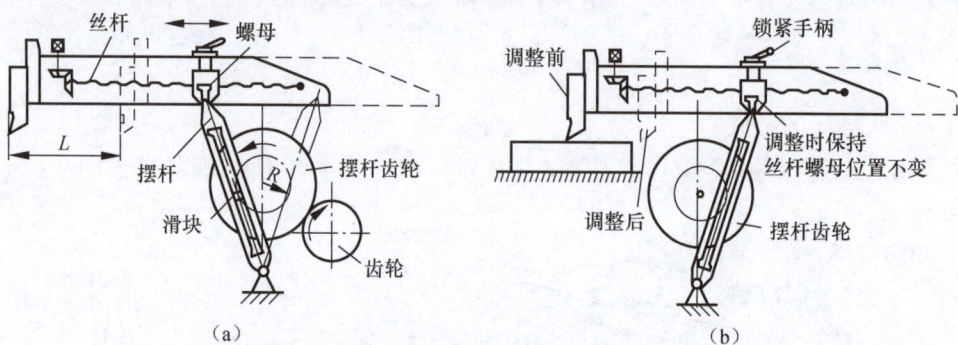

图4-44　摆杆机构

（a）调整滑枕行程长度；（b）调整滑块的行程位置

刨削前，首先需要调整滑枕的行程长度，如图4-44（a）所示，使行程长度L稍大于工件刨削表面的长度。调整时转动床身外侧的方头小轴，改变滑块的偏心距R，偏心距增大则滑枕行程长度增加；反之则行程长度减少。

另外，还要根据工件在工作台上的位置来调整滑枕的行程位置，如图4-44（b）所示。调整时先使滑枕停留在最后位置，松开锁紧手柄；然后转动滑枕上方的方头小轴，通过一对圆锥齿轮，使丝杆旋转，由于螺母和摆杆位置不变，从而会使滑枕移动，当移动到适当位置后再扳紧锁紧手柄。

⑧ 棘轮机构。棘轮机构的主要作用是使横梁和工作台带着工件做间歇式的横向自动进给。

图4-45（a）所示为棘轮机构的示意图。棘爪架空套在横梁丝杆上，棘轮和丝杆用键连接，齿轮固定在摆杆齿轮轴上，当齿轮1带动齿轮2转动时，齿轮2上的偏心销通过连杆推动棘爪架往复摆动，齿轮1转一周（即刨刀往复运动一次），棘爪架往复摆动一次。

棘爪架上有棘爪，在弹簧压力的作用下，棘爪与棘轮保持接触。棘爪架向左摆动时，棘爪推动棘轮转动；棘爪架向右摆动时，棘爪的斜面从棘轮齿顶滑过。因此，棘爪架每往复摆动一次，即推动棘轮转动，从而使工作台沿横梁水平导轨移动一定距离。

横向进给量的大小可通过转动棘轮罩，改变棘轮被拨过的齿数来调整。如图4-45（b）所示，在棘爪摆动的范围α内，被棘轮罩遮住的齿数多则进给量小；反之，则进给量大。将棘爪转180°，则工作台的进给方向改变。如果将棘爪提起转90°，则棘爪与棘轮分离，可通过手动方式使工作台横向移动。

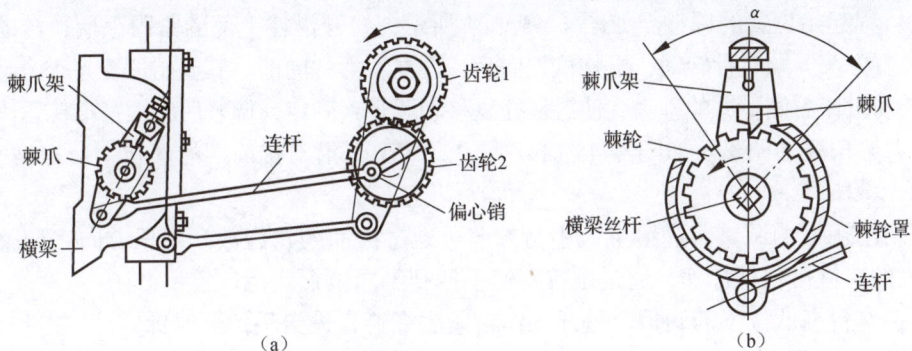

图 4-45　棘轮机构

（a）棘轮机构示意图；（b）棘轮罩

（2）牛头刨床的工作特点

在牛头刨床上加工时，主运动是刀具的直线往复运动，进给运动是工件的间歇移动，如图 4-46 所示。其工作特点如下：

① 切削速度较低。刨削的主运动为直线往复运动，换向时要克服较大的惯性力；工作行程速度慢、回程速度快且不切削，因此刀具在切入与切出时产生冲击和振动，从而限制了切削速度提高。

② 效率低。由于刨刀返回行程不进行切削，因此增加了加工时的辅助时间。另外，刨刀属于单刃刀具，一个表面往往要经过多次行程才能加工出来，所以基本工艺时间较长。刨削的生产率一般低于铣削。

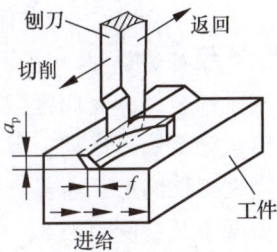

图 4-46　刨削运动

③ 结构简单，操作容易。刨床的结构比车床和铣床简单，调整和操作简便，加工成本低。

④ 通用性好。刨刀与车刀基本相同，形状简单，其制造、刃磨、安装方便，因此刨削的通用性好。

（3）牛头刨床的操纵、调整方法与步骤

以 B6050 型刨床为例介绍牛头刨床的操纵、调整方法与步骤。

① 行程长度的调整。滑枕行程长度必须与被加工工件的长度相适应。具体操作如图 4-47 所示，先松开手柄 3 端部的压紧螺母 2，再用扳手 4 转动调节行程长短的方头 1，顺时针转动，行程增长；反之，行程缩短。行程长短是否合适，可用手柄转动机床右侧下方的方头，使滑枕往复移动，观察是否合适，调整后，应锁紧压紧螺母 2。

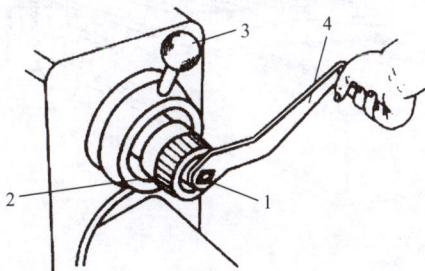

1—方头；2—压紧螺母；3—手柄；4—扳手

图 4-47　调整滑枕行程长度

② 行程起始位置的调整。如图 4–43（a）所示，松开滑枕上部的紧固手柄，转动调节滑枕起始位置方头，顺时针转动，滑枕位置向后；反之，滑枕向前。其起始位置是否合适，同样可通过转动机床右侧下方的方头，使滑枕往复移动后观察确定，调好后应锁紧滑枕紧固手柄。

③ 刀架角度的调整。如图 4–43（b）所示，刀架可沿滑枕前端的环状 T 形槽做 ±15° 的偏转。

④ 切削用量的调整。进给量大小与方向可通过拨动棘轮齿数和棘爪方向来调整，滑枕移动速度的快慢可根据标牌，通过推拉变速手柄到不同位置获得。

⑤ 工作台高低位置的调整。松开工作台紧固螺钉，进给手柄顺时针转动，工作台上升；反之，工作台下降。工作台高低位置确定后，再锁紧紧固螺钉。

2. 龙门刨床

龙门刨床用于加工大型或重型零件上的各种平面、沟槽和各种导轨（如棱形、V 形导轨面），也可在工作台上一次装夹数个中小型零件进行多件加工。

图 4–48 所示为龙门刨床外形图。龙门刨床的主运动是工作台 9 沿床身 10 水平导轨所做的直线往复运动。床身 10 的两侧固定有左右立柱 3 及 7，立柱顶部由顶梁 4 连接，形成结构刚性较好的龙门框架。横梁 2 上装有两个垂直刀架 5 及 6，可分别做横向或垂直方向的进给运动及快速移动。横梁可沿左右立柱的导轨做垂直升降，以调整垂直刀架位置，适应不同高度工件的加工需要。加工时横梁由夹紧机构夹持在两个立柱上。左右立柱上分别装有左侧刀架 1 及右侧刀架 8，可分别沿垂直方向做自动进给和快速移动。各刀架的自动进给运动是在工作台每完成一次直线往复运动后，由刀架沿水平或垂直方向移动一定距离，使刀具能够逐次刨削出待加工表面。快速移动则用于调整刀架的位置。

龙门刨床的主参数是最大刨削宽度和最大刨削长度。例如 B2012A 型龙门刨床的最大刨削宽度为 1 250 mm，最大刨削长度为 4 000 mm。

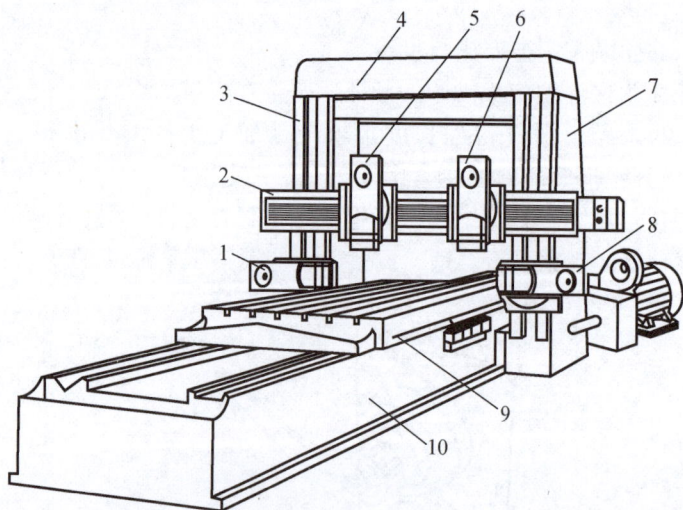

1—左侧刀架；2—横梁；3—左立柱；4—顶梁；5，6—垂直刀架；

7—右立柱；8—右侧刀架；9—工作台；10—床身

图 4-48　龙门刨床

3. 插床

插床实质上是立式刨床，其主运动是滑枕带动插刀沿垂直方向所做的直线往复运动。图4-49所示为插床外形图。滑枕2向下移动为工作行程，向上为空行程。滑枕导轨座3可以绕轴4在小范围内调整角度，以便加工倾斜面及沟槽。床鞍6及溜板7可分别做横向及纵向进给，圆工作台1可绕垂直轴线回转完成圆周进给或进行分度。圆工作台在上述各方向的进给运动也是在滑枕空行程结束后的短时间内进行的。圆工作台的分度是用分度装置5实现的。

插床主要用于加工工件的内表面，如内孔键槽及多边形孔等，有时也用于加工成形内外表面。

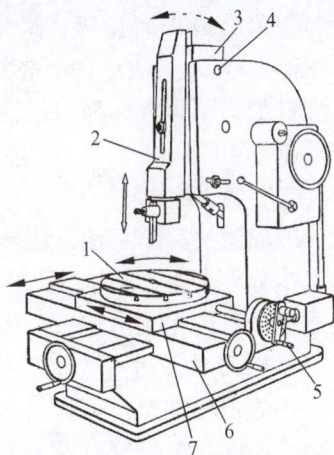

1—圆工作台；2—滑枕；3—滑枕导轨座；
4—轴；5—分度装置；6—床鞍；7—溜板
图 4-49　插床

4.5.2　齿轮加工机床

齿轮加工机床是用来加工齿轮轮齿的机床。由于齿轮传动在各种机械及仪表中的广泛应用，以及对齿轮传动的圆周速度和传动精度要求的日益提高，齿轮加工机床已有很大发展，成为机械制造工业中一种重要的加工设备。

1. 齿轮加工机床的类型

按照被加工齿轮的种类不同，齿轮加工机床可分为：

（1）圆柱齿轮加工机床

这类机床可分为：圆柱齿轮切齿机床及圆柱齿轮精加工机床两类。切齿机床中，主要有插齿机、滚齿机、花键铣床、车齿机等。精加工机床中，包括剃齿机、珩齿机及各种圆柱齿轮磨齿机等。此外，在圆柱齿轮加工机床中，还包括齿轮倒角机、齿轮噪声检查机等。

（2）锥齿轮加工机床

这类机床可分为直齿锥齿轮加工机床及曲线齿锥齿轮加工机床两类。直齿锥齿轮加工机床包括加工直齿锥齿轮的刨齿机、铣齿机、拉齿机以及精加工机床等，曲线齿锥齿轮加工机床包括用于加工各种不同曲线齿锥齿轮的铣齿机、拉齿机及精加工机床等。此外，锥齿轮加工机床还包括加工锥齿轮所需的倒角机、淬火机、滚动检查机等设备。

2. 齿轮加工机床的工作原理

齿轮的加工可分为齿坯加工和齿面加工两个阶段。齿轮的齿坯加工通常经车削（齿轮精度较高时须经磨削）完成。而齿面加工是在齿轮加工机床上进行的，齿轮加工的加工方法有成形法和展成法两类。

（1）成形法

成形法是利用成形刀具对工件进行加工的方法。齿面的成形加工方法有铣齿、成形插齿、拉齿、成形磨齿等，最常用的方法是铣齿。如图 4-50 所示，成形法制造的齿轮由于刀具存在原理性的齿形误差，所以加工精度较低，只能用于低速传动。

（2）展成法

展成法又称滚切法，按展成法加工圆柱齿轮的基本原理是建立在齿轮的啮合原理基础上的。其原理是将齿轮副中的一个齿轮制成具有切削能力的齿轮刀具，另一个齿轮换成待加工的齿坯，由专用的齿轮加工机床提供和实现齿轮副的啮合运动。这样，在齿轮刀具与齿坯的啮合运动中进行切削，齿坯将逐渐展成渐开线齿廓，如图 4-51 所示。

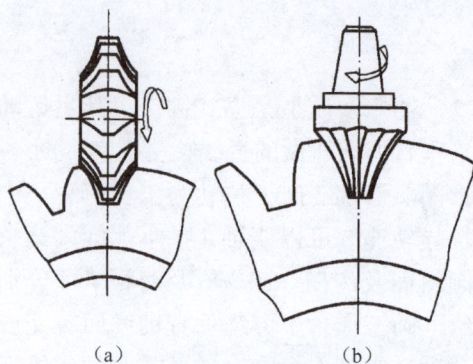

图 4-50 成形法加工齿轮
（a）卧式铣床铣齿；（b）立式铣床铣齿

图 4-51（a）所示为齿廓的展成过程，齿条刀具与齿坯的啮合运动，即齿条刀具沿着齿坯滚动（在分度圆上做无相对滑移的纯滚动），随着齿条刀具的刀刃不断变更位置而逐层切除齿坯金属，在齿坯上生成齿廓。图 4-51（b）所示为生成的齿廓，可以看出，刀刃的切削线与生成线相切并逐点接触，齿廓的生成线是切削线的包络线。

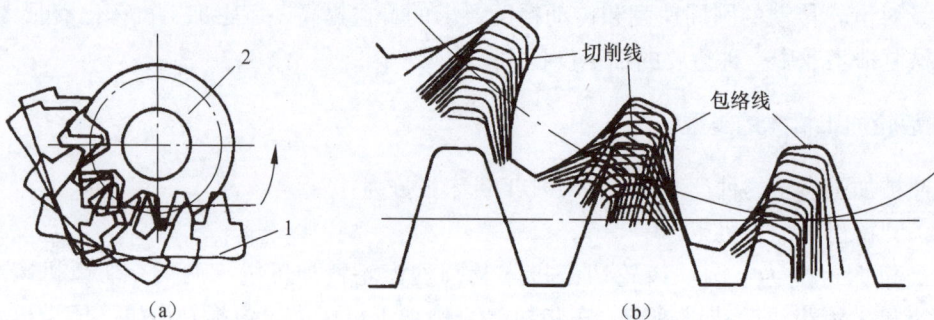

1—齿轮刀具；2—齿坯
图 4-51 齿廓展成原理
（a）展成过程；（b）生成齿廓

用展成法加工齿轮的优点是用同一把刀具可以加工同一模数不同齿数的齿轮，加工精度和生产率较高。因此这种加工方法被广泛应用于各种齿轮加工机床上，如插齿机、滚齿机、剃齿机等。此外，大多数磨齿机及锥齿轮加工机床也是按展成法原理进行工作的。它是利用工件和刀具做展成切削运动进行加工的方法。

4.5.3 加工中心机床

加工中心是一种备有刀库并自动更换刀具对工件进行多工序加工的数控机床。目前加工中心具有以下特点：

① 加工中心是在数控铣床或数控镗床的基础上增加了自动换刀装置，使工件在一次装夹后，可以连续完成对工件表面自动进行钻孔、扩孔、铰孔、镗孔、攻螺纹、铣削等多工步的加工，工序高度集中。

② 加工中心一般带有自动分度回转工作台或主轴可自动转动，从而使工件一次装夹后，自动完成多个或多个角度位置的工序加工。

③ 加工中心能自动改变机床主轴转速、进给量和刀具相对工件的运动轨迹及其他辅助机能。

④ 加工中心若带有交换工作台，工件在工作位置的工作台上进行加工的同时，另外的工件在装卸位置的工作台上进行装卸，不影响正常的加工工件。

由于加工中心具有上述特点，因而可以大大减少工件的装夹、测量和机床的调整时间，减少工件的周转、搬运和存放时间，使机床的切削时间利用率高于普通机床 3 ~ 4 倍，大大提高了生产率。尤其是加工形状比较复杂、精度要求较高、品种更换速度低的工件时，更具有良好的经济性。

1. 加工中心机床分类

（1）立式加工中心

立式加工中心是指主轴为垂直状态的加工中心，如图 4-52 所示。其结构形式多为固定立柱，工作台为长方形，无分度回转功能，适合加工盘、套、板类零件，它一般具有两个直线运动坐标轴，并可在工作台上安装一个沿水平轴旋转的回转台，用以加工螺旋线类零件。

立式加工中心装卡方便、便于操作、易于观察加工情况、调试程序容易、应用广泛。但受立柱高度及换刀装置的限制，不能加工太高的零件，在加工型腔或下凹的型面时，切屑不易排出，严重时会损坏刀具，破坏已加工表面，影响加工的顺利进行。

（2）卧式加工中心

卧式加工中心指主轴为水平状态的加工中心，如图 4-53 所示。卧式加工中心通常都带有自动分度的回转工作台，它一般具有 3 ~ 5 个运动坐标，常见的是三个直线运动坐标加一个回转运动坐标，工件在一次装卡后，完成除安装面和顶面以外的其余四个表面的加工，它最适合加工箱体类零件。与立式加工中心相比较，卧式加工中心加工时排屑容易、对加工有利，但结构复杂、价格较高。

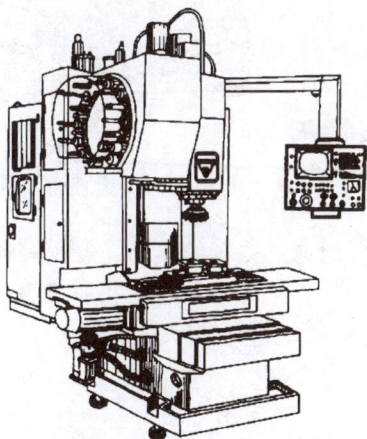

图 4-52　立式加工中心

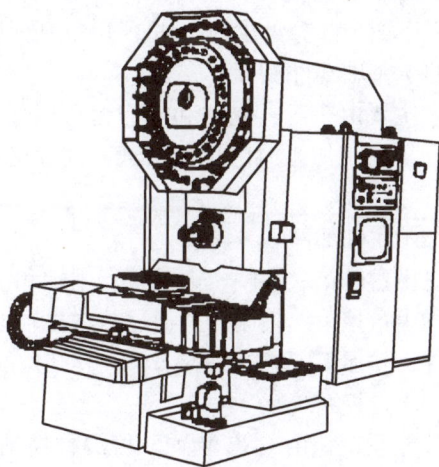

图 4-53　卧式加工中心

（3）龙门式加工中心

龙门式加工中心的形状与数控龙门铣床相似，如图 4-54 所示。龙门式加工中心主轴多为垂直设置，除自动换刀装置以外，还带有可更换的主轴头附件，数控装置的功能也较齐全，能够一机多用，尤其适用于加工大型工件和形状复杂的工件。

（4）五轴加工中心

五轴加工中心具有立式加工中心和卧式加工中心的功能，如图4-55所示。五轴加工中心，工件一次安装后能完成除安装面以外的其余五个面的加工。常见的五轴加工中心有两种形式：一种是主轴可以旋转90°，对工件进行立式和卧式加工；另一种是主轴不改变方向，而由工作台带着工件旋转90°，完成对工件五个表面的加工。

图 4-54　龙门式加工中心

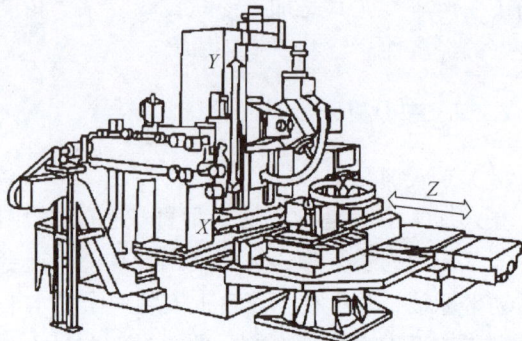

图 4-55　五轴加工中心

（5）虚轴加工中心

如图4-56所示，虚轴加工中心改变了以往传统机床的结构，通过连杆的运动，实现主轴多自由度的运动，完成对工件复杂曲面的加工。

2. 加工中心的基本组成

加工中心有多种类型，虽然外形结构不相同，但总体上是由以下四个部分组成的，如图4-57所示。

（1）基础部件

它主要由床身、立柱和工作台等组成，主要承受加工中心的静载荷和加工时的切削负载，因此必须具备更高的静动刚度。

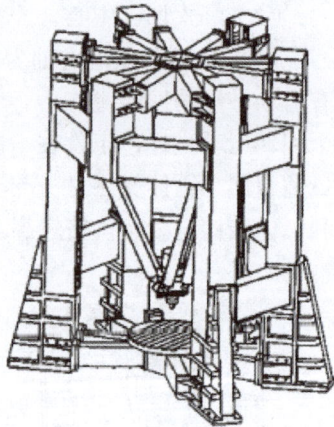

图 4-56　虚轴加工中心

（2）主轴部件

它由主轴箱、主轴、电动机、主轴和主轴轴承等零件组成。主轴的启动、停止等动作和转速均由数控系统控制，并通过装在主轴上的刀具进行切削。主轴部件是切削加工的功率输出部件，是加工中心的关键部件，其结构的好坏对加工中心的性能有很大的影响。

（3）数控系统

数控系统是由CNC装置、可编程控制器、伺服驱动装置以及电动机等部件组成，是加工中心执行控制动作和控制加工过程的中心。

（4）自动换刀装置（ATC）

加工中心与一般的数控机床不同的地方是它具有对零件进行多工序加工的能力，有一套自动换刀装置。

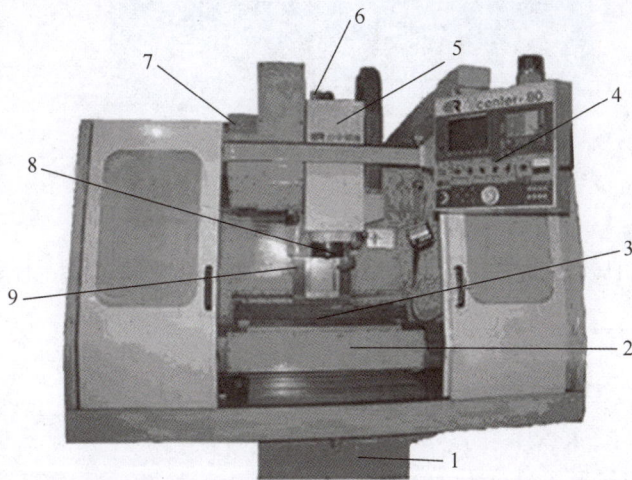

1—底座；2—滑座；3—工作台；4—操作面板；5—主轴箱；6—主轴电动机；

7—刀库；8—主轴；9—立柱

图 4-57　加工中心的组成

3. 加工中心主要技术参数的含义

加工中心的主要技术参数包括工作台面积、各坐标轴行程、摆角范围、主轴转速范围、切削进给速度范围、刀库容量、换刀时间、定位精度、重复定位精度等，其具体内容及作用详见表 4-9。

表 4-9　加工中心的主要技术参数表

类别	主要内容	作用
尺寸参数	工作台面积（长 × 宽）、承重	影响加工工件的尺寸范围（质量）、编程范围及刀具、工件、机床之间的干涉
	主轴端面到工作台距离	
	交换工作台尺寸、数量及交换时间	
接口参数	工作台 T 形槽数、槽宽、槽间距	影响工件、刀具安装及加工适应性和效率
	主轴孔锥度、直径	
	最大刀具尺寸及质量	
	刀库容量、换刀时间	
运动参数	各坐标行程及摆角范围	影响加工性能及编程参数
	主轴转速范围	
	各坐标快进速度、切削进给速度范围	
动力参数	主轴电动机功率	影响切削负荷
	伺服电动机额定转矩	
精度参数	定位精度、重复定位精度	影响加工精度及其一致性
	分度精度（回转工作台）	
其他参数	外形尺寸、质量	影响使用环境

❀ 任 务 训 练 ❀

一、填空题

1. 金属切削机床是机械制造业的主要加工设备。它用切削的方法将金属毛坯多余的_____切除，加工成符合一定_____、_____和_____要求的机械零件。

2. 按照万能性程度机床分为_____、_____、_____三种。

3. 自动控制类机床按其控制方式分为_____、_____、_____等，在机床型号中分别用汉语拼音字母 F、K、H 表示。

4. 按机床的结构布局形式可分为_____、_____、_____式等。

5. 当机床的性能及结构有重大改进时，按其设计改进的次序，用字母 A，B，C，…表示，写在机床型号的_____，以区别于原机床。如 M1432A 中"A"表示_____次重大改进后的万能外圆磨床。

6. 主运动是直接切除工件上的被切削层，使之转变为切屑的_____运动，它是速度最_____、消耗功率最_____的运动。

7. 任何一种机床，必定有且通常也只有_____个主运动，但进给运动可能有___个或_____个，也可能_____。

8. 卧式车床是一种品种较多的车床。根据对卧式车床功能要求的不同，这类车床可分_____（普通车床）、_____、_____、_____、卡盘车床、落地车床和_____等。

9. 主轴箱安装在床身的_____部，箱内有主轴部件和_____变速机构。调整变速机构可以获得合适的_____转速。主轴是_____心的。

10. 车床开车前，应检查车床各部分机构是否_____，各转动手柄、变速手柄位置是否_____，以防开车时因突然撞击而损坏机床，启动后，应使主轴低速空转_____min，使润滑油散布到各需要之处，等车床运转正常后才能工作。

11. 车床润滑的方式有：_____、_____、_____、弹子油杯注油润滑、黄油（油脂）杯润滑、油泵输油润滑几种。

12. 立式车床用于加工径向尺寸大而轴向尺寸相对较小且形状比较复杂的_____型和_____型零件。单柱式用于加工直径小于_____mm 的零件，双柱式可加工直径大于_____mm 的零件。

13. 六角车床按其六角刀架形式的不同，可分为_____式六角车床和_____式六角车床。

14. 数控车床的进给系统与普通车床有质的区别，传统普通车床有_____和_____齿轮架，而数控车床是直接用_____电动机通过滚珠丝杠驱动_____和_____实现进给运动，因而进给系统的结构大为简化。

15. 数控车床中的螺旋副，是将驱动电动机所输出的旋转运动转换成刀架在纵、横方向上直线运动的运动副。构成螺旋传动机构的部件，一般为_____副。

16. 由于数控车床刀架的两个方向运动分别由_____台伺服电动机驱动，所以它的传

动链短，不必使用_____、_____等传动部件，用伺服电动机直接与丝杠连接带动刀架运动。伺服电动机丝杠间也可以用同步皮带副或齿轮副连接。

17. 数控车床的结构特点之一是_____，这是为了与控制系统的高精度控制相匹配，以便适应高精度的加工。

18. 数控车床是轻拖动。刀架移动一般采用_____副。滚珠丝杠两端安装的滚动轴承是_____轴承，这种专用轴承配对安装，是选配的，最好在轴承出厂时就是成对的。

19. 铣床是一种用途广泛的机床，在铣床上可以加工_____、_____、_____零件、螺旋形表面及各种_____。

20. 根据构造特点及用途铣床主要类型有：_____铣床、_____铣床、龙门铣床、工具铣床、仿形铣床。此外，还有仪表铣床、专门化铣床（包括键槽铣床、曲轴铣床、凸轮铣床）等。

21. 数控铣床是用计算机_____控制的铣床。它可以加工由直线和圆弧两种几何要素构成的平面轮廓，也可以直接用_____法加工非圆曲线构成的平面轮廓，还可以加工_____曲面和_____曲线。

22. 平面磨床 M7120D 的含义为：M 表示_____，7 表示_____，1 表示_____，20 表示_____，D 表示_____。

23. 刨床类机床主要用于加工各种_____和_____，有时也用于加工直线_____。刨床类机床主要有牛头刨床、龙门刨床和插床三种类型。

24. 齿轮的加工可分为_____加工和_____加工两个阶段，齿轮的_____加工通常经车削完成。而_____加工是在齿轮加工机床上进行的，齿轮加工的加工方法有_____和_____两类。

25. 加工中心是一种备有_____并_____刀具对工件进行多_____加工的数控机床。加工中心与普通数控机床的区别主要在于一台加工中心能完成_____台普通数控机床或者一台普通数控机床需经_____次装夹和换刀才能完成的工作。

二、选择题

1. 支承件是机床的基础部件，不包括（　　）。

A. 床身　　　　　　B. 主轴　　　　　　C. 底座　　　　　　D. 横梁

2. 机床传动的组成中，不是执行件的是指（　　）。

A. 电动机　　　　　B. 刀架　　　　　　C. 主轴　　　　　　D. 工作台

3. 工厂中常用的平面磨床不包括（　　）磨床。

A. 卧轴矩台　　　　B. 立轴矩台　　　　C. 卧轴圆台　　　　D. M1432A 型磨床

4. 直线运动机床不包括（　　）。

A. 刨床　　　　　　B. 钻床　　　　　　C. 插床　　　　　　D. 拉床

5. 根据我国机床型号编制方法，最大磨削直径为 320 mm，经过第一次重大改进的高精度万能外圆磨床的型号为（　　）。

A. MG1432A　　　　B. M1432A　　　　　C. MG432　　　　　D. MA1432

6. 下列不属于机床执行件的是（　　）。

A. 主轴　　　　　　B. 刀架　　　　　　C. 步进电动机　　　D. 工作台

7. 切削过程中的主运动有（　　）个。

A. 一   B. 二   C. 多于一

8. 普通车床主参数代号是用（   ）折算值表示的。

A. 机床的质量   B. 工件的质量   C. 加工工件的最大回转直径

9. 当生产类型属于大量生产时，应该选择（   ）。

A. 通用机床   B. 专用机床   C. 组合机床

10. 铣刀与刨刀相比，主要特点是（   ）。

A. 刀刃多   B. 刀刃锋利   C. 加工质量好

11. M1432A 型外圆磨床的工作台分上下两层。上工作台可绕下工作台的心轴在水平面内偏转（   ）左右的角度，以便磨削锥面。

A. $\pm 5°$ B. $\pm 10°$ C. $\pm 15°$ D. $\pm 20°$

12. M1432A 型外圆磨床的砂轮架和头架可分别绕垂直轴线转动（   ）和 $+90°$（逆时针）的角度。

A. $\pm 25°$ B. $\pm 20°$ C. $\pm 30°$ D. $\pm 35°$

13. 下列机床部件中执行件是指（   ）。

A. 电动机   B. 齿轮   C. V 带轮   D. 工作台

14. 开合螺母机构是（   ）机床的主要部件。

A. M1432A 磨床   B. X6132 铣床   C. CA6140 车床   D. T68 镗床

15. Y3150E 型滚齿机不能加工（   ）。

A. 直齿圆柱齿轮   B. 斜齿圆柱齿轮   C. 内齿轮   D. 蜗轮

三、判断题（对的打 √，错的打 ×）

1. 机床的主运动通常速度较低，消耗功率较少。 （   ）

2. 机床的进给运动可以有多个。 （   ）

3. 机床型号中只要含有 "C" 的字母，就一定是表示车床代号 （   ）

4. 立式车床的主轴是直立的。工件的质量和切削力由工作台与底座上的回转导轨承受，所以工作平稳性好，易保证加工精度。 （   ）

5. 焊接式车刀与其他刀具相比，其结构复杂、刚度小、制造困难。 （   ）

6. 铣床是用多齿刀具加工，所以效率较低。 （   ）

7. X6132 型铣床采用了孔盘式变速操纵机构获得进给运动速度。 （   ）

8. 在立式铣床上不能加工键槽。 （   ）

9. 同一材料总是形成同一类的切屑。 （   ）

10. 刀具的耐磨性越好，允许的切削速度越高。 （   ）

11. 用横向磨削法磨削平面时，磨削宽度应等于横向进给量。 （   ）

12. 外圆磨削的方法有纵磨法、横磨法和曲线磨法。 （   ）

13. M1432A 型万能外圆磨床可以加工内圆锥面。 （   ）

14. 展成法加工齿轮精度高，生产率低，常用于批量生产。 （   ）

15. 加工齿轮使用机床有滚齿机、插齿机、刨齿机、铣齿机、拉齿机、研齿机、剃齿机、磨齿机、锥齿轮加工机床。 （   ）

四、综合题

1. 解释下列机床的名称和主参数，并简要说明其通用特性或结构特性。

CM6132，Z3040X16，T4163B，XK5040，B2021A，MGB1432。

2. 用卧式车床能进行哪些工艺加工?

3. 试述卧式车床的组成部件及功用。

4. 为什么卧式车床溜板箱中要设置互锁机构? 纵向和横向机动进给之间是否需要互锁? 为什么?

5. 常见的铣床种类有哪些? 各适用于什么场合?

6. 常见的磨床种类有哪些? 各适用于什么场合?

7. 刨床能进行哪些工艺加工? 加工特点是什么?

8. 齿面加工常见的方法有哪些? 各有何特点?

9. 什么叫加工中心机床? 它有什么特点?

10. 加工中心机床的结构有什么特点?

第 5 章　金属切削基础与刀具

学习目标

1. 熟悉金属切削的基础知识，了解金属切削参数的选用常识；
2. 了解刀具材料常识，会正确选用刀具材料；
3. 熟悉车刀的种类及用途，会正确选用车刀；
4. 会分析车刀的几何角度对加工的影响，学会刃磨车刀；
5. 了解铣刀的种类及用途，会正确选用铣刀；
6. 熟悉孔加工刀具的种类与选用；
7. 熟悉数控车、数控铣常用刀具，了解加工中心刀库相关常识；
8. 了解刨刀、螺纹加工刀具、齿轮加工刀具的种类与选用。

　　金属切削加工是借助机床使用刀具在工件上切除多余金属材料，使工件达到规定的尺寸精度、几何形状精度和表面质量的一种机械加工方法。常用的切削刀具有车刀、铣刀、刨刀、钻头、砂轮、齿轮刀具等，常见的切削加工方法有车削、铣削、刨削、磨削、齿形加工等。切削加工虽有多种不同的方式，但它们在很多方面都有着共同的运动规律。

5.1　金属切削基础知识

5.1.1　切削运动与工件表面

1. 切削运动

　　切削运动指切削加工时，切削工具和工件之间的相对运动。如图 5-1 所示，车削时工件的旋转运动是切除多余金属的基本运动，车刀平行于工件轴线的直线运动是为保证切削的连续进行，由这两个运动组成的切削运动来完成工件外圆表面的加工。一般按运动在切削加工中所起作用的不同，又分为主运动和进给运动两大类。

　　（1）主运动

　　主运动是使工件与刀具产生相对运动以进行切削的最基本运动，主运动的速度最高，所消耗的功率最大。在切削运动中，主运动只有一个。它可以由工件完成，也可以由刀具完成；可以是旋转运动，也可以是直线运动。例如车床上工件的旋转运动；龙门刨床刨削时，工件的直线往复运动；牛头刨床刨刀的直线往复运动；铣床上的铣刀、钻床上的钻头和磨床上砂轮的旋转等都是切削加工时的主运动，如图 5-1 所示。

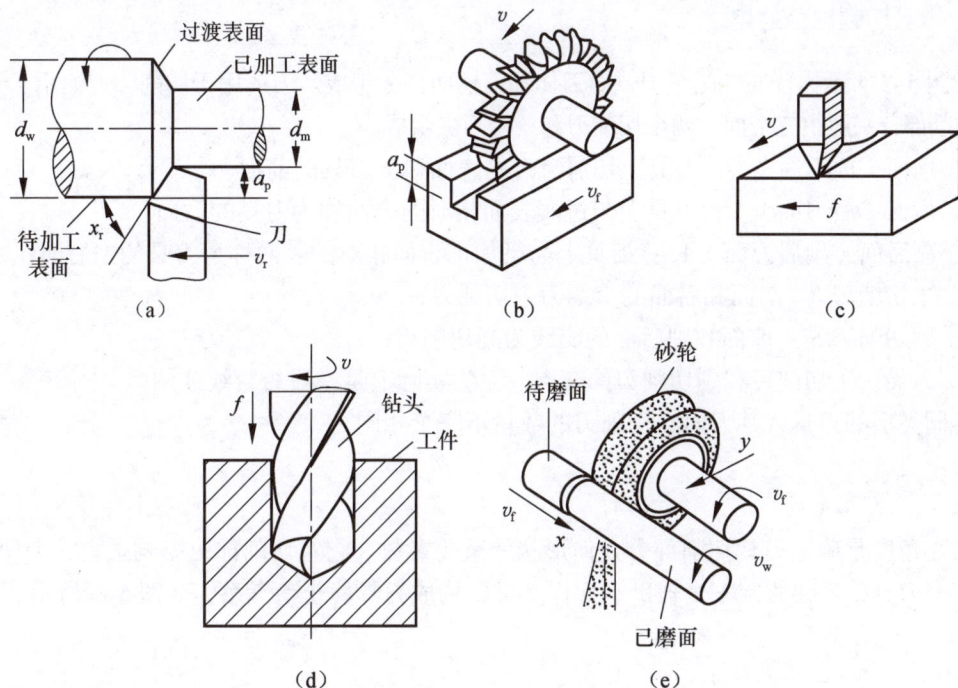

图 5-1　切削运动
（a）车削外圆；（b）铣削平面；（c）刨削平面；（d）钻孔；（e）磨削外圆

（2）进给运动

由机床或人力提供的运动，它使切削工具与工件之间产生附加的相对运动，加上主运动，可连续切除切屑，得到所需的已加工表面。进给运动可以是连续的运动，也可以是间断运动。一般进给运动是切削加工中速度较低、消耗功率较少的运动。如图 5-1 所示，车削时刀具的直线运动、铣削时工件的直线运动、刨削时工件的间歇直线运动、钻削时刀具的轴向旋转运动、磨削时工件的旋转运动及其往复直线运动都是进给运动。

各种切削加工，都具有特定的切削运动。切削运动的形式有旋转的、直线的、连续的、间歇的等。一般主运动只有一个，进给运动可以有一个或几个。主运动和进给运动可由刀具和工件分别完成，也可由刀具（如钻头）单独完成。

2. 切削时产生的表面

在切削加工中，工件上产生三个不断变化的表面，如图 5-1（a）所示。

① 待加工表面：加工时即将被切除的工件表面；

② 已加工表面：已被切去多余金属而形成的工件新表面；

③ 过渡表面：工件上切削刃正在切削的表面，并且是切削过程中不断变化着的表面。

5.1.2　刀具切削部分的几何参数

切削刀具种类繁多，构造各异。其中较典型、较简单的是车刀，其他刀具可以看成是以车刀为基本形态演变而来的。

1. 刀具切削部分的组成

如图 5-2 所示为普通外圆车刀，由刀体和刀柄两部分组成。刀体用于切削，刀柄用于装夹。刀具切削部分一般由三个面、两个切削刃和一个刀尖组成。

① 前面（前刀面）A_γ：刀具上切屑流过的表面称为刀具的前面；

② 后面（后刀面）A_α：刀具上与过渡表面相对的表面称为刀具的后面；

③ 副后面（副后刀面）A_α'：刀具上与已加工表面相对的表面称为刀具的副后面；

④ 主切削刃 S：前面和后面的交线为主切削刃；

⑤ 副切削刃 S'：前面和副后面的交线为副切削刃；

⑥ 刀尖：主切削刃和副切削刃的交点。刀尖实际上是一段短直线或圆弧。

不同类型的刀具，其刀面、切削刃的数量不完全相同。

2. 刀具静止参考系

刀具角度是确定刀具切削部分几何形状的重要参数。它对切削加工影响很大，为便于度量和刃磨刀具，需要假定三个辅助平面作基准，构成刀具静止参考系，如图 5-3 所示。

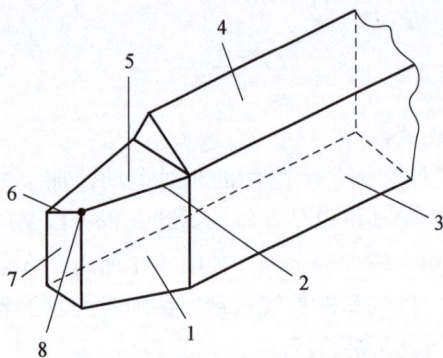

1—后刀面 A_α；2—主切削刃 S；3—底面；

4—刀柄；5—前刀面 A_γ；6—副切削刃 S'；

7—副后刀面 A_α'；8—刀尖

图 5-2　车刀的组成

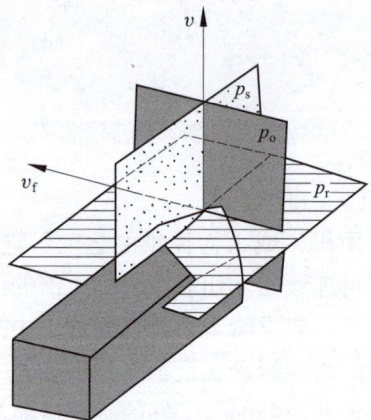

图 5-3　刀具静止参考系

① 基面 p_r：过切削刃选定点平行或垂直于刀具上的安装面（轴线）的平面，车刀的基面可理解为平行刀具底面的平面；

② 切削平面 p_s：过主切削刃选定点与主切削刃相切并垂直于基面的平面；

③ 正交平面 p_o：过切削刃选定点同时垂直于基面与切削平面的平面。

上述三个平面在空间上是相互垂直的。

3. 车刀的几何角度

车刀的几何角度是在刀具静止参考系内度量的，如图 5-4 所示。

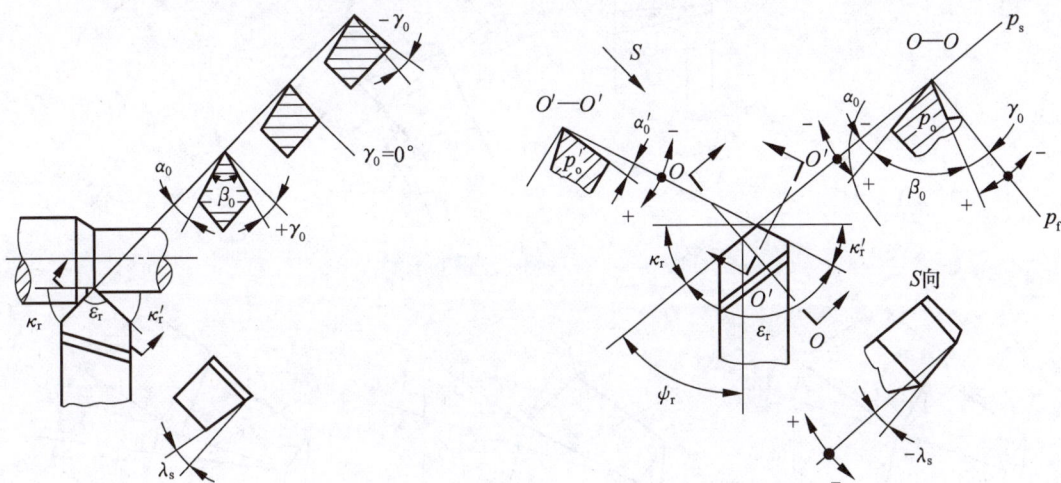

图 5-4　车刀的标注角度

（1）在正交平面内测量的角度

前角 γ_0：正交平面中测量的前面与基面间夹角。前角有正、负和零之分。若基面在前面之上为正值，基面在前面之下为负值，基面与前面重合为零度前角。

后角 α_0：正交平面中测量的后面与切削平面间的夹角。

楔角 β_0：前刀面与主后刀面在正交平面内的投影之间的夹角。

如图 5-4 所示，前角、后角和楔角三者之间的关系为：

$$\gamma_0 + \alpha_0 + \beta_0 = 90°$$

（2）在基面内测量的角度

主偏角 k_r：主切削刃在基面上的投影与进给运动方向的夹角。主偏角一般为正值。

副偏角 k_r'：副切削刃在基面上的投影与进给运动反方向的夹角。副偏角一般为正值。

刀尖角 ε_r：主、副切削刃在基面内的投影之间的夹角。

如图 5-5 所示，主偏角、副偏角和刀尖角三者之间的关系为：

$$k_r + k_r' + \varepsilon_r = 180°$$

（3）在切削平面内测量的角度

刃倾角 λ_s：在切削平面中测量的主切削刃与基面间的夹角，当刀尖为主切削刃上的最低点时，λ_s 为负值；当刀尖为主切削刃上的最高点时，λ_s 为正值；当主切削刃为水平时，λ_s 为零。刃倾角的正负会影响排屑的方向，如图 5-6 所示。

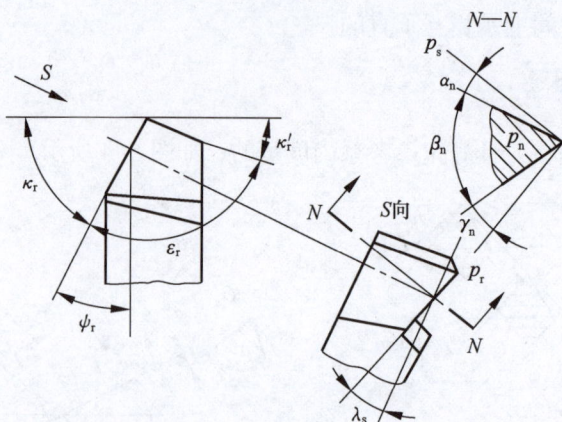

图 5-5　在基面内测量的角度

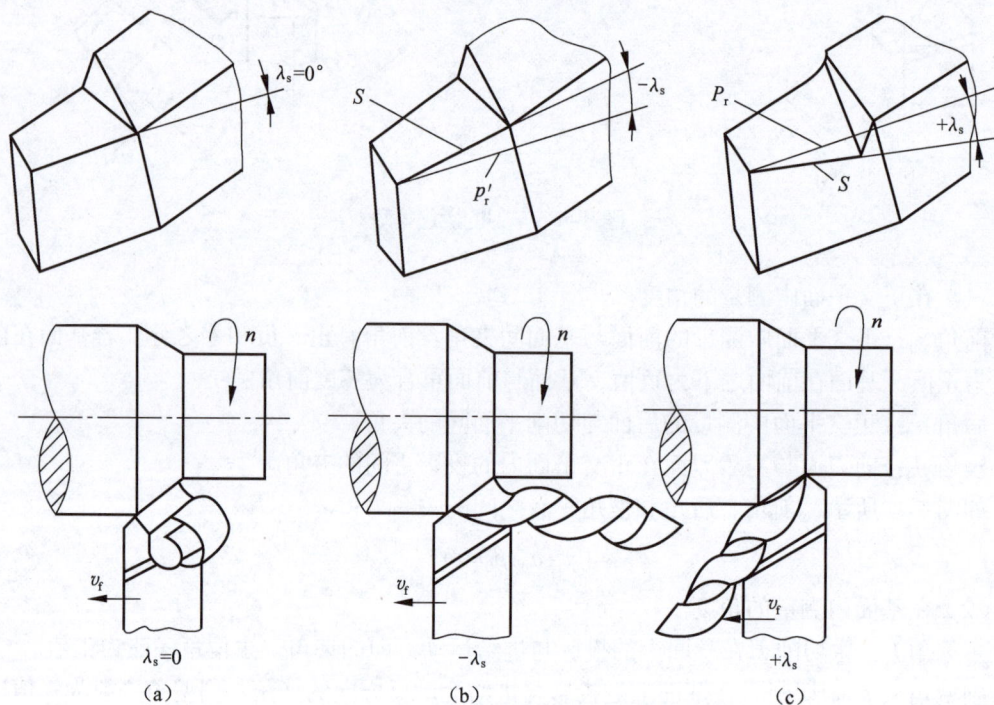

图 5-6　刃倾角及受其影响的排屑方向

（a）$\lambda_s = D$；（b）$\lambda_s < 0°$；（c）$\lambda_s > 0°$

5.1.3　切削要素

切削要素可分两大类：切削用量要素和切削层横截面要素。

1. 切削用量要素

切削速度、进给量和背吃刀量（切削深度）合称切削用量，又称为切削用量三要素。

（1）切削速度（v_c）

在进行切削时，刀具切削刃上选定的某一点（如刀尖）相对于待加工表面在主运动方向上的瞬时线速度（单位为：m/min）。车削时可以理解为：车刀一分钟内车削工件表面的理论展开直线长度，如图 5-7 所示。

切削速度（v_c）的计算公式为：

$$v_c = \frac{\pi d n}{1\,000}$$

（5-1）

式中　d——切削刃上选定点所对应的工件直径，mm；

　　　n——车床的主轴转速，r/min。

（2）进给量（f）

工件每转一周，车刀在进给方向上相对于工件的位移量（单位为：mm/r），如图 5-8 所示。对于其他机床，进给量也可以表述为刀具在每一行程进给运动方向上相对于工件的位移量，此时单位为 mm/ 行程，如：刨床刨削。

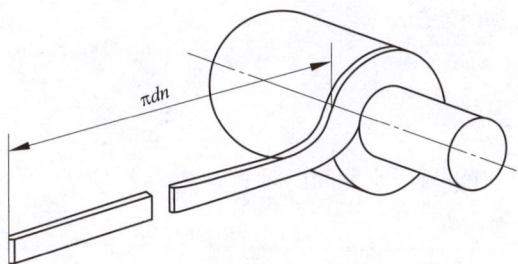

图 5-7　切削速度示意图

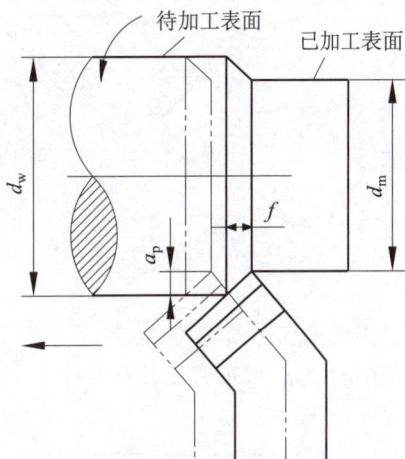

图 5-8　进给量示意图

进给量按照进给运动方向可分为纵向进给量和横向进给量。

纵向进给量——沿车床床身导轨方向的进给量；

横向进给量——沿垂直于车床床身导轨方向的进给量。

（3）背吃刀量（a_p）

背吃刀量是指工件上已加工表面和待加工表面之间的垂直距离，也就是每次进给时车刀切入工件的深度（单位为：mm）。车削外圆时，如图 5-9（a）所示，切削深度 a_p 可按下式计算：

$$a_p = \frac{1}{2}\,(d_w - d_m)$$

（5-2）

式中　d_w——工件待加工表面的直径，mm；

　　　d_m——工件已加工表面的直径，mm。

2. 切削层公称横截面要素

在切削过程中，刀具的切削刃在一次走刀中从工件待加工表面切下的金属层，称为切削层。外圆车削时的切削层，就是工件旋转，主切削刃所切除的金属层，如图 5-9 所示中的阴影四边形所示。切削层参数共有三个，它们通常都在垂直于切削速度 v 的平面内度量。

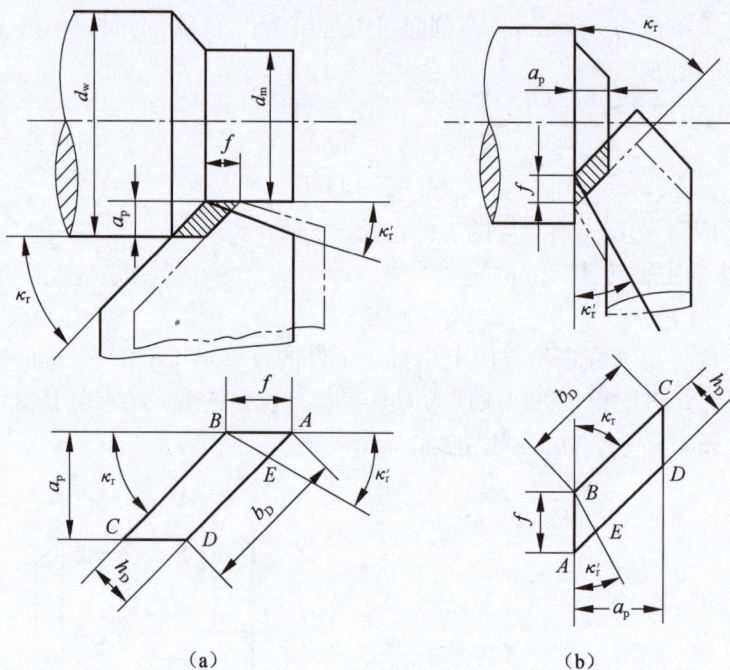

图 5-9　切削层参数

（a）车外圆；（b）车端面

（1）切削层公称厚度 h_D

车削时，h_D 是车刀每移动一个 f 主切削刃相邻两个位置间的垂直距离。

$$h_D = f \sin K_r \tag{5-3}$$

式中　h_D——切削层公称厚度，mm；

　　　f——进给量，mm/r；

　　　K_r——车刀主偏角，（°）。

（2）切削层公称宽度 b_D

车削时，b_D 是车刀主切削刃参加切削的长度在切削层横截面内的投影。

$$b_D = \frac{a_p}{\sin K_r} \tag{5-4}$$

式中　b_D——切削层公称宽度，mm；

　　　a_p——背吃刀量，mm；

　　　K_r——车刀主偏角，（°）。

（3）切削层公称横截面积 A_D

车削时，A_D 为切削层在切削层尺寸平面内的实际横截面积，它近似等于切削层公称厚度与切削层公称宽度的乘积。

$$A_D = h_D b_D = f \sin K_r \frac{a_p}{\sin K_r} = f a_p \tag{5-5}$$

式中　A_D——切削层公称横截面积，mm^2；

　　　h_D——切削层公称厚度，mm；

　　　b_D——切削层公称宽度，mm；

f——进给量，mm/r；

a_p——背吃刀量，mm；

K_r——车刀主偏角，(°)。

5.1.4　刀具材料的选用

1. 刀具材料应具备的性能

切削过程中，刀具切削部分将承受很大的切削力、较高的切削温度、压力及摩擦、冲击等作用，因此，刀具切削部分的材料应具备下列基本性能。

① 高硬度。硬度是刀具材料最基本的性能，其硬度必须高于工件材料的硬度，以便刀具切入工件。在常温下刀具材料的硬度一般应在 60 HRC 以上。

② 足够的强度和韧性。刀具材料能够承受较大的切削力和冲击，防止刀具断裂和崩刃。

③ 高耐磨性。刀具材料能够承受切削过程中的剧烈摩擦，减小磨损。

④ 高耐热性。即在高温时刀具材料能够保持高硬度、强度、韧性和耐磨性的特性。这是衡量刀具材料性能的主要指标，耐热性越好，刀具允许的切削速度越高。

⑤ 良好的工艺性。为便于刀具本身的制造，刀具材料还应具有良好的工艺性能，如切削性能、磨削性能、焊接性能及热处理性能等。

2. 刀具材料

目前机械制造中应用较广的刀具材料是高速钢、硬质合金和超硬刀具材料。

（1）高速钢

高速钢是以钨、铬、钒、钼为主要合金元素的高合金工具钢。热处理后硬度为 62 ~ 67 HRC，在 550 ~ 600 ℃时仍能保持常温下的硬度和耐磨性，有较高的抗弯强度和冲击韧性，并易磨出锋利的刀刃，故生产中常称为"锋钢"。特别适宜制造形状复杂的切削刀具，如钻头、丝锥、铣刀、拉刀、齿轮刀具等。其允许切削速度一般为 $v_\mathrm{c}<30$ m/min。常用的牌号有 W18Cr4V、W6M05Cr4V2 等。在此基础上提高含碳量，再添加一些其他合金元素，其硬度可达 68 ~ 70 HRC，温度达到 600 ~ 650 ℃时仍能保持正常的切削性能，其耐用度可提高 1.3 ~ 3 倍，如 W6MoSCr4V2C08。

（2）硬质合金

硬质合金是用一种或几种难熔的金属碳化物（如 WC、TiC、TaC、NbC 等）与金属黏结剂（Co、Ni、Mo 等）在高压下成形并在高温下烧结而成的粉末冶金材料。

硬质合金具有很高的硬度、耐磨性和热硬性。其硬度可达 86 ~ 93 HRA（相当于 68 HRC 以上），热硬性可达 800 ~ 1 000 ℃。用硬质合金制成的刀具，切削速度比高速钢高 4 ~ 7 倍，刀具寿命可提高几倍到几十倍。硬质合金的缺点是抗弯强度低，韧性、抗振动和抗冲击性能差。

常用的硬质合金可分为以下三类：

① 长切削加工用硬质合金，是以 TiC、WC 为基，以 Co（Ni+Mo，Ni+Co）作为黏结剂的合金。其国家标准类别号用字母 P 加两位数字表示，如 P10、P20 等。这类硬质合金刀具适用于加工钢、铸钢及可锻铸铁等材料。

② 长切削或短切削加工用硬质合金，是以 WC 为基，以 Co 作为黏结剂添加少量的 TiC（TaC、NbC）的合金。其国家标准类别号用字母 M 加两位数字表示，如 M10、M20 等。这类硬质合金刀具适用于加工钢、铸钢、锰钢、灰口铸铁、有色金属及合金等。

③ 短切削加工用硬质合金，是以 WC 为基，以 Co 作为黏结剂，或添加少量的 Tac，Nbc 的合金。其国家标准类别号用字母 K 加两位数字表示，如 K01、K30 等。适用于加工铸铁、淬火钢、有色金属、塑料、玻璃、陶瓷等。

国家标准 GB/T 18376.1—2001 制定的切削工具用硬质合金牌号见表 5-1，其作业推荐条件见表 5-2。另外，该标准规定的分类分组代号，不允许供方直接用来作为硬质合金牌号命名。供方应给出供方特征号（不多于两个英文字母或阿拉伯数字）、供方分类代号，并在其后缀以两位数 10，20，30 等组别号，而构成供方的硬质合金牌号，根据需要可在两个组别号之间插入一个中间代号，以中间数字 15，25，35 等表示，若需再细分，则在分组代号后加一位阿拉伯数字 1，2 等或英文字母作细分号，并用小数点"."隔开，以区别组中不同牌号。例如：

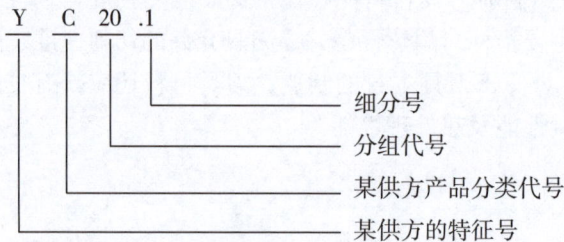

```
Y    C    20  .1
                 ├── 细分号
                 ├── 分组代号
                 ├── 某供方产品分类代号
                 └── 某供方的特征号
```

表 5-1 常用硬质合金的牌号、成分及性能

分类分组代号		化学成分 /%			物理、力学性能	
		WC	TiC（TaC、NbC 等）	C_o（Ni-Mo 等）	洛氏硬度 /HRA	抗弯强度 /MPa
					不小于	
P	01	61 ~ 81	15 ~ 35	4 ~ 6	92.0	700
	10	59 ~ 80	15 ~ 35	5 ~ 9	90.5	1 200
	20	62 ~ 84	10 ~ 25	6 ~ 10	90.0	1 300
	30	70 ~ 84	8 ~ 20	7 ~ 11	89.5	1 450
	40	72 ~ 85	5 ~ 15	8 ~ 13	88.5	1 650
M	10	75 ~ 87	4 ~ 14	5 ~ 7	91.5	1 200
	20	77 ~ 85	6 ~ 10	5 ~ 7	90.5	1 400
	30	79 ~ 85	4 ~ 12	6 ~ 10	89.5	1 500
	40	80 ~ 92	1 ~ 3	8 ~ 15	89.0	1 650

续表

分类分组代号		化学成分 /%			物理、力学性能	
		WC	TiC（TaC、NbC 等）	C_o（Ni-M_o 等）	洛氏硬度 /HRA	抗弯强度 /MPa
					不小于	
K	01	≥ 93	≤ 4	3 ~ 6	91.0	1 200
	10	≥ 88	≤ 4	5 ~ 10	90.5	1 350
	20	≥ 87	≤ 3	5 ~ 11	90.0	1 450
	30	≥ 85	≤ 3	6 ~ 12	89.0	1 650
	40	≥ 82	≤ 3	12 ~ 15	88.0	1 900

注：摘自 GB/T 18376.1—2001《硬质合金牌号第一部分：切削工具用硬质合金牌号》

表 5-2　切削工具用硬质合金作业条件推荐表

分类分组代号	作业条件		性能提高方向	
	被加工材料	适应的加工条件	切削性能	合金性能
P01	钢、铸钢	高切削速度，小切屑截面，无振动条件下精车、精镗		
P10	钢、铸钢	高切削速度，中小切屑截面条件下的车削、仿形车削、车螺纹和铣削		
P20	钢、铸钢、长切屑可锻铸铁	中等切削速度，中等切屑截面条件下的车削、仿形车削和铣削，小切屑截面的刨削	切削速度 进给量	耐磨性 韧性
P30	钢、铸钢、长切屑可锻铸铁	中或低等切削速度、中等或大切屑截面条件下的车削、铣削、刨削和不利条件下[①]的加工		
P40	钢、含砂眼和气孔的铸钢件	低切削速度、大切屑角、大切屑截面以及不利条件下[①]的车削、刨削、切槽和自动机床上的加工		
M10	钢、铸钢、锰钢、灰口铸铁和合金铸铁	中高等切削速度、中小切屑截面条件下的车削		
M20	钢、铸钢、奥氏体钢、锰钢、灰口铸铁	中等切削速度、中等切屑截面条件下的车削、铣削	切削速度 进给量	耐磨性 韧性
M30	钢、铸钢、奥氏体钢、灰口铸铁、耐高温合金	中等切削速度、中等或大切屑截面条件下的车削、铣削、刨削		
M40	低碳易削钢、低强度钢、有色金属和轻合金	车削、切断，特别适于自动机床上的加工		

分类分组代号	作业条件		性能提高方向	
	被加工材料	适应的加工条件	切削性能	合金性能
K01	特硬灰口铸铁，淬火钢、冷硬铸铁、高硅铝合金、高耐磨塑料、硬纸板、陶瓷	车削、精车、铣削、镗削、刮削	切削速度 进给量	耐磨性 韧性
K10	布氏硬度高于220的铸铁、短切屑的可锻铸铁、硅铝合金、铜合金、塑料、玻璃、陶瓷、石料	车削、铣削、镗削、刮削、拉削		
K20	布氏硬度低于220的灰口铸铁、有色金属：铜、黄铜、铝	用于要求硬质合金有高韧性的车削、铣削、镗削、刮削、拉削		
K30	低硬度灰口铸铁、低强度钢、压缩木料	用于在不利条件下[①]可能采用大切削角的车削、铣削、刨削、切槽加工		
K40	有色金属、软木和硬木	用于在不利条件下[①]可能采用大切削角的车削、铣削、刨削、切槽加工		

① 不利条件是指原材料或铸造、锻造的零件表面硬度不匀，加工时的切削深度不匀，间断切削以及振动等情况

（3）超硬刀具材料

① 金刚石。金刚石有极高的硬度，是自然界中最硬的材料，其显微硬度可达 10 000 HV，因而有极高的耐磨性。金刚石刃具能长期保持刃口的锋利，切下很薄的切屑，这对于精密加工有重要的意义。金刚石的缺点是脆性极大，且在高温下与铁有很大的亲和力，不能用于切削含铁金属。

金刚石有天然和人造之分。天然金刚石价格昂贵，用得较少。人造金刚石是由石墨在高温、高压及金属触媒的作用下转化而成的，主要用作磨料，也可制成以硬质合金为基体的复合刀具，用于有色合金的高速精细车削和镗削。此外，金刚石刀具还可用于陶瓷、硬质合金等高硬度材料的加工。

② 立方氮化硼。立方氮化硼（CBN）是在高温高压下由六方晶体的氮化硼（又称白石墨）转化而成。其硬度（显微硬度为 8 000 ~ 9 000 HV）和耐磨性仅次于金刚石，耐热性高达 1 400 ~ 1 500 ℃，且不与铁族金属发生反应。立方氮化硼可用作砂轮材料或制成以硬质合金为基本的复合刀片，用来精加工淬硬钢、冷硬铸铁、高温合金、硬质合金及其他难加工材料。

（4）新型刀具材料的发展方向

研制发展新型刀具材料的目的在于改善现有刀具材料性能，使其具有更广泛的应用范围；满足新的难加工材料切削加工要求。近年来刀具材料发展与应用的主要方向是发展高性能的新型材料，提高刀具材料的使用性能，增加刃口的可靠性，延长刀具使用寿命；大幅度地提高切削效率，满足各种难加工材料的切削要求。具体研制方向是：

① 开发加入增强纤维须的陶瓷材料，进一步提高陶瓷刀具材料的性能。与铁金属相容的增强纤维须可以使陶瓷刀片韧性提高，实现直接压制成形带有正前角及断屑槽的陶瓷刀片。使陶瓷刀片能更好地控制切屑，大幅度地提高切削用量。

② 改进碳化钛、氮化钛基硬质合金材料，提高其韧性及刃口的可靠性，使其能用于半精加工或粗加工。

③ 开发应用新的涂层材料。目前涂层硬质合金已普遍用于车、铣刀具。新的涂层材料用更韧的基体与更硬的刃口组合，采用更细颗粒和改进涂层与基体的黏合性，以提高刀具的可靠性。此外，也需扩大 TiC、TiN、TiCN、TiAlN 等多层高速钢涂层刀具的应用。

④ 进一步改进粉末冶金高速钢的制造工艺，扩大其应用范围，开发挤压复合材料。如用挤压复合材料制成的整体立铣刀由两层组成：外层是分布于钢母体中的 50% 氮化硅，内心是高速钢。它的生产率是传统高速钢立铣刀的三倍，特别适合加工硬度达 40 HRC 的淬硬钢和钛合金，铣键槽特别有效。

⑤ 推广应用金刚石涂层刀具，扩大超硬刀具材料在机械制造业中的应用。在硬质合金基体上加一层金刚石薄膜，能获得金刚石的抗磨性，同时又具有最佳刀具形状和高的抗振性能，这样就能在非铁金属加工中兼备高速切削能力和最佳的刀具形状。

5.1.5　切削过程及其物理现象

金属在切削过程中产生的积屑瘤、切削力、切削热和刀具磨损等物理现象，主要是切削过程中的变形和摩擦引起的。下面分别对这些物理现象进行分析。

1. 切屑类型

当工件材料的性能、切削条件不同时，会产生不同类型的切屑，并对切削加工产生不同的影响。

① 带状切屑。使用较大前角的刀具并选用较高切削速度、较小的进给量和背吃刀量，切削塑性材料时，会形成连绵不断的带状切屑，如图 5-10（a）所示。形成带状切屑的切削过程比较平稳，切削力波动也较小，加工表面质量好。但切屑连续不断，会缠绕在刀具或工件上，会损坏刀刃、刮伤工件，且清除和运输也不方便，成为影响正常切削的关键。为此，常在刀具前面磨出不同形状和尺寸的卷屑槽或断屑槽，用以断屑。

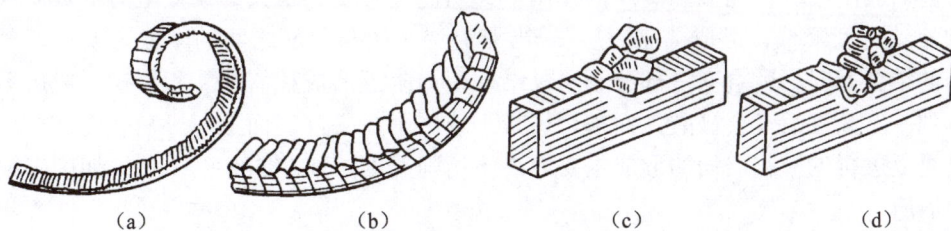

（a）　　　　　（b）　　　　　（c）　　　　　（d）

图 5-10　切屑类型

（a）带状切屑；（b）节状切屑；（c）单元状切屑；（d）崩碎切屑

② 节状切屑。采用较小的前角、较低的切削速度和较大进给量粗加工中等硬度的塑性材料时，容易得到这类切屑，如图 5-10（b）所示。由于变形较大，切削力大且有波动，加

工后工件表面较粗糙。

③ 单元状切屑。切削铅、紫铜等塑性很好的材料时，切屑易在前面上形成黏结，不易流出，产生很大变形，使材料达到断裂极限，形成很大的变形单元，而成为此类切屑，如图 5-10（c）所示。形成单元状切屑时的切削力变化较大，加工表面的表面粗糙度也较差。

④ 崩碎切屑。在切削铸铁和黄铜等脆性材料时，切削层金属会形成不规则的碎块屑片，即为崩碎切屑，如图 5-10（d）所示。工件越是硬脆，越容易产生这类切屑。产生崩碎切屑时，切削热和切削力都集中在主切削刃和刀尖附近，刀尖容易磨损，并产生振动，从而影响加工件的表面结构。

同一加工件，切屑的类型可以随切削条件的不同而改变，在生产中，常根据具体情况采取不同的措施来得到需要的切屑，以保证切削加工的顺利进行。

2. 积屑瘤

在一定范围的切削速度下切削塑性金属时，在刀具前面靠近切削刃的部位黏附着一小块很硬的金属，这就是切削过程中产生的积屑瘤或称刀瘤，如图 5-11 所示。

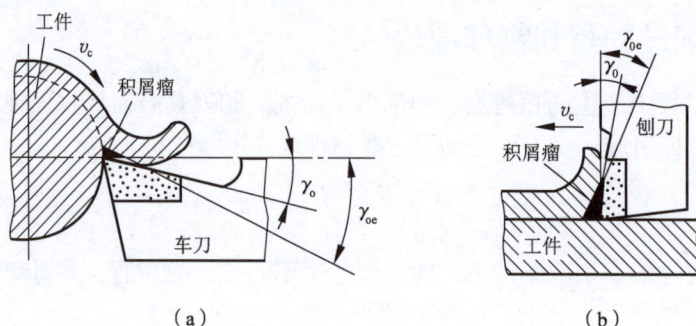

图 5-11 积屑瘤

（a）车刀前形成的切削积屑瘤；（b）刨刀前形成的积屑瘤

（1）积屑瘤的形成

积屑瘤是在一定的切削条件下，随着切屑和刀具前面剧烈的摩擦、黏结而形成的。当切屑沿前面流出时，在高温和高压的作用下，切屑底层受到很大的摩擦阻力，致使这一层金属的流动速度降低，形成"滞流层"。当滞流层金属与前面之间的摩擦力超过切屑本身分子间的结合力时，就会有一部分金属黏结在刀刃附近形成积屑瘤。积屑瘤形成后不断长大，达到一定高度后又会破裂，而被切屑带下或嵌附在工件表面上，影响表面结构。上述过程是重复进行的。积屑瘤的形成主要取决于切削温度，如在 300 ~ 380 ℃切削碳钢时易产生积屑瘤。

（2）积屑瘤对切削加工的影响

由于积屑瘤在形成过程中经过剧烈变形而被强化，其硬度远高于被切金属。因此可以代替刀刃进行切削，起到保护刀刃、减小刀具磨损的作用。另外，积屑瘤的存在增大了刀具的工作前角，使切削轻快。但由于积屑瘤不断地产生和脱落，会在已加工表面上留下不均匀的沟痕，并有一些黏附在工件表面上，从而影响尺寸精度和表面结构。由此可知，粗加工时产生积屑瘤有好处，但精加工时必须避免积屑瘤的产生。

（3）影响积屑瘤的因素

工件材料和切削速度是影响积屑瘤的主要因素。塑性好的材料，切削时的塑性变形较大，容易产生积屑瘤；塑性差、硬度较高的材料，产生积屑瘤的可能性相对较小。切削脆性材料时，形成的崩碎切屑与前面无摩擦，一般无积屑瘤产生。

切削速度较低（$v_c < 5$ m/min）时，切削温度低，积屑瘤不易形成。切削速度在 5 ~ 50 m/min 范围内时，切削温度高，容易产生积屑瘤。当切削速度很大（$v_c > 100$ m/min）时，由于切削温度很高，切屑底面呈微熔状态，摩擦系数明显降低，亦不会产生积屑瘤。

此外，增大前角以减小切屑变形或用油石仔细打磨刀具前面以减小摩擦，或选用合适的冷却润滑液以降低切削温度和减小摩擦，都有助于防止积屑瘤的产生。

3. 切削力

切削力是工件材料抵抗刀具切削产生的阻力。如图 5-12 中的 F 即为总切削力。

（1）切削力的分解

总切削力 F 是一个空间力。为了便于测量和计算，以适应机床、刀具设计和工艺分析的需要，常将 F 分解为三个互相垂直的切削分力，如图 5-12 所示。

① 切削力 F_c：主切削力是总切削力 F 在主运动方向上的分力，也称为切向力。主切削力是三个分力中最大的，消耗的机床功率也最多（90% 以上）。

② 进给力 F_f：进给力是总切削力 F 在进给运动方向上的分力，车削外圆时与主轴轴线方向一致，又称轴向力。进给力一般只消耗总功率的 1% ~ 5%。

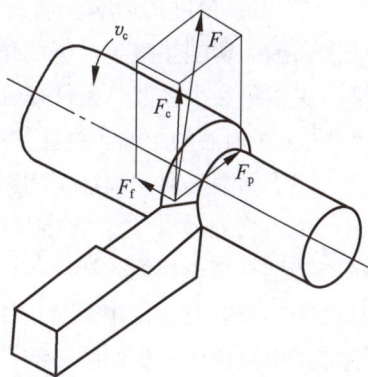

图 5-12　总切削力的分解

③ 背向力 F_p：背向力是总切削力 F 在垂直于进给运动方向上的分力，也称为径向力或吃刀抗力。因为切削时在此方向上的运动速度为零，所以背向力不做功，但会使工件弯曲变形，还会引起工件振动，对表面结构产生不利影响。

（2）影响切削力的因素

影响切削力的因素主要包括：工件材料、切削用量和刀具几何参数等三个方面。

① 工件材料。这是影响切削力的主要因素。工件材料的强度和硬度越高，变形抗力越大，切削力也越大。在强度、硬度相近的材料中，塑性大、韧性高的材料切削时产生的塑性变形大，切屑与刀具间摩擦增加，故切削力较大。

② 切削用量。对切削力的影响较大的是背吃刀量和进给量。增大背吃刀量和进给量，被切削的金属增多，切削力明显增大，而切削速度对切削力的影响不大，一般可不予考虑。

③ 刀具几何参数。对切削力影响最大的是前角，增大刀具的前角会使切削力减小。

4. 切削热与切削温度

（1）切削热的来源与传散

在切削过程中，由于切削层变形和摩擦而产生热量，称为切削热。切削热向切屑、工件、刀具以及周围的介质（空气或切削液）中传散。加工方式不同，切削热的传散情况也不同。例如，在车削钢时，干切削，其传热比例为：切屑传热50%～86%，工件传热10%～40%，刀具传热3%～9%，周围介质传热1%。

（2）影响切削热的因素

切削区域（工件、切屑、刀具三者之间的接触区）的平均温度，称为切削温度。切削温度的高低取决于产生热量的多少和传散热量的快慢两方面因素。影响切削热的因素主要包括：切削用量、工件材料、刀具角度和切削液等。

① 切削用量的影响。增大切削用量，单位时间内切除的金属量增多，产生的切削热也相应增多，致使切削温度上升。

② 工件材料的影响。工件材料对切削温度的影响与材料的强度、硬度及导热性有关。材料的强度、硬度越高，切削时消耗的功率越多，切削温度也就越高。材料的导热性好，有利于降低切削温度。

③ 刀具角度的影响。前角和主偏角对切削温度影响较大。前角增大，切削变形和摩擦减少，因而切削热减少。但前角不能过大，否则刀头部分散热体积减小，不利于降低切削温度。主偏角减小，散热条件得到改善，有利于降低切削温度。

④ 切削液的影响。浇注切削液是降低切削温度的重要措施。

（3）切削热对切削加工的影响

传入切屑及介质中的热对加工没有影响；传入刀头的热量虽然不多，但由于刀头体积小，特别是高速切削时切屑与前面发生连续而强烈的摩擦，刀头上切削温度很高，会加速刀具磨损，降低刀具使用寿命；传入工件的切削热会引起工件变形，影响加工精度。所以，切削加工中应设法减少切削热的产生，改善散热条件。

5. 刀具的磨损

切削时刀具在高温条件下，受到工件、切屑的摩擦作用，刀具材料逐渐被磨耗或出现其他形式的损坏，达到一定程度时工件表面结构值增大，切削温度升高，切屑颜色开始发生变化，甚至会产生振动或不正常的噪声。这说明刀具已严重磨损，必须重磨或换刀。

（1）刀具磨损的形式

刀具的正常磨损，按其发生的部位不同可分为三种形式。

① 后面磨损，如图5-13（a）所示，在切削脆性金属或以较低的切削速度、较小的切削层厚度切削塑性金属时，前面上的压力和摩擦力不大，磨损主要发生在后面上。后面磨损后，在刀刃附近形成后角接近于0°的小棱面，用高度 VB 表示。

② 前面磨损，如图5-13（b）所示，在以较高的切削速度和较大的切削厚度切削塑性金属时，切屑对前面的压力大，摩擦剧烈，温度高，磨损主要发生在前面上。磨损后在前面上切削刃附近出现月牙洼，用月牙洼的深度 KT 表示。

③ 前、后面同时磨损，如图5-13（c）所示，发生的条件介于上述两种磨损之间。

（2）刀具的磨损过程

刀具磨损的过程如图5-14所示，可分为三个阶段。

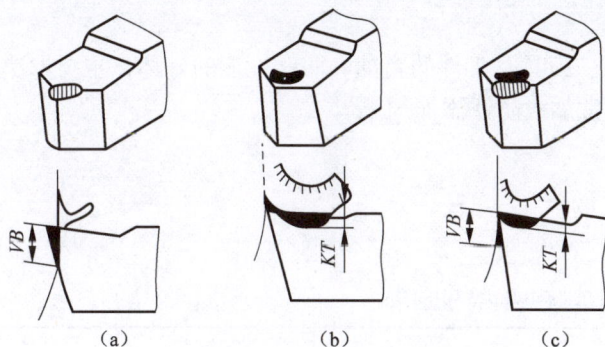

图 5-13　刀具的磨损形式

（a）后面磨损；（b）前面磨损；（c）前、后面同时磨损

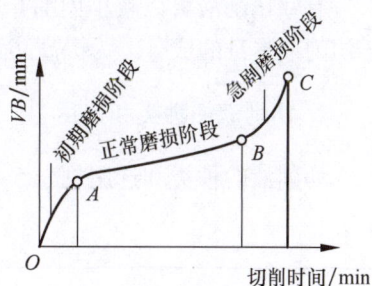

图 5-14　刀具磨损过程

① 初期磨损阶段。由于刃磨后的刀具表面微观形状高低不平，起初后面与加工表面的实际接触面积很小，故磨损较快。

② 正常磨损阶段。由于刀具上微观不平的表层被迅速磨去，表面光洁，摩擦力减小，故磨损较慢。

③ 急剧磨损阶段。刀具经过正常磨损阶段后，即进入急剧磨损阶段，切削刃将急剧变钝。如继续使用，将使切削力骤然增大，切削温度急剧上升，加工质量显著恶化。

（3）刀具的耐用度和刀具寿命

刀具耐用度是指刀具由开始切削一直到磨钝标准为止的切削时间，又可称两次刃磨之间实际进行切削的时间，以 T/min 表示。通常，硬质合金车刀 $T=60 \sim 90 \ min$；高速钢钻头 $T=80 \sim 120 \ min$；齿轮滚刀 $T=200 \sim 300 \ min$。影响刀具耐用度的因素主要有工件材料、刀具材料、刀具几何角度、切削用量以及是否使用切削液等。切削用量中切削速度的影响最大。所以为了保证各种刀具所规定的耐用度，必须合理地选择切削速度。

刀具寿命是指一把新刀具从开始切削到报废为止的总切削时间，它是刀具耐用度与刃磨次数的乘积。

5.1.6　切削液及其合理选用

在切削过程中，合理地使用切削液（或称冷却润滑液），可以减小刀具与切屑、刀具与加工表面的摩擦，降低切削力和切削温度，减小刀具磨损，提高加工表面质量。合理利用切削液是提高金属切削效益的有效途径之一。

1. 切削液的作用

（1）冷却

切削液可以把切削过程中生成的热量最大限度地带走，降低切削区的温度。

（2）润滑

切削液可以减小前面与切屑、后面与工件表面间的摩擦。

（3）清洗

切削液可以清除黏附的碎屑和磨粉，减少刀具和砂轮的磨损，防止划伤工件的已加工表面和机床导轨面。

（4）防锈

有些切削液可以减小周围介质对机床、刀具、工件的腐蚀。防锈性能的好坏，主要取决于切削液本身的成分。为提高防锈能力，常加入防锈添加剂。

2. 切削液的种类和选用

切削液的种类和选用见表 5-3。

表 5-3　切削液的种类和选用

种类	组成	用途
水溶液	以硝酸钠、碳酸钠等溶于水的溶液，用 100 ~ 200 倍的水稀释而成	磨削
乳化液	① 以很少矿物油和大量表面活性剂的乳化油，用 40 ~ 80 倍的水稀释而成，冷却和清洗性能好	车削、钻孔
	② 以大量矿物油和很少表面活性剂的乳化油，用 10 ~ 20 倍的水稀释而成，冷却和润滑性能好	车削、攻螺纹
	③ 在乳化液中加入极压添加剂	高速车削、钻削
切削油	① 矿物油（L-AN15 或 L-AN32 全损耗系统用油）单独使用	滚齿、插齿
	② 矿物油加植物油或动物油形成混合油，润滑性能好	精密螺纹车削
	③ 矿物油或混合油中加入极压添加剂形成极压油	高速滚齿、插齿、车螺纹等
其他	液态的 CO_2	冷却
	二硫化钼 + 硬脂酸 + 石蜡做成蜡笔，涂于刀具表面	攻螺纹

5.2　车　刀

5.2.1　车刀的种类与用途

车刀是车削加工使用的刀具，车刀的种类很多，按结构分，有整体式车刀、焊接式车刀、机械夹固式（重磨式、可转位式）等，如图 5-15 所示；按用途分，有外圆车刀、端面车刀、螺纹车刀、镗孔车刀、切断车刀和成形车刀等，如图 5-16 所示。目前常用的车刀材料（切削部分）有硬质合金和高速钢两大类。其中硬质合金是目前应用最广泛的一种车刀材料。它的硬度、耐磨性和耐热性均高于高速钢，其缺点是韧性较差，承受不了大的冲击力。

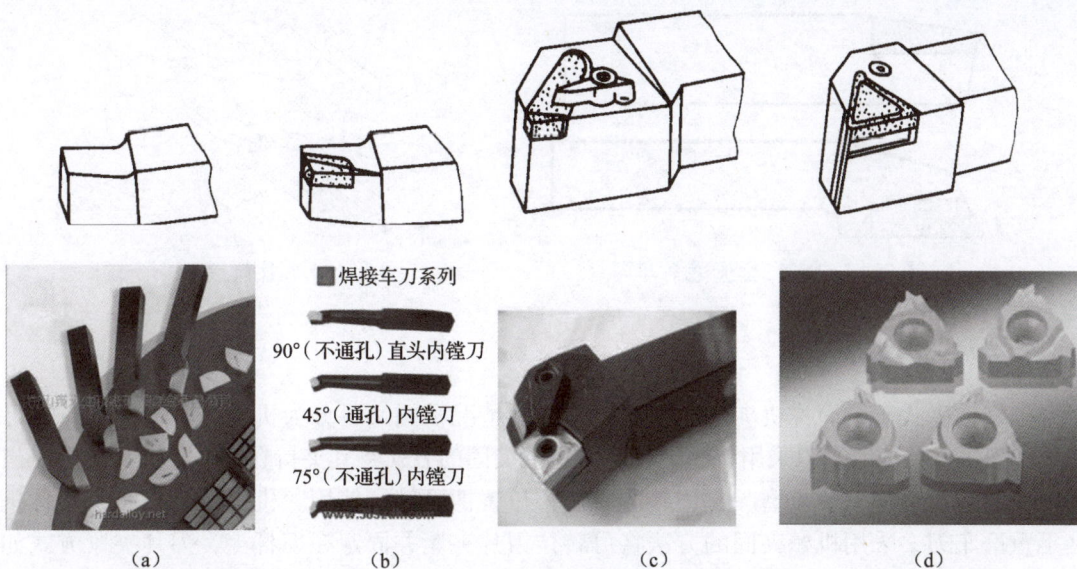

图 5-15　车刀的类型

（a）整体式车刀；（b）焊接式车刀；（c）机夹重磨车刀；（d）可转位车刀

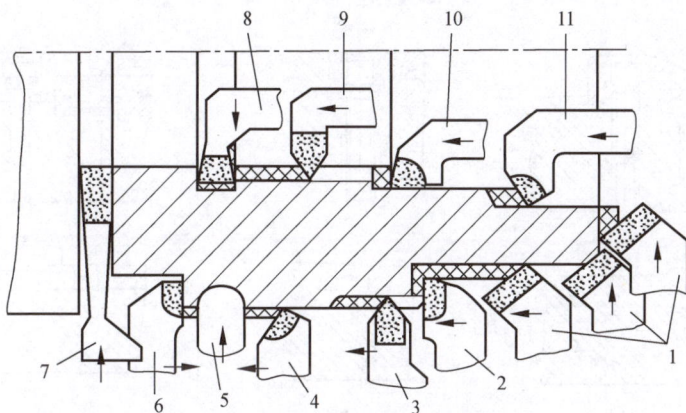

1—45°弯头车刀；2—90°右外圆车刀；3—外螺纹车刀；4—75°外圆车刀；5—成形车刀；6—90°左外圆车刀；

7—车槽刀；8—内孔车槽刀；9—内螺纹车刀；10—盲孔车刀；11—通孔镗刀

图 5-16　车刀的类型（按用途分）

下面介绍常用的几种车刀：

1. 焊接式车刀

这种车刀是将硬质合金用焊接的方法固定在刀体上，如：外圆车刀、内孔车刀、车槽刀、螺纹车刀等。它的优点是结构简单紧凑、刚性好、抗振性好、使用灵活、制造方便。它的缺点是受焊接应力的影响，降低了刀具材料的使用性能，有的甚至会产生裂纹。焊接车刀刀杆常用中碳钢制造，截面有矩形、方形和圆形三种。普通车床多采用矩形截面，当切削力较大时（尤其是进给抗力较大时），可采用方形截面，圆形刀杆多用于内孔车刀。焊接式硬质合金车刀如图 5-17 所示，常用焊接刀片形式如图 5-18 所示。

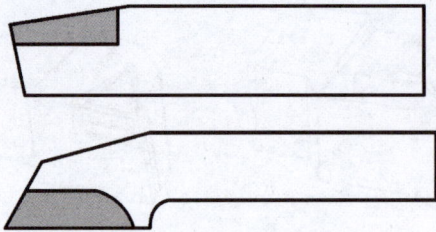

图 5-17　焊接式硬质合金车刀

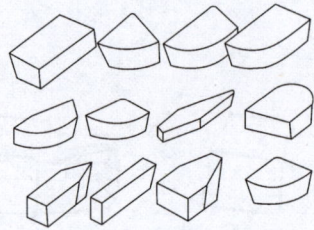

图 5-18　常用焊接刀片形式

2. 机械夹固式车刀

机械夹固式车刀简称机夹式车刀，根据使用情况不同又可分为机夹重磨车刀和机夹可转位车刀。机夹重磨车刀采用普通刀片，用机械夹固的方式将其夹持在刀杆上。这种车刀当切削刃磨钝后，把刀片重磨一下，并适当调整位置即可继续使用。机夹可转位车刀又称机夹不重磨车刀，采用机械夹固的方法将可转位刀片夹紧并固定在刀杆上，刀片夹紧方式如图 5-19 所示，刀片上有多个刀刃，当一个刀刃用钝后无须重磨，只要将刀片转过一个角度即可用新的切削刃继续切削，生产效率高。

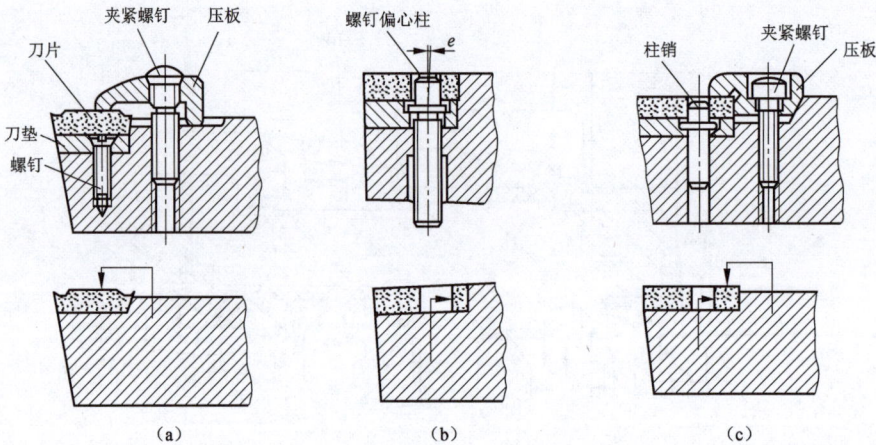

图 5-19　可转位式车刀刀片夹紧方式

（a）上压式夹紧；（b）偏心式夹紧；（c）综合式夹紧

3. 成形车刀

成形车刀是加工回转体成形表面的专用刀具，其刃形根据工件廓形设计，可用在各类车床上加工内、外回转体的成形表面。

（1）成形车刀的类型

根据刀具结构形状的不同，生产中最常用的是下面三种沿工件径向进给的正装成形车刀，如图 5-20 所示。

① 平体成形车刀。它除了切削刃具有一定形状要求外，刀体结构与普通车刀相同，制造简单。但重磨次数少，刚性较差。

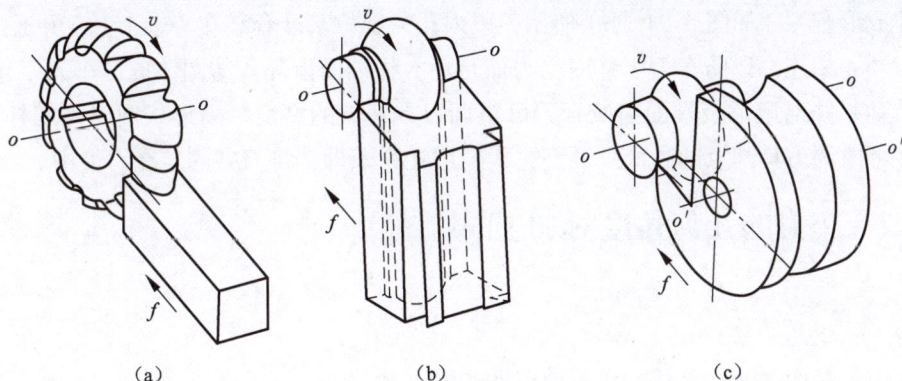

图 5-20 成形车刀
（a）平体；（b）棱体；（c）圆体

② 棱体成形车刀。刀体为棱柱体，刚性好，可重磨次数比平体的多。但制造较复杂且只能加工外成形表面。

③ 圆体成形车刀。刀体外形呈回转体。它允许的重磨次数最多，制造比棱体刀容易且可加工内、外成形表面。

（2）成形车刀的装夹

成形车刀通常是通过专用刀夹装夹在机床上的。图 5-21 所示为棱体和圆体成形车刀常用的两种装夹方法。

成形车刀的装夹如图 5-21（a）所示，以燕尾的后平面作为定位基准装夹在刀夹的燕尾槽内，并用螺钉及弹性槽夹紧。车刀下端的螺钉可用来调整基点的位置与工件中心等高，同时可增加刀具工作时的刚性。

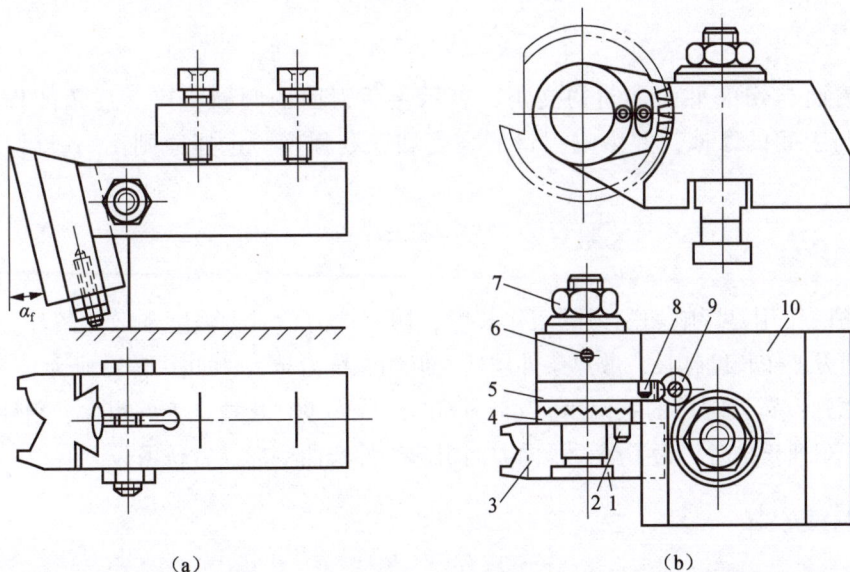

1—心轴；2，8—销子；3—圆体成形车刀；4—端面齿环；5—扇形板；6—螺钉；7—夹紧螺母；9—蜗杆；10—刀夹

图 5-21 成形车刀的装夹
（a）棱体刀的装夹；（b）圆体刀的装夹

圆体成形车刀 3 如图 5-21（b）所示，以内孔为定位基准套装在心轴 1 上，并通过销子 2 与端面齿环 4 相连，以防车刀工作时受力而转动。将端面齿环 4 与圆体成形车刀一起相对扇形板 5 转动，并与扇形板端面齿咬合，可粗调刀具基点的高度。扇形板同时与蜗杆 9 啮合，转动蜗杆可微调刀具基点的高低。调整完毕，用夹紧螺母 7 将刀夹固定在刀夹中。

5.2.2 车刀的几何角度对加工的影响

1. 前角 γ_0

前刀面与基面之间的夹角，表示前刀面的倾斜程度。前角可分为正、负、零，前刀面在基面之下则前角为正值，反之为负值，相重合为零。一般所说的前角是对正前角而言。图 5-22 所示为前角与后角的剖视图。

前角的作用：增大前角，可使刀刃锋利、切削力降低、切削温度低、刀具磨损小、表面加工质量高。但过大的前角会使刃口强度降低，容易造成刃口损坏。

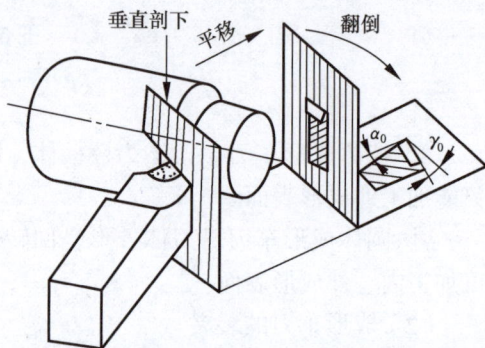

图 5-22　前角与后角

选择原则：用硬质合金车刀加工钢件（塑性材料等），一般选取 $\gamma_0=10 \sim 20°$；加工灰口铸铁（脆性材料等），一般选取 $\gamma_0=5 \sim 15°$。精加工时可取较大的前角，粗加工时应取较小的前角。工件材料的强度和硬度大时，前角取较小值，有时甚至取负值。

2. 后角 α_0

主后刀面与切削平面之间的夹角，表示主后刀面的倾斜程度。后角的作用是减少主后刀面与工间的摩擦，并影响刃口的强度和锋利程度。选择原则：一般后角可取 $\alpha_0=6° \sim 8°$。

3. 主偏角 k_r

主偏角的作用是影响切削刃的工作长度、切深抗力、刀尖强度和散热条件。主偏角越小，则切削刃工作长度越长，散热条件越好，但切深抗力越大，如图 5-23 所示。

选择原则：车刀常用的主偏角有 45°、60°、75°、90° 几种。工件粗大、刚性好时，可取较小值。车细长轴时，为了减少径向力而引起工件弯曲变形，宜选取较大值。

4. 副偏角 k_r'

副偏角 k_r' 的作用是影响已加工表面的表面结构，减小副偏角可使已加工表面光洁，如图 5-24 所示。

选择原则：一般选取 k_r' 为 5° ~ 15°，精车时可取 5° ~ 10°，粗车时取 10° ~ 15°。

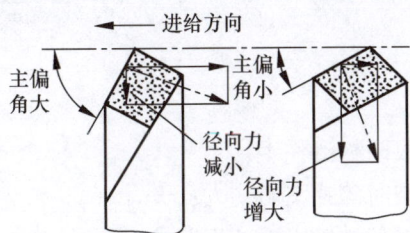

图 5-23　主偏角改变径向切削力的变化

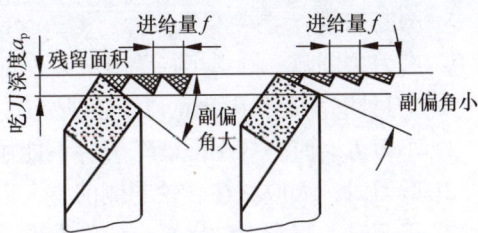

图 5-24　副偏角对残留面积高度的影响

5. 刃倾角 λ_s

刃倾角的作用是主要影响主切削刃的强度和控制切屑流出的方向。以刀杆底面为基准，当主切削刃与刀杆底面平行时，如图 5-6 所示，$\lambda_s=0°$，切屑沿着垂直于主切削刃的方向流出；当刀尖为主切削刃最低点时，λ_s 为负值，切屑流向已加工表面；当刀尖为主切削刃最高点时，λ_s 为正值，切屑流向待加工表面。

选择原则：一般 λ_s 在 $0° \sim \pm5°$ 之间选择。粗加工时，常取负值，虽切屑流向已加工表面，但保证了主切削刃的强度好。精加工常取正值，使切屑流向待加工表面，从而不会划伤已加工表面。

5.2.3　车刀的刃磨

1. 车刀的刃磨方法

无论是硬质合金车刀还是高速钢车刀，在使用之前都要根据切削条件所选择的合理切削角度进行刃磨，一把用钝了的车刀，为恢复原有的几何形状和角度，也必须重新刃磨。刃磨硬质合金车刀用碳化硅砂轮，刃磨高速钢车刀用氧化铝砂轮。

（1）磨刀步骤（如图 5-25 所示）

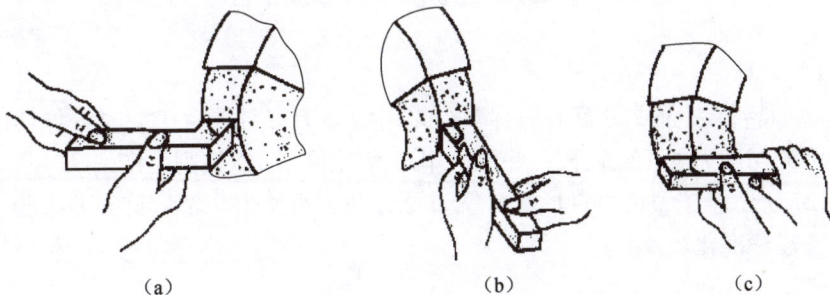

（a）　　　　　　　　　　（b）　　　　　　　　　　（c）

图 5-25　刃磨外圆车刀的一般步骤

（a）磨主后刀面；（b）磨副后刀面；（c）磨前刀面

① 粗磨主后刀面，同时磨出主偏角和主后角；

② 粗磨副后刀面，同时磨出副偏角和副后角；

③ 粗磨前刀面，同时磨出前角和刃倾角；

④ 精磨各刀面；

⑤ 磨断屑槽；

⑥ 磨刀尖圆弧，圆弧半径为 0.5 ~ 2 mm。

（2）刀具磨削过程中注意以下事项

① 车刀刃磨时，双手握稳车刀，不能用力过大，以防打滑伤手；

② 磨刀时，人应站在砂轮的侧前方，以防砂轮碎裂时碎片飞出伤人；

③ 刃磨时，将车刀做水平方向的左右缓慢移动，以免砂轮表面产生凹坑；

④ 磨硬质合金车刀时，不可把刀头放入水中，以免刀片突然受冷收缩而碎裂。磨高速钢车刀时，要经常冷却，以免失去硬度。

2. 手工研磨车刀

车刀研磨时，可用油石或研磨粉进行。研磨硬质合金车刀时用碳化硅；研磨高速钢车刀时用氧化铝。

用油石研磨刀具时，首先在油石上加少许润滑油，将油石与车刀的刀面紧紧贴平，然后将油石沿贴平的刀面做上下或左右均匀移动，动作应平稳，研磨后的车刀将消除刃磨的残留痕迹，刀面的表面粗糙度可达 $Ra0.4 ~ 0.2 \mu m$，如图 5-26 所示。

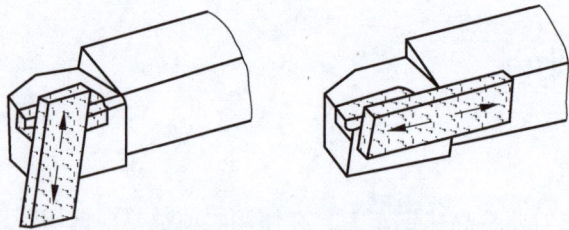

图 5-26　用油石研磨车刀

5.3　铣　刀

铣刀是在回转体表面或端面上制有多个刀齿的多刃刀具，由于同时参加切削的齿数较多，参加切削的切削刃总长度较长，并能采用高速切削，所以铣削生产率高。铣刀的种类繁多，如图 5-27 所示。按刀齿齿背形式，铣刀可分为尖齿铣刀与铲齿铣刀两大类。目前大多数尖齿铣刀已经标准化。

5.3.1　常用铣刀的种类及应用

铣刀的种类很多，同一种刀具名称也很多，并且还有不少俗称，名称主要根据铣刀的某一方面的特征或用途来称呼。分类方法也很多，现介绍几种常用的分类方法。

1. 按铣刀切削部分的材料分

① 高速钢铣刀。这种铣刀是常用铣刀，一般形状较复杂的铣刀都是高速钢铣刀。这类铣刀有整体式和镶齿式两种。

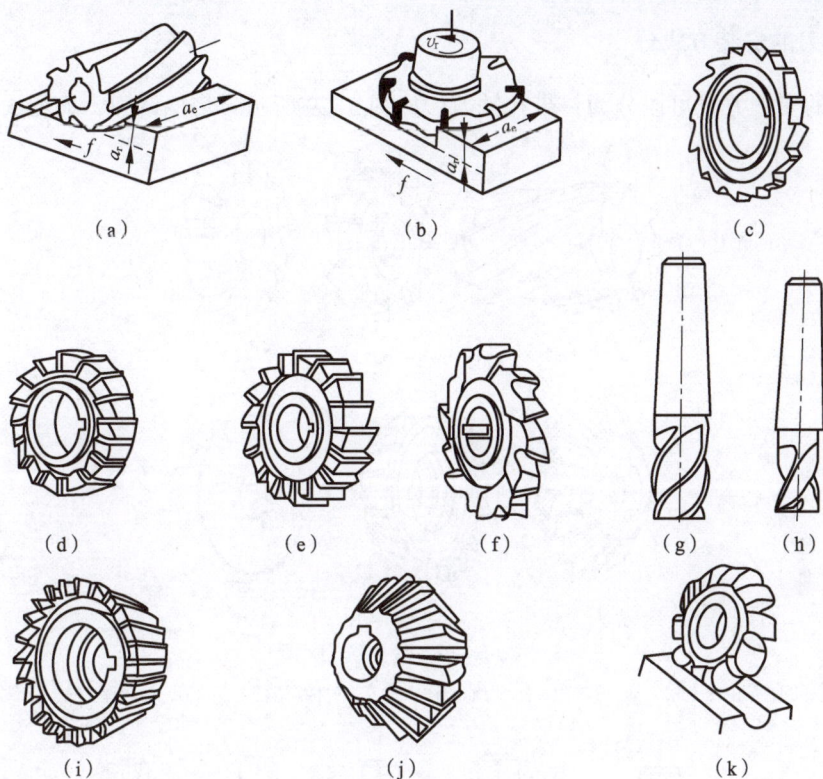

图 5-27 铣刀的类型

（a）圆柱平面铣刀；（b）面铣刀；（c）槽铣刀；（d）两面铣刀；（e）三面铣刀；（f）错齿三面铣刀；

（g）立铣刀；（h）键槽铣刀；（i）单角度铣刀；（j）双角度铣刀；（k）成形铣刀

② 硬质合金铣刀。这里铣刀大多不是整体的，将硬质合金铣刀刀片以焊接或机械加固的方式镶装在铣刀刀体上，适用于高速切削。

2. 按铣刀刀齿的构造分

按铣刀刀齿的构造分可以分为尖齿铣刀与铲齿铣刀，如图 5-28 所示。

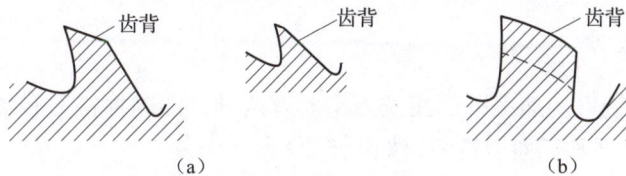

图 5-28 铣刀刀齿的构造

（a）尖齿铣刀刀齿截面；（b）铲齿铣刀刀齿截面

① 尖齿铣刀。如图 5-28（a）所示，在垂直于刀刃的截面上，其尺背的截形由直线或折线组成。尖齿铣刀制造和刃磨比较容易，刀口较锋利。大部分铣刀都是尖齿铣刀。

② 铲齿铣刀。如图 5-28（b）所示，在刀齿截面上，其齿背的截形由阿基米德螺旋线组成。它刃磨时，只要前角不变，其齿形就不变。成形铣刀一般采用铲齿铣刀。

3. 按铣刀的安装方式分

按铣刀的安装方式可以分为：带孔铣刀，如图 5-29 所示；带柄铣刀，如图 5-30 所示。

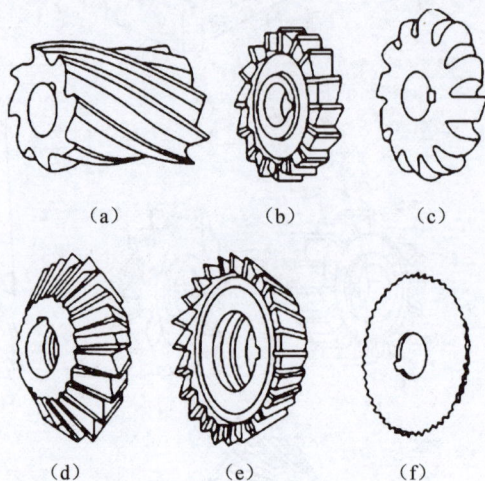

图 5-29 带孔铣刀

（a）整体式圆柱铣刀；（b）三面刃铣刀；（c）成形铣刀；（d）对称双角铣刀；（e）单角铣刀；（f）锯片铣刀

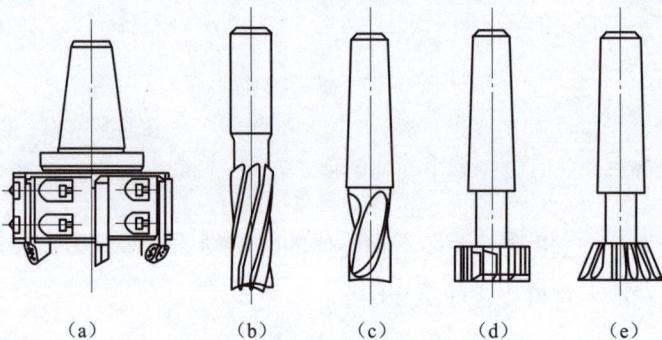

图 5-30 带柄铣刀

（a）端面铣刀；（b）立铣刀；（c）键槽铣刀；（d）T形槽铣刀；（e）燕尾槽铣刀

4. 按铣刀的用途分

① 加工平面用铣刀。加工平面用铣刀主要有两种，即圆柱铣刀和端铣刀。加工较小的平面，也可以用立铣刀和三面刃铣刀，如图 5-31 所示。

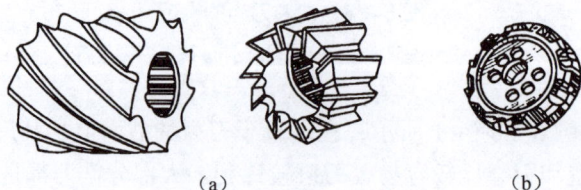

图 5-31 加工平面用铣刀

（a）圆柱铣刀；（b）端铣刀

② 加工直角沟槽用铣刀。加工沟槽用铣刀常用三面刃铣刀、立铣刀、键槽铣刀、盘形槽铣刀、锯片铣刀等，如图 5-32 所示。

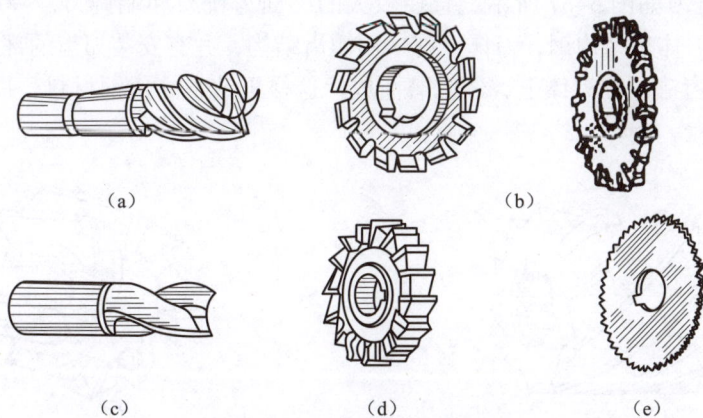

图 5-32 加工直角沟槽用铣刀

（a）三面刃铣刀；（b）立铣刀；（c）键槽铣刀；（d）盘形槽铣刀；（e）锯片铣刀

③ 加工各种特形槽用铣刀。加工各种特形槽铣刀有 T 形铣刀、燕尾槽铣刀和角度铣刀等，如图 5-33 所示。

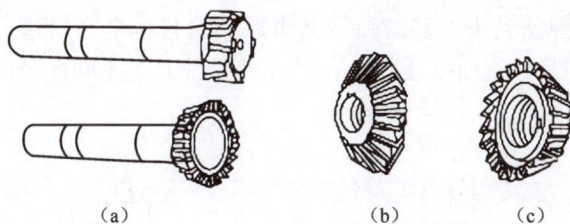

图 5-33 加工特形槽铣刀

（a）T 形铣刀；（b）燕尾槽铣刀；（c）角度铣刀

④ 加工特形面用铣刀。加工特形面的铣刀一般是专门设计而成的，称作成形铣刀，如齿轮盘形模数铣刀，如图 5-34 所示。

⑤ 切断用铣刀。常用的切断铣刀是锯片铣刀，如图 5-35 所示。

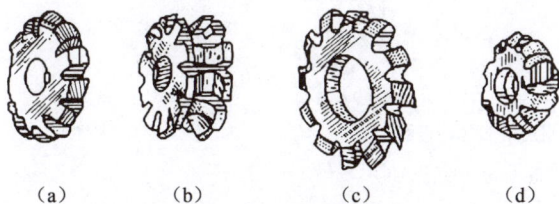

图 5-34 加工特形面铣刀

图 5-35 切断用铣刀

5. 按铣刀的结构形式分类

① 整体式铣刀如图 5-36 所示。这类铣刀的切削部分、装夹部分及刀体成一整体。一般

整体式可用高速钢整料制成，也可用高速钢制造切削部分、用结构钢制造刀体部分，然后焊接成整体。这类铣刀一般体积都不是很大。

② 镶齿式铣刀如图 5-37 所示。直径较大的三面刃铣刀和端铣刀，一般都采用镶齿结构。镶齿铣刀的刀体是结构钢，刀体上都采用镶齿结构，并有安装刀齿的部位，刀齿是高速钢制成的，将刀齿镶嵌在刀体上，经修磨而成。这样可节省高速钢材料，提高刀体利用率，具有工艺好等特点。

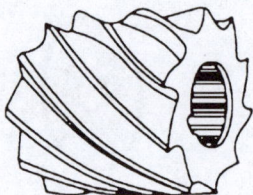

图 5-36　整体式铣刀

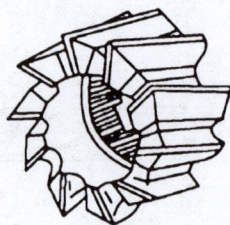

图 5-37　镶齿式铣刀

5.3.2　铣刀的安装

1. 带柄铣刀的安装

① 直柄铣刀须用弹簧夹头安装，弹簧夹头沿轴向有 3 个开口槽，当收紧螺母时，随之压紧弹簧夹头端面，使其外锥面受压收小孔径，夹紧铣刀。不同孔径的弹簧夹头可以安装不同直径的直柄铣刀，如图 5-38（a）所示。

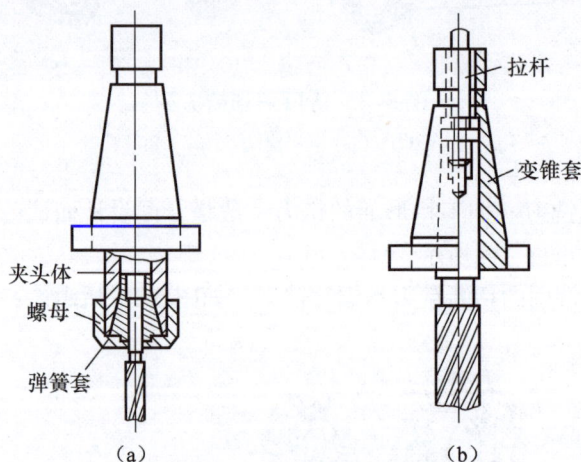

拉杆

变锥套

夹头体

螺母

弹簧套

（a）　　　　　　　　　　（b）

图 5-38　带柄铣刀的安装

（a）直柄铣刀；（b）锥柄铣刀

② 锥柄铣刀应该根据铣刀锥柄尺寸选择合适的过渡锥套，用拉杆将铣刀及过渡锥套拉紧在主轴端部的锥孔中。若铣刀锥柄尺寸与主轴端部锥孔尺寸相同，则可直接装入主轴锥孔后拉紧，如图 5-38（b）所示。

2. 有孔铣刀的安装

圆柱铣刀、三面刃铣刀、角度铣刀和锯片铣刀都属于有孔铣刀，一般安装在刀杆上，如图 5-39 所示。有孔铣刀须用长刀拉杆安装，拉杆用于拉紧刀杆，保证刀杆外锥面与主轴锥孔紧密配合。套圈用来调整带孔铣刀的位置，尽量使铣刀靠近支承端，吊架用来增加刀杆的刚度。

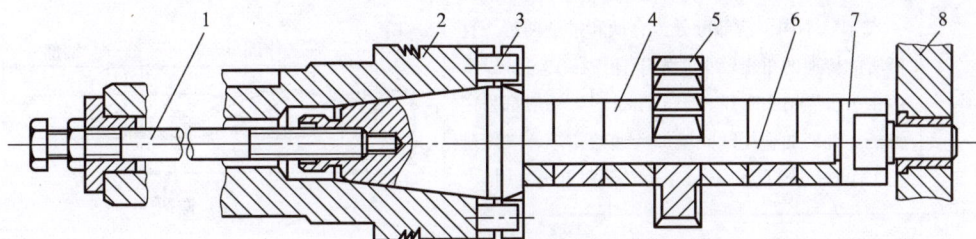

1—拉杆；2—主轴；3—端面键；4—套筒；5—铣刀；6—刀杆；7—螺母；8—悬梁挂架

图 5-39　有孔铣刀的安装

5.4　孔加工刀具

金属切削中，孔加工占有很大比重。孔加工刀具的种类很多，仅用钻床加工孔的刀具如图 5-40 所示，另外还有镗床用的镗刀等。

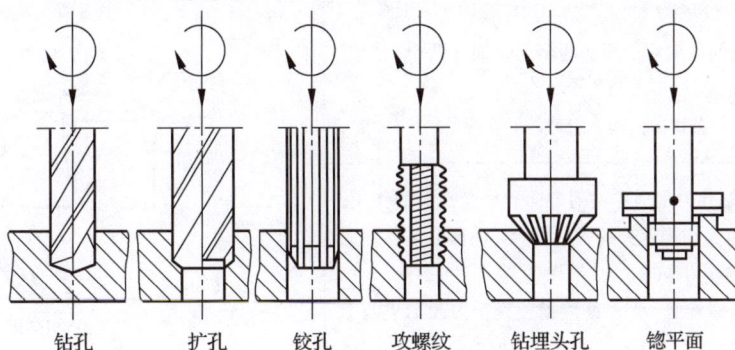

钻孔　　扩孔　　铰孔　　攻螺纹　　钻埋头孔　　锪平面

图 5-40　钻床孔加工方法及刀具

5.4.1　麻花钻及其刃磨

麻花钻是应用最广泛的孔加工刀具，一般用于加工精度较低的孔（孔公差大于 IT10），或用于加工较高精度孔的预制孔。

1. 麻花钻

麻花钻由柄部、颈部和工作部分组成，柄部是钻头的夹持部分，有直柄和锥柄两种。直柄一般用于直径小于 13 mm 的钻头，锥柄用于直径大于 13 mm 的钻头。标准麻花钻的顶角 2ϕ =116° ~ 118°，横刃斜角 ψ=50° ~ 55°。麻花钻的组成及作用见表 5-4。

表 5-4 麻花钻的组成及作用

组成部分		作用	图例
柄部		按形状不同，柄部可分为直柄和锥柄两种。直柄所能传递的扭矩较小，用于直径在 13 mm 以下的钻头。当钻头直径大于 13 mm 时，一般都采用锥柄。锥柄的扁尾既能增加传递的扭矩，又能避免工作时钻头打滑，还能供拆钻头时敲击之用	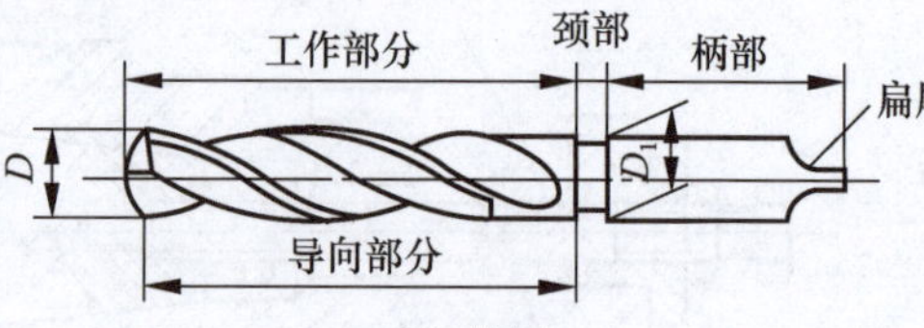 （a）锥柄  （b）直柄 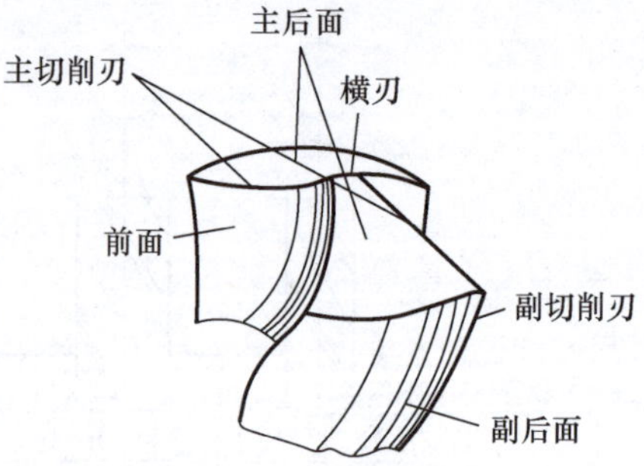
颈部		位于柄部和工作部分之间，主要作用是在磨削钻头时供砂轮退刀用。其次，还可刻印钻头的规格、商标和材料等，以供选择和识别	
工作部分	切削部分	切削部分承担主要的切削工作。切削部分的六面五刃，如图（c）所示： ① 两个前面，切削部分的两螺旋槽表面。 ② 两个后面，切削部分顶端的两个曲面，加工时它与工件的切削表面相对。 ③ 两个副后刀面，与已加工表面相对的钻头两棱边。 ④ 两条主切削刃，两个前刀面与两个后刀面的交线，其夹角称为顶角（2ϕ），通常为116° ~ 118°。 ⑤ 两条副切削刃，两个前刀面与两个副后刀面的交线。 ⑥ 一条横刃，两个后刀面的交线	 （c）切削部分
	导向部分	在钻孔时起引导钻削方向和修光孔壁的作用，同时也是切削部分的备用段。导向部分的各组成要素的作用是： ① 螺旋槽，两条螺旋槽使两个刀瓣形成两个前刀面，每一刀瓣可看成是一把外圆车刀。切屑的排出和切削液的输送都是沿此槽进行的。 ② 棱边，在导向面上制得很窄且沿螺旋槽边缘凸起的窄边称为棱边。它的外缘不是圆柱形，而是被磨成倒锥，即直径向柄部逐渐减小。这样，棱边既能在切削时起导向及修光孔壁的作用，又能减少钻头与孔壁的摩擦	
钻心		两螺旋形刀瓣中间的实心部分称为钻心。它的直径向柄部逐渐增大，以增强钻头的强度和刚性	

2. 麻花钻的刃磨

为改善标准麻花钻的切削性能，应对麻花钻的切削部分进行刃磨和修磨。

（1）麻花钻的刃磨姿势（如图 5-41 所示）

刃磨时，右手握住钻头的头部作为定位支点，使钻头的主切削刃成水平。钻刃轻轻地接触砂轮水平中心面的外圆，如图 5-41（a）所示，即磨削点在砂轮中心的水平位置。钻头中心线和砂轮轴线之间的夹角等于顶角的一半（58°~59°），左手握住钻头柄部，以右手为定心支点，如图 5-41（b）所示，慢慢地使钻头绕中心转动，把钻尾往下压，如图 5-41（c）所示，并做上下扇形摆动，约等于钻头后角角度，同时顺时针转动约 45°，转动时逐渐加重手指的力量，将钻头压向砂轮，这一动作要协调，直到钻头符合要求为止。

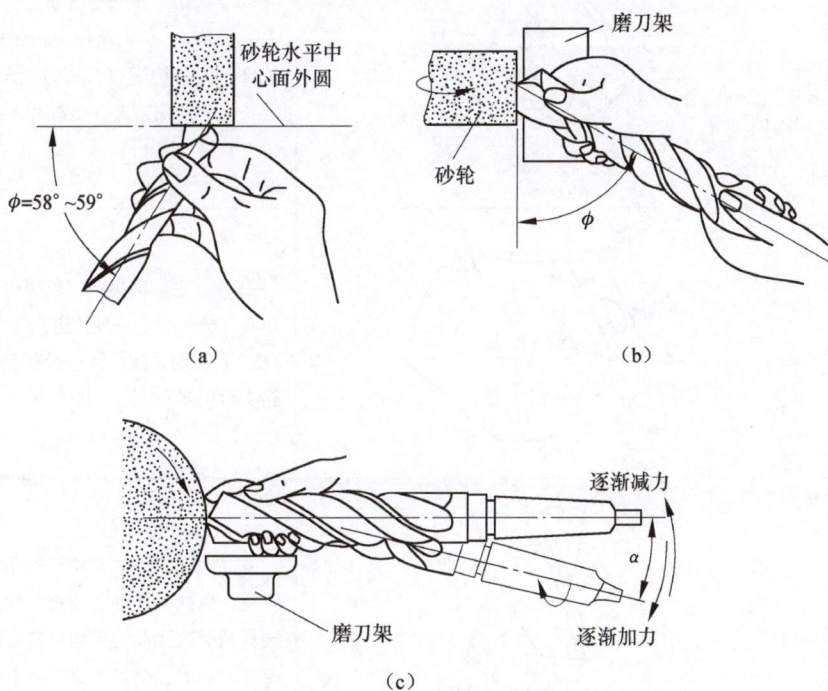

图 5-41 麻花钻的刃磨

（a）刃磨时的握法；（b）磨钻头以磨刀架为支点示意图；（c）麻花钻尾部向下压

（2）麻花钻刃磨的一般要求

① 顶角 2ϕ、后角 α_f 的大小要和工件材料的性质相适应，横刃斜角 ψ_0 为 55°。

② 两条主切削刃应对称等长，顶角 2ϕ 应被钻头轴线所平分。

③ 钻头直径大于 5 mm 时，还应磨短横刃。

（3）麻花钻的修磨

为改善标准麻花钻的切削性能和满足不同的钻削要求，应对麻花钻的切削部分进行修磨，以改进标准麻花钻的缺点。麻花钻的修磨方法及内容见表 5-5。

表 5-5 麻花钻的修磨方法及内容

修磨内容	图例	修磨方法
修磨横刃		一方面要磨短横刃，另一方面要增大横刃处的前角。一般直径为 5 mm 以上的钻头均须磨短横刃，使横刃成为原来长度的 1/5 ~ 1/3，并形成内刃，内刃斜角 τ =20° ~ 30°，内刃处前角 γ_τ=0° ~ -15°。横刃修磨后，可减少轴向阻力
修磨主切削刃		将钻头磨出第二顶角 $2\phi_0$=70° ~ 75°，过渡刃 f_0=0.2D。目的是增加切削刃的总长，增大刀尖角 ε，从而增加刀齿强度，改善散热条件，提高切削刃与棱边交角处的抗磨性，延长钻头使用寿命，也有利于减小孔壁表面的表面粗糙度
修磨棱边		在靠近主切削刃的一段棱边上，磨出副后角 α_0' =6° ~ 8°，并使棱边宽度为原来的 1/3 ~ 1/2。其目的是减少棱边对孔壁的摩擦，提高钻头耐用度
修磨前面		把主切削刃与副切削刃交角处的前面磨去一块，以减少该处的前角。其目的是在钻削硬材料时可提高刀齿的强度；而在钻削黄铜等软材料时，又可以避免由于切削刃过分锋利而引起扎刀现象
修磨分屑槽		直径大于 15 mm 的麻花钻，可在钻头的两个主后面上磨出几条相互错开的分屑槽。这些分屑槽可使原来的宽切屑被割成几条窄切屑，有利于切屑的排出。有些钻头在制造时已磨出分屑槽，就不必再修磨分屑槽了

5.4.2　铰刀

铰削是对预制孔进行精加工的一种切削方式。一般用于孔的最后加工，也可用于精细孔的初加工。各种常用铰刀的结构和特点见表 5-6。

表 5-6　各种铰刀的结构和特点

名称	图例	说明
整体式圆柱铰刀		手铰刀末端为方头，可夹在铰杠内；机铰刀柄部有圆柱形和圆锥形两种
可调节手铰刀		调节手铰刀的直径可用螺母调节，多用于单件和修配时的非标准通孔
锥铰刀		锥铰刀用来铰削圆锥孔
螺旋槽手铰刀		螺旋槽手铰刀常用于铰削有键槽的孔，螺旋槽的方向一般为左旋
硬质合金机铰刀		采用镶片式结构，适用于高速铰削和硬材料铰削

5.4.3　镗刀、扩孔钻、锪钻

1. 镗刀

镗孔是对工件内孔进行精加工的方法之一，加工公差等级可达 IT7 级，表面粗糙度达 $Ra0.8\ \mu m$。如使用高精度镗床加工，可以获得更高的加工要求。镗孔尤其适用于箱体孔系及大直径孔的加工。

镗刀应用于车床、镗床和组合机床等机床设备。镗刀一般可分为单刃镗刀和双刃镗刀两大类。

（1）单刃镗刀

单刃镗刀结构简单，制造方便。图 5-42（a）和图 5-42（b）所示为普通镗床上常用的单刃镗刀。图 5-42（c）所示为微调单刃镗刀。调节时，先将拉紧螺钉松开，旋转带刻度的调整螺母，使镗刀达到要求尺寸，再旋紧拉紧螺钉即可。刀头与刀杆轴向倾斜 53°8′，螺母每转动一格时，刀头沿刀杆径向移动量为 0.01 mm。微调镗刀使用方便，常用于数控机床和组合机床上。

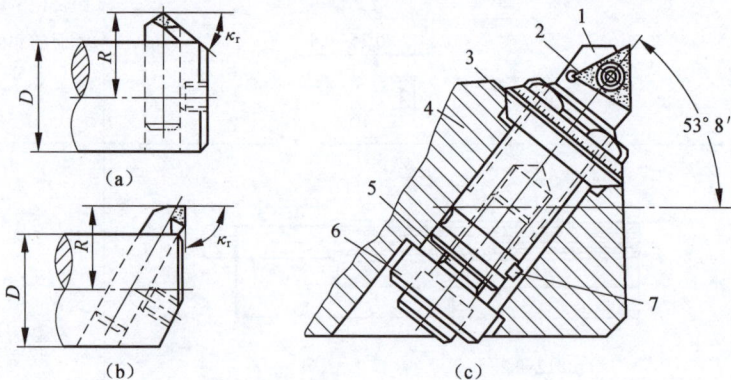

1—镗刀头；2—刀片；3—调整螺母；4—镗刀杆；5—拉紧螺钉；6—垫圈；7—导向键

图 5-42　单刃镗刀

（a），（b）单刃镗刀；（c）微调单刃镗刀

（2）双刃镗刀

双刃镗刀有两个对称的切削刃，是一种定直径尺寸刀具。图 5-43（a）所示为固定式双刃镗刀。该镗刀有两个对称切削刃，切削时其背向力可以互相抵消，而且刀块刚性好，不易引起振动。该刀容屑空间大，生产效率较高，适用于粗镗和半精镗，还可用于锪沉头孔及端面。

图 5-43（b）所示为可调式双刃镗刀。它通过调节螺钉调整刀刃的直径尺寸。该镗刀应事先用对刀夹具将尺寸调整好，再安装在机床上进行切削。该刀具使用方便，常用在镗床或钻床上进行扩孔的粗加工，故又称可调扩孔钻。

2. 扩孔钻

扩孔钻用于扩大工件的孔径，应用于要求不很高的孔的终加工或铰孔、磨孔前的预加工。扩孔钻的外貌与麻花钻相似，但其齿数较多（常为 3 ~ 4 个）。主切削刃不通过中心，无横刃，钻心直径较大，因此扩孔钻的强度和刚性均比麻花钻好，可获得较高的加工质量及生产效率。扩孔基本常识见表 5-7。

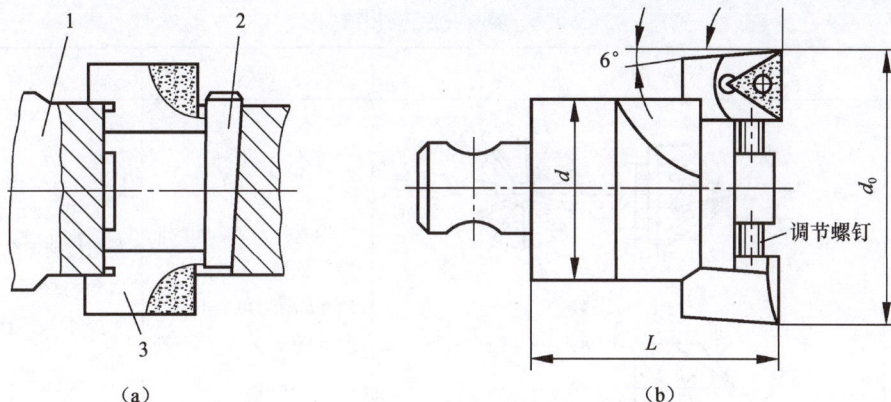

1—刀杆；2—楔块；3—固定刀块

图 5-43 双刃镗刀

（a）固定式；（b）可调式

表 5-7 扩孔基本常识

项目	图例	基本常识	刀具及形式
扩孔	 （a）扩孔钻 （b）扩孔 1—刀体；2—切削部分；3—导向部分； 4—颈部；5—柄部；6—心部	对已有孔进行扩大孔径的加工方法称为扩孔。它可以校正孔的轴线偏差，并使其获得较正确的几何形状，加工尺寸精度一般为 IT 10 ～ IT9，表面粗糙度 Ra 值为 3.2 ～ 6.3 μm。 图示为扩孔钻和扩孔情形	麻花钻一般作扩孔用，但在扩孔精度要求较高或生产批量较大时，应采用专用的扩孔钻。它有 3 ～ 4 条切削刃，无横刃，平顶端，螺旋槽较浅，故钻心粗实，刚性好，不易变形，导向性好，切削较平稳，经扩孔后能提高加工质量

3. 锪钻

锪钻用于加工各种沉头孔、孔端锥面、凸台面等，锪钻的结构和特点见表 5-8。

表 5–8 锪钻的结构和特点

名称	图例	特点	刃磨
锥形锪钻	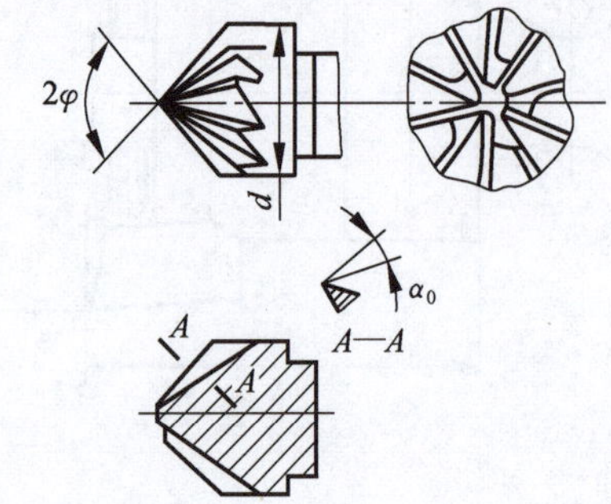	有 60°、75°、90° 和 120° 四种，齿数为 4～12 个。前角 $\gamma_0 = 0°$，后角 $\alpha_0 = 6° \sim 8°$	可用麻花钻改制，顶角按所需角度确定。后角与外缘处的前角要磨小些，切削刃要对称
柱形锪钻	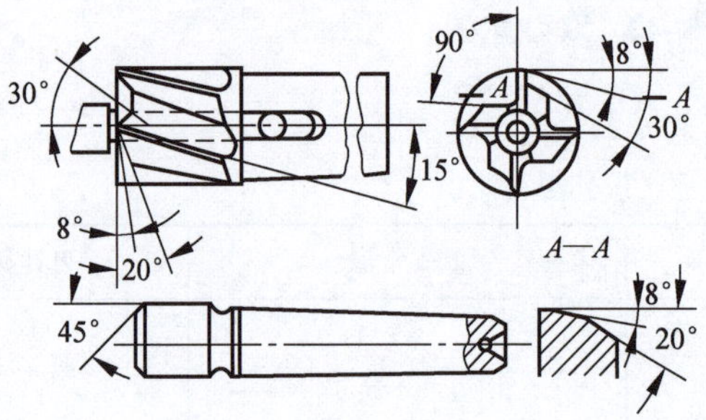	有整体式和套装式两种。导柱与工件已加工孔为紧密的间隙配合，以保证良好的定心和导向作用	可用麻花钻改制，导柱部分须在磨床上磨成所需直径，端面后角靠手工在砂轮上磨出。导柱部分的螺旋槽刃口要用油石倒钝
端面锪钻	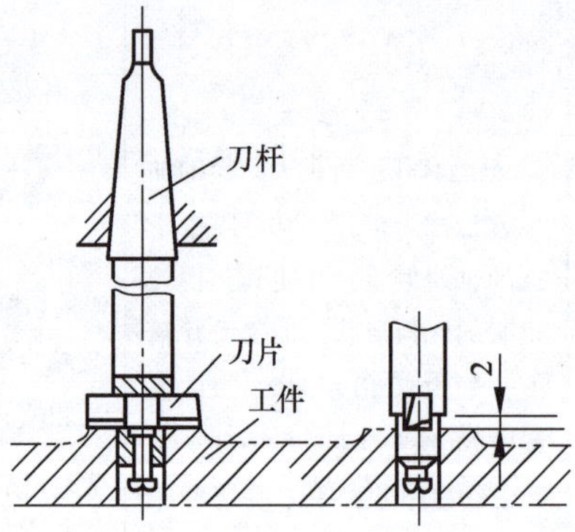 刀杆 刀片 工件	有整体式和可拆式两种结构。整体式结构便于保证孔端面与孔轴线的垂直度；可拆式结构能对工件内部孔的端面进行加工	在刀杆前端制成方孔，内装高速钢刀片，调整好尺寸后，用螺钉固定

5.5 典型数控加工刀具

　　数控加工刀具必须适应数控机床高速、高效和自动化程度高的特点，一般应包括通用刀具、通用连接刀柄及少量专用刀柄。刀柄要连接刀具并装在机床动力头上，因此已逐渐标准化和系列化。随着科技的快速发展，数控刀具呈现出三高一专的态势，即高精度、高效率、高可靠性和专业化。一些数控刀具实物如图 5–44 所示。

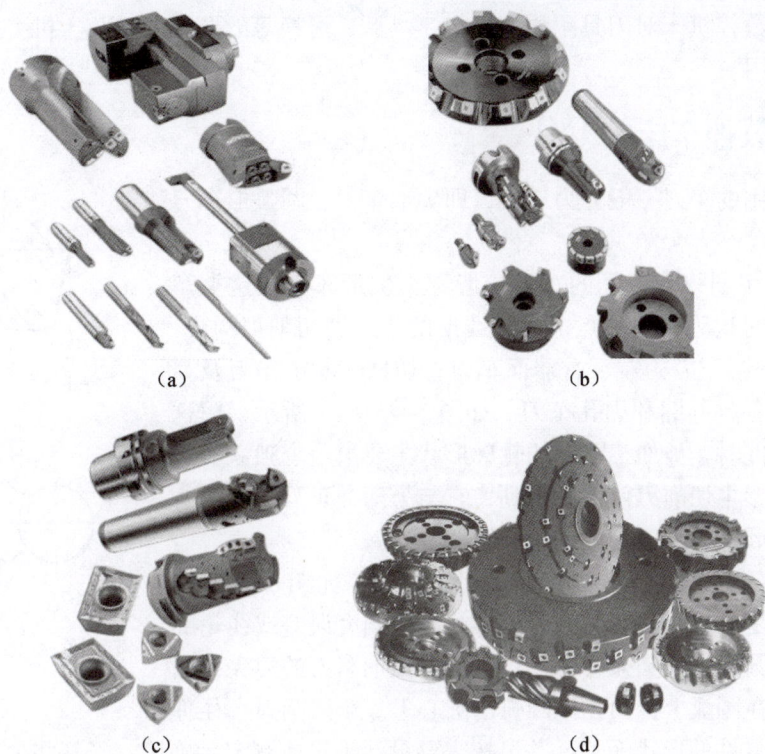

（a）　　　　　　　　　　（b）

（c）　　　　　　　　　　（d）

图 5-44　数控刀具实物

5.5.1　数控刀具的分类

1. 根据刀具结构分

① 整体式；
② 镶嵌式，采用焊接或机夹式连接，机夹式又可分为不转位和可转位两种；
③ 特殊形式，如复合式刀具、减振式刀具等。

2. 根据制造刀具所用的材料分

① 高速钢刀具；
② 硬质合金刀具；
③ 金刚石刀具；
④ 其他材料刀具，如立方氮化硼刀具、陶瓷刀具等。

3. 从切削工艺上分

① 车削刀具，分外圆、内孔、螺纹、切割刀具等多种；
② 钻削刀具，包括钻头、铰刀、丝锥等；
③ 镗削刀具；
④ 铣削刀具等。

为了适应数控机床对刀具耐用、稳定、易调、可换等的要求，近几年机夹式可转位刀具得到广泛的应用。

5.5.2 数控车床的刀具

数控车削用的车刀一般分为三类，即尖形车刀、圆弧形车刀和成形车刀。

以直线形切削刃为特征的车刀一般称为尖形车刀。这类车刀的刀尖（同时也为其刀位点）由直线形的主、副切削刃构成，如：90°内、外圆车刀，左、右端面车刀，切槽（断）车刀及刀尖倒棱很小的各种外圆和内孔车刀。如图5-45（a）所示，用这类车刀加工零件时，被加工零件的轮廓形状主要由一个独立的刀尖或一条直线形主切削刃位移后得到，它与另两类车刀加工时所得到零件轮廓形状的原理是截然不同的。

圆弧形车刀是较为特殊的数控加工用车刀，如图5-45（b）所示，其特征是构成主切削刃的刀刃形状为一圆度误差或线轮廓度误差很小的圆弧。该圆弧刃每一点都是圆弧形车刀的刀尖，因此，刀位点不在圆弧上，而在该圆弧的圆心上。车刀圆弧半径理论上与被加工零件的形状无关，并可按需要灵活确定或测定后确认。当某些尖形车刀或成形车刀（如螺纹车刀）的刀尖具有一定的圆弧形状时，也可作为这类车刀使用。圆弧形车刀可以用于车削内、外表面，特别适宜于车削各种光滑连接（凹形）的成形面。

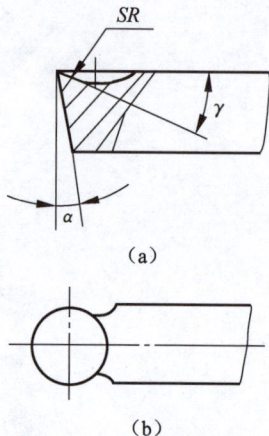

图5-45 数控车刀
（a）尖形车刀；（b）圆弧形车刀

成形车刀俗称样板车刀，其加工零件的轮廓形状完全由车刀刀刃的形状和尺寸决定。数控车削加工中，常见的成形车刀有小半径圆弧车刀、非矩形车槽刀和螺纹车刀等。在数控加工中，应尽量少用或不用成形车刀，当确有必要选用时则应在工艺准备文件或加工程序单上进行详细说明。

为了适应数控机床自动化加工的需要（如刀具的对刀或预调、自动换刀或转刀、自动检测及管理工作等），并不断提高产品的加工质量和生产效率，节省刀具费用，应多使用模块化和标准化刀具。数控车床车刀刀柄、刀片及其连接如图5-46所示。

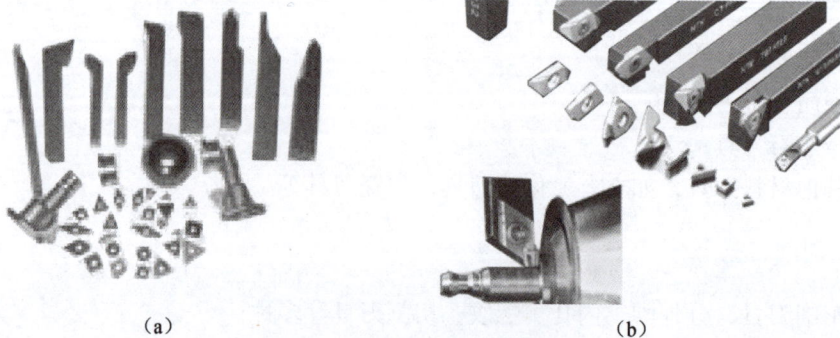

图5-46 数控车床车刀
（a）刀柄、刀片；（b）刀柄和刀片连接

5.5.3　数控铣床刀具

1. 数控铣床刀具的分类

常用铣刀一般可按以下情况进行分类。

（1）按铣刀的形状分类

① 盘铣刀。盘铣刀又称为（端）面铣刀，一般采用在盘状刀体上机夹、焊接硬质合金刀片或其他刀头组成，如图 5-47 所示。这种铣刀常用于铣削较大的平面。

② 立铣刀。立铣刀是数控铣削加工中最常用的一种铣刀，广泛用于加工平面类零件，如图 5-48 所示。这种铣刀除了常用侧刃铣削外，也可用端刃铣削，有时端刃和侧刃可同时进行铣削。根据立铣刀直径的不同，其柄部可分为两种：一种是锥柄，如图 5-48（a）所示，一般直径在 $\phi 14 \sim 50$ mm 范围的铣刀采用莫氏锥度，直径在 $\phi 25 \sim 80$ mm 范围的铣刀采用 7：24 锥度；另一种是直柄，如图 5-48（b）所示，一般用于直径在 $\phi 3 \sim 20$ mm 范围的铣刀。

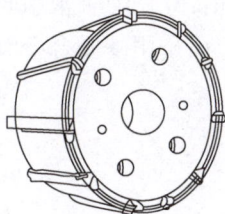

图 5-47　盘铣刀

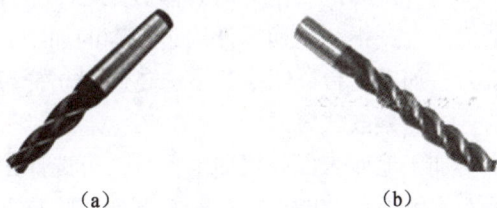

（a）　　　　　　　　　　（b）

图 5-48　立铣刀

（a）锥柄；（b）直柄

③ 成形铣刀。成形铣刀一般都是为特定的工件或加工内容专门设计制造的，适用于加工平面类零件的特定形状，如角度面、凹槽面等，也适用于特形孔或凸台，如图 5-49 所示。

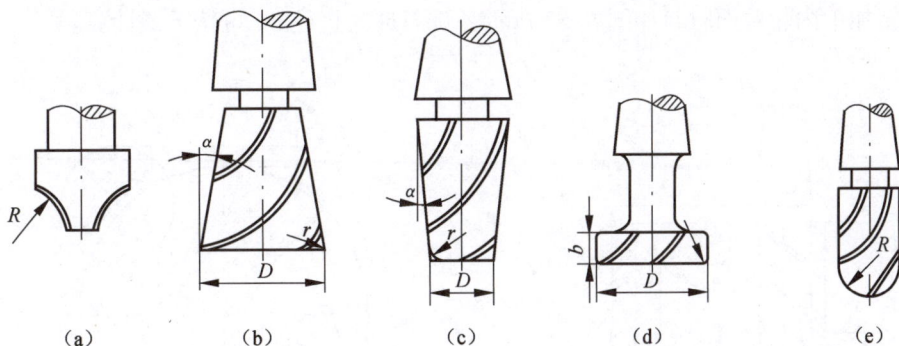

（a）　　　　　（b）　　　　　（c）　　　　　（d）　　　　　（e）

图 5-49　成形铣刀

④ 球头铣刀。如图 5-50 所示，球头铣刀主要用于加工空间曲面，有时也用于平面类零件上有较大转接凹圆弧的过渡加工。球头铣刀与铣削特定曲率半径的成形曲面铣刀相比较，虽然加工对象都是曲面类零件，但两者有较大差别。其主要差别在于球头铣刀的球头半径通常小于加工曲面的曲率半径，而成形曲面铣刀的曲率半径与加工曲面的曲率半径相等。

⑤ 鼓形铣刀。如图 5-51 所示，鼓形铣刀的切削刃分布在半径为 R 的圆弧面上，端面无切削刃。在加工时控制刀具上下位置，相应改变刀刃的切削位置，从而在工件上切出从负到正的斜角，即变斜角类工件。R 越小，鼓形铣刀所能加工的斜角范围越广，但所获得的表面质量越差。

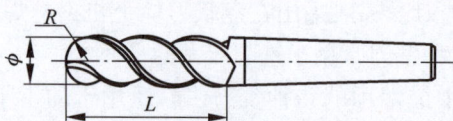

图 5-50　球头铣刀

图 5-51　鼓形铣刀

2. 按铣刀的结构分类

（1）整体式铣刀

这种铣刀的切削刃与刀体做成一个整体。对于结构较简单的铣刀（如：立铣刀）常用此结构。生产中，平面零件周边轮廓的加工，常采用立铣刀；铣削平面时，应采用硬质合金面铣刀；加工凸台、凹槽时，选高速钢立铣刀。

（2）镶嵌式铣刀

加工毛坯表面或粗加工孔时，可选择镶硬质合金的铣刀。

立铣刀尺寸的选择一般按下列经验数据选取：

① 刀具半径 R 应小于零件内轮廓面的最小曲率半径 ρ，一般取 $R=（0.8 \sim 0.9）\rho$。

② 零件的加工高度 $H \leqslant（1/4 \sim 1/6）R$，以保证刀具具有足够的刚度。

③ 对于不通孔（深槽），选取 $L=H+（5 \sim 10）$ mm（L 为刀具切削部分长度，H 为零件高度）。

④ 加工外形及通槽时，选取 $L=H+r+（5 \sim 10）$ mm（r 为刀尖半径），如图 5-52 所示。

⑤ 粗加工内轮廓面时，如图 5-53 所示，铣刀最大直径 $D_{粗}$ 可按下式计算。

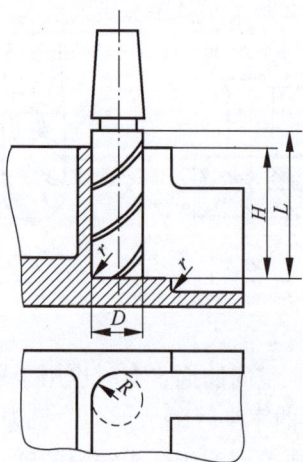

图 5-52　立铣刀尺寸选择

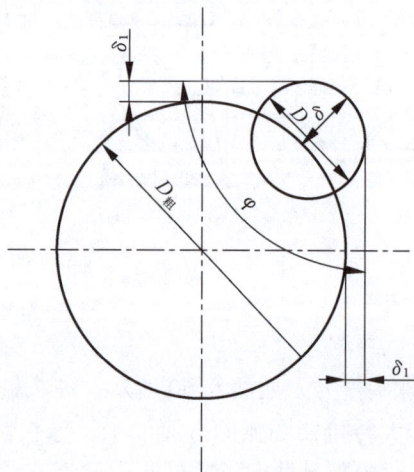

图 5-53　粗加工铣刀直径估算法

$$D_粗 =2\left[\delta\sin\left(\varphi/12\right)-\delta_1\right]/\left[1-\sin\left(\varphi/12\right)\right]+D \qquad (5-6)$$

式中　D——轮廓的最小凹圆角直径；

　　　δ——圆角邻边夹角等分线上的精加工余量；

　　　δ_1——精加工余量；

　　　φ——圆角两邻边夹角。

⑥ 加工肋板时，刀具直径为 $D=\left(5\sim10\right)b$（b 为肋板的厚度）。

5.5.4　加工中心刀库简介

1. 刀库分类

在加工中心上使用的刀库主要有两种：一种是盘式刀库，如图 5-54 所示；一种是链式刀库，如图 5-55 所示。盘式刀库装刀容量相对较小，一般在 1～24 把刀具，主要适用于小型加工中心；链式刀库装刀容量大，一般在 1～100 把刀具，主要适用于大中型加工中心。

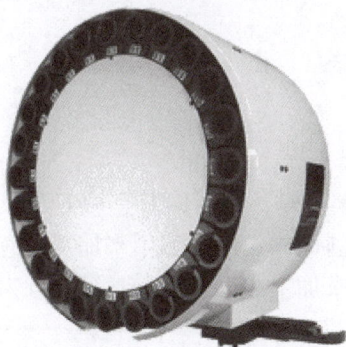

图 5-54　盘式刀库　　　　　　　　　图 5-55　链式刀库

2. 换刀方式

加工中心的换刀方式一般有两种：机械手换刀和主轴换刀。

（1）机械手换刀

机械手换刀由刀库选刀，再由机械手完成换刀动作，这是加工中心普遍采用的形式。机床结构不同，机械手的形式及动作均不一样。

（2）主轴换刀

主轴换刀通过刀库和主轴箱的配合动作来完成换刀，适用于刀库中刀具位置与主轴上刀具位置一致的情况。其一般是采用把盘式刀库设置在主轴箱可以运动到的位置，或整个刀库能移动到主轴箱可以到达的位置。换刀时，主轴运动到刀库上的换刀位置，由主轴直接取走或放回刀具。其多用于采用 40 号以下刀柄的中小型加工中心。

3. 刀具识别方法

加工中心刀库中有多把刀具，如何从刀库中调出所需刀具，就必须对刀具进行识别，刀具识别的方法有两种。

（1）刀座编码

在刀库的刀座上编有号码，在装刀之前，首先对刀库进行重整设定，设定完后，就变成了刀具号和刀座号一致的情况，此时一号刀座对应的就是一号刀具。经过换刀之后，一号刀具并不一定放到一号刀座中（刀库采用就近放刀原则），此时数控系统自动记忆一号刀具放到了几号刀座中。数控系统采用循环记忆方式。

（2）刀柄编码

识别传感器在刀柄上编有号码，将刀具号首先与刀柄号对应起来，把刀具装在刀柄上，再装入刀库，在刀库上有刀柄感应器，当需要的刀具从刀库中转到装有感应器的位置，被感应到后，从刀库中调出交换到主轴上。

5.6 其他常用机械加工刀具简介

5.6.1 刨刀

1. 刨刀的种类和结构形状

刨刀的种类很多，按其用途不同可分为平面刨刀、偏刀、角度偏刀、切刀及成形刨刀等。平面刨刀用来加工水平面，偏刀用来加工垂直面或斜面，角度偏刀用来加工具有一定角度的表面，切刀用来加工各种沟槽或切断，成形刨刀用来加工成形表面。常见的刨刀形状及其用途如图 5-56 所示。

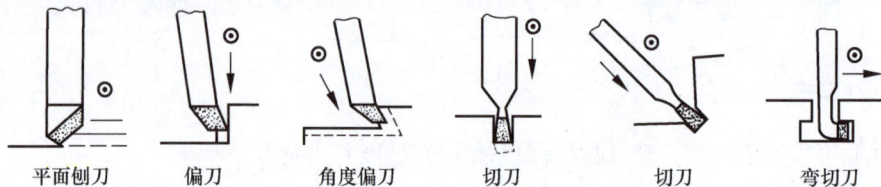

| 平面刨刀 | 偏刀 | 角度偏刀 | 切刀 | 切刀 | 弯切刀 |

图 5-56 常见的刨刀形状及其用途

刨刀的几何参数与车刀相似。由于刨削属于断续切削，当刨刀切入时会受到较大的冲击力，所以一般刨刀刀体的横截面比车刀大 1.25 ~ 1.5 倍。平面刨刀的几何角度如图 5-57 所示，通常前角 $\gamma_0=0°$ ~ $25°$，后角 $\alpha_0=3°$ ~ $8°$，主偏角 $\kappa_r=45°$ ~ $75°$，副偏角 $\kappa_r{}'=5°$ ~ $15°$，刃倾角 $\lambda_s=-15°$ ~ $0°$。为了增加刀尖的强度，刨刀的刃顷角一般取负值。刨刀切削部分的刃磨方法与车刀相同。

刨刀在结构上一般分整体式和焊接式，用得较多的是焊接式刨刀，刀片选用硬质合金（如：YG8），刀杆选用 45 钢，可以保证刨刀能承受较大的切削力。刨刀刀杆一般做成弯头，这是刨刀的一个显著特点。在切削中，当弯头刨刀受到较大的切削力时，刀头可绕 O 点向后上方产生弹性弯曲变形，而不致啃入工件的已加工表面，如图 5-58（a）所示；而直头刨刀受力后产生弯曲变形会啃入工件的已加工表面，将会损坏刃及已加工表面，如图 5-58（b）所示。

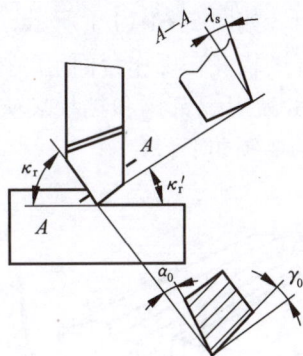

图 5-57　平面刨刀的几何角度

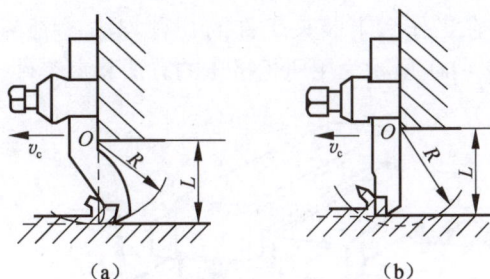

图 5-58　刨刀变形对加工的影响

2. 刨刀和工件的装夹

（1）刨刀的装夹

以常用的平面刨刀为例介绍刨刀的装夹。装夹刨刀应注意不同结构刨刀的伸出长度，如图 5-59 所示。装夹刨刀的方法如图 5-60 所示：左手握住刨刀，右手使用扳手，用力自上而下，以免拍板翻起碰伤手指。

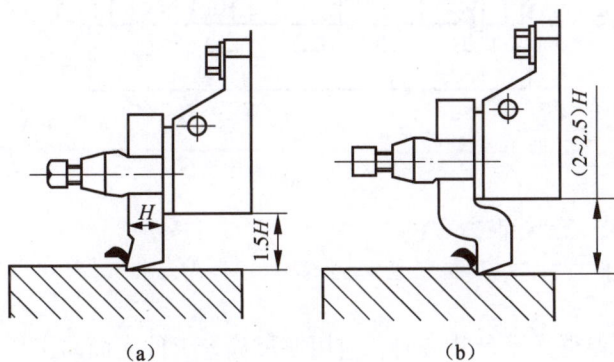

图 5-59　刨刀的伸出长度

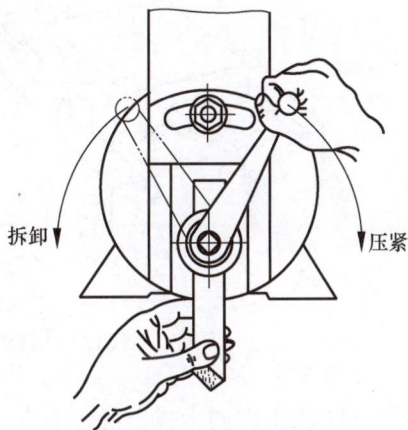

图 5-60　刨刀的装卸方法

（2）工件的装夹

在刨床上，单件小批生产，常用平口虎钳或螺栓、压板等装夹工件，而大批量生产的工件可用专用夹具装夹。

刨削形状复杂的小型工件，一般采用平口虎钳装夹。平口虎钳安装于工作台上后，根据加工位置与要求，需校正平口虎钳与机床之间的相对位置，以保证工件的加工精度。用平口虎钳装夹工件的要领如下：

① 工件加工面必须高于钳口，若工件高度不够，可用平行垫铁调整。

② 夹持毛坯时，应垫上钳口保护片。刨削精度较高的互相垂直的平面时，为保证加工精度，一般不宜垫钳口片。

③ 如果工件按划线加工，可用划线盘来检查工件上划线与工作台之间是否平行，如

图 5-61（a）所示；也可校正工件底平面对工作台面是否平行，如图 5-61（b）所示。

当工件的尺寸较大或在平口虎钳内不便于装夹时，可直接装夹在工作台面上。图 5-62 所示为在工作台上装夹工件的几种方法：图 5-62（a）所示为用螺钉撑和挡块装夹工件；图 5-62（b）所示为用压板挤压的方法装夹工件。装夹工件的要领如下：

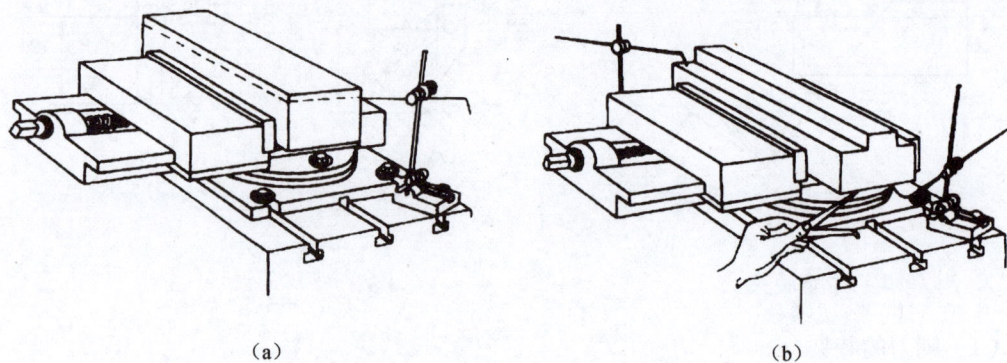

（a）　　　　　　　　　　　　（b）

图 5-61　校正工件与工作台面平行

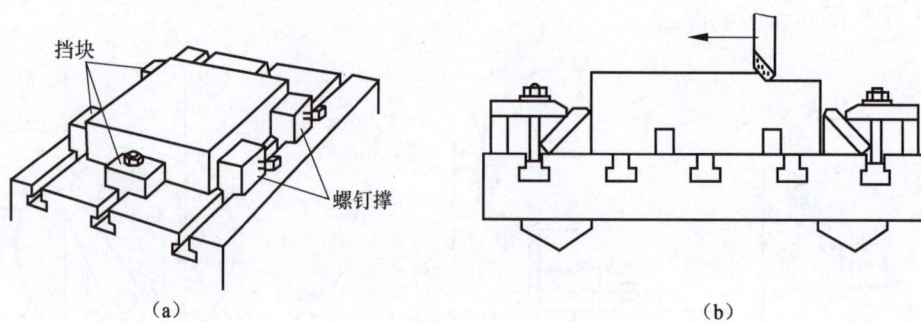

（a）　　　　　　　　　　　　（b）

图 5-62　工作台装夹工件

（a）螺钉撑和挡块装夹工件；（b）压板挤压法装夹工件

① 当工件尚未找正前，不应将工件夹得太紧。装夹时，应用塞尺检查工件底面与工作台是否贴实，如果不贴实，则可用薄纸或薄铜板垫实。

② 压板必须压在工件与工作台面贴实处；处于毛坯表面应采用铜片或斜铁垫实，以防止毛坯面损伤工作台面。

③ 工件压紧后，应复查装夹位置是否正确，避免因压紧力使工件变形或走动。

5.6.2　螺纹加工刀具

1. 螺纹车刀

用螺纹车刀加工螺纹是传统的加工方法。它结构简单、通用性强，可用来加工各种形状、尺寸及精度的内、外螺纹，特别适用于加工大尺寸螺纹。

螺纹车刀的生产率较低，加工质量主要取决于工人技术水平、机床及刀具本身的精度。但由于刀具廓形简单、易于准确制造且可在通用车床上使用，故目前仍是螺纹加工的重要刀具之一。特别是精度高的丝杆，常用螺纹车刀在精密车床上加工。

螺纹车刀是一种具有螺纹廓形的成形车刀，可分为平体、棱体及圆体三种，其结构和成形车刀相同。

2. 螺纹梳刀

螺纹梳刀实质上是多齿的螺纹车刀，只要一次走刀就能切出全部螺纹，生产率比螺纹车刀高。

螺纹梳刀分为三种：平体螺纹梳刀、棱体螺纹梳刀及圆体螺纹梳刀，如图 5-63 所示。它由切削部分和校准部分组成。切削部分担负主要切削工作，为了使切削负荷由几个刀齿负担，将前面几个刀齿组成切削锥部，而这几个齿形是不完整的。校准部分廓形完整，起校准、修光作用，其长度通常为 6 ~ 8 齿。

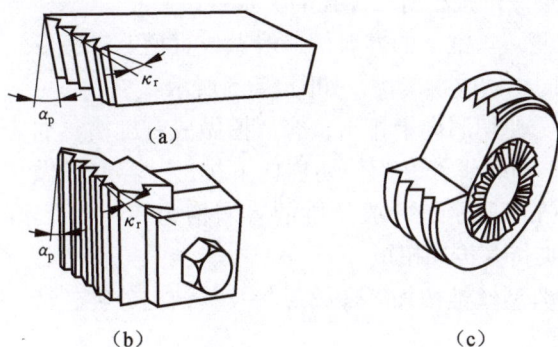

图 5-63　螺纹梳刀

（a）平体；（b）棱体；（c）圆体

3. 丝锥

丝锥是加工内螺纹的工具，有机用丝锥和手用丝锥。机用丝锥通常指高速钢磨牙丝锥，其螺纹公差带分 H_1、H_2、H_3 三种。手用丝锥用碳素工具钢和合金工具钢制造，螺纹公差带为 H_4。

丝锥的构造如图 5-64 所示，丝锥由工作部分和柄部组成。工作部分又包括切削部分和校准部分。

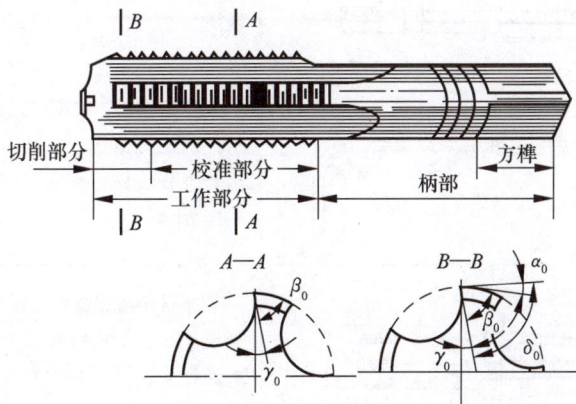

图 5-64　丝锥的构造

丝锥沿轴向开有几条容屑槽，以形成切削部分锋利的切削刃，起主要切削作用。切削部分前角 $\gamma_0=8° \sim 10°$，后角铲磨成 $\alpha_0=6° \sim 8°$。前端磨出切削锥角，使切削负荷分布在几个刀齿上，使切削省力，便于切入。丝锥校准部有完整的牙型，用来修光和校准已切出的螺纹，并引导丝锥沿轴向前进，后角 $\alpha_0=6°$。为了适用于不同工件材料，丝锥切削部分前角可通过表 5-9 适当增减。

表 5-9 丝锥切削部分前角的选择

加工材料	铸青铜	铸铁	硬钢	黄铜	中碳钢	低碳钢	不锈钢	铝合金
前角	0°	5°	5°	10°	10°	15°	15° ~ 20°	20° ~ 30°

丝锥校准部分的大径、中径、小径均有（0.05 ~ 0.12）/100 mm 的倒锥，以减小与螺孔的摩擦，减小所攻螺孔的扩张量。

为了制造和刃磨方便，丝锥上的容屑槽一般做成直槽。有些专用丝锥为了控制排屑方向，做成螺旋槽，如图 5-65 所示。

加工不通孔螺纹，为使切屑向上排出，容屑槽做成右旋槽，如图 5-65（a）所示；加工通孔螺纹，为使切屑向下排出，容屑槽做成左旋槽，如图 5-65（b）所示。一般丝锥的容屑槽为 3 ~ 4 个。丝锥柄部有方榫，用以夹持并传递扭矩。

丝锥的类型很多，典型丝锥按加工螺纹形状及其结构分类、特点、应用范围见表 5-10。

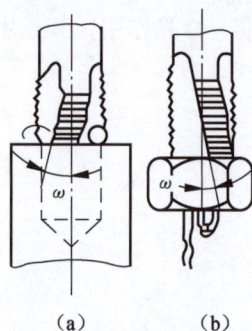

图 5-65 螺旋槽丝锥
（a）右旋槽；（b）左旋槽

表 5-10 各类丝锥的类型、特点及应用范围

类型	简图及国标代号	特点	应用范围
手用丝锥		用合金工具钢制造，手动攻螺纹，常两把成组使用	单件小批生产通孔或盲孔螺纹
机用丝锥		用高速钢制造，用于钻、车、镗、铣床上，切削速度较高	成批生产通孔或盲孔螺纹
螺母丝锥		切削锥较长，攻螺纹完毕，工件从柄尾流出，丝锥不需倒转，分短柄、长柄、弯柄三种结构	大量生产专供螺母攻螺纹（M2 ~ M52）
锥形丝锥		切削锥角与螺纹锥角相等，无校准部分。攻螺纹时要强迫做螺旋运动，并控制攻螺纹长度	专供锥管螺纹攻螺纹

续表

类型	简图及国标代号	特点	应用范围
板牙丝锥		切削锥加长，齿槽数增多	板牙攻螺纹
螺旋槽丝锥		切削槽排屑效果好且切削实际前角增大，扭矩降低	中小尺寸螺孔，不锈钢、铜铝合金材料攻螺纹
刃倾角丝锥		将直槽丝锥切削部分磨出刃倾角（$\lambda_s=10° \sim 30°$）。具有螺旋槽丝锥的优点且制造简单	通孔螺纹

4. 板牙

板牙是加工外螺纹的工具，用合金工具钢或高速钢制作并经淬火处理。

图 5-66 所示为圆板牙的构造，由切削部分、校准部分和排屑孔组成。其本身就像一个螺母，在上面钻有几个排屑孔而形成切削刃。

切削部分是板牙两端有切削锥角（2ϕ）的部分。它不是圆锥面，而是经过铲磨而成的阿基米德螺旋面，后角 $\alpha_0=7° \sim 9°$。

圆板牙前刀面就是排屑孔，故前角数值沿切削刃变化，如图 5-67 所示。小径处前角 γ_d 最大，大径处前角 γ_{do} 最小。一般 $\gamma_{do}=8° \sim 12°$，粗牙 $\gamma_d=30° \sim 35°$，细牙 $\gamma_d=25° \sim 30°$。一般锥角 $\phi=20° \sim 25°$。

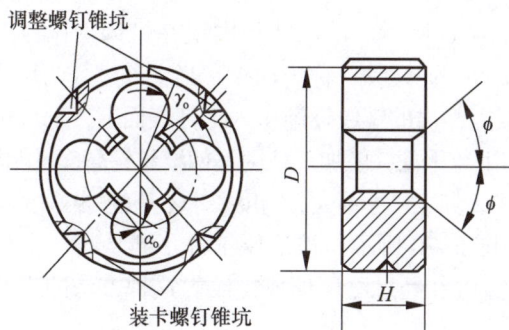

图 5-66　圆板牙

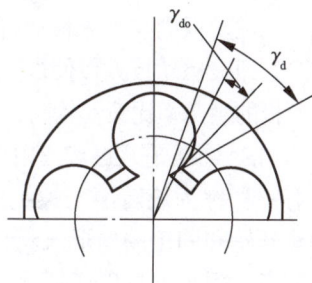

图 5-67　前角变化

板牙中间一段是校准部分，也是套螺纹时的导向部分。

板牙的校准部分因磨损会使螺纹尺寸变大而超出公差范围。因此，为延长板牙的使用寿命，M3.5 以上的圆板牙，其外圆上有一条 V 形槽，如图 5-66 所示，起调节板牙尺寸的作用。当尺寸变大时，将板牙沿 V 形槽方向割出一条通槽，用铰杠上的两个螺钉顶入板牙上的两个偏心锥坑内，使圆板牙缩小，其调节范围为 0.1 ~ 0.5 mm。上面的锥坑之所以偏心，是为了使紧定螺钉挤紧时与锥坑单边接触，使板牙尺寸缩小。若在 V 形槽开口处旋入螺钉，还能使板牙尺寸增大。板牙下部两个通过中心的螺钉孔，是用紧定螺钉固定板牙并传递扭矩的。

板牙两端面都有切削部分，待一端磨损后，可换另一端使用。

5. 螺纹铣刀

螺纹铣刀是用铣削方法加工螺纹的刀具，主要有盘形和梳形螺纹铣刀，如图5-68所示。

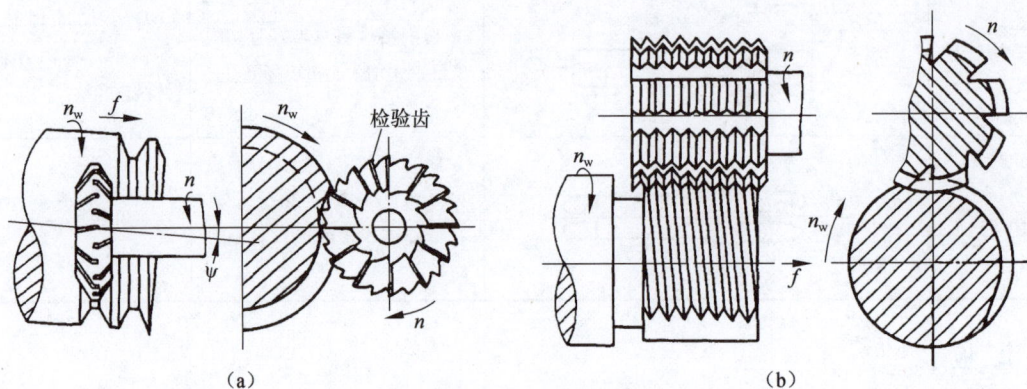

图 5-68　螺纹铣刀

（a）盘形螺纹铣刀；（b）梳形螺纹铣刀

盘形螺纹铣刀用于粗切蜗杆或梯形螺纹，工作情况如图5-68（a）所示。铣刀与工件轴线交错 ψ 角（ψ 角等于工件的螺纹升角）。由于是铣螺旋槽，为减少铣槽的干涉，直径宜选得较小；齿数选择较多，以保持铣削的平稳。为改善切削条件，刀齿两侧可磨成交错的，以增大容屑空间，但需有一个完整的齿形，以供检验。

6. 搓丝板

搓丝板由两块组成一对进行工作，如图5-69所示。下丝搓板固定在机床工作台上，称为静板；上搓丝板则与机床移动滑块一起沿工件切向运动，称为动板。当工件进入两块搓丝板之间时，立即被搓丝板夹住使之滚动，搓丝板上凸出的螺纹逐渐压入工件表面上，形成螺纹。

搓丝板的生产率比滚丝轮高，每小时可加工数千件，但加工精度不如滚丝轮高，只能加工6级精度以下的螺纹。它现已广泛用于大量生产中，加工尺寸不大、精度要求不高的螺纹紧固件。

还有一种称为旋转滚压螺纹的方法，如图5-70所示。被滚压工件不断从料斗中被送入旋转的滚丝轮和固定的扇形滚丝板上端的间隙中，经过滚压形成螺纹。这种方法的生产率比搓丝板还高，用于大量生产螺栓、螺钉等。

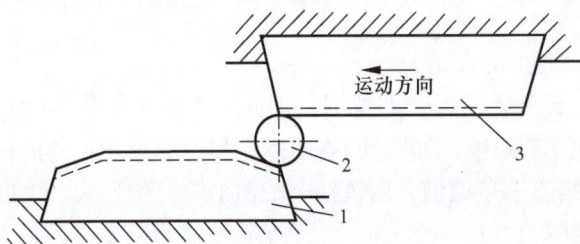

1—静板；2—工件；3—动板

图 5-69　搓丝板

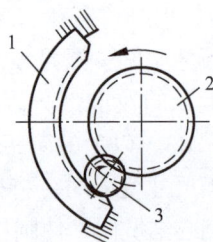

1—扇形滚丝板；2—滚丝轮；3—工件

图 5-70　旋转滚压螺纹

5.6.3　齿轮加工刀具

在机械传动机构中，齿轮是应用最广的传动零件之一，通常以渐开线作为齿廓曲线的圆柱齿轮使用得最多。加工齿轮的刀具称切齿刀具。目前生产中应用较多的齿轮加工方法是展成法。

1. 展成法切齿刀具

这类刀具切削刃的廓形不同于被切齿轮任何剖面的槽形。切齿时除主运动外，还需有刀具与齿坯的相对啮合运动，称展成运动。工件齿形是由刀具齿形在展成运动中若干位置包络切削形成的。

展成切齿法的特点是一把刀具可加工同一模数的任意齿数的齿轮，通过机床传动链的配置实现连续分度，因此刀具通用性较广，加工精度与生产率较高，在成批加工齿轮时被广泛使用。较典型的展成切齿刀具如图 5-71 所示。

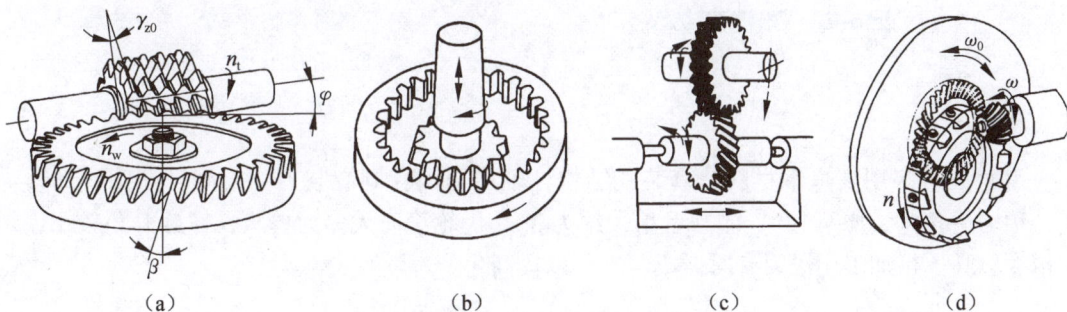

图 5-71　展成切齿刀具
（a）齿轮滚刀；（b）插齿刀；（c）剃齿刀；（d）弧齿锥齿轮铣刀盘

如图 5-71（a）所示，齿轮滚刀的工作情况。滚刀相当于一个开有容屑槽的、有切削刃的蜗杆状的螺旋齿轮，在展成滚切过程中切出齿轮齿形。滚齿可对直齿或斜齿轮进行粗加工或半精加工。

如图 5-71（b）所示，插齿刀的工作情况。插齿刀相当于一个有前后角的齿轮，在展成滚切过程中切出齿轮齿形。插齿刀常用于加工带台阶的齿轮，如双联齿轮、三联齿轮等，且能加工内齿轮及无空刀槽的人字齿轮，故在齿轮加工中应用很广。

如图 5-71（c）所示，剃齿刀的工作情况。剃齿刀相当于齿侧面开有容屑槽的螺旋齿轮。剃齿时，剃齿刀带动齿坯滚转，相当于一对螺旋齿轮的啮合运动。在一定啮合压力下剃齿刀与齿坯沿齿面的滑动将切除齿侧的余量，完成剃齿工作。剃齿刀一般用于齿轮的精加工。

如图 5-71（d）所示，弧齿锥齿轮铣刀盘的工作情况。这种铣刀盘是专用于铣切螺旋锥齿轮的刀具。例如加工汽车后桥传动齿轮就必须使用这类刀具。铣刀盘的高速旋转是主运动，刀盘上刀齿回转的轨迹相当于假想平顶齿轮的一个刀齿，这个平顶齿轮由机床摇台带动，与齿坯做展成啮合运动，切出被切齿坯的一个齿槽；然后齿坯退回分齿，摇台反向旋转复位，再展成切削第二个齿槽，依次完成弧齿锥齿轮的铣切工作。

2. 齿轮滚刀

如图 5-72 和图 5-73 所示，整体阿基米德滚刀分刀体、刀齿两部分。刀体包括内孔、键槽、轴台、端面。内孔是安装的基准，套装在滚刀的刀轴上，两端有轴台，其外圆精度较高，用于校正滚刀安装时的径向圆跳动。每个刀齿有顶刃、左右侧刃，它们分布在蜗杆的螺旋面上。

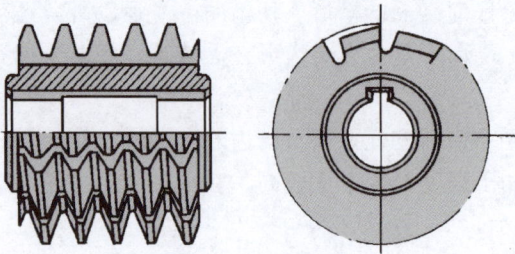

图 5-72　整体滚刀结构

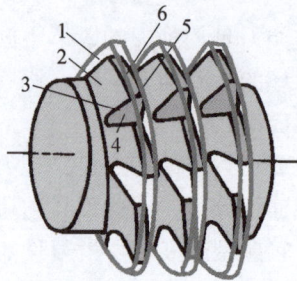

1—蜗杆表面；2—侧刃后刀面；3—侧刃；

4—滚刀前刀面；5—齿顶刃；6—顶刃后刀面

图 5-73　齿轮滚刀蜗杆

齿轮滚刀多用高速钢材料，套装式结构，轴肩与内孔同心装刀，检测径向圆跳动多为零，顶刃后角为 10° ~ 12°，侧刃后角大约为 3°，齿轮滚刀大多为单头，螺旋升角较小，加工精度较高。粗加工用滚刀有时做成双头，以提高生产率。

3. 插齿刀

插齿刀的外形像一个齿轮，齿顶、齿侧做出后角，端面做出前角，形成切削刃。插齿与滚齿比较，可选用较慢的圆周进给，以减小齿形表面粗糙度值。

直齿插齿刀按加工模数范围、齿轮形状不同分为盘形、碗形、带锥柄等几种。它们的主要类型、规格与应用范围见表 5-11。

插齿刀的精度分为 AA、A、B 三级，分别用于加工 6、7、8 级精度的圆柱齿轮。

表 5-11　插齿刀类型、规格与应用范围　　　　mm

类型	简图	应用范围	规格		d_1 或莫氏锥度
			d_0	m	
盘形直齿、插齿刀		加工普通直齿、外齿轮和大直径内齿轮	$\phi 63$	0.3 ~ 1	31.743
			$\phi 75$	1 ~ 4	
			$\phi 100$	1 ~ 6	
			$\phi 125$	4 ~ 8	
			$\phi 100$	6 ~ 10	88.9
			$\phi 200$	8 ~ 12	101.60

类型	简图	应用范围	规格		d_1
			d_0	m	或莫氏锥度
碗形直齿、插齿刀		加工塔形，双联直齿轮	$\phi 50$	$1 \sim 3.5$	20
			$\phi 75$	$1 \sim 4$	31.743
			$\phi 100$	$1 \sim 6$	
			$\phi 125$	$4 \sim 8$	
锥柄直齿、插齿刀		加工直齿内齿轮	$\phi 25$	$0.3 \sim 1$	Morse NO.2
			$\phi 25$	$1 \sim 2.75$	
			$\phi 38$	$1 \sim 3.75$	Morse NO.3

❈ 任 务 训 练 ❈

一、填空题

1. 常用的切削刀具有_____、_____、_____、_____、_____、齿轮刀具等。

2. 主运动是使工件与刀具产生相对运动以进行切削的最基本运动，主运动的速度最_____，所消耗的功率最_____。在切削运动中，主运动有_____个。

3. 一般进给运动是切削加工中速度较_____、消耗功率_____的运动。

4. 在切削加工中，工件上产生三个不断变化的表面是_____、_____、_____。

5. 车刀前角有正、负和零之分。若基面在前面之上为_____值，基面在前面之下为值，基面与前面重合为_____前角。

6. 主切削刃在基面上的投影与进给运动方向的夹角叫_____。_____一般为正值。

7. 刃倾角是在切削平面中测量的主切削刃与_____间的夹角，当刀尖为主切削刃上的最_____点时，λ_s 为负值；当刀尖为主切削刃上的最_____点时，λ_s 为正值；当主切削刃为水平时，λ_s 为_____。

8. 切削用量三要素是指_____、_____、_____。

9. 目前机械制造中应用较广的刀具材料是_____、_____和_____。

10. 金属切屑的类型有_____、_____、_____和_____四种。

11. 切削液的作用有_____、_____、_____、_____。

12. 麻花钻由_____、_____和_____组成，_____是钻头的夹持部分，有直柄和_____两种。

13. 镗刀应用于车床、镗床和组合机床等机床设备。镗刀一般可分为_____和_____两大类。

14. 随着科技的快速发展，数控刀具呈现出三高一专的态势，即_____、_____、_____和_____。

15. 数控刀具根据结构可分为_____、_____、_____几种。

16. 加工中心上使用的刀库主要有盘式刀库和链式刀库。盘式刀库装刀容量一般为_____把刀具，链式刀库装刀容量一般为_____把刀具。

17. 刨刀的种类很多，按其用途不同可分为_____、_____、_____、_____及_____等。

18. 丝锥是加工内螺纹的工具，有_____丝锥和_____丝锥。_____丝锥通常指高速钢磨牙丝锥，其螺纹公差带分 H_1、H_2、H_3 三种。

二、选择题

1. 刀具夹持部分采用内圆柱定位基面时，一般用（　　）来传递扭矩。
A. 平键
B. 端面键
C. 平键或端面键
D. 平键或端面键或靠端面夹紧

2. 刀具夹持部分采用内圆锥基面定位时，其锥度一般为（　　）。
A. 1:20 的公制锥度
B. 1:30 的公制锥度
C. 1:50 的公制锥度
D. 莫氏锥度

3. 车刀的角度中影响切削力最大的因素是车刀的（　　）。
A. 前角
B. 主偏角
C. 刃倾角
D. 后角

4. 在车床上车外圆时，若车刀装得高于工件中心，则车刀的（　　）。
A. γ 增大 α 减小
B. γ 减小 α 增大
C. γ 和 α 都减小
D. γ 和 α 都增大

5. 麻花钻主切削刃上各点的前角是（　　）的、外缘处前角（　　）。
A. 相同
B. 不同
C. 最大
D. 最小

6. 下列可用于封闭式键槽加工的铣刀是（　　）。
A. 键槽铣刀
B. 三面刃铣刀
C. 立铣刀
D. 圆柱铣刀

7. 在卧式铣床上加工工件的（　　）表面时，一般必须使用分度头装夹。
A. 键槽
B. 斜面
C. 齿轮轮齿
D. 螺旋槽

8. 一般只重磨前刀面的刀具有（　　）。
A. 麻花钻、尖齿成形铣刀、铣刀
B. 尖齿成形铣刀、铣刀、成形车刀
C. 成形车刀、铲齿成形铣刀、拉刀
D. 铲齿成形铣刀、拉刀、铰刀

9. 当加工细长的和刚性不足的轴类工件外圆或同时加工外圆和凸肩端面时，可以采用主偏角 $\kappa_r=$（　　）的偏刀。
A. 90°
B. 30°
C. 45°
D. 任意角度

10. 一般只用作粗加工的刀具有（　　）。
A. 车刀、麻花钻、扩孔钻
B. 麻花钻、扩孔钻、扁钻
C. 麻花钻、扩孔钻、镗刀
D. 麻花钻、镗刀、铣刀

11. 可用作精加工的刀具有（　　）。
A. 车刀、扩孔钻、镗刀
B. 扩孔钻、镗刀、铰刀

C. 镗刀、铰刀、铣刀 　　　　　　　　　D. 镗刀、铰刀、拉刀

12. 加工一些大直径的孔，（　　　）几乎是唯一的刀具。

A. 麻花钻　　　　　B. 深孔钻　　　　　C. 铰刀　　　　　D. 镗刀

13. 圆柱平面铣刀不管是直齿的还是螺旋齿的，其主偏角大小均为（　　　）。

A. 30°　　　　　　B. 45°　　　　　　C. 60°　　　　　　D. 90°

14. 端铣刀采用（　　　）加工不锈钢和耐热合金时，刀具耐用度较高。

A. 不对称逆铣方式 　　　　　　　　　B. 不对称顺铣方式

C. 对称铣削方式 　　　　　　　　　　D. 任一种铣削方式

15. 铲齿成形铣刀的齿背曲线是（　　　）。

A. 圆弧　　　　　B. 阿基米德螺线　　　C. 对数螺线　　　D. 双曲线

三、判断题（对的打√，错的打 ×）

1. 标准刀具是按照国家或部门制定的"刀具标准"制造的刀具，主要由专业化工厂集中大批量生产，它在刀具使用总量中占的比例很大。（　　　）

2. 刀具工作部分的材料，用硬质合金比用高速钢和其他工具钢生产率高得多，因此应尽量采用硬质合金；但由于目前硬质合金还有许多缺陷，如：脆性大且极难加工等，所以许多复杂刀具仍主要用高速钢制造。（　　　）

3. 弯头外圆车刀既可以车外圆，也可以车端面和内外倒棱。（　　　）

4. 切断用车刀只有一条或几条主切削刃，而没有副切削刃。（　　　）

5. 刀垫的作用是：防止刀片受压过大而崩裂并保护刀体不受损坏。（　　　）

6. 可转位刀片采用杠杆式夹固结构，其特点是结构简单、制造容易，但定位精度低。（　　　）

7. 任何回转体的成形表面，都可以看成是由一些与工件轴线夹成一定角度的直线或曲线绕工件轴线而成的表面。（　　　）

8. 刀具的寿命与切削用量有密切关系。若取大切削用量，则会促使切削力增大、切削温度上升，导致刀具寿命降低。（　　　）

9. 主偏角增大会使切削厚度增大，减小了切屑的变形，所以切削力减小。（　　　）

10. 铣刀的结构形状不同，其安装方法相同。（　　　）

11. 卧式铣床主轴的中心线与工作台面垂直。（　　　）

12. 圆体成形车刀比棱体成形车刀可取更大的后角。（　　　）

13. 锪钻可以在已有的孔上加工各种沉头座孔和端面凸台。（　　　）

14. 铰刀用钝后，重磨切削部分的后刀面。（　　　）

15. 麻花钻的刀齿只有两个，其容屑槽做成螺旋形。（　　　）

16. 麻花钻顶角减小，会使轴向力减小、刀尖角加大，并可改善散热条件。（　　　）

17. 铣削应用广泛，铣刀可用于加工平面、台阶面、沟槽、成形面、螺纹面及切断等。（　　　）

18. 铣削时的进给运动是铣刀的旋转运动，主运动是工件的移动。（　　　）

19. 尖齿铣刀的后刀面常做成简单的平面或直母线的螺旋面。加工平面和加工沟槽的铣刀一般都做成尖齿铣刀。（　　　）

20. 铲齿铣刀的后刀面常做成特殊形状的曲面。这类铣刀用钝后重磨后刀面。（　　　）

四、综合题

1. 试述车刀的组成部分。

2. 说明切削用量三要素的各自含义。

3. 主偏角的选择原则是什么？其大小对切削分力有何影响？

4. 为什么铣削加工时，一定要开机前对刀、停机后变速？

5. 用端面铣刀和圆柱铣刀铣平面各有什么特点？

6. 常用刀具材料有哪些？各有什么特点？

7. 影响切削力的因素有哪些？

8. 刀具磨损的形式有哪些？刀具的磨损过程分几个阶段？

9. 常用切削液有哪几种？应如何选用？

10. 硬质合金焊接车刀有什么特点？

11. 试述硬质合金机夹式车刀的种类和特点。

12. 试述常用尖齿铣刀的结构特点和使用场合。

13. 试述常用刨刀的种类和使用场合。

14. 常用的孔加工刀具有哪些？

15. 常用的螺纹加工刀具有哪些？各有哪些特点？

第6章　典型零件加工与品质检验技术基础

学习目标

1. 了解各类零件的结构、功用及选材；
2. 熟悉轴类零件的机械加工方法；
3. 懂得轴类零件的质量检测方法；
4. 熟悉套类零件的机械加工方法；
5. 懂得套类零件的质量检测方法；
6. 熟悉平面类零件的机械加工方法；
7. 懂得平面的质量检测方法；
8. 了解箱体类零件的机械加工方法；
9. 了解箱体类零件的质量检测方法。

典型零件包括轴套类零件、轮盘类零件、叉架类零件、箱体类零件。本章将以生产中常见的典型零件为例，介绍其功用与技术要求、零件材料的选择、零件的加工方法、零件的质量检验、零件的工艺分析等内容。

6.1　轴类零件加工技术基础

6.1.1　轴类零件的功用与技术要求

1. 轴类零件的功用

轴类零件是一种常用的典型零件，主要用于支承齿轮、带轮等传动零件，并用于传递运动和扭矩，故其具有许多外圆、轴肩、螺纹、螺尾退刀槽、砂轮越程槽和键槽等结构。外圆用于安装轴承、齿轮、带轮等；轴肩用于轴上零件和轴本身的轴向定位；螺纹用于安装各种锁紧螺母和高速螺母；螺尾退刀槽供加工螺纹时退刀用；砂轮越程槽则是为了能完整地磨削出外圆和端面；键槽用来安装键，以传递扭矩。

根据结构形状的不同，轴类零件可分为光轴、阶梯轴、万向轴、软轴和曲轴等，如

图 6-1 所示。轴的长径比小于 5 的称为短轴，大于 20 的称为细长轴，大多数轴介于两者之间。

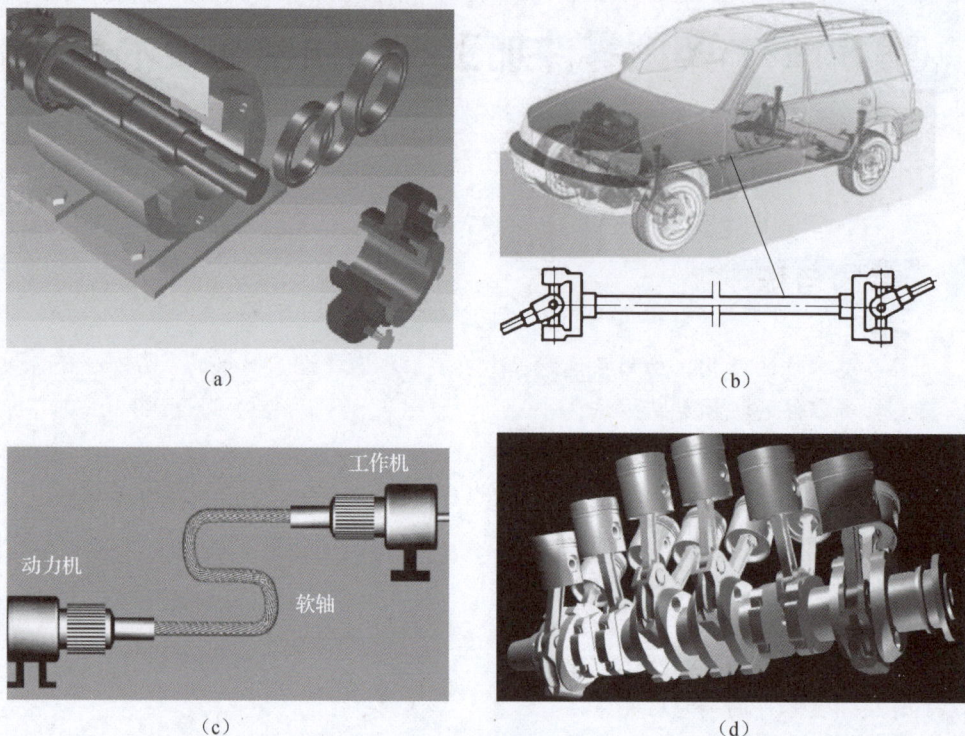

(a)

(b)

工作机
动力机
软轴

(c)

(d)

图 6-1　轴的结构图例

（a）阶梯轴；（b）万向传动轴；（c）软轴；（d）曲轴

2. 轴类零件的技术要求

轴用轴承支承，其与轴承配合的轴段称为轴颈。轴颈是轴的装配基准，它们的精度和表面质量一般要求较高，其技术要求一般根据轴的主要功用和工作条件制定，通常有以下几个方面：

① 尺寸精度：轴类零件的尺寸精度主要指轴的直径尺寸精度。轴上支承轴颈和配合轴颈（装配传动件的轴颈）的尺寸精度和形状精度是轴的主要技术要求之一，它将影响轴的回转精度和配合精度。起支承作用的轴颈为了确定轴的位置，通常尺寸精度要求较高（IT5 ~ IT7），装配传动件的轴颈尺寸精度一般要求较低（IT6 ~ IT9），精密的轴颈可达 IT5。

② 位置精度：为保证轴上传动件的传动精度，必须规定支承轴颈与配合轴颈的位置精度，通常以配合轴颈相对于支承轴颈的径向圆跳动或同轴度来保证。普通精度的轴，其配合轴段对支承轴颈的径向圆跳动一般为 0.01 ~ 0.03 mm，高精度轴（如主轴）通常为 0.001 ~ 0.005 mm。

③ 表面结构：轴上的表面以支承轴颈的表面质量要求最高，其次是配合轴颈或工作表面。这是保证轴与轴承以及轴与轴上传动件正确可靠配合的重要因素。一般与轴承相配合的

支承轴颈的表面粗糙度为 $Ra0.63 \sim 0.16\ \mu m$，与传动件相配合的轴颈表面粗糙度为 $Ra2.5 \sim 0.63\ \mu m$。

6.1.2　轴类零件的材料选择

1. 轴类零件的毛坯材料

轴类零件的毛坯材料可根据使用要求、生产类型、设备条件及结构，选用棒料、锻件等毛坯形式。对于外圆直径相差不大的轴，一般以棒料为主。而对于外圆直径相差大的阶梯轴或重要的轴，常选用锻件，这样既节约材料，又减少机械加工的工作量，还可改善机械性能。

毛坯制造方法主要与零件的使用要求和生产类型有关。光轴或直径相差不大的阶梯轴，一般常用热轧圆棒料毛坯。当成品零件尺寸精度与冷拉圆棒料相符合时，其外圆可不进行车削，这时可采用冷拉圆棒料毛坯。比较重要的轴，多采用锻件毛坯。由于毛坯加热锻打后，能使金属内部纤维组织沿表面均匀分布，从而能得到较高的机械强度。对于某些大型、结构复杂的轴（如曲轴等），可采用铸件毛坯。

2. 轴类零件的材料

轴类零件应根据不同的工作条件和使用要求选用不同的材料并采用不同的热处理规范（如调质、正火、淬火等），以获得一定的强度、韧性和耐磨性。

45 钢是轴类零件的常用材料，它价格便宜，经过调质（或正火）后可得到较好的切削性能，而且能获得较高的强度和韧性等综合机械性能，淬火后表面硬度可达 45 ~ 52 HRC。

40Cr 等合金结构钢适用于中等精度而转速较高的轴类零件，这类钢经调质和淬火后，具有较好的综合机械性能。

轴承钢 GCr15 和弹簧钢 65Mn，经调质和表面高频淬火后，表面硬度可达 50 ~ 58 HRC，并具有较高的耐疲劳性能和较好的耐磨性能，可制造较高精度的轴。

精密机床的主轴（例如：磨床砂轮轴、坐标镗床主轴）可选用 38CrMoAlA 氮化钢。这种钢经调质和表面氮化后，不仅能获得很高的表面硬度，而且能保持较软的心部，因此耐冲击韧性好。与渗碳淬火钢比较，它具有热处理变形很小、硬度更高的特性。

6.1.3　轴类零件的加工方法

轴类零件和盘类、套类零件一样，具有外圆柱表面，采用车削加工方法形成，采用磨削加工作为精加工，采用研磨等作为精密加工。轴类零件上的键槽以及轴的端面可采用铣削加工的方法，花键轴可采用拉削的方法成形。外圆柱表面加工方案见表 6-1。

1. 定位与装夹

轴类零件加工时，常以两端中心孔或外圆面定位，以顶尖或卡盘装夹。普通车床上常用顶尖、拨盘、三爪自定心卡盘、四爪单动卡盘、中心架、跟刀架和心轴等，以适应装夹各种工件的需要。

外圆车削加工时，最常见的工件装夹方法见表 6-2。

表 6-1　外圆柱表面加工方案

序号	加工方法	经济精度	表面结构 Ra 值 /μm	适用范围
1	粗车	IT11 ~ 13	10 ~ 50	适用于淬火钢以外的各种金属
2	粗车—半精车	IT8 ~ 10	2.5 ~ 6.3	
3	粗车—半精车—精车	IT7 ~ 8	0.8 ~ 1.6	
4	粗车—半精车—精车—滚压（或抛光）	IT7 ~ 8	0.025 ~ 0.2	
5	粗车—半精车—磨削	IT7 ~ 8	0.4 ~ 0.8	主要用于淬火钢，也可用于未淬火钢，但不宜加工有色金属
6	粗车—半精车—粗磨—精磨	IT6 ~ 7	0.1 ~ 0.4	
7	粗车—半精车—粗磨—精磨—超精加工	IT5	0.012 ~ 0.1	
8	粗车—半精车—精车—精细车（金刚车）	IT6 ~ 7	0.025 ~ 0.4	主要用于要求较高的有色金属加工
9	粗车—半精车—粗磨—精磨—超精磨	IT5		极高精度的外圆加工
10	粗车—半精车—粗磨—精磨—研磨	IT5		

表 6-2　外圆车削加工时常用的工件装夹方法

名称	装夹图	装夹特点	应用
三爪卡盘		三爪卡盘可同时移动，自动定心，装夹迅速、方便	长径比小于4，截面为圆形，六方体的中、小型工件加工
四爪卡盘		四个卡爪都可单独移动，装夹工件需要找正	长径比小于4，截面为方形、椭圆形的较大、较重的工件加工
花盘		盘面上多通槽和T形槽，使用螺钉、压板装夹，装夹前须找正	形状不规则的工件、孔或外圆与定位基面垂直的工件加工

续表

名称	装夹图	装夹特点	应用
双顶尖		定心正确，装夹稳定	长径比为 4～15 的实心轴类零件的加工
双顶尖中心架		支爪可调，增加工件刚性	长径比大于 15 的细长轴工件粗加工
一夹一顶跟刀架		支爪随刀具一起运动，无接刀痕	长径比大于 15 的细长轴工件半精加工、精加工
心轴		能保证外圆、端面对内孔的位置精度	以孔为定位基准的套类零件的加工

2. 外圆表面加工

（1）车削外圆柱面

根据加工要求和切除余量的多少不同，可分粗车、半精车、精车、精细车。

① 粗车外圆。粗车的目的是切去毛坯的硬皮，切除大部分加工余量，改变不规则的毛坯形状，为进一步精加工做好准备。粗车外圆时常用 75°或 90°车刀，如图 6-2 所示。粗车时的切削用量，应尽量选取较大的背吃刀量，一般的粗加工余量可在一次走刀中切除，一般中碳钢的背吃刀量为 2～4 mm，进给量 f 为 0.2～0.4 mm/r，切削速度为 50～70 m/min。粗车的经济精度为 IT11～IT13，表面粗糙度为 Ra12.5～50 μm。

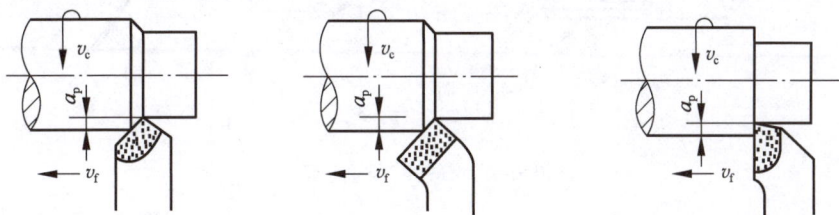

图 6-2 车削外圆

② 半精车。半精车可作为中等精度外圆表面的最终加工，也可以作为磨削和其他精加工工序前的预加工，加工的经济精度为 IT8～IT10，表面粗糙度为 Ra3.2～6.3 μm。

③ 精车。精车的主要任务是保证加工零件尺寸、形状及相互位置的精度、表面粗糙度等符合图样要求。精车时一般取大的切削速度和较小的进给量、背吃刀量。精车的加工精度

可达 IT6 ～ IT7，表面粗糙度为 $Ra0.8$ ～ $1.6\ \mu m$。

④ 精细车。精细车是用经过仔细刃磨的人造金刚石或细颗粒度硬质合金车刀，精度较高的车床，在高的切削速度、小的进给量及背吃刀量的条件下进行车削。精细车的加工精度为 IT5 ～ IT6，表面粗糙度为 $Ra0.2$ ～ $0.8\ \mu m$，特别适合于有色金属的精密加工。

（2）车端面和台阶

车端面常用的刀具有偏刀和弯头车刀两种。

① 用右偏刀车端面如图 6-3（a）所示，用右偏刀车端面时，如果是由外向里进刀，则是利用副刀刃在进行切削的，故切削不顺利，表面也车不细，车刀嵌在中间，使切削力向里，因此车刀容易扎入工件而形成凹面；用左偏刀由外向中心车端面，如图 6-3（b）所示，主切削刃切削，切削条件有所改善；用右偏刀由中心向外车削端面时，如图 6-3（c）所示，由于是利用主切削刃在进行切削，所以切削顺利，也不易产生凹面。

② 用弯头刀车端面如图 6-3（d）所示，以主切削刃进行切削则很顺利，如果再提高转速也可车出表面质量较好的表面。弯头车刀的刀尖角等于 90°，刀尖强度要比偏刀大，不仅用于车端面，还可车外圆和倒角等工件。

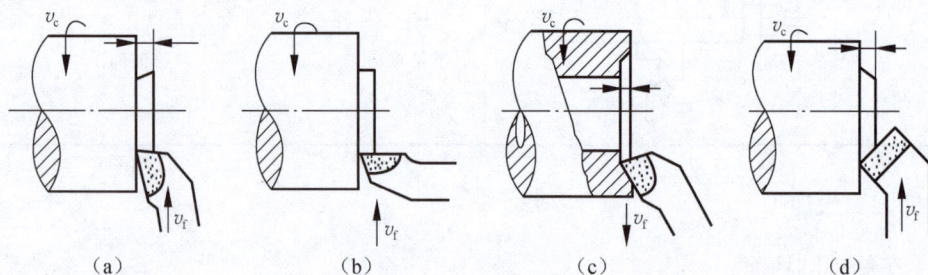

图 6-3　车削端面

轴类零件的台阶车削如图 6-4 所示。台阶较高时，可分层车削，最后按车端面的方法平整台阶端面。

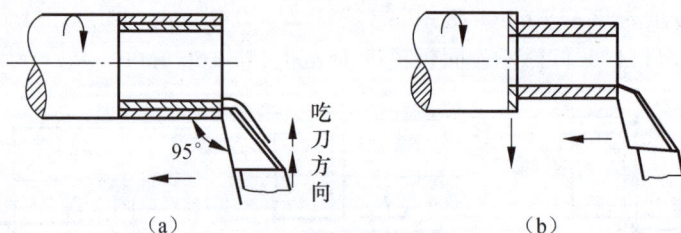

图 6-4　高台阶车削方法

（3）切槽和切断

切槽和切断如图 6-5 所示。回转零件内、外表面上的沟槽一般由相应的成形车刀，通过横向进给实现。

切槽的极限深度是切断。切断时，切断刀伸入工件内部，散热条件差、排屑困难。另外，切断刀的强度和刚度也差，容易引起振动，使刀具折断。因此，切断刀应安装正确，切断时的切削速度和进给量要降低。

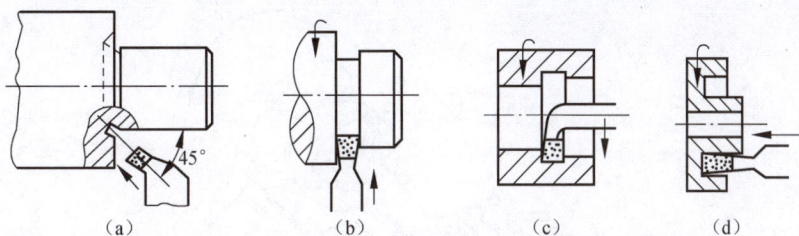

图 6-5　切槽和切断

（4）圆锥面的车削

① 转动小滑板车削圆锥面，如图 6-6 所示，先把小滑板转过一个圆锥斜角 $\alpha/2$，然后手动进给完成圆锥面车削。此法操作简单、调整方便、应用广泛，适于加工长度短而锥度大的内、外圆锥面。缺点是不能自动进给，加工锥面长度受小刀架行程的限制，不能太长。

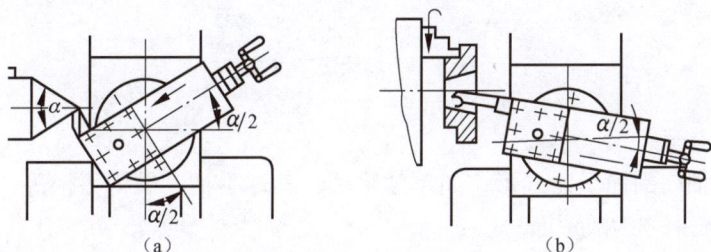

图 6-6　转动小滑板车圆锥

② 偏移尾座法，如图 6-7 所示，将尾座横向移动一个距离 S，使工件的回转轴线与车床主轴线的夹角等于圆锥斜角 $\alpha/2$，这样就可以纵向自动进给车削圆锥面。用这种方法可以加工较长的外锥面，并能自动进给。但是尾座的偏移量不能太大，否则由于顶尖和中心孔接触不良，磨损不均匀，会引起振动和加工误差。所以这种方法不能加工锥度太大的工件（$\alpha<8°$）和内锥面。

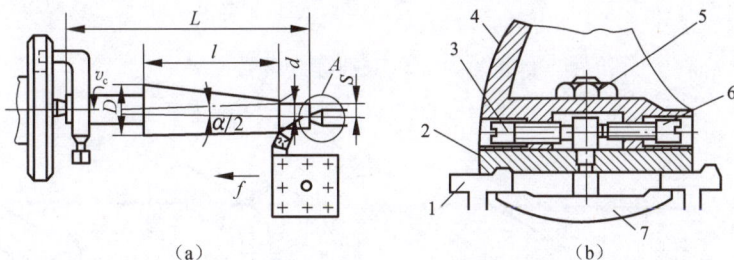

1—床身；2—底座；3—调节螺钉；4—尾座体；5—固定螺钉；6—调节螺钉；7—压板

图 6-7　偏移尾座车锥面

③ 用靠模法车锥面，如图 6-8 所示，锥度靠模装在床身上，可以方便地调整圆锥斜角 $\alpha/2$。加工时卸下中滑板的丝杠和螺母，使中滑板能横向自由滑动，中滑板的接长杠用滑块铰链与锥度靠模连接。当床鞍纵向进给的同时，中滑板带动刀架一面纵向移动，一面又做横向移动，从而使车刀运动的方向平行于锥度靠模，加工成所要求的锥面。靠模法车锥面生产效率高，车出工件精度高，表面质量好，适用于成批生产，加工锥度小、锥体长的工件，但不能加工锥度较大的圆锥面。

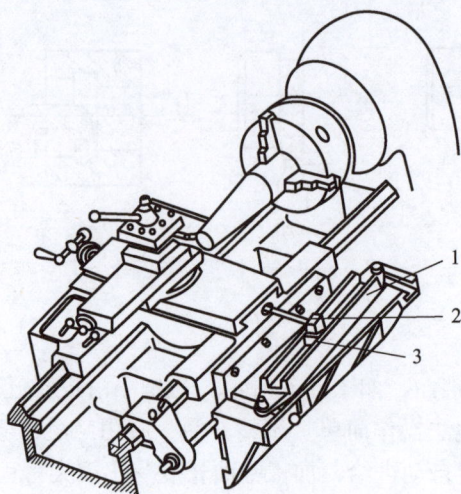

1—锥度靠模；2—接杆；3—滑块

图 6-8　靠模法车锥面

（5）车成形表面

有些零件的轴向剖面呈曲线形，如单球手柄、三球手柄、橄榄手柄等，如图 6-9 所示，具有这些特征的表面称为成形面。

常用的成形刀具按形状可分为以下几类，如图 6-10 所示。

① 普通成形刀与普通车刀相似，可用手磨，精度低。

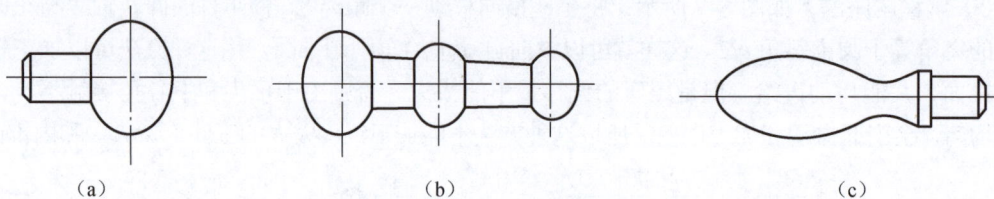

（a）　　　　　　　　　　　（b）　　　　　　　　　　　（c）

图 6-9　具有成形面的零件

（a）单球手柄；（b）三球手柄；（c）橄榄手柄

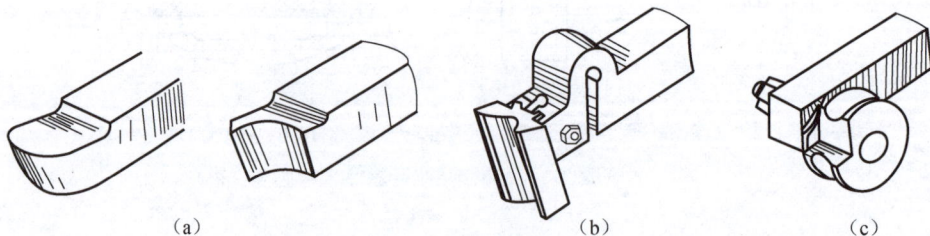

（a）　　　　　　　　　　　（b）　　　　　　　　　　　（c）

图 6-10　常用成形刀

（a）普通成形刀；（b）棱形成形刀；（c）圆形成形刀

② 棱形成形刀由刀头和刀杆组成，精度高。

③ 圆形成形刀圆轮形开一缺口。

在车床上加工成形面时，应根据工件的表面特征、精度要求和生产批量大小，采用不同的加工方法。常用的加工方法有双手控制法、成形法（即样板刀车削法）、仿形法（靠模仿形）和专用工具法等。双手控制法车成形面是成形面车削的基本方法。

3. 轴类零件的磨削加工

轴类零件的轴颈、轴肩等安装滚动轴承的结合面，要求较高的尺寸精度、形位精度和较小的表面粗糙度，常在半精车后通过磨削加工来达到要求。磨削加工是应用砂轮作为切削工具，多应用在淬硬外圆表面的加工，一般半精加工之后进行，也可在毛坯外圆表面直接进行磨削加工，因此，磨削加工既是精加工手段，又是高效率机械加工手段之一。磨削加工的精度可达 IT5 ～ IT8，表面粗糙度为 $Ra0.1 ～ 0.16 \mu m$。

磨削加工时的切削工具为砂轮，砂轮是由磨料、结合剂组成的，由于磨料及结合剂的制造工艺不同，砂轮的特性也不同。砂轮的特性包括磨料、硬度、粒度、组织、结合剂、形状、尺寸及线速度。砂轮的特性已经标准化，可按砂轮上的标志查有关资料。

外圆表面的磨削在外圆磨床上进行时称为中心磨削，在无心磨床上磨削称为无心磨削。

（1）在外圆磨床磨削外圆

一般使用普通外圆磨床，外圆磨床的砂轮架可以在水平面内分别转动一定的角度，并带有内圆磨头等附件，所以不仅可以磨削外圆及外圆锥面，而且能磨削内圆柱面、内圆锥面和圆盘平面。

在外圆磨床上磨削外圆时，工件安装在前后顶尖上，用拨盘和鸡心夹头来传递动力和运动。常见的磨削方法有纵磨法、横磨法、综合磨法，如图 6–11 所示。

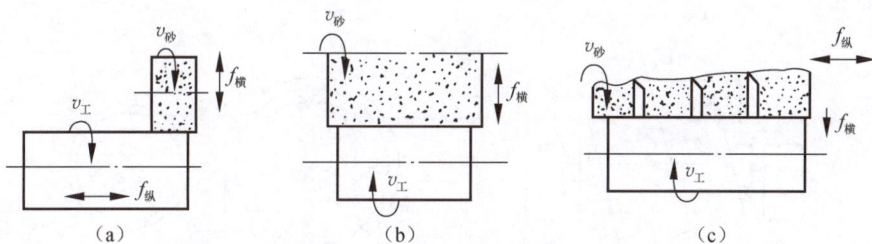

图 6–11　在外圆磨床上磨削外圆
（a）纵磨法；（b）横磨法；（c）综合磨法

① 纵磨法。纵磨法如图 6–11（a）所示，机床的运动有：砂轮旋转为主运动，工件旋转和往复运动实现圆周进给和轴向进给运动，砂轮架水平进给实现径向进给运动，工件往复一次，外圆表面轴向切去一层金属，直到加工到工件要求尺寸。加工精度高，适用于细长轴类零件的外圆表面，但是生产率较低，多用于单件、小批量生产及精磨工序中。

② 横磨法。横磨法如图 6–11（b）所示，磨削时没有工件往复运动，砂轮连续的横向进给直到磨削至工件尺寸。横磨时，砂轮与工件接触面积大，散热条件差，工件易烧伤和变形，且工件表面加工后的几何精度受砂轮形状影响，加工精度没有纵磨法高，但生产效率高，适用于批量生产时磨削工件刚度较好、长度较短的外圆表面及有台阶的轴颈。

③ 综合磨法。综合磨法如图 6–11（c）所示，是横磨法和纵磨法的综合应用，即先用横磨法将工件分段进行粗磨，工件上留有 0.01 ～ 0.05 mm 的精度余量，最后用纵磨法进行精磨，完成全部加工，适用于磨削余量较大、长度较短而刚度较好的工件。

（2）在无心磨床上磨削外圆表面

无心磨削时，工件的中心必须高于导轮和砂轮的中心连线，使工件与砂轮、导轮间的接触点不在工件的同一直径上，从而使工件上某些凸起表面在多次转动中能逐次磨圆，避免磨出棱圆形工件，如图6-12所示。实践证明：工件中心越高，越易获得较高的圆度，磨圆过程也越快。但工件中心高出的距离也不能太大，否则导轮对工件的向上垂直分力有可能引起工件跳动，从而影响加工表面的质量。一般取 $h=(0.15 \sim 0.25)d$，d 为工件直径。

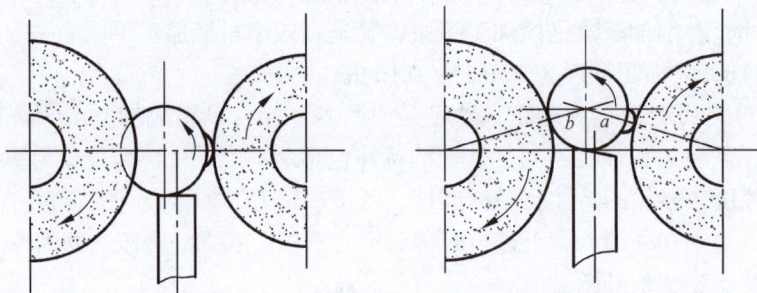

图 6-12　无心外圆磨削加工原理图

无心外圆磨床有纵磨法和横磨法两种，如图6-13所示。纵磨法适用于磨削不带凸台的圆柱形工件，磨削表面长度可大于或小于砂轮宽度，磨削加工时，一件接一件地连续对工件进行磨削，生产率高。横磨法适用于磨削有阶梯的工件或成形回转体表面，但磨削表面长度不能大于砂轮宽度。

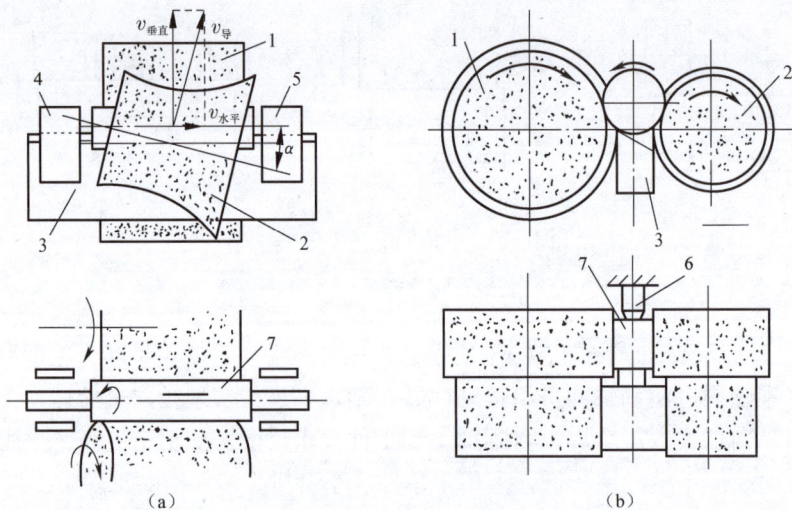

（a）　　　　　　　　　　　　（b）

1—磨削砂轮；2—导轮；3—托板；4—前导板；5—后导板；6—挡块；7—工件

图 6-13　无心磨削

（a）纵磨法；（b）横磨法

在无心外圆磨床上磨削外圆表面时，工件不需钻中心孔，装夹工件省时省力，可连续磨削；由于有导轮和托板沿全长支承工件，因而刚度差的工件也可用较大的切削用量进行磨削。所以无心外圆磨削生产率较高。

4. 轴类零件的精密加工

轴类零件的尺寸精度在 IT6 以上，工件表面粗糙度在 0.4 μm 以下，就要采用精密加工的方法，如研磨、抛光、超精加工、滚压加工等。

（1）研磨

研磨是指用研具和研磨剂从工件表面研去极薄一层金属的加工方法，研磨过程实际上是用研磨剂对工件表面进行刮划、滚擦以及微量切削的综合作用过程。研磨法分手工和机械两种。

手工研磨适用于单件小批量的生产。研磨外圆时，工件夹持在车床卡盘上或用顶尖支承，做低速回转，研具套在工件上，在研具和工件之间加入研磨剂，然后用手推动研具做往返运动。外圆研具如图 6-14 所示。如图 6-14（a）所示，粗研具套孔内有油槽，可储存研磨剂；如图 6-14（b）所示，精研具套孔内无油槽。研具往复运动速度常选 20 ～ 70 m/min。

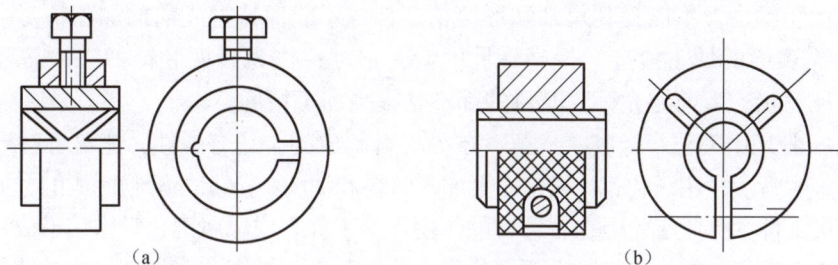

图 6-14　外圆研具

（a）粗研具；（b）精研具

机械研磨适用于成批量生产，生产效率较高，研磨质量较稳定。图 6-15 所示为一种行星传动式的双面研磨机。通过研磨加工，工件可获得 IT3 ～ IT6 的精度等级，表面粗糙度为 $Ra0.01$ ～ $0.012\,μm$，但研磨一般不能纠正表面之间的位置精度，研磨余量一般为 0.005 ～ 0.02 μm。

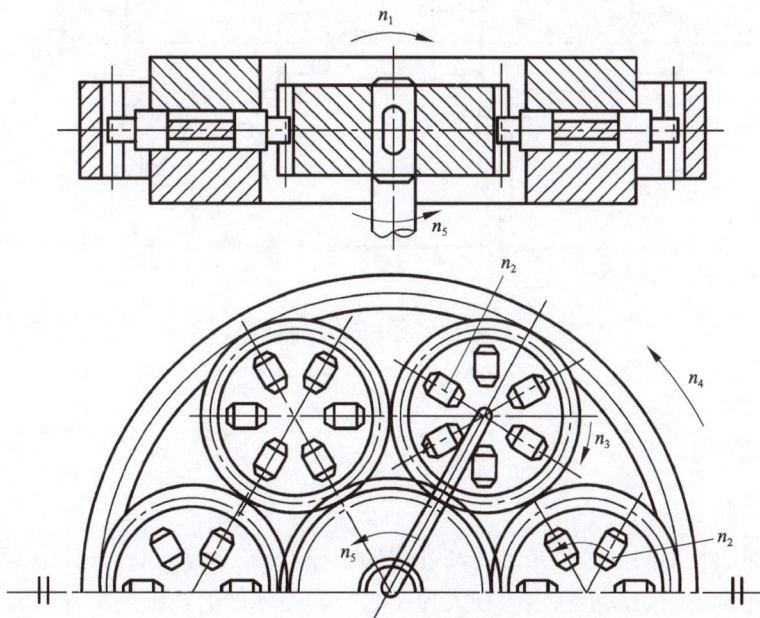

图 6-15　行星齿轮研磨

（2）超精加工

超精加工的原理如图 6-16 所示。此图为超级光磨外圆，加工时使用油石，以较小的压力（150 kPa）压向工件，加工中有三种运动：工件低速转动、磨头轴向进给运动及磨头的高速往复振动。这样，使工件表面形成不重复的磨削轨迹。加工中一般使用煤油做冷却液。超精加工可获得表面粗糙度为 $Ra0.08 \sim 0.1~\mu m$ 的表面。但超精加工不能纠正上道工序留下的几何形状及位置误差。

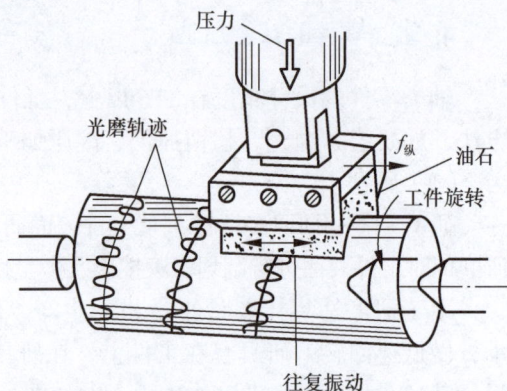

图 6-16　超级光磨外圆

（3）抛光

抛光工作是在高速旋转的抛光轮上进行的，只能减小表面粗糙度，不能提高尺寸和形位精度，也不能保持抛光前的加工精度。抛光的主要作用有消除表面的加工痕迹，提高零件的疲劳强度；作为表面装饰加工；需要电镀的零件，为了保证质量，镀前抛光等。其目的都不是提高加工精度。

抛光轮一般是用毛毡、橡胶、皮革、布等材料制成的，具有弹性，能对各种形面进行抛光。抛光液（磨膏）是用氧化铝、氧化铁等加入磨料和油酸、软脂等配制而成的，抛光时涂于抛光轮上。将工件手持压于轮上，在磨膏的作用下，工件表层金属因化学作用形成一层极薄软膜，可被软于工件材料的磨料切除而不留痕迹。此外，由于抛光速度很高，摩擦使工件表面温度很高，致使工件表层出现塑性流动，填补表面凹坑之处，从而使表面粗糙度变小。

（4）滚压加工

滚压加工是用滚压工具对金属材质的工件施加压力，使其产生塑性变形，从而降低工件表面粗糙度，强化表面性能的加工方法。它是一种无切屑加工。图 6-17 所示为滚压加工示意图。

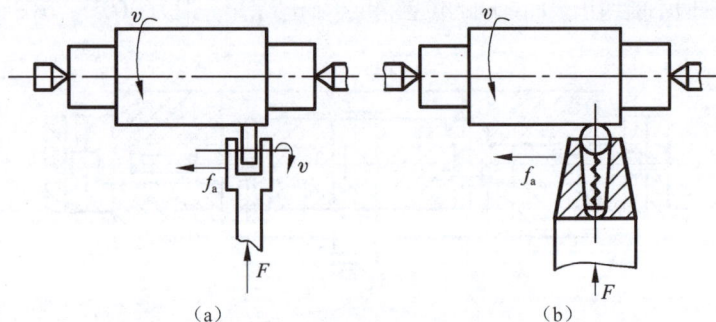

（a）　　　　　　　　　　　（b）

图 6-17　滚压加工示意图

（a）滚轮滚压；（b）滚珠滚压

5. 其他表面的加工方法

（1）花键的加工

花键按截面形状不同可分为矩形、渐开线形、梯形和三角形四种，其中矩形花键盘应用最广。定心方式常见的是以小径定心和大径定心，轴类零件的花键加工常用铣削、滚削和磨削三种方法，如图 6-18 所示。

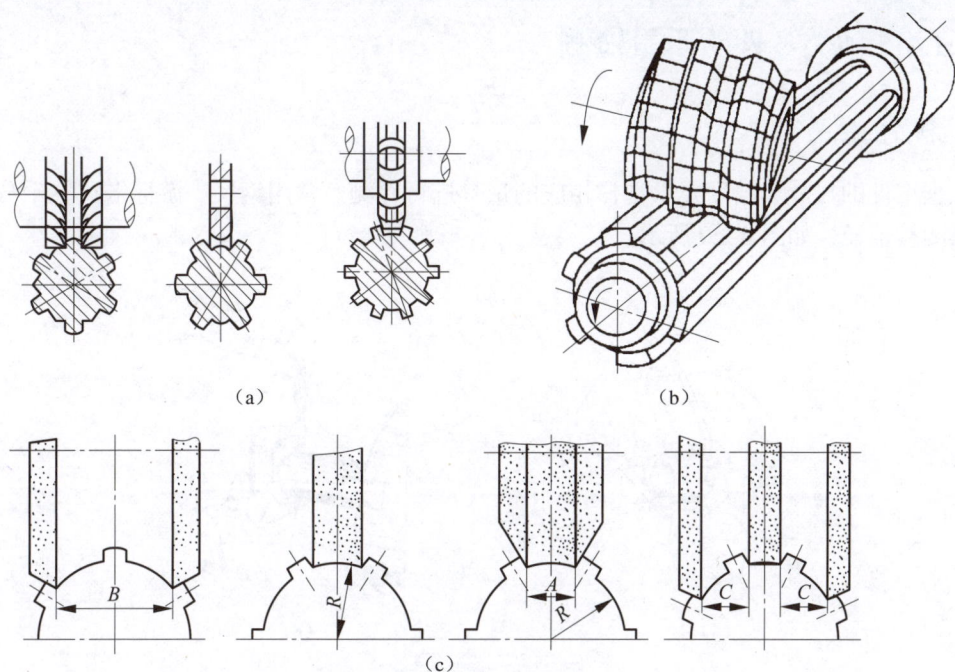

图 6-18　花键的加工

（a）铣削；（b）滚削；（c）磨削

（2）螺纹的加工

螺纹是轴类零件的常见加工表面，其加工方法很多，常用的方法有车削、铣削、滚压和磨削，如图 6-19 所示。

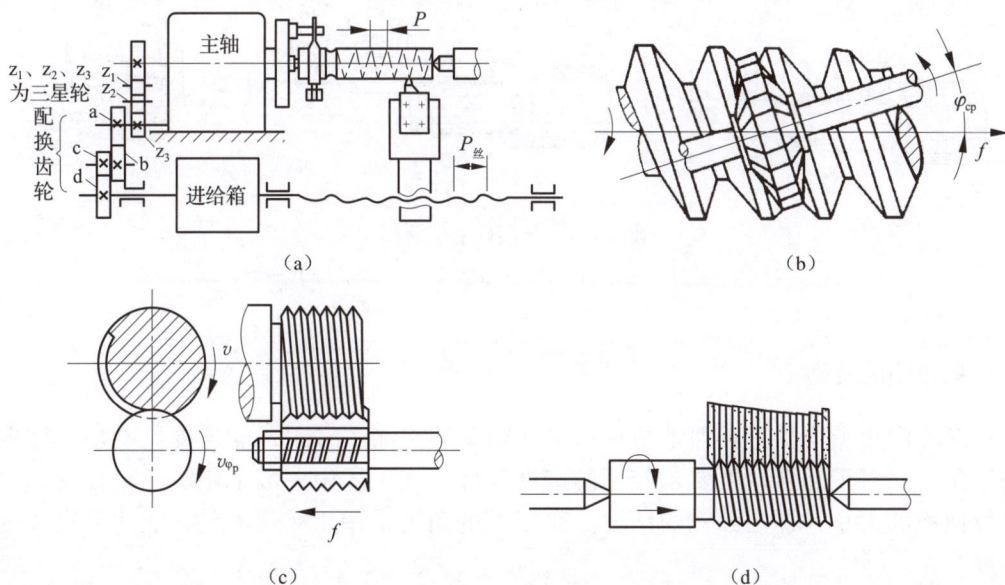

图 6-19　螺纹的加工

（a）车削；（b）铣削；（c）滚压；（d）磨削

237

6.1.4　轴类零件的质量检测

1. 轴径的检测

根据工件的尺寸、精度要求选择相应的量具进行检测。常用钢尺、游标卡尺、千分尺等量具来测量轴径，如图 6-20 所示。

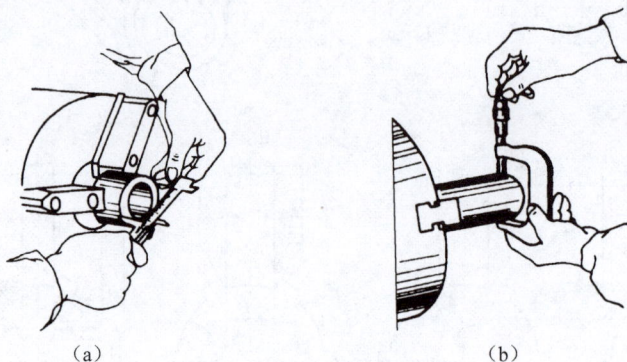

（a）　　　　　　　　　　　　　　　　　　　（b）

图 6-20　测量轴径

（a）游标卡尺测轴径；（b）千分尺测轴径

2. 长度尺寸的检测

工件台阶粗加工结束后，一般使用钢直尺和游标卡尺测量长度。若是大批量生产，也可以用卡规测量，如图 6-21 所示。

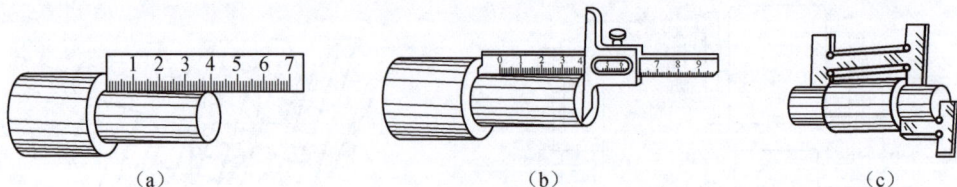

（a）　　　　　　　　　　　　（b）　　　　　　　　　　　　（c）

图 6-21　长度尺寸的测量

（a）用钢直尺测量；（b）用游标卡尺测量；（c）用卡规测量

3. 圆锥面的检测

圆锥的检测主要是指对圆锥角度和尺寸精度的检测。常用万能角度尺、角度样板检测圆锥角度。对于配合精度要求较高的锥度零件，在工厂中一般采用涂色检验法，以检查接触面积的大小来评定圆锥的精度。3° 以下的角度采用正弦规测量，能达到很高的测量精度。

（1）角度和锥度的检验方法

① 用万能角度尺检测。万能角度尺可测量 0° ~ 320° 范围内的任何角度。用万能角度尺检测外圆锥角度时，应根据工件角度的大小，选择不同的测量方法，如图 6-22 所示。

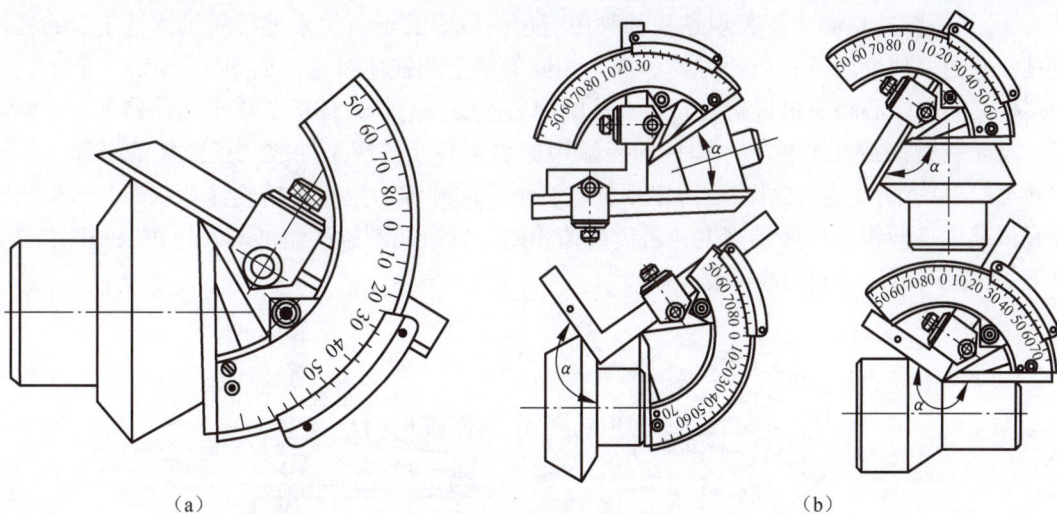

（a）　　　　　　　　　　　　　　　（b）

图 6-22　用万能角度尺测量工件的方法

（a）万能角度尺结构；（b）不同角度的测量方法

② 用角度样板检测。角度样板主要用于成批和大量生产时的检测。图 6-23 所示为用角度样板测量齿轮角度的情况。

③ 用涂色法检测。检验标准圆锥或配合精度要求高的工件时（如莫氏锥度和其他标准锥度），可用标准圆锥塞规或圆锥套规来测量。如图 6-24（a）所示，圆锥套规用于检测

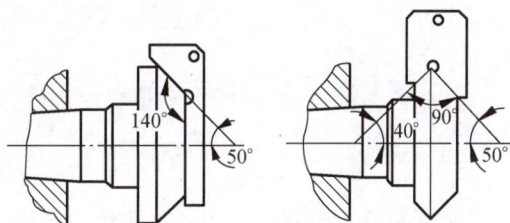

图 6-23　用样板测量圆锥齿轮坯的角度

外圆锥。圆锥塞规用于检测内圆锥，如图 6-24(b) 所示。圆锥量规的测量如图 6-24(c) 所示。圆锥塞规检验内圆锥时，要先在塞规表面顺着圆锥素线方向均匀地涂上三条显示剂（显示剂为印油、红丹粉、机油的调和物等，线与线间隔 120°），然后把塞规放入内圆锥中约转动半周，最后取下塞规，观察显示剂擦去的情况。如果显示剂擦去均匀，则说明圆锥接触良好、锥度正确。如果小端擦到了而大端没擦去，说明圆锥角大了，反之，就说明圆锥角小了。

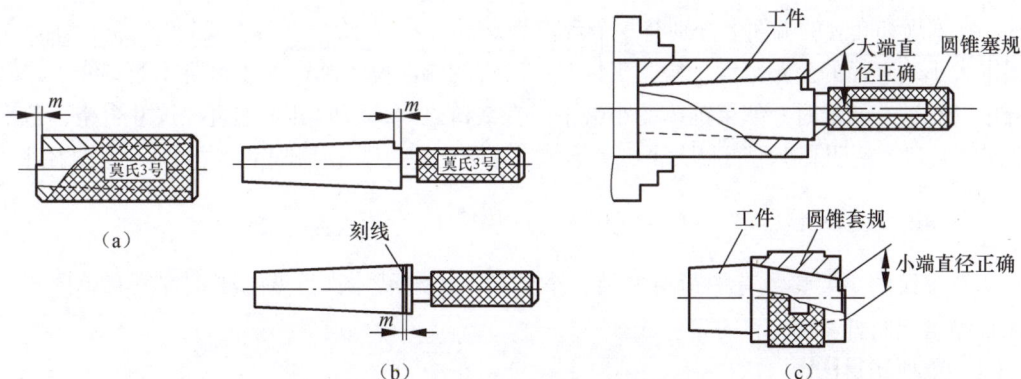

（a）　　　　　　　　　　　　　　　（b）

图 6-24　圆锥量规及用圆锥量规测量

（a）圆锥套规；（b）圆锥塞规；（c）用圆锥量规测量

④ 用正弦规检测。正弦规是一种利用三角函数中的正弦关系进行间接测量角度的精密量具。它由一块准确的钢质长方体和两个相同的精密圆柱体组成，如图6-25（a）所示。两个圆柱之间的中心距要求很精确，两圆柱的中心连线要与长方体的工作平面严格平行。测量时，将正弦规安放在平板上，圆柱的一端用量块垫高，被测工件放在正弦规的平面上，如图6-25（b）所示。量块组高度可以根据被测工件的圆锥半角进行精确计算获得，然后用百分表检验工件圆锥面的两端高度，若读数值相同，则表明圆锥半角准确。用正弦规测量3°以下的角度时可以达到很高的测量精度。

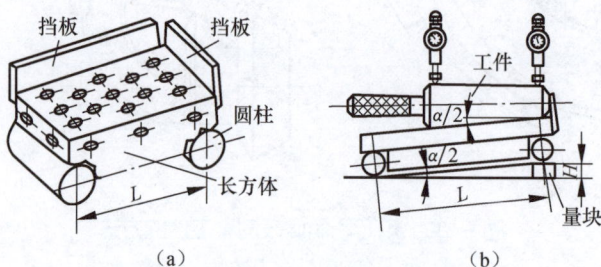

图6-25　正弦规及其使用方法

（a）正弦规；（b）使用方法

若已知圆锥半角为$\alpha/2$，则量块组高度为：

$$H = L\sin\frac{\alpha}{2} \tag{6-1}$$

若已知量块组高度为H，则圆锥半角为：

$$\sin\frac{\alpha}{2} = \frac{H}{L} \tag{6-2}$$

如百分表检验工件圆锥面的两端高度读数值不同，则说明被测工件圆锥角度有误差，具体调整的方法是通过调整量块组的高度，使百分表两端在圆锥面的读数值相同，这样就可以计算出圆锥实际的角度。

（2）圆锥尺寸的检测

圆锥的大、小端直径可用圆锥界限量规来测量，圆锥界限量规如图6-24（a）、图6-24（b）所示。在塞规和套规的端面上分别有一个台阶（或刻线），台阶长度m（或刻线之间的距离）就是圆锥大小端直径的公差范围。检验工件时，工件的端面位于圆锥量规台阶（两刻线）之间才算合格。测量外圆锥时，如果锥体的小端平面在缺口之间，说明其小端直径尺寸合格；若锥体未能进入缺口，说明其小端直径大了；若锥体小端平面超过了止端缺口，说明其小端直径小了。

4. 三角螺纹的检测

测量螺纹的主要参数有螺距与大径、小径和中径的尺寸，常见的测量方法有单项测量法和综合测量法两种。

（1）单项测量法

大径的测量：螺纹大径的公差较大，一般可用游标卡尺或千分尺进行测量。

螺距测量：在车削螺纹时，螺距的正确与否，从第一次纵向进给运动开始就要进行检查。可使第一刀在工件上划出一条很浅的螺旋线，然后用钢直尺、游标卡尺或螺距规进行测量，如图 6-26 所示。

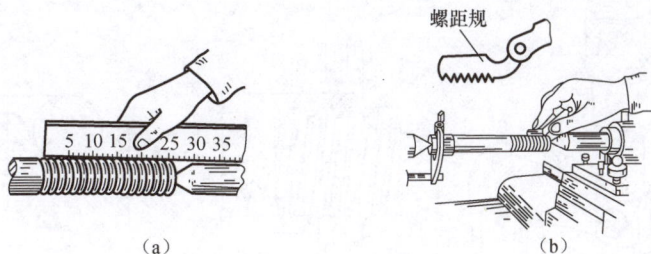

图 6-26　螺距测量
（a）用钢直尺测量螺距；（b）用螺距规测量螺距

中径测量：

① 用螺纹千分尺测量。三角形螺纹的中径可用螺纹千分尺测量，如图 6-27 所示。螺纹千分尺的结构和使用方法与一般千分尺相似，其读数原理也与一般千分尺相同，只是它有两个可以调整的测量头（上测量头、下测量头）。在测量时，两个与螺纹牙型角相同的测量头正好卡在螺纹牙侧，这时千分尺读数就是螺纹中径的实际尺寸。

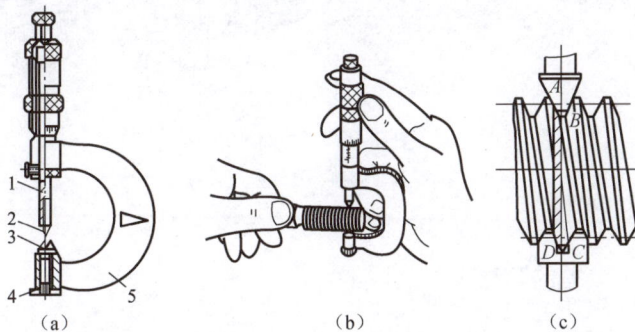

1—测量螺杆；2—上测量头；3—下测量头；4—砧座；5—尺架
图 6-27　三角螺纹中径的测量

② 用三针测量。用三针测量外螺纹中径是一种比较精密的测量方法。测量时所用的三根圆柱形量针是由量具厂专门制造的。在没有量针的情况下，也可用三根直径相等的优质钢丝或新的钻头柄部代替。测量时，把三根量针放置在螺纹两侧相对应的螺旋槽内，用千分尺量出两边量针之间的距离 M，如图 6-28 所示。根据 M 值可以计算出螺纹中径的实际尺寸。

（2）综合测量

综合测量法是采用螺纹量规对螺纹各主要部分的使用精度同时进行综合检验的一种测量方法。这种方法效率高，使用方便，能较好地保证互换性，广泛应用于对标准螺纹或大批量生产螺纹时的测量。

螺纹量规包括螺纹环规和螺纹塞规两种，每一种螺纹量规又有通规和止规之分，如图 6-29 所示。测量时，如果通规刚好能旋入，而止规不能旋入，则说明螺纹精度合格。对于精度要求不高的螺纹，也可以用标准螺母和螺栓来检验，即以旋入工件时是否顺利和旋入后松动程度来确定加工出的螺纹是否合格。

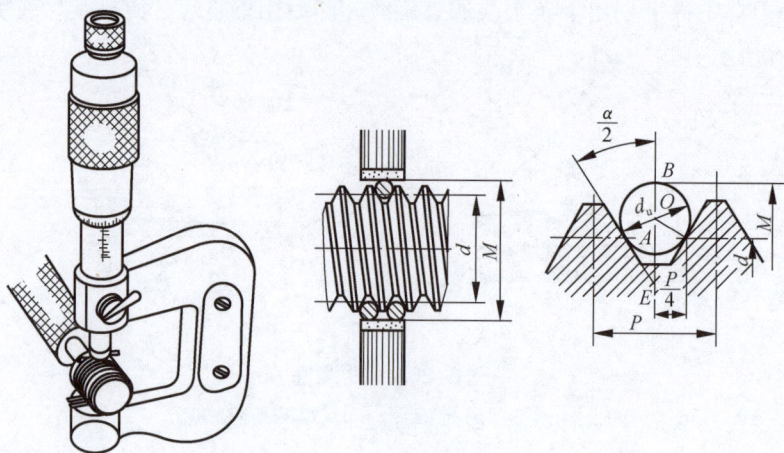

图 6-28　三针测量螺纹中径

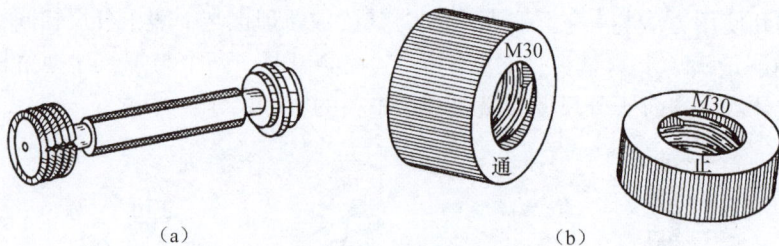

（a）　　　　　　　　　　　　　　　　（b）

图 6-29　螺纹量规
（a）螺纹塞规；（b）螺纹环规

5. 轴类零件几何公差的测量

（1）径向圆跳动的测量

① 将零件擦净，按如图 6-30 所示将工件置于偏摆仪两顶尖之间（带孔零件要装在心轴上），使零件转动自如，但不允许轴向窜动，然后紧固二顶尖座，当需要卸下零件时，一手扶着零件，一手向下按手把 L 即取下零件。

② 将百分表装在表架上，使表杆通过零件轴心线，并与轴心线大致垂直，测头与零件表面接触，并压缩 1～2 圈后紧固表架。

③ 转动被测件一周，记下百分表读数的最大值和最小值，该最大值与最小值之差为 II 截面的径向圆跳动误差值。

④ 测量应在轴向的三个截面上进行，如图 6-30所示，取三个截面中圆跳动误差的最大值，为该零件的径向圆跳动误差。

（2）端面圆跳动的测量

① 将杠杆百分表夹持在偏摆检查仪的表架上，缓慢移动表架，使杠杆百分表的测量头与被测端面接触，

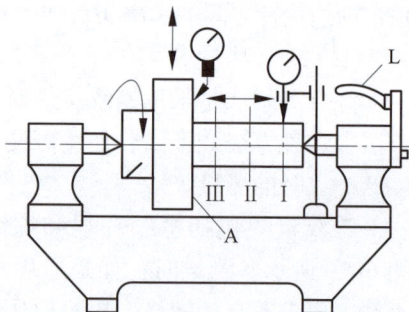

图 6-30　圆跳动、同轴度的测量简图

并将百分表压缩 2 ~ 3 圈。

② 转动工件一周，记下百分表读数的最大值和最小值，该最大值与最小值之差，即为直径处的端面跳动误差。

③ 在被测端面上均匀分布的三个直径处测量，取其三个中的最大值为该零件端面圆跳动误差。

（3）同轴度测量

① 将被测工件安装在跳动检查仪的两顶尖间，公共基准轴线由两顶尖模拟。

② 指示表压缩 2 ~ 3 圈。

③ 将被测工件回转一周，读出指示表的最大变动量 a 与最小变动量 b，则该截面上同轴度误差为：

$$f=a-b \tag{6-3}$$

④ 按上述方法测量若干个截面，取各截面测得的读数中最大的同轴度误差，作为该零件同轴度误差，并判断其是否合格。

6. 偏心距的测量

（1）直接测量

两端有中心孔的偏心轴，如果偏心距较小，可以在两顶尖间测量偏心距。测量时，把工件装夹在两顶尖之间，百分表的测头与偏心轴接触，用手转动偏心轴，百分表上指示出的最大值与最小值之差的一半就等于偏心距。其测量原理如图 6-31 所示。

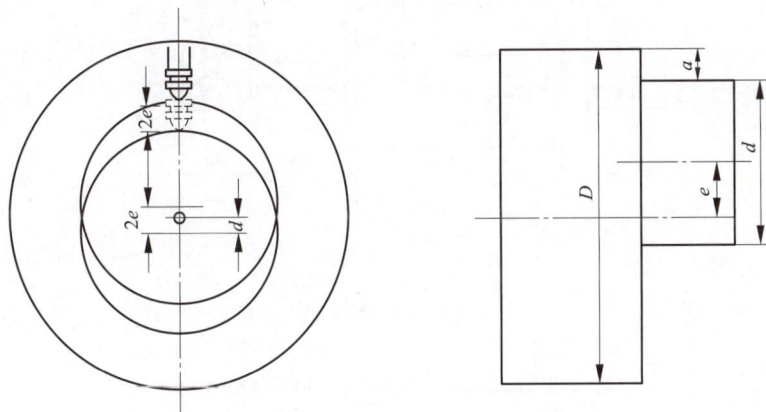

图 6-31 偏心距直接测量原理

（2）间接测量

偏心距较大的工件，因为受到百分表测量范围的限制，或者无中心孔的偏心工件，就不能用上述方法测量。这时可用间接测量的方法，其测量原理如图 6-32 所示。

如图 6-32 所示，测量时，把 V 形铁放在平板上，并把工件安放在 V 形铁中，转动偏心轴，用百分表测量出偏心轴的最高点，找出最高点后，把工件固定，再将百分表水平移动，测出偏心轴外圆到基准轴外圆之间的距离 a，则偏心距 e 的计算式为：

$$e=\frac{D}{2}-\frac{d}{2}-a \tag{6-4}$$

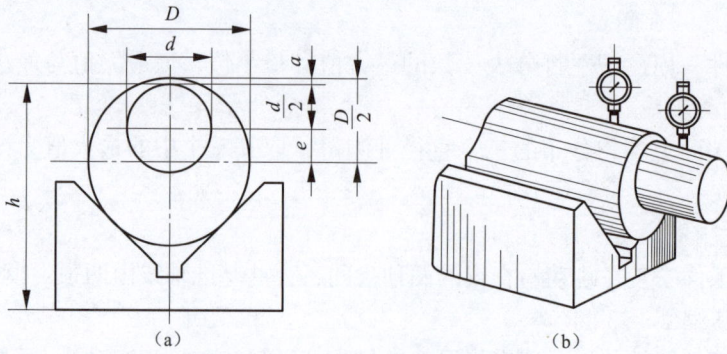

图 6-32　偏心距的间接测量方法

式中　*D*——基准轴直径，mm；

　　　d——偏心轴直径，mm，

　　　a——基准轴外圆到偏心轴外圆之间的最小距离，mm。

6.1.5　轴类零件工艺编制实例

产品的制造过程实际上是获取具有一定几何特性和物理、化学、机械性能的零件的过程。

例 6-1　如图 6-33 所示阶梯轴是一个简单的轴类零件，当加工数量较少时，可按表 6-3 加工工序进行加工；当加工数量较大时，可按表 6-4 加工工序进行加工。

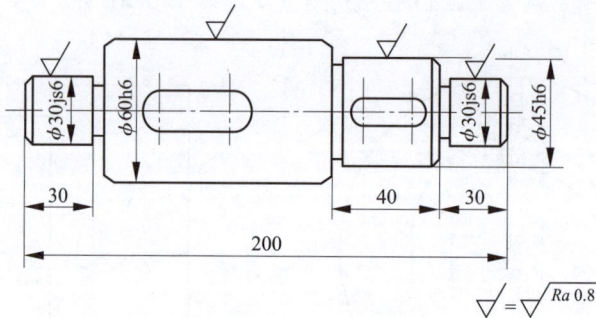

图 6-33　阶梯轴

表 6-3　阶梯轴工艺过程（生产批量较小时）

工序号	工序内容	设备
1	车端面，钻中心孔	车床
2	车外圆，车槽和倒角	车床
3	铣键槽，去毛刺	铣床
4	粗磨外圆	磨床
5	热处理	高频淬火机
6	精磨外圆	磨床

表6-4　阶梯轴工艺过程（生产批量较大时）

工序号	工序内容	设备
1	两边同时铣端面，钻中心孔	铣端面、钻中心孔机床
2	车一端外圆，车槽和倒角	车床
3	车另一端外圆，车槽和倒角	车床
4	铣键槽	铣床
5	去毛刺	铣床
6	粗磨外圆	磨床
7	热处理	高频淬火机
8	精磨外圆	磨床

例6-2　图6-34所示为车床主轴零件简图。这是一个相对较为复杂的轴类零件，现以其加工为例，说明在生产中轴类零件的加工工艺过程。

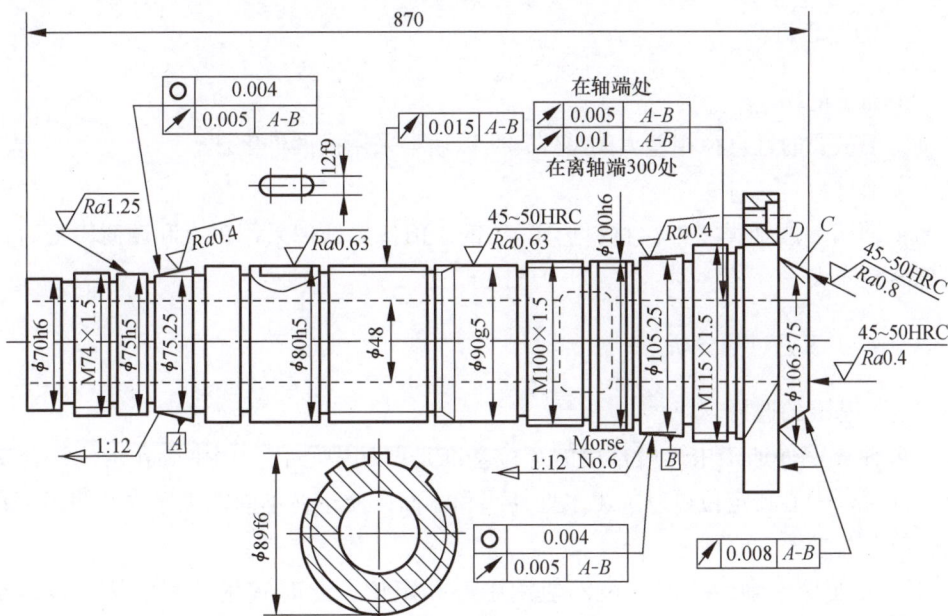

图6-34　车床主轴

1. 主轴的主要技术要求

（1）支承轴颈的技术要求

一般轴类零件的装配基准是支承轴颈，轴上的各精密表面也均以其支承轴颈为设计基准，因此轴件上支承轴颈的精度最为重要，它的精度将直接影响轴的回转精度。如图6-34所示，主轴有三处支承轴颈表面，前后带锥度的 *A*、*B* 面为主要支承，中间为辅助支承，其圆度和同轴度用跳动指标限制，均有较高的精度要求。

（2）螺纹的技术要求

主轴螺纹用于装配螺母，该螺母是调整安装在轴颈上的滚动轴承间隙用的，如果螺母端面相对于轴颈轴线倾斜，会使轴承内圈因受力而倾斜，轴承内圈歪斜将影响主轴的回转精度。所以主轴螺纹的牙型要正，与螺母的间隙要小。必须控制螺母端面的跳动，使其在调整轴承间隙的微量移动中，对轴承内圈的压力方向要正。

（3）前端锥孔的技术要求

主轴锥孔是用于安装顶尖或工具的莫氏锥柄，锥孔的轴线必须与支承轴颈的轴线同轴，否则会影响顶尖或工具锥柄的安装精度，加工时使工件产生定位误差。

（4）前端短圆锥和端面的技术要求

主轴的前端圆锥和端面是安装卡盘的定位面，为保证安装卡盘的定位精度，其圆锥面必须与轴颈同轴，端面必须与主轴的回转轴线垂直。

（5）其他配合表面的技术要求

如对轴上与齿轮装配表面的技术要求是：对 *A*、*B* 轴颈连线的圆跳动公差为 0.015 mm，以保证齿轮传动的平稳性，减少噪声。

2. 主轴的毛坯材料

（1）主轴的毛坯

主轴属于重要的且直径相差大的零件，所以通常采用模锻件毛坯。

（2）主轴材料

车床主轴属一般轴类零件，材料选用 45 钢，预备热处理采用正火和调质，最后热处理采用局部高频淬火。

3. 主轴加工工艺过程分析

（1）定位基准的选择

在一般轴类零件加工中，最常用的定位基准是两端中心孔。用中心孔定位符合基准重合原则。同时以中心孔定位可以加工多处外圆和端面，便于在不同的工序中都使用中心孔定位，这也符合基准统一原则。

当加工表面位于轴线上时，就不能用中心孔定位，此时宜用外圆定位，表6-5所示为车床主轴加工工艺过程。表中的第10工序钻主轴上的通孔，就是采用以外圆定位方法，轴的一端用卡盘夹外圆，另一端用中心架架外圆，即夹一头、架一头。作为定位基准的外圆面应为设计基准的支承轴颈，以符合基准重合原则。如表6-5中工艺过程中的17和23工序所用的定位面。

此外，粗加工外圆时为提高工件的刚度，采取用三爪卡盘夹一端（外圆），用顶尖顶一端（中心孔）的定位方式，如表6-5中6、8、9工序中所用的定位方式。

表 6-5　车床主轴加工工艺过程

序号	工序名称	工序简图	加工设备
1	备料		
2	精锻		立式精锻机
3	热处理	正火	
4	锯头		
5	铣端面、钻中心孔		专用机床
6	荒车	车各外圆面	卧式车床
7	热处理	调质 220 ~ 240 HBS	
8	车大端部		卧式车床 CA6140
9	仿形车小端各部		仿形车 CE7120
10	钻深孔		深孔钻床
11	车小端内锥孔（配 1:20 锥堵）		卧式车床 CA6140

序号	工序名称	工序简图	加工设备
12	车大端锥孔（配6号莫氏锥堵）；车外短锥及端面		卧式车床 CA6140
13	钻大端锥面各孔		Z55 钻床
14	热处理	高频感应加热淬火 Φ90g6、短锥及莫氏6号锥孔	
15	精车各外圆并车槽		数控车 CK6163
16	粗磨外圆两段		万能外圆磨床 M1432B

序号	工序名称	工序简图	加工设备
17	粗磨莫氏锥孔		内圆磨床 M2120
18	粗精铣花键		花键铣床 YB6016
19	铣键槽		铣床 X52
20	车大端内侧面及三段螺纹（配螺母）		卧式车床 CA6140
21	粗精磨各外圆及 E、F 两端面		万能外圆磨床 M1432B

续表

序号	工序名称	工序简图	加工设备
22	粗、精磨圆锥面		专用组合磨床
23	精磨6号莫氏内锥孔		主轴锥孔磨床
24	检查	按图样技术要求逐项检查	

由于主轴轴线上有通孔，在钻通孔后表中第 10 工序，原中心孔就不存在了，为仍能够用中心孔定位，一般常用的方法是采用锥堵或锥套心轴，即在主轴的后端加工一个 1：20 锥度的工艺锥孔，在前端莫氏锥孔和后端工艺锥孔中配装带有中心孔的锥堵，如图 6-35（a）所示，这样锥堵上的中心孔就可作为工件的中心孔使用了。使用时在工序之间不许卸换锥堵，因为锥堵的再次安装会引起定位误差。当主轴锥孔的锥度较大时，可用锥套心轴，如图 6-35（b）所示。

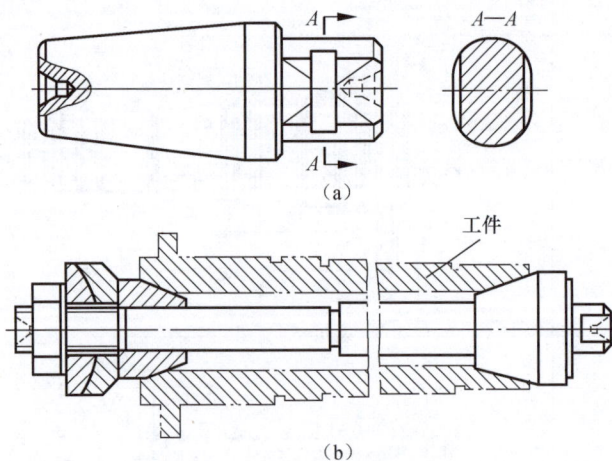

图 6-35　锥堵与锥套心轴

（a）锥堵；（b）锥套心轴

为了保证以支承轴颈为基准的前锥孔跳动公差，控制二者的同轴度，采用互为基准的原则选择精基准，即第 11、12 工序以外圆为基准定位车加工锥孔，配装锥堵，第 16 工序以

中心孔通过锥堵为基准定位粗磨外圆；第 17 工序再一次以支承轴颈附近的外圆为基准定位磨前锥孔配装锥堵，第 21、22 工序再一次以中心孔通过锥堵为基准定位磨外圆和支承轴颈；最后在第 23 工序又是以轴颈为基准定位磨前锥孔。这样在前锥孔与支承轴颈之间反复转换基准，加工对方表面，提高同轴度。

（2）划分加工阶段

主轴的加工工艺过程可划分为三个阶段：调质前的工序为粗加工阶段；调质后至表面淬火前的工序为半精加工阶段；表面淬火后的工序为精加工阶段。表面淬火后首先磨锥孔，重新配装锥堵，以消除淬火变形对精基准的影响，通过精修基准，为精加工做好定位基准的准备。

（3）热处理工序的安排

45 钢经锻造后需要正火处理，以消除锻造产生的应力，改善切削性能。粗加工阶段完成后安排调质处理，一是可以提高材料的力学性能；二是作为表面淬火的预备热处理，为表面淬火准备了良好的金相组织，确保表面淬火的质量。对于主轴上的支承轴颈、莫氏锥孔、前短圆锥和端面，这些重要且在工作中经常摩擦的表面，为提高其耐磨性均需进行表面淬火处理，表面淬火安排在精加工前进行，以通过精加工去除淬火过程中产生的氧化皮，修正淬火变形。

（4）安排加工顺序的几个问题

① 深孔加工应安排在调质处理后进行，钻主轴上的通孔虽然属粗加工工序，但却宜安排在调质处理后进行。因为主轴经调质处理后径向变形大，如先加工深孔后调质处理，会使深孔变形，而得不到修正（除非增加工序），安排调质处理后钻深孔，就避免了热处理变形对孔的形状的影响。

② 外圆表面的加工顺序，对轴上的各阶梯外圆表面，应先加工大直径的外圆，后加工小直径外圆，避免加工初始就降低工件刚度。

③ 铣花键和键槽等次要表面的加工安排在精车外圆之后，否则在精车外圆时产生断续切削会影响车削精度，也易损坏刀具。主轴上的螺纹要求精度高，为保证与之配装的螺母的端面跳动公差，要求螺纹与螺母成对配车，加工后不许将螺母卸下，以避免弄混。所以车螺纹应安排在表面淬火后进行。

④ 数控车削加工，数控机床的柔性好，加工适应性强，适用于中、小批生产。本主轴加工虽然属于大批生产，但是为便于产品的更新换代，提高生产效率，保证加工精度的稳定性，在主轴工艺过程中的第 15 工序也可采用数控机床加工。在数控加工工序中，自动地车削各阶梯外圆并自动换刀切槽，采用工序集中方式加工，既提高了加工精度，又保证了生产的高效率。在大批生产时，一些关键工序也可以采用数控机床加工。

6.2　套类零件加工技术基础

6.2.1　套类零件的功用与技术要求

1. 套类零件的功用

套类零件是指在回转体零件中的空心薄壁件，是机械加工中常见的一种零件，在各类机器中应用很广，主要起支承或导向作用。由于功用不同，套筒类零件的形状结构和尺寸有很大的差异。常见的有支承回转轴各种形式的轴承圈、轴套；夹具上的钻套和导向套；内燃机上的气缸套和液压系统中的液压缸、电液伺服阀的阀套等。图 6-36 所示为常见套类零件的示例。

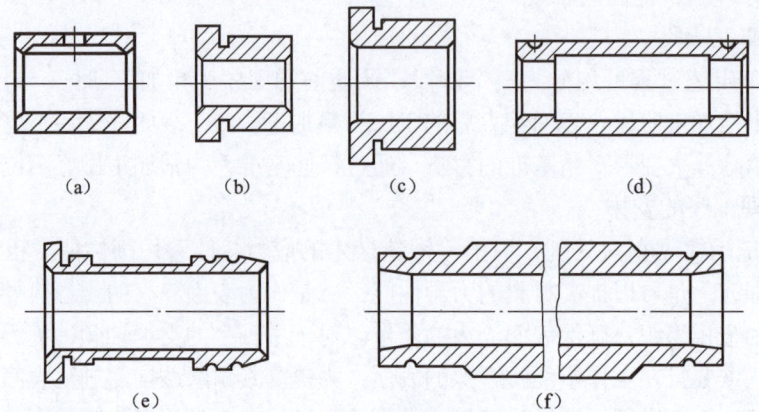

图 6-36　套类零件

（a）滑动轴承套；（b）滑动轴承套；（c）钻套；（d）轴承衬套；（e）气缸套；（f）液压缸套

套筒类零件的结构与尺寸随其用途不同而异，但其结构一般都具有以下特点：外圆直径 d 一般小于其长度 L，通常 $\dfrac{L}{d}<5$；内孔与外圆直径之差较小，故壁薄、易变形；内、外圆回转面的同轴度要求较高；结构比较简单。

2. 套类零件的技术要求

① 尺寸精度：内孔是套类零件起支承作用或导向作用的最主要表面，它通常与运动着的轴、刀具或活塞等相配合。内孔直径的尺寸精度一般为 IT7，精密轴套有时取 IT6，液压缸由于与其相配合的活塞上有密封圈，要求较低，故一般取 IT9。

外圆表面一般是套类零件本身的支承面，常以过盈配合或过渡配合同箱体或机架上的孔连接。外径的尺寸精度通常为 IT6 ～ IT7，也有一些套类零件外圆表面不需要加工。

② 几何公差：内孔的形状精度应控制在孔径公差以内，有些精密轴套控制在孔径公差的 1/2 ～ 1/3，甚至更严。对于长的套件除了圆度要求外，还应注意孔的圆柱度。外圆表面的形状精度控制在外径公差以内。套类零件本身的内外圆之间的同轴度要求较低，如最终加工是在装配前完成，则要求较高，一般为 0.01 ～ 0.05 mm。当套类零件的外圆表面不需加工时，内外圆之间的同轴度要求很低。

③ 表面粗糙度：为保证套类零件的功用和提高其耐磨性，内孔表面粗糙度为 $Ra2.5$ ～ $0.16\ \mu m$，有的要求更高达 $Ra0.04\ \mu m$。外径的表面粗糙度达 $Ra5$ ～ $0.63\ \mu m$。

6.2.2　套类零件的材料选择

1. 套类零件的毛坯材料

套筒类零件的毛坯制造方式的选择与毛坯结构尺寸、材料和生产批量的大小等因素有

关，孔径较大（一般直径大于 20 mm）时，常采用型材（如无缝钢管）、带孔的锻件或铸件；孔径较小（一般直径小于 20 mm）时，一般多选择热轧或冷拉棒料，也可采用实心铸件；大批量生产时，可采用冷挤压、粉末冶金等先进工艺，不仅节约原材料，而且生产率及毛坯质量精度均可提高。

2. 套类零件的材料

套类零件一般是用钢、铸铁、青铜等材料制成。有些滑动轴承采用双金属结构，即用离心铸造法在钢或铸铁套内壁上浇注巴氏合金等轴承合金材料，这样既可节省贵重的有色金属，又能提高轴承的寿命。

6.2.3　套类零件的加工方法

套类零件的加工顺序一般有两种情况：第一种情况是把外圆作为终加工方案，这就是从外圆粗加工开始，然后粗、精加工内孔，最后终加工外圆。这种方案适用于外圆表面是最重要表面的套类零件加工。第二种情况是把内孔作为终加工方案，也就是从内孔粗加工开始，然后粗、精加工外圆，最后终加工内孔。这种方案适用于内孔表面是最重要表面的套类零件加工。

套类零件的外圆表面加工方法根据精度要求可选择车削和磨削。内孔表面的加工方法则比较复杂，选择时要考虑零件结构特点、孔径大小、长径比、表面粗糙度和加工精度要求以及生产规模等各种因素。各种内圆表面的加工方案见表 6-6。

表 6-6　内圆表面加工方案

序号	加工方案	经济精度	表面粗糙度 Ra 值 /μm	适用范围
1	钻	IT12 ~ IT11	12.5	加工未淬火钢及铸铁实心毛坯，也可加工有色金属，但表面稍粗糙，孔径小于 15 ~ 20 mm
2	钻—铰	IT9	3.2 ~ 1.6	
3	钻—铰—精铰	IT8 ~ IT7	1.6 ~ 0.8	
4	钻—扩	IT11 ~ IT10	12.5 ~ 6.3	同上，但孔径大于 15 ~ 20 mm
5	钻—扩—铰	IT9 ~ IT8	3.2 ~ 1.6	
6	钻—扩—粗铰—精铰	IT7	1.6 ~ 0.8	
7	钻—扩—机铰—手铰	IT7 ~ IT6	0.4 ~ 0.1	
8	钻—扩—拉	IT9 ~ IT7	1.6 ~ 0.1	大批量生产（精度由拉刀精度决定）
9	粗镗（或扩孔）	IT12 ~ IT11	12.5 ~ 6.3	除淬火钢外各种材料，毛坯有铸出孔或锻出孔
10	粗镗（粗扩）—半精镗（精扩）	IT9 ~ IT8	3.2 ~ 1.6	
11	粗镗（扩）—半精镗（精扩）—精镗（铰）	IT8 ~ IT7	1.6 ~ 0.8	
12	粗镗（扩）—半精镗（精扩）—精镗—浮动镗刀精镗	IT7 ~ IT6	0.8 ~ 0.4	

续表

序号	加工方案	经济精度	表面粗糙度 Ra 值 /μm	适用范围
13	粗镗（扩）—半精镗—磨孔	IT8 ~ IT7	0.8 ~ 0.2	主要用于淬火钢，也可用于未淬火钢，但不宜用于有色金属
14	粗镗（扩）—半精镗—粗磨—精磨	IT7 ~ IT6	0.2 ~ 0.1	
15	粗镗—半精镗—精镗—金刚镗	IT7 ~ IT6	0.4 ~ 0.05	主要用于精度要求高的有色金属加工
16	钻—（扩）—粗铰—精铰—研磨；钻—（扩）—拉—珩磨；粗镗—半精镗—精镗—珩磨	IT7 ~ IT6	0.2 ~ 0.025	精度要求很高的孔
17	以研磨代替上述方案中珩磨	IT6 级以上		

套类零件的加工主要是孔的加工，在钻床上加工孔的方法前面已有所介绍。另外孔加工的方法还有镗削、拉削、内圆表面磨削等。

1. 钻孔

钻孔是用钻头在实体材料上加工孔的方法，通常采用麻花钻在钻床或车床上进行钻孔，但由于钻头强度和刚性比较差，排屑较困难，切削液不易注入，因此，加工出的孔的精度和表面质量比较低，一般精度为 IT11 ~ IT13 级，表面粗糙度为 Ra50 ~ 12.5 μm。钻孔时钻头往往容易产生偏移，其主要原因是：切削刃的刃磨角度不对称，钻削时工件端面钻头没有定位好，工件端面与机床主轴轴线不垂直等。

为了防止和减少钻孔时钻头偏移，工艺上常用下列措施：

① 钻孔前先加工工件端面，保证端面与钻头中心线垂直。

② 先用钻头或中心钻在端面上预钻一个凹坑，以引导钻头钻削。

③ 刃磨钻头时，使两个主切削刃对称。

④ 钻小孔或深孔时选用较小的进给量，可减小钻削轴向力，钻头不易产生弯曲而引起偏移。

⑤ 采用工件旋转的钻削方式。

⑥ 采用钻套来引导钻头。

2. 扩孔

扩孔是用扩孔刀具对已钻的孔作进一步加工，以扩大孔径并提高精度和降低表面粗糙度。扩孔后的精度可达 IT10 ~ IT13 级，表面粗糙度为 Ra6.3 ~ 3.2 μm。通常采用扩孔钻扩孔，扩孔钻与麻花钻相比，没有横刃，工作平稳，容屑槽小，刀体刚性好，工作中导向性好，故对于孔的位置误差有一定的校正能力。扩孔通常作为铰孔前的预加工，也可作为孔的最终加工。扩孔方法和所使用的机床与钻孔基本相似，扩孔余量一般为 $D/8$。扩孔钻的形式随直径不同而不同。锥柄扩孔钻的直径为 10 ~ 32 mm，套式扩孔钻的直径为 25 ~ 80 mm。用于铰前的扩孔钻，其直径偏差为负值；用于终加工的扩孔钻，其直径偏差为正值。使用高速钢扩孔钻加工钢料时，切削速度可选为 15 ~ 40 m/min，进给量可选为 0.4 ~ 2 mm/r，故扩孔生产率比较高。当孔径大于 100 mm 时，切削力矩很大，故很少应用扩孔，而应采用镗孔。

3. 铰孔

铰孔是对未淬火孔进行精加工的一种方法。铰孔时，因切削速度低、加工余量少、使用的铰刀刀齿多、结构特殊（有切削和校正部分）、刚性好、精度高等因素，故铰孔后的质量比较高，孔径尺寸精度一般为 IT7 ~ IT10 级。铰孔分手铰和机铰，手铰尺寸精度可达 IT6 级，表面粗糙度为 $Ra0.4 ~ 0.2$ μm。机铰生产率高，劳动强度小，适宜于大批量生产。铰孔主要用于加工中小尺寸的孔，孔径一般在 3 ~ 150 mm 范围。铰孔时以本身孔做导向，故不能纠正位置误差，因此，孔的有关位置精度应由铰孔前的预加工工序保证。为了保证铰孔时的加工质量，应注意以下几点：

（1）合理选择铰削余量和切削规范

铰孔的余量视孔径和工件材料及精度要求等而异。对孔径为 5 ~ 80 mm，精度为 IT7 ~ IT10 级的孔，一般分粗铰和精铰。余量太小时，往往不能全部切去上一工序的加工痕迹，同时由于刀齿不能连续切削而以很大的压力沿孔壁打滑，使孔壁的质量下降。余量太大时，则会因切削力大、发热多而引起铰刀直径增大及颤动，致使孔径扩大。铰孔直径及加工余量可参见表 6-7。

表 6-7　铰孔直径及加工余量

加工余量	孔径 /mm			
	12 ~ 18	>18 ~ 30	>30 ~ 50	>50 ~ 75
粗铰	0.10	0.14	0.18	0.20
精铰	0.05	0.06	0.07	0.10
总余量	0.15	0.20	0.25	0.30

合理选用切削速度可以减少积屑瘤的产生，防止表面质量下降，铰削铸铁时可选为 8 ~ 10 m/min；铰削钢时的切削速度要比铸铁时低，粗铰为 4 ~ 10 m/min，精铰为 1.5 ~ 5 m/min。铰孔的进给量也不能太小，进给量过小会使切屑太薄，致使刀刃不易切入金属层面而打滑，甚至产生啃刮现象，破坏表面质量，还会引起铰刀振动，使孔径扩大。

（2）合理选择底孔

底孔（即前道工序加工的孔）的好坏，对铰孔质量影响很大。底孔精度低，就不容易得到较高的铰孔精度。例如，上一道工序造成轴线歪斜，因为铰削量小，且铰刀与机床主轴常采用浮动连接，故铰孔时就难以纠正。对于精度要求高的孔，在精铰前应先经过扩孔、镗孔或粗铰等工序，使底孔误差减小，才能保证精铰质量。

（3）合理使用铰刀

铰刀是定尺寸精加工刀具，使用的合理与否，将直接影响铰孔的质量。铰刀的磨损主要发生在切削部分和校准部分交接处的后刀面上。随着磨损量的增加，切削刃钝圆半径也逐渐加大，致使铰刀切削能力降低，挤压作用明显，铰孔质量下降。实践经验证明：使用过程中若经常用油石研磨该交接处，可提高铰刀的耐用度。铰削后孔径扩大的程度，与具体加工情况有关。在批量生产时，应根据现场经验或通过试验来确定，然后才能确定铰刀外径，并研磨。为了避免铰刀轴线或进给方向与机床回转轴线不一致而出现孔径扩大或"喇叭口"现象，铰刀和机床一般不用刚性连接，而采用浮动夹头来装夹刀具。

（4）正确选择切削液

铰削时切削液对表面质量有很大影响，铰孔时正确选用切削液，对降低摩擦系数、改善散热条件以及冲走细屑均有很大作用，因而选用合适的切削液除了能提高铰孔质量和铰刀耐用度外，还能消除积屑瘤，减少振动，降低孔径扩张量。浓度较高的乳化油对降低表面粗糙度的效果较好，硫化油对提高加工精度效果较明显。铰削一般钢材时，通常选用乳化油和硫化油。铰削铸铁时，一般不加切削液，如要进一步提高表面质量，也可选用润湿性较好、黏性较小的煤油做切削液。

4. 镗孔

镗孔是用镗刀在已加工孔的工件上使孔径扩大并达到精度和表面粗糙度要求的加工方法。图 6-37 所示为用镗床进行的孔加工方法，镗孔是常用的孔加工方法之一，根据工件的尺寸形状、技术要求及生产批量的不同，镗孔可以在镗床、车床、铣床、数控机床和组合机床上进行。一般回旋体零件上的孔，多用车床加工；而箱体类零件上的孔或孔系（即要求相互平行或垂直的若干孔），则可以在镗床上加工。

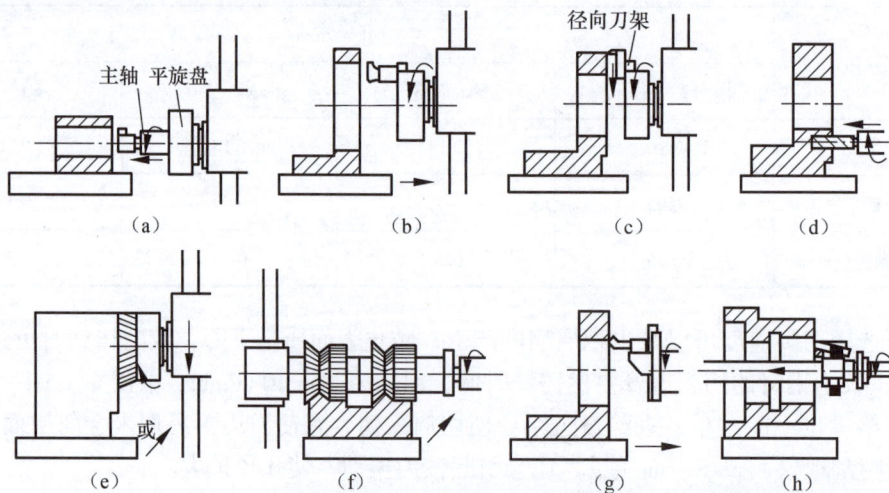

图 6-37　镗削加工

镗孔不但能校正原有孔轴线偏斜，而且能保证孔的位置精度，所以镗削加工适用于加工机座、箱体、支架等外形复杂的大型零件上的孔径较大、尺寸精度要求较高、有位置要求的孔和孔系。

5. 拉削加工

在拉床上用拉刀加工工件的过程称为拉削加工。拉削工艺范围广，不但可以加工各种形状的通孔，还可以拉削平面及各种组合成形表面。图 6-38 所示为适用于拉削加工的典型工件截面形状。由于受拉刀制造工艺以及拉床动力的限制，过小或过大尺寸的孔均不适宜拉削加工（拉削孔径一般为 10 ~ 100 mm，孔的深径比一般不超过 5），盲孔、台阶孔和薄壁孔也不适宜拉削加工。拉刀拉孔过程如图 6-39 所示。

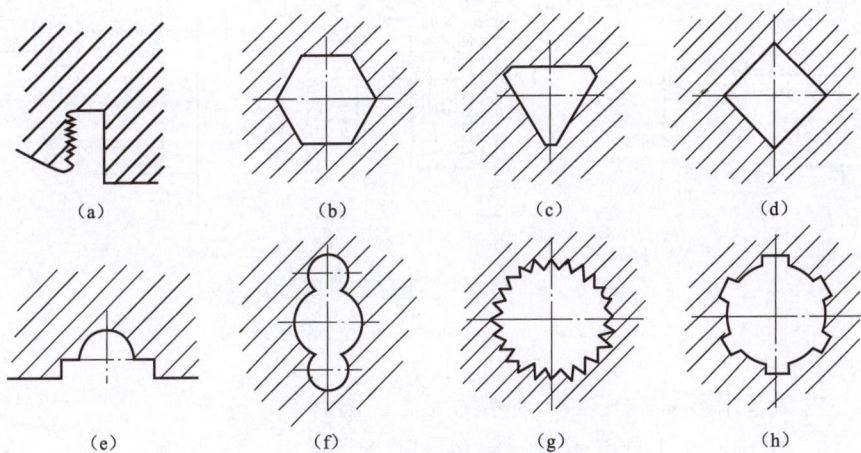

（a）　　　　　　（b）　　　　　　（c）　　　　　　（d）

（e）　　　　　　（f）　　　　　　（g）　　　　　　（h）

图 6-38　拉削加工的典型工件截面形状

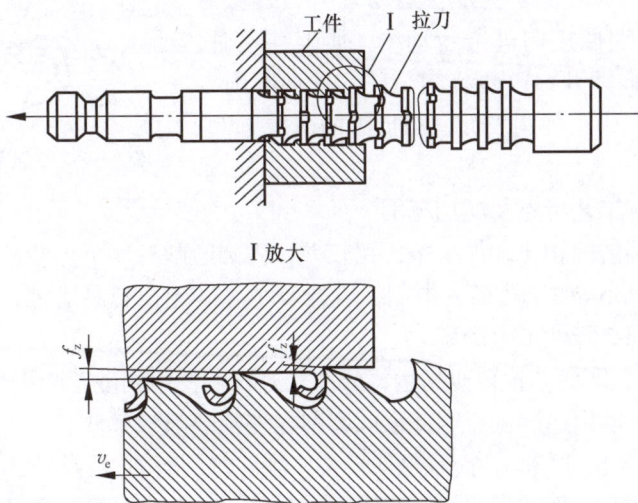

图 6-39　拉刀拉孔过程

6. 内圆表面磨削加工

内圆表面的磨削可以在内圆磨床上进行，也可以在万能磨床上进行。内圆磨床的主要类型有普通内圆磨床、无心内圆磨床和行星内圆磨床。不同类型的内圆磨床其磨削方法是不相同的。

（1）内圆磨削方法

① 普通内圆磨床的磨削方法。普通内圆磨床是生产中应用最广的一种，图 6-40 所示为普通内圆磨床的磨削方法。磨削时，根据工件的形状和尺寸不同，可采用纵磨法（见图 6-40（a））、横磨法（见图 6-40（b）），有些普通内圆磨床上备有专门的端磨装置，可在一次装夹中磨削内孔和端面（见图 6-40（c）），这样不仅容易保证内孔和端面的垂直度，而且生产效率较高。

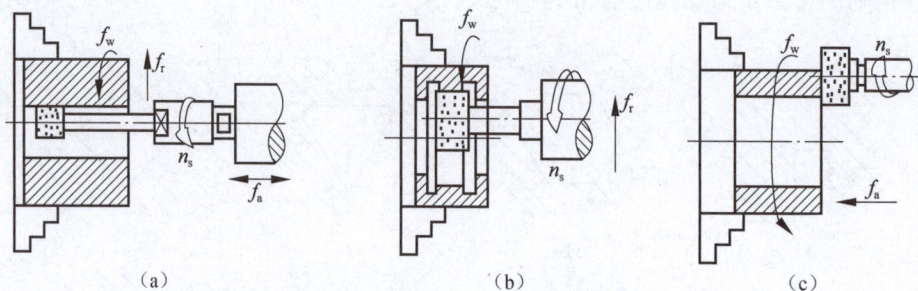

图 6-40　普通内圆磨床的磨削方法
(a) 纵磨法；(b) 横磨法；(c) 端磨装置

② 无心内圆磨床磨削。图 6-41 所示为无心内圆磨床的磨削方法。磨削时，工件支承在滚轮和导轮上，压紧轮使工件紧靠在导轮上，工件即由导轮带动旋转，实现圆周进给运动 f_w。砂轮除了完成主运动 n_s 外，还做纵向进给运动 f_a 和周期性横向进给运动 f_r。加工结束时，压紧轮沿箭头 A 方向摆开，以便装卸工件。这种磨削方法适用于大批量生产中，外圆表面已精加工的薄壁工件，如轴承套等。

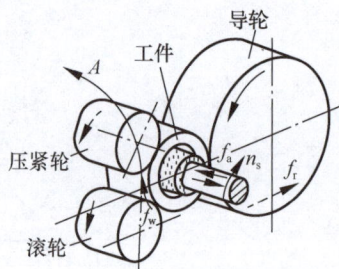

图 6-41　无心内圆磨床的磨削方法

（2）内圆磨削的工艺特点及应用范围

内圆磨削与外圆磨削相比，加工条件比较差，内圆磨削有以下一些特点：

① 砂轮直径受到被加工孔径的限制，直径较小。砂轮很容易磨钝，需要经常修整和更换，增加了辅助时间，降低了生产率。

② 砂轮直径小，即使砂轮转速高达每分钟几万转，要达到砂轮圆周速度 25 ~ 30 m/s 也是十分困难的，由于磨削速度低，因此内圆磨削比外圆磨削效率低。

③ 砂轮轴的直径尺寸较小，而且悬伸较长，刚性差，磨削时容易发生弯曲和振动，从而影响加工精度和表面粗糙度。内圆磨削精度可达 IT8 ~ IT6，表面粗糙度可达 Ra0.8 ~ 0.2 μm。

④ 切削液不易进入磨削区，磨屑排除较外圆磨削困难。虽然内圆磨削比外圆磨削加工条件差，但仍然是一种常用的精加工孔的方法，特别适用于淬硬的孔、断续表面的孔（带键槽或花键槽的孔）和长度较短的精密孔的加工。磨孔不仅能保证孔本身的尺寸精度和表面质量，还能提高孔的位置精度和轴线的直线度；用同一砂轮，可以磨削不同直径的孔，灵活性大。内圆磨削可以磨削圆柱孔（通孔、盲孔、阶梯孔）、圆锥孔及孔端面等。

6.2.4　套类零件的质量检测

1. 孔径的测量

测量孔径尺寸时，应根据工件的尺寸、数量及精度要求，使用相应的量具进行。如果孔的精度要求较低，可用钢直尺、游标卡尺测量。精度要求较高时可用以下几种量具测量。

① 塞规：在成批生产中，为了测量方便，常用塞规测量孔径，如图 6-42 所示。塞规由通端、止端和手柄组成。通端的尺寸等于孔的最小极限尺寸，止端的尺寸等于孔的最大极限尺寸。为了明显区别通端与止端，塞规止端长度比通端长度要短一些。测量时，如通端通过，而止端不能通过，说明尺寸合格。测量盲孔的塞规应在其外圆上沿轴向开有排气槽。使用塞规时，应尽可能使塞规与被测工件的温度一致，不要在工件还未冷却到室温时就去测量。测量内孔时，不可硬塞强行使之通过，一般只能靠塞规自身重力自由通过。测量时塞规轴线应与孔轴线一致，不可歪斜。

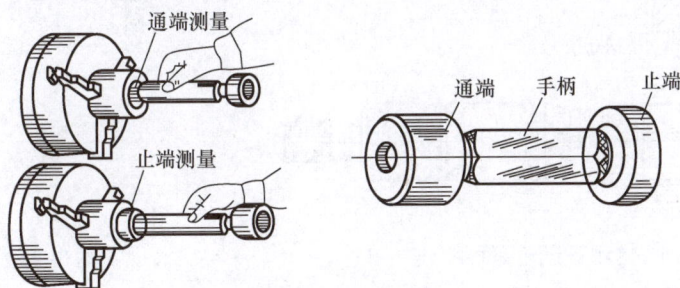

图 6-42　塞规及其使用

② 内径千分尺：用内径千分尺可测量孔径。内径千分尺的外形如图 6-43（a）所示，它由测微头和各种尺寸的接长杆组成。内径千分尺的读数方法和外径千分尺相同，但由于内径千分尺无测力装置，因此有一定的测量误差。

内径千分尺的使用方法如图 6-43（b）所示。测量时，内径千分尺应在孔内轻微摆动，在直径方向找出最大尺寸，在轴向找出最小尺寸，当这两个尺寸重合时，就是孔的实际尺寸。

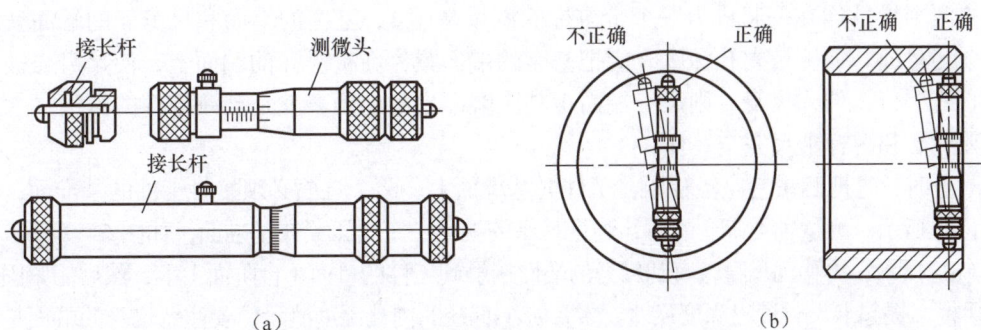

（a）　　　　　　　　　　　　　　　　　　（b）

图 6-43　内径千分尺及使用方法

（a）外形结构；（b）使用方法

③ 内测千分尺：内测千分尺是内径千分尺的一种特殊形式，使用方法如图 6-44 所示。这种千分尺的刻线方向与外径千分尺相反，当顺时针旋转微分筒时，活动爪向右移动，测量值增大。其使用方法与使用游标卡尺的内测量爪测量内径尺寸的方法相同。由于结构设计，其测量精度低于其他类型的千分尺。

④ 内径百分表：百分表是一种指示式量仪，其刻度值为 0.01 mm。刻度值为 0.001 mm 或 0.002 mm 的称为千分表。常用的百分表有钟表式和杠杆式两种，如图 6-45 所示。

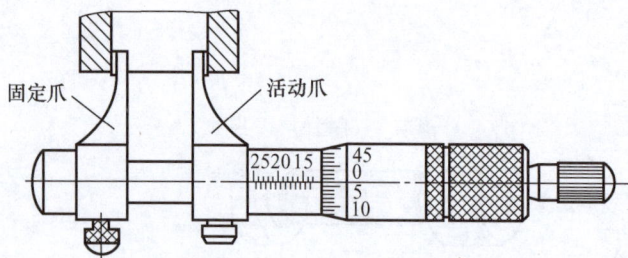

图 6-44　内测千分尺及使用方法

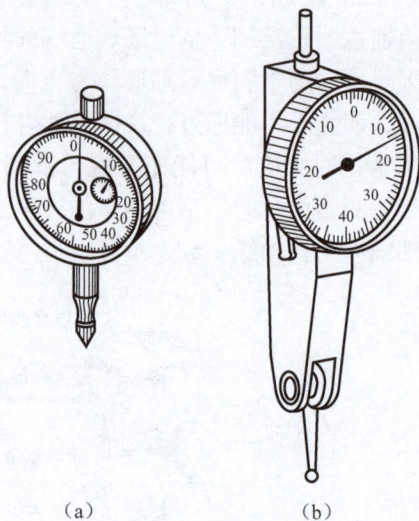

图 6-45　百分表
(a) 钟表式；(b) 杠杆式

　　内径百分表如图 6-46 所示，在测量前，应使百分表指针对准零位。测量时为得到准确的尺寸，活动测量头应在孔直径方向摆动并找出最大值，在孔的轴线方向摆动找出最小值，这两个尺寸重合就是孔径的实际尺寸，如图 6-47 所示。内径百分表主要用于测量精度要求较高而且又较深的孔。

⑤ 深度游标卡尺和深度千分尺：测量内孔深度、槽深和台阶高度的量具通常有深度游标卡尺和深度千分尺等。

　　如图 6-48 所示，用于测量零件的深度尺寸或台阶高低和槽的深度。它的结构特点是尺框 3 的两个量爪连在一起成为一个带游标的测量基座 1，基座的端面和尺身 4 的端面就是它的两个测量面。如测量内孔深度时应把基座的端面紧靠在被测孔的端面上，使尺身与被测孔的中心线平行，伸入尺身，则尺身端面至基座端面之间的距离就是被测零件的深度尺寸。它的读数方法和游标卡尺完全一样。

　　测量时，先把测量基座轻轻压在工件的基准面上，两个端面必须接触工件的基准面，如图 6-49（a）所示；测量轴类等台阶时，测量基座的端面一定要压紧在基准面，如图 6-49（b）和图 6-49（c）所示；再移动尺身，直到尺身的端面接触到工件的量面（台阶面）上，然后用紧固螺钉固定尺框，提起卡尺，读出深度尺寸。多台阶小直径的内孔深度测量，要注意尺身的端面是否在要测量的台阶上，如图 6-49（d）所示。当基准面是曲线时，如图 6-49（e）所示，测量基座的端面必须放在曲线的最高点上，测量出的深度尺寸才是工件的实际尺寸，否则会出现测量误差。

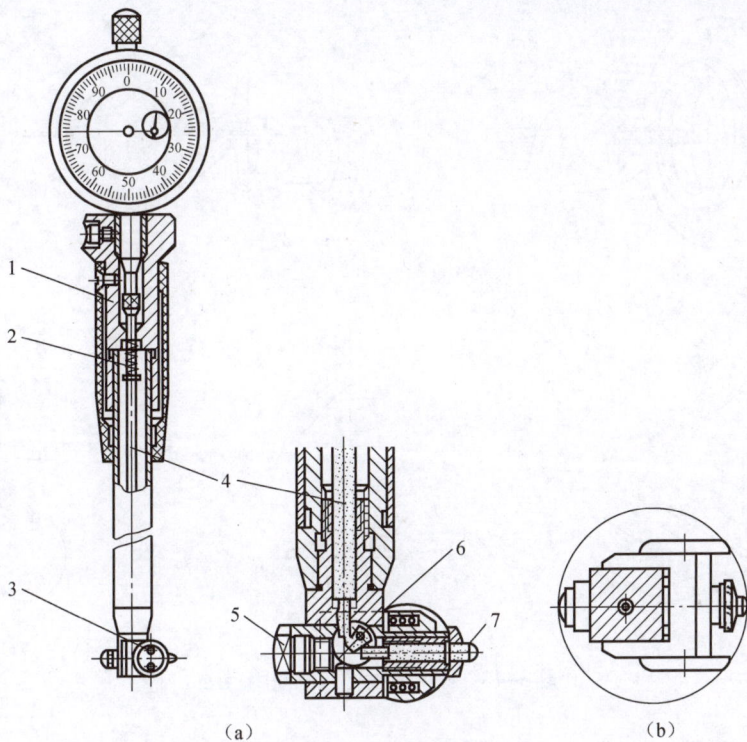

1—测量支架；2—弹簧；3—定心器；4—杆；5—测量头；6—摆动块；7—触头

图 6-46 内径百分表

（a）结构原理；（b）孔中测量情况

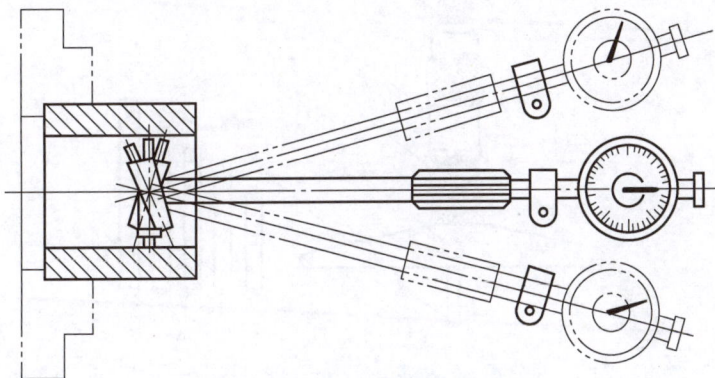

图 6-47 内径百分表的测量方法

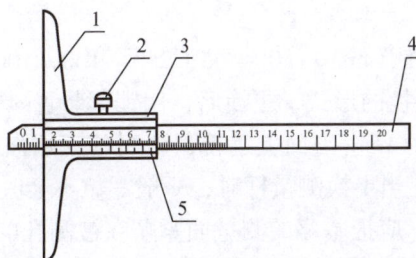

1—测量基座；2—紧固螺钉；3—尺框；4—尺身；5—游标

图 6-48 深度游标卡尺

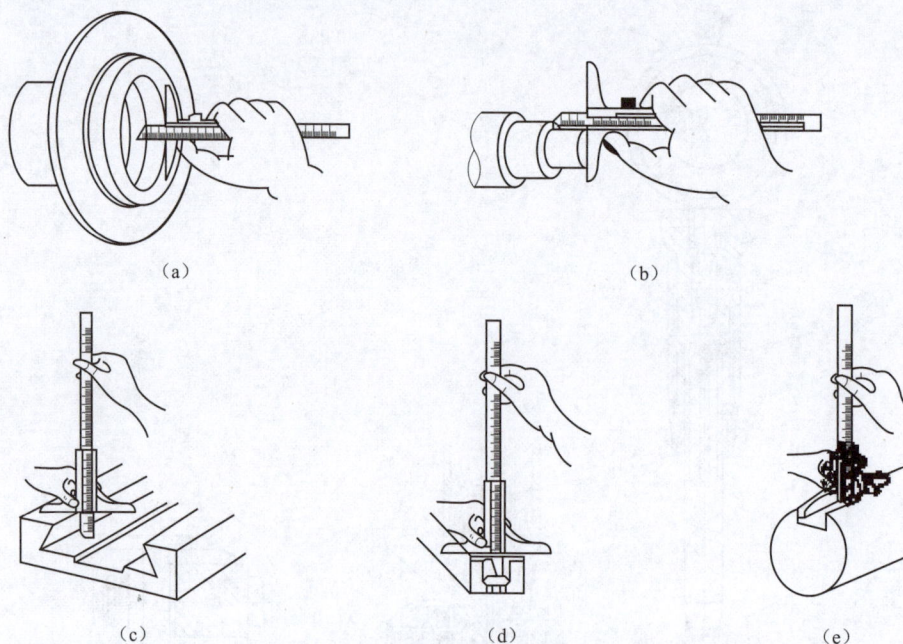

图 6-49　深度游标卡尺的使用方法

　　深度千分尺如图 6-50 所示，用以测量孔深、槽深和台阶高度等。它的结构，除用基座代替尺架和测砧外，与外径千分尺没有什么区别。

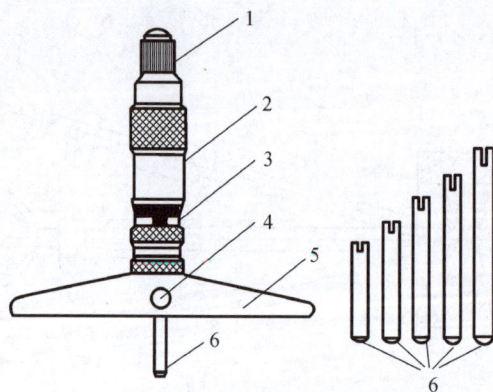

1—测力装置；2—微分筒；3—固定套筒；4—锁紧装置；5—底板；6—测量杆

图 6-50　深度千分尺

　　深度千分尺的读数范围（mm）：0 ~ 25，25 ~ 100，100 ~ 150，读数值（mm）为 0.01。它的测量杆 6 制成可更换的形式，更换后，用锁紧装置 4 锁紧。

　　深度千分尺校对零位可在精密平面上进行，即当基座端面与测量杆端面位于同一平面时，微分筒的零线正好对准。当更换测量杆时，一般零位不会改变。

　　深度千分尺测量孔深时，应把基座的测量面紧贴在被测孔的端面上。零件的这一端面应与孔的中心线垂直，且应当光洁平整，使深度百分尺的测量杆与被测孔的中心线平行，保证测量精度。此时，测量杆端面到基座端面的距离就是孔的深度。

2. 形状精度的测量

在车床上加工圆柱孔时，其形状精度一般只测量圆度和圆柱度误差。

① 孔的圆度误差测量。在车间中，孔的圆度误差一般可用内径百分表或内径千分表测量。测量前应根据被测孔的尺寸值，借助环规或外径千分尺将内径百分表调到零位，然后将测量头放入孔内，在孔的各个方向上测量并读数，那么在测量截面内读取的最大值与最小值之差的一半即为单个截面的圆度误差。按上述方法测量若干个截面，取其中最大的误差作为该圆柱孔的圆度误差，如图 6-47 所示。

② 孔的圆柱度误差测量。孔的圆柱度误差可用内径百分表在孔的全长上，取前、中、后各段测量几个截面的孔径尺寸，比较各个截面测量出的最大值与最小值，然后取其最大值与最小值之差的一半即为孔全长的圆柱度误差。

3. 位置精度测量

① 径向圆跳动的测量，一般测量套类零件的径向圆跳动时，都可以用内孔作为基准，把工件套在精度很高的心轴上，再将心轴安装在偏摆仪的两顶尖间，用百分表（或千分表）来检验套的外圆，如图 6-51 所示。百分表在工件转动一周所得的读数差，即为该截面的圆跳动误差，取各截面上测量得到的最大差值，即为该工件的径向圆跳动误差。

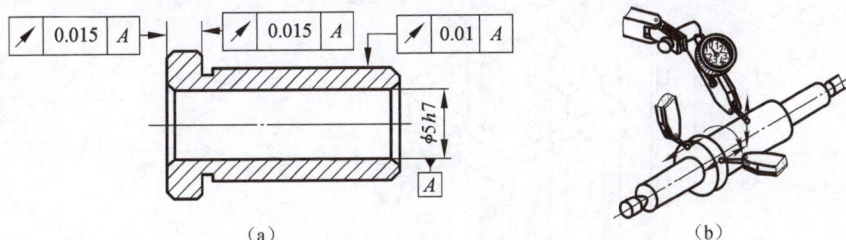

图 6-51　用百分表测量径向圆跳动的方法
（a）工件；（b）测量方法

若某些外形比较简单而内部形状比较复杂的套筒，如图 6-52（a）所示不能装夹在心轴上测量径向圆跳动时，可把工件放在 V 形架上，如图 6-52（b）所示轴向定位，以外圆为基准来检验。测量时，用杠杆式百分表的测杆插入孔内，使测杆圆头接触内孔表面，转动工件，观察百分表指针跳动情况。百分表在工件旋转一周中的最大读数差，就是工件的径向圆跳动误差。

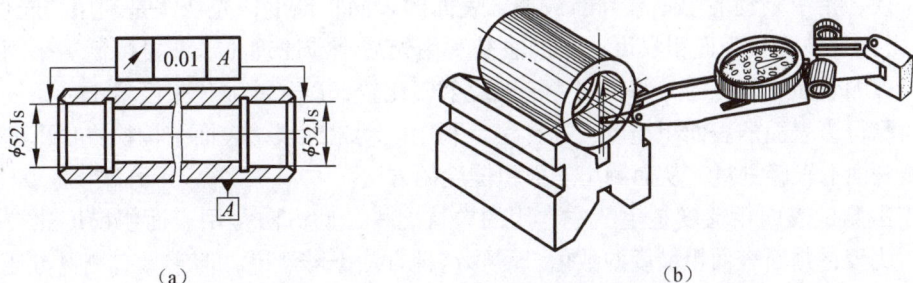

图 6-52　在 V 形架上检测工件径向圆跳动
（a）工件样图；（b）测量方法

② 端面圆跳动的测量，套类工件端面圆跳动的测量方法如图 6-52（b）所示，将杠杆百分表的测量头靠在需测量的端面上，工件转动一周，百分表的最大读数差即为测量面上被测直径处的端面圆跳动。按上述方法在若干个不同直径处进行测量，其跳动量的最大值即为该工件的端面圆跳动误差。

③ 端面对轴线垂直度的测量，如前所述，端面圆跳动与端面对轴线的垂直度是两个不同的概念，不能简单地用端面圆跳动来评定端面对轴线的垂直度。因此，测量端面垂直度时，首先要测量端面圆跳动是否合格，如合格，再测量端面对轴线的垂直度。对于精度要求较低的工件，可用刀口直角尺或游标卡尺尺身侧面透光检查。对精度要求较高的工件，当端面圆跳动合格后，再把工件安装在 V 形架的小锥度心轴上，并放在精度很高的平板上。测量时，将杠杆式百分表的测量头从端面的最内一点沿径向向外拉出，如图 6-53 所示。百分表指示的读数差就是端面对内孔轴线的垂直度误差。

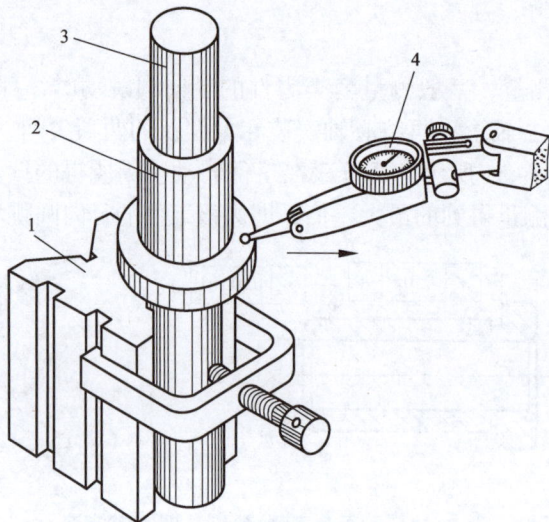

1—V 形架；2—工件；3—小锥度心轴；4—百分表

图 6-53 工件端面垂直度检测

4. 表面结构的测量方法

表面结构的测量方法常用比较法、光切法、干涉法和描针法四种。比较法是车间常用的方法，将被测量表面对照表面结构样板，用肉眼判断或借助于放大镜、比较显微镜比较，也可用手摸、指甲划动的感觉来判断被加工表面的表面粗糙度；光切法是利用"光切原理"（光切显微镜）来测量表面粗糙度；干涉法是利用光波干涉原理（干涉显微镜）来测量表面粗糙度，被测表面直接参与光路，同一标准反射镜比较，以光波波长来度量干涉条纹弯曲程度，从而测得该表面的表面粗糙度；描针法是利用电动轮廓仪（表面结构检查仪）的触针直接在被测表面上轻轻划过，从而测出表面粗糙度的方法。

比较法测量表面粗糙度是生产中常用的方法之一，此方法是用表面粗糙度比较样板与被测表面比较，判断表面粗糙度的数值。尽管这种方法不够严谨，但它具有测量方便、成本低、对环境要求不高等优点，所以被广泛应用于生产现场检验一般表面粗糙度。

如图 6-54 所示为表面粗糙度比较样板，它是采用特定合金材料加工而成，具有不同的表面粗糙度参数值。通过触觉、视觉将被测件表面与之作比较，以确定被测表面的表面粗糙度。

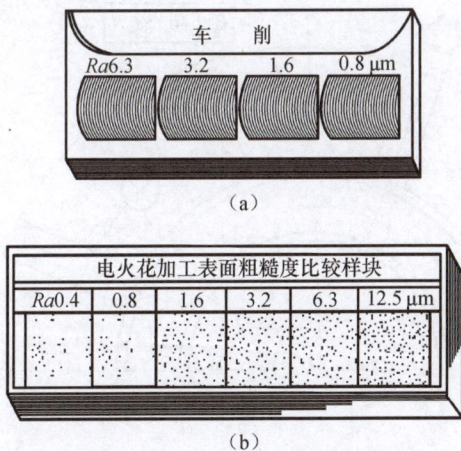

图 6-54　表面粗糙度比较样块

（a）车削加工样块；（b）电镀工艺复制的样块

6.2.5　套类零件工艺编制实例

套类零件由于功用、结构形状、材料、热处理以及加工质量要求的不同，其工艺上差别很大。图 6-55 所示为某发动机轴套件的零件图，以其加工工艺为例进一步说明套类零件的加工工艺过程。

1. 轴套的主要技术要求

该轴套在中温（300 ℃）和高速（10 000 ～ 15 000 r/min）下工作，轴套的内圆柱面 A、B 及端面 D 和轴配合，表面 C 及其端面和轴承配合，轴套内腔及端面 D 上的八个槽是冷却空气的通道，八个 $\phi 10$ 的孔用以通过螺钉和轴连接。

轴套从构形来看，各个表面并不复杂，但从零件的整体结构来看，则是一个刚度很低的薄壁件，最小壁厚为 2 mm。

从精度方面来看，主要工作表面的精度是 IT5 ～ IT8，C 的圆柱度为 0.005 mm，工作表面的表面粗糙度为 $Ra0.63$ μm，非配合表面的表面粗糙度为 $Ra1.25$ μm。在高转速下工作，为提高抗疲劳强度，位置精度，如：平行度、垂直度、圆跳动等，均在 0.01 ～ 0.02 mm 范围内。

2. 轴套的材料

该轴套的材料为高合金钢 40CrNiMoA，要求淬火后回火，保持硬度为 285 ～ 321HBS，最后要进行表面氧化处理。毛坯采用模锻件。

3. 轴套加工工艺过程分析

表 6-8 所示为成批生产条件下，加工该轴套的工艺过程。

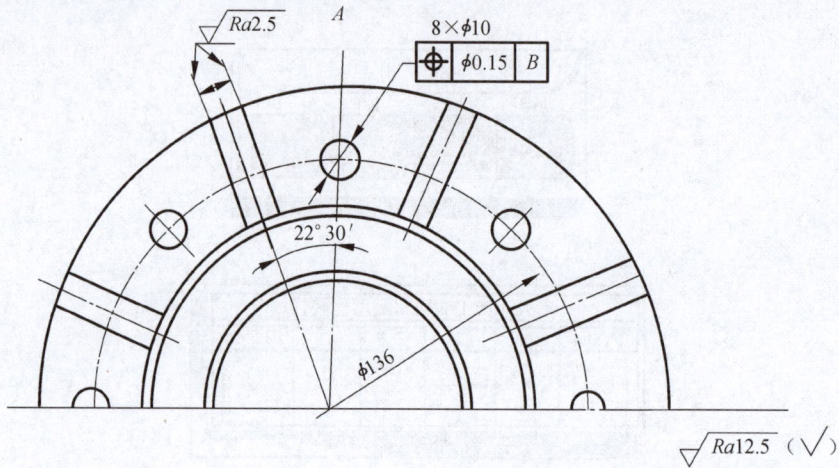

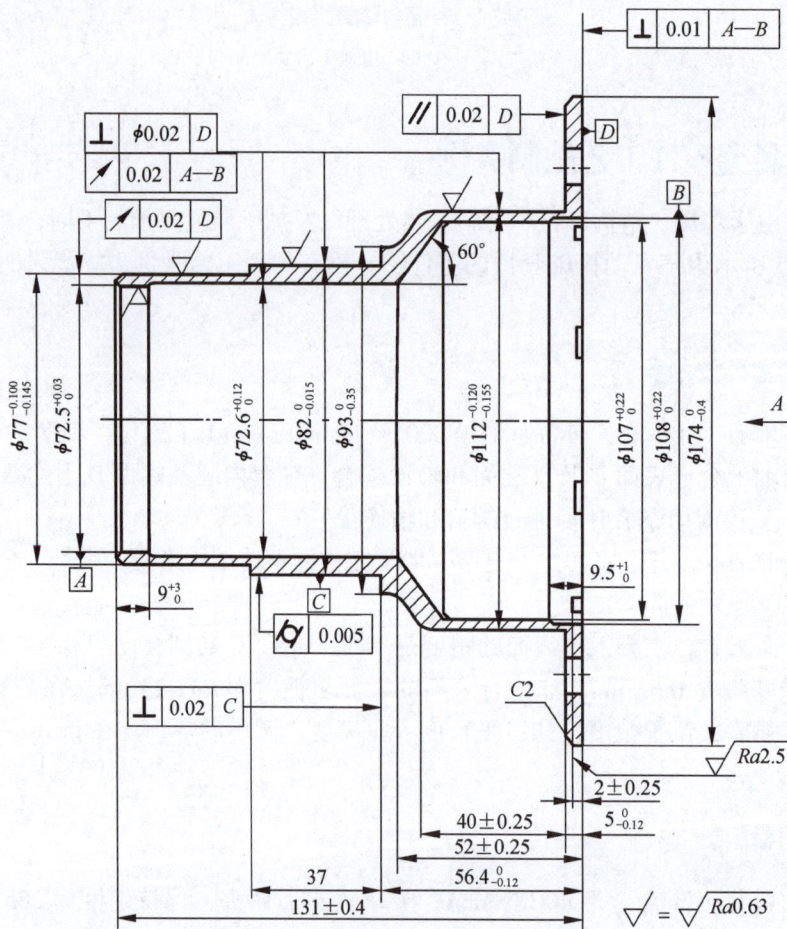

图 6-55 轴套

表6-8 轴套的加工工艺过程

工序号	工序名称	工序内容	加工简图	设备
1	锻造	毛坯锻造		锻造机床
2	车	粗车小端	$\sqrt{Ra5.0}$	车床
3	车	粗车大端及内孔	$\sqrt{Ra5.0}$	车床
4	车	粗车外圆	$\sqrt{Ra5.0}$	车床
5	检测	中间检测		
6	热处理	285 ~ 321 HBS		
7	车	大端及外圆、内腔	$\sqrt{Ra1.25}$	车床

工序号	工序名称	工序内容	加工简图	设备
8	车	精车外圆	$\sqrt{Ra5.0}$	车床
9	磨	外圆	$\sqrt{Ra5.0}$	磨床
10	钻孔	钻 $8 \times \phi 10$	$\phi136$　$8 \times \phi10$　$\phi15\ B$　$\sqrt{Ra2.5}$	钻床
11	镗	精镗内腔表面	$\sqrt{Ra1.25}$	镗床
12	铣	铣槽	$\sqrt{Ra2.5}$	铣床
13	磨	内孔及端面	$\perp\|0.01\|A-B$　B　A　$\phi72.5^{+0.03}_{0}$　$0.02\|D$　$\phi108^{+0.022}_{0}$	磨床

续表

工序号	工序名称	工序内容	加工简图	设备
14	磨	外圆	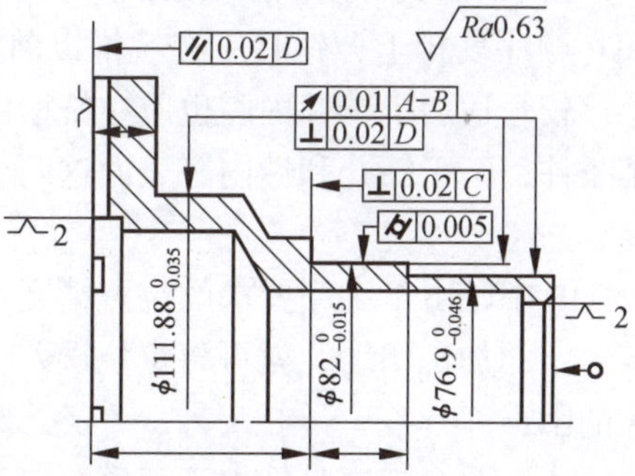	磨床
15	质检	磁力探伤		
16	终检			
17	氧化	表面处理		
注：简图中的"⏝"符号表示所指定的定位基准				

该轴套是一个薄壁件，刚性很差。同时，主要表面的精度高，加工余量较大。因此，轴套在加工时需划分成三个阶段加工，以保证低刚度时的高精度要求。工序 2 ～ 4 是粗加工阶段；工序 7 ～ 12 是半精加工阶段；工序 13 以后是精加工阶段。

① 工序 2、3、4 这三个工序组成粗加工阶段。工序 2 采用大外圆及其端面作为粗基准。因为大外圆的外径较大，易于传递较大的扭矩，而且其他外圆的拔模斜度较大，不便于夹紧。工序 2 主要是加工外圆，为下一工序准备好定位基准，同时切除内孔的大部分余量。工序 3 是加工大外圆及其端面，并加工大端内腔。这一工序的目的是切除余量，同时也为下一工序准备定位基准。工序 4 是加工外圆表面，用工序 3 加工好的大外圆及其端面作定位基准，切除外圆表面的大部分余量。

粗加工采用三个工序，用互为基准的方法，使加工时的余量均匀，并使加工后的表面位置比较准确，从而使以后工序的加工得以顺利进行。

② 工序 5、6 中，工序 5 是中间检验。因下一工序为热处理工序，需要转换车间，所以一般应安排一个中间检验工序。工序 6 是热处理，因为零件的硬度要求不高（285 ～ 321 HBS），所以安排在粗加工阶段之后进行，对半精加工不会带来困难，同时有利于消除粗加工时产生的内应力。

③ 工序 7、8、9 中，工序 7 的主要目的是修复基准。因为热处理后有变形，原来基准的精度遭到破坏。同时半精加工的要求较高，也有必要提高定位基准的精度。所以应把大外圆及其端面加工准确。另外，在工序 7 中，还安排了内腔表面的加工，这是因为工件的刚性较差，粗加工后余量留的较多，所以在这里再加工一次，为后续精加工做好余量方面的准备。工序 8 是用修复后的基准定位，进行外圆表面的半精加工，并完成外锥面的最终加工，其他表面留有余量，为精加工做准备。工序 9 是磨削工序，其主要任务是建立辅助基准，提高 ϕ112 外圆的精度，为以后工序作定位基准用。

④ 工序 10、11、12 这三个工序是继续进行半精加工，定位基准均采用 ϕ112 外圆及其端面。这是用统一基准的方法保证小孔和槽的相互位置精度。为了避免在半精加工时产生过大的夹紧变形，这三个工序均采用 D 面做轴向压紧。

这三个工序在顺序安排上，钻孔应在铣槽以前进行，因为在保证孔和槽的角向位置时，用孔做角向定位比较合适。半精镗内腔也应在铣槽以前进行，其原因是在镗孔口时避免断续切削而改善加工条件，至于钻孔和镗内腔表面这两个工序的顺序，相互间没有多大影响，可任意安排。

在工序 11 和 12 中，由于工序要求的位置精度不高，所以虽然有定位误差存在，但只要在工序 9 中规定一定的加工精度，就可将定位误差控制在一定范围内，这样，位置精度保证就不会产生很大的困难。

⑤ 工序 13、14 这两个工序是精加工工序。对于外圆和内孔的精加工工序，一般常采用"先孔后外圆"的加工顺序，因为孔定位所用的夹具比较简单。

在工序 13 中，用 ϕ112 外圆及其端面定位，用 ϕ112 外圆夹紧。为了减小夹紧变形，故采用均匀夹紧的方法，在工序中对 A、B 和 D 面采用一次安装加工，其目的是保证垂直度和同轴度。

在工序 14 中加工外圆表面时，采用 A、B 和 D 面定位，由于 A、B 和 D 面是在工序 13 中一次安装加工的，相互位置比较准确，所以为了保证定位的稳定可靠，采用这一组表面作为定位基准。

⑥ 工序 15、16、17 中，工序 15 为磁力探伤，主要是检验磨削的表面裂纹，一般安排在机械加工之后进行。工序 16 为终检，检验工件的全部精度和其他有关要求。检验合格后的工件，最后进行表面保护处理，工序 17 为氧化处理。

6.3 箱体类零件加工技术基础

6.3.1 箱体类零件的功用与技术要求

1. 箱体类零件的功用

箱体类零件是机器或部件的基础件，它将机器或部件中的轴、轴承、套和齿轮等零件按一定的相互位置关系连在一起，按一定的传动关系协调地运动。因此，箱体类零件的加工质量，不但直接影响箱体的装配精度和运动精度，而且还会影响机器的工作精度、使用性能和寿命。

图 6-56 所示为几种常见箱体零件的简图。由图可见，各种箱体零件尽管形状各异、尺寸不一，但其结构均有以下的主要特点：

① 外形基本上是由六个或五个平面组成的封闭式多面体，又分成整体式和组合式两种。
② 结构形状比较复杂。其内部常为空腔型，某些部位有"隔墙"，箱体壁薄且厚薄不均。
③ 箱壁上通常都布置有平行孔系或垂直孔系。

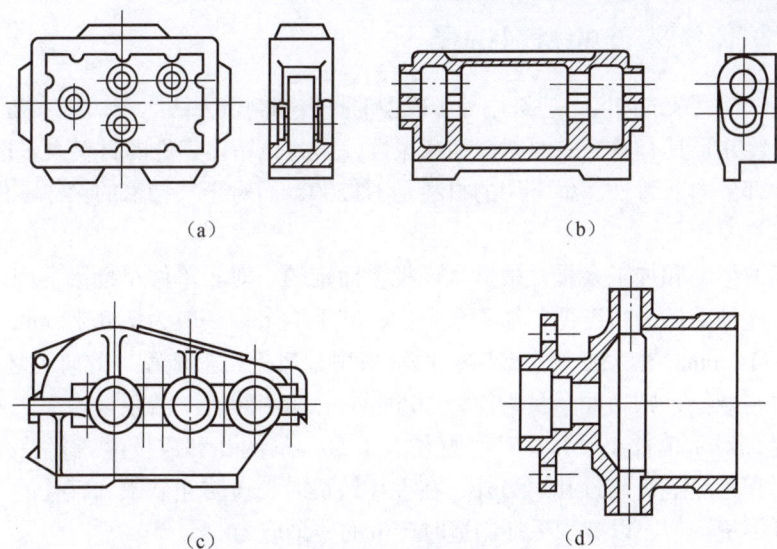

图 6-56　几种常见的箱体零件简图

（a）组合机床主轴箱；（b）车床进给箱；（c）分离式减速器；（d）泵壳

④ 箱体上的加工面，主要是大量的平面，此外还有许多精度要求较高的轴承支承孔和精度要求较低的紧固用孔。

2. 箱体类零件的技术要求

① 孔径精度：孔径的尺寸误差和几何形状误差会造成轴承与孔的配合不良。孔径过大，配合过松，使主轴回转轴线不稳定，并降低了支承刚度，易产生振动和噪声；孔径过小，会使配合过紧，轴承将因外圈变形而不能正常运转，缩短寿命。装轴承的孔不圆，也会使轴承外圈变形而引起主轴径向跳动，因此，对孔的精度要求是较高的。主轴孔的尺寸公差等级为 IT6，其余孔为 IT6 ~ IT7。孔的几何形状精度未做规定，一般控制在尺寸公差范围内。

② 孔与孔的位置精度：同一轴线上各孔的同轴度误差和孔端面对轴线的垂直度误差，会使轴和轴承装配到箱体内出现歪斜，从而造成主轴径向跳动和轴向窜动，也加剧了轴承磨损。孔系之间的平行度误差，会影响齿轮的啮合质量。一般同轴上各孔的同轴度约为最小孔尺寸公差的一半。

③ 孔和平面的位置精度：一般都要规定主要孔和主轴箱安装基面的平行度要求，它们决定了主轴和床身导轨的相互位置关系。这项精度是在总装通过刮研来达到的。为了减少刮研工作量，一般都要规定主轴轴线对安装基面的平行度公差。在垂直和水平两个方向上，只允许主轴前端向上和向前偏。

④ 主要平面的精度：装配基面的平面度影响主轴箱与床身连接时的接触刚度，加工过程中作为定位基准面则会影响主要孔的加工精度。因此规定底面和导向面必须平直，用涂色法通过检查接触面积或单位面积上的接触点数来衡量平面度的大小。顶面的平面度要求是为了保证箱盖的密封性，防止工作时润滑油泄出。当大批量生产将其顶面用作定位基面加工孔时，对它的平面度要求还要提高。

6.3.2 箱体类零件的材料选择

箱体类零件有复杂的内腔，应选用易于成型的材料和制造方法。铸铁容易成型，切削性能好，价格低廉，并且具有良好的耐磨性和减振性，因此，箱体零件的材料大多选用 HT200 ~ HT400 的各种牌号的灰铸铁。最常用的材料是 HT200，而对于较精密的箱体零件则选用耐磨铸铁。

铸件毛坯的精度和加工余量是根据生产批量而定的。对于单件小批量生产，一般采用木模手工造型。这种毛坯的精度低，加工余量大，其平面余量一般为 7 ~ 12 mm，孔在半径上的余量为 8 ~ 14 mm。在大批量生产时，通常采用金属模机器造型。此时毛坯的精度较高，加工余量可适当减低，则平面余量为 5 ~ 10 mm，孔（半径上）的余量为 7 ~ 12 mm。为了减少加工余量，对于单件小批量生产，直径大于 50 mm 的孔和成批生产直径大于 30 mm 的孔，一般都要在毛坯上铸出预孔。另外，在毛坯铸造时，应防止砂眼和气孔的产生，应使箱体零件的壁厚尽量均匀，以减少毛坯制造时产生的残余应力。

热处理是箱体零件加工过程中的一个十分重要的工序，需要合理安排。由于箱体零件的结构复杂，壁厚也不均匀，因此，在铸造时会产生较大的残余应力。为了消除残余应力，减少加工后的变形和保证精度的稳定，在铸造之后必须安排人工时效处理。人工时效的工艺规范为：加热到 500 ~ 550 ℃，保温 4 ~ 6 h，冷却速度小于或等于 30 ℃/h，出炉温度小于或等于 200 ℃。

6.3.3 箱体类零件的加工方法

1. 箱体平面的加工

箱体上平面的粗加工和半精加工一般采用铣削或刨削的方法，精加工则采用磨削的方法。在成批大量生产中，常在专用机床上铣削平面。

（1）铣削加工平面

箱体上的平面可在铣床上进行铣削。常用的铣床有卧式升降台铣床、立式升降台铣床和龙门铣床等。铣床除了用来加工平面外，还能用来加工各种成形面、沟槽等，此外在铣床上安装孔加工刀具，如用钻头、铰刀、镗刀来加工孔。

铣削常用的方式有两种：用圆柱铣刀加工平面的方法叫周铣法；用面铣刀加工平面的方法叫端铣法。加工时，这两种铣削方法又形成了不同的铣削方式。在选择铣削方法时，要充分注意它们各自的特点，选取合理的铣削方式，以保证加工质量及提高生产率。

周铣法有逆铣和顺铣两种铣削方式，铣刀主运动方向与进给运动方向之间的夹角为锐角时称为逆铣，为钝角时称为顺铣，如图 6-57 所示。

如图 6-57（a）所示，逆铣时，每齿的切削厚度从零增加到最大值，切削力也由零逐渐增加到最大值，避免了刀齿因冲击而破损。但由于铣刀刀齿每当切入工件的初期，都要先在工件已加工表面上滑行一段距离，直到切削厚度足够大时，才切入工件，故刀齿后刀面在已加工表面的冷硬层上挤压、滑行而加剧磨损，因而刀具使用寿命降低，且使工件表面质量变差。在铣削过程中，还有铣刀对工件上抬的分力 F_{cn} 影响工件夹持的稳定性。

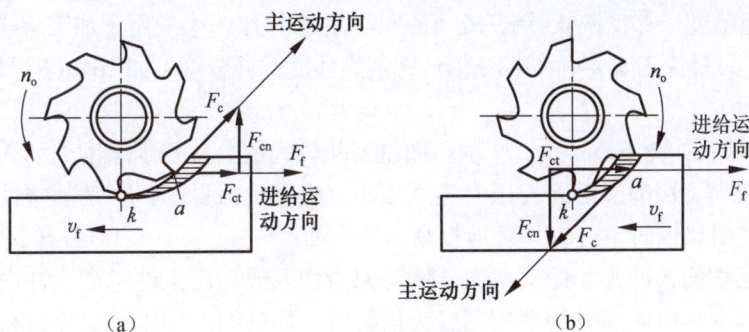

图 6-57　逆铣与顺铣
（a）逆铣；（b）顺铣

　　顺铣如图 6-57（b）所示，刀齿切削厚度从最大开始，因而避免了挤压、滑行现象。同时，铣刀工作刀刃对工件垂直方向的铣削分力 F_{cn} 始终压向工件，不会使工件向上抬起，因而顺铣能提高铣刀的使用寿命和加工表面质量。但由于顺铣时渐变的水平分力 F_{ct} 与工件进给运动的方向相同，而铣床的进给丝杆与螺母间必然有间隙。如果铣床纵向进给机构没有消除间隙的装置：则当水平分力 F_{ct} 较小时，工作台进给由丝杆驱动；当水平分力 F_{ct} 变得足够大时，则会使工作台突然向前窜动，使工件进给量不均匀，甚至可能打刀。如果铣床纵向工作台的丝杆螺母有消除间隙装置（如双螺母或滚珠丝杆），则窜动不会发生，因而采用顺铣是适宜的。如果铣床上没有消隙机构，最好还是采用逆铣，逆铣时 F_{ct} 与 F_f 方向相同，不会产生上述问题。

　　用面铣刀加工平面时，根据铣刀和工件相对位置不同，可分为三种不同的铣削方式，如图 6-58 所示。

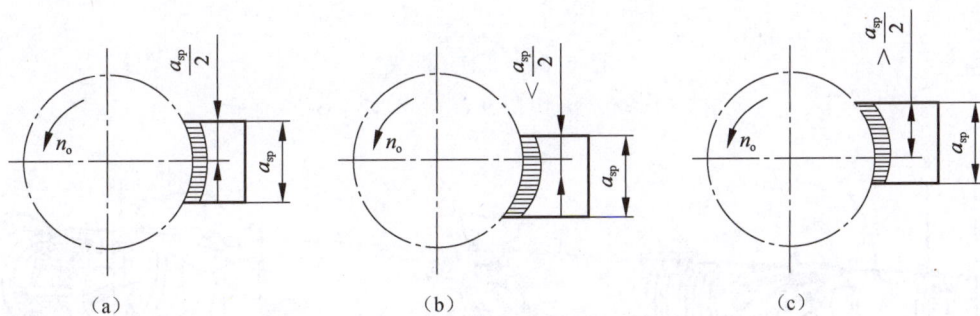

图 6-58　面铣刀的铣削方式
（a）对称铣；（b）不对称逆铣；（c）不对称顺铣

　　① 对称铣削，如图 6-58（a）所示。面铣刀安装在与工件对称的位置上，即面铣刀中心线在铣削接触弧深度的对称位置上，切入的切削层与切出的切削层对称，平均的公称切削厚度较大，即使每齿进给量 f_z 较小，也可使刀齿在工件表面的硬化层下工作。因此，常用于铣削淬硬钢或精铣机床导轨，工件表面粗糙度均匀，刀具寿命较高。

　　② 不对称逆铣，如图 6-58（b）所示。这种铣削方式在切入时公称切削厚度最小，切出时公称切削厚度较大。由于切入时的公称切削厚度小，可减小冲击力而使切削平稳，并可获

得最小的表面粗糙度，如精铣 45 钢，Ra 值比不对称顺铣小一半。用于加工碳素结构钢、合金结构钢和铸铁，可提高刀具寿命 1 ~ 3 倍；铣削高强度低合金钢（如 16Mn）可提高刀具寿命 1 倍以上。

③ 不对称顺铣如图 6-58（c）所示。面铣刀从较大的公称切削厚度处切入，从较小的公称切削厚度处切出，切削层对刀齿压力逐渐减小，金属黏刀量小，在铣削塑性大、冷硬现象严重的不锈钢和耐热钢时，可较显著地提高刀具寿命。

铣削为断续切削，冲击、振动很大。铣刀刀齿切入或切出工件时产生冲击，面铣刀尤为明显。当冲击频率与机床固有频率相同或为倍数时，冲击振动加剧。此外，高速铣削时刀齿还经受时冷时热的温度骤变，硬质合金刀片在这样的力和热的剧烈冲击下，易出现裂纹和崩刃，使刀具寿命下降。

铣削时箱体直接装夹在工作台上，如图 6-59 所示。可在卧式铣床上用圆柱铣刀铣削，也可在立式铣床上用端铣刀铣削，如图 6-60 所示。

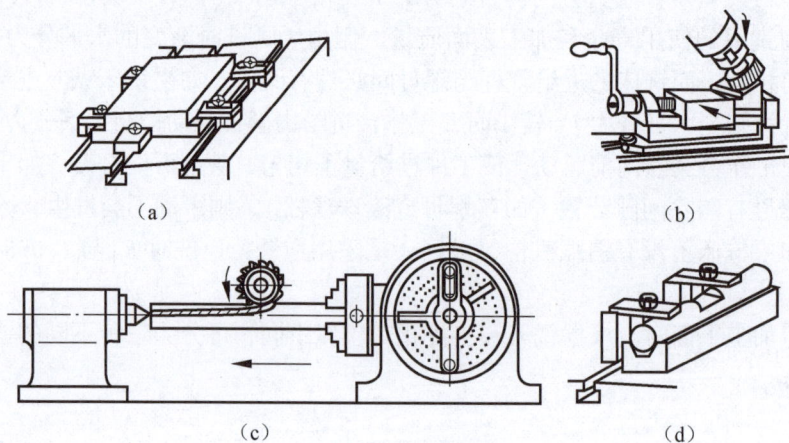

（a）　　　　　　　　　　　　　　　　（b）

（c）　　　　　　　　　　　　　　　　（d）

图 6-59　工件的装夹

（a）铣床工作台；（b）平口虎钳；（c）分度头；（d）V 形架

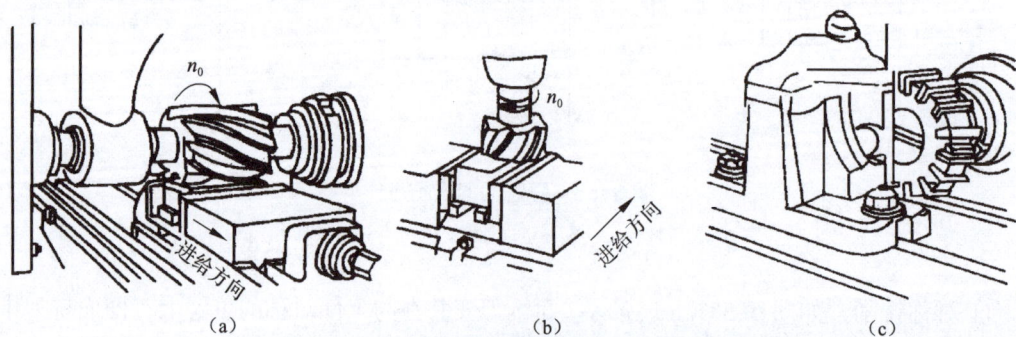

（a）　　　　　　　　　　（b）　　　　　　　　　　（c）

图 6-60　平面铣削

（a）圆柱铣刀平面铣削；（b）端铣刀立铣；（c）端铣刀卧铣

（2）刨削加工平面

刨削是最普遍的平面加工方法之一，它的主运动为直线往复运动，并断续地加工零件表

面，由于空行程、冲击和惯性力等，限制了刨削生产率和精度的提高，因此，刨削加工的特点是：

① 机床和刀具的结构较简单，通用性较好。刨削主要用于加工平面，机座、箱体、床身等零件上的平面常采用刨削。如将机床稍加调整或增加某些附件，也可用来加工齿轮、齿条、花键、母线为直线的成形面等。特别是牛头刨床，刀具简单，机床成本低，现在单件修配中应用仍很广泛。

② 生产率较低。由于刨削回程不进行切削，加工不是连续进行的，冲击较严重。另外，刨削时常用单刃刨刀切削，刨削用量也较低，故刨削加工生产率较低，一般仅用于单件小批生产。但在龙门刨床上加工狭长平面时，可进行多件或多刀加工，生产率有所提高。

③ 刨削的加工精度一般可达 IT8 ~ IT7，表面粗糙度可控制在 $Ra6.3 ~ 1.6 \ \mu m$，但刨削加工可保证一定的相互位置精度，故常用龙门刨床来加工箱体和导轨的平面。当在龙门刨床上采用较大的进给量进行平面的宽刀精刨时，平面度公差可达 0.02 mm/1 000 mm，表面粗糙度可控制在 $Ra1.6 ~ 0.8 \ \mu m$。

因刨削的切削速度、加工表面质量、几何精度和生产率，在一般条件下都不太高，所以在批量生产中常被铣削、拉削和磨削所取代。但在加工一些中小型零件上的槽时（如 V 形槽、T 形槽、燕尾槽），刨削也有突出的优点。如图 6-61 所示导轨的燕尾槽配合面，加工时只要将牛头刨床的刀架调整到所要求的角度，只需采用普通刨刀和通用量具，即可进行加工，而且加工前的准备工作较少，适应性强。如采用铣削加工，还需要预先制造专用铣刀，加工前的准备周期长。因此，对于单件小批量生产工件上的燕尾槽，一般多用刨削加工。

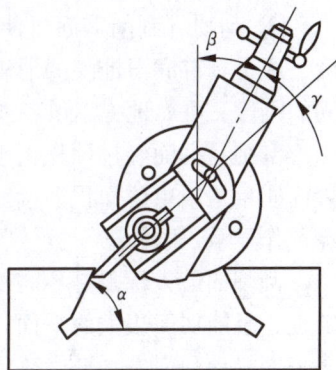

图 6-61　燕尾槽的刨削

铣削和刨削相比，铣削的生产率高。如果平面通过铣削或刨削后还不能满足要求，这时可进行磨削或钳工刮削，平面的表面粗糙度可达 $Ra0.32 ~ 1.25 \ \mu m$。

（3）磨削加工平面

表面质量要求较高的各种平面的半精加工和精加工，常采用平面磨削方法，如：汽缸体面、缸盖面、箱体及机床导轨面等。平面磨削常用的机床是平面磨床，砂轮的工作表面可以是圆周表面，也可以是端面。用砂轮周边磨削，砂轮与工件接触面积小，发热量小，冷却和排屑条件好，可获得较高的加工精度和较小的表面粗糙度值，但生产率较低。用砂轮的端面磨削，因砂轮与工件的接触面积大，磨削力增大，发热量增加，而冷却、排屑条件差，加工精度及表面质量低于周边磨削方式，但生产率较高。

当采用砂轮周边磨削方式时，磨床主轴按卧式布局；当采用砂轮端面磨削方式时，磨床主轴按立式布局。平面磨削时，工件可安装在做往复直线运动的矩形工作台上，也可安装在做圆周运动的圆形工作台上。按主轴布局及工作台形状的组合，平面磨床可分为四类：卧轴矩台式、立轴矩台式、立轴圆台式和卧轴圆台式。它们的加工方式、砂轮和工作台的布置及运动如图 6-62 所示。图中砂轮旋转为主运动 n_o。矩台的直线往复运动或圆台的回转为纵向进给运动 f_w，用砂轮的周边磨削时，通常砂轮的宽度小于工件的宽度，所以卧式主轴平面磨床还需要横向进给运动 f_a，且 f_a 是周期性的。

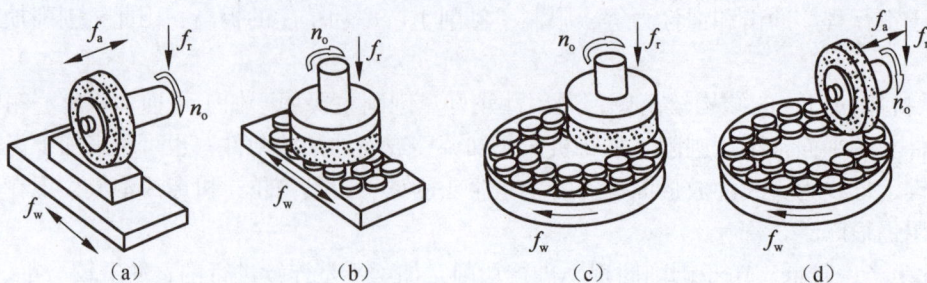

图 6-62　平面磨削的加工示意图

（a）卧轴矩台式；（b）立轴矩台式；（c）立轴圆台式；（d）卧轴圆台式

（4）平面的光整加工

光整加工是继精加工之后的工序，可使零件获得较高的精度和较小的表面粗糙度。

① 刮削。刮削平面可使两个平面之间达到良好接触和紧密吻合，能获得较高的形状精度，成为具有润滑油膜的滑动面。因此，可以减少相对运动表面间的磨损和增强零件接合面间的刚度，可靠地提高设备或机床的精度。

刮削是平面经过预先精刨或精铣加工后，利用刮刀刮除工件表面薄层的加工方法。刮削表面质量是用单位面积上接触点的数目来评定的。刮削表面接触点的吻合度，通常用红油粉涂色作显示，以标准平板、研具或配研的零件来检验。

刮削的最大优点是不需要特殊设备和复杂的工具，却能达到很高的精度和很小的表面粗糙度，且能加工很大的平面。但生产效率很低、劳动强度大、对操作者的技术要求高，目前多采用机动刮削方法来代替繁重的手工操作。

② 研磨。研磨平面的工艺特点和研磨外圆相似，并可分为手工研磨和机械研磨。研磨后尺寸精度可达 IT5 级，表面粗糙度可达 $Ra0.1 \sim 0.006 \ \mu m$。手工研磨平面必须有准确的研磨板，合适的研磨剂，并需要有正确的操作技术，且生产效率较低。机械研磨适用于加工中小型工件的平行平面，其加工精度和表面粗糙度由研磨设备来控制。机械研磨的加工质量和生产率比较高，常用于大批大量生产。

2. 箱体孔系的加工方法

箱体上一系列有相互位置精度要求的孔的组合称为孔系。孔系可分为平行孔系、同轴孔系和交叉孔系等。

（1）平行孔系的加工

平行孔系是指孔的轴线相互平行的一组孔。平行孔系的主要技术要求是各平行孔轴心线之间，孔轴心线与基准面之间的距离尺寸度和平行度。单件小批生产中的中小型箱体及大型箱体的平行孔系，一般采用找正法和坐标法来加工；批量较大的中小型箱体则经常采用镗模法加工，如图 6-63 所示。

（2）同轴孔系的加工

同轴孔系是指有同轴度要求的孔系，在生产中，一般采用镗模加工孔系，其同轴度由镗模保证。单件小批生产，其同轴度可利用已加工孔系作支承导向，利用镗床后立柱上的导向套支承镗杆，采用调头镗等几种方法保证，如图 6-64 所示。

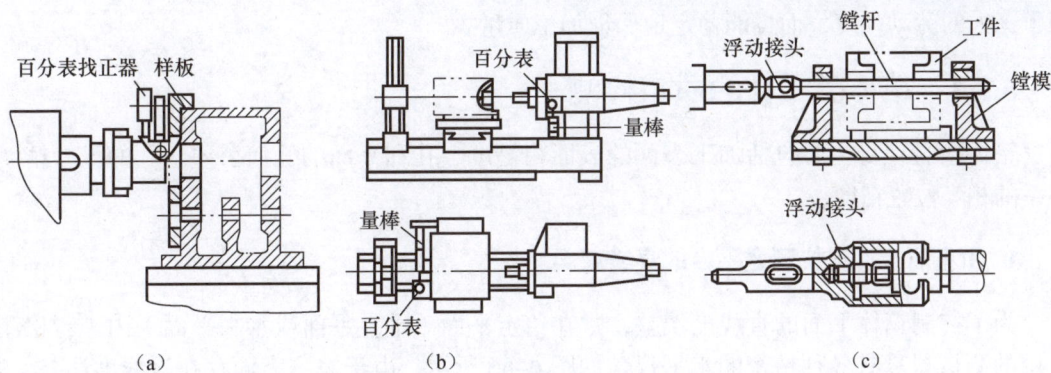

图 6-63　平行孔系的加工

（a）找正法镗平行孔系；（b）坐标法镗平行孔系；（c）镗模法加工平行孔系

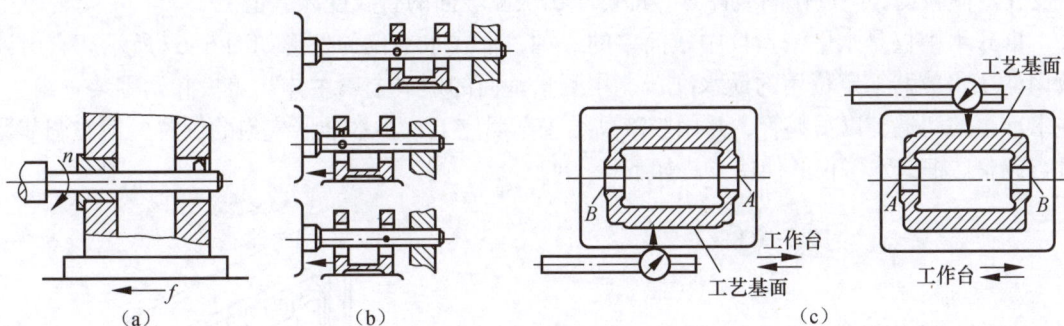

图 6-64　同轴孔系的加工

（a）用已加工孔导向；（b）用镗床后立柱上的导向套支承镗杆；（c）调头镗

（3）交叉孔系的加工

交叉孔系主要技术要求是控制有关孔的垂直度。交叉孔系在普通镗床上主要靠机床工作台上的 90° 对准装置对准，其精度需凭经验。要提高对准精度，可用心棒与百分表找正的方法，如图 6-65 所示。

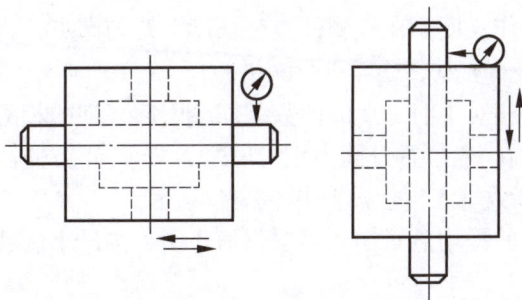

图 6-65　找正法加工交叉孔系

目前，箱体在单件小批生产中都采用加工中心，不仅生产率高，加工精度高，而且适用范围广，设备利用率高。

箱体在大量生产中广泛采用自动线进行加工，大大提高了劳动生产率，降低了成本，减轻了工人的劳动强度，而且能稳定地保证加工质量。

6.3.4 箱体类零件的质量检测

箱体检验项目主要包括加工表面的表面粗糙度、孔和平面的几何公差、孔的尺寸精度、孔系的相互位置精度。

1. 用平面度检查仪测量平台的直线度误差

为了控制箱体平面的直线度误差，常在给定平面（垂直平面或水平平面）内进行检测，常用的测量器具有各种精密的水平仪，如图 6-66 所示。由于被测表面存在直线度误差，测量器具置于不同的被测部位上时，其倾斜角将发生变化，若节距（相邻两点的距离）一经确定，这个微小倾角与被测两点的高度差就有明确的函数关系，通过逐个节距的测量，得出每一变化的倾斜度，经过作图或计算，即可求出被测表面的直线度误差值。

框式水平仪是水平测量仪中较简单的一种，框式水平仪的外形如图 6-67 所示。它由读数用的主水准器、定位用的横水准器、作测量基面的框式金属主体、盖板和调零装置组成。主水准器的两端套以塑料管，并用胶液黏结于金属座上，主水准器气泡的位置由偏心调节器进行调整。框式水平仪的使用方法如下：

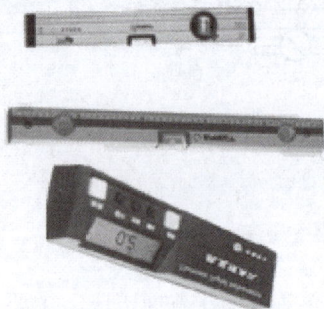

图 6-66　部分精密水平仪

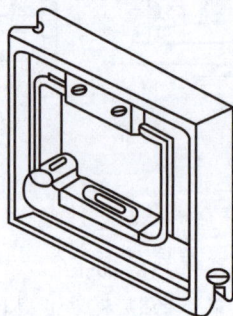

图 6-67　框式水平仪

① 将被测件定位。

② 根据水平仪的工作长度，在被测件整个长度上均匀布点，将水平仪放在桥板上，按标记将水平仪首尾相接进行移动，逐段进行测量。

③ 测量时，后一点相对于前一点的读数差就会引起气泡的相应位移，由水准器刻度观其读数（后一点相对于前一点位置升高为正，反之为负）。正方向测量完后，用相同的方法反方向再测量一次，将读数填入实验报告中。

④ 将两次测量结果的平均值累加，用累积值作图，按最小区域包容法求出直线度误差值 f_-。

⑤ 将计算结果与公差值比较，作出合格性结论。

对于精密箱体，用水平仪可测孔的母线直线度。0.02/1 000 的水平仪就有很高的当量灵敏度。用准直仪测量孔母线直线度，被测时使孔轴心线与准直仪光轴方向平行，当检具沿孔轴线移动时，如孔母线不直，光线经过反射镜反射，在准直仪上将反映出两倍于平面反射镜的倾角变化。可直接读取误差，如图 6-68 所示。

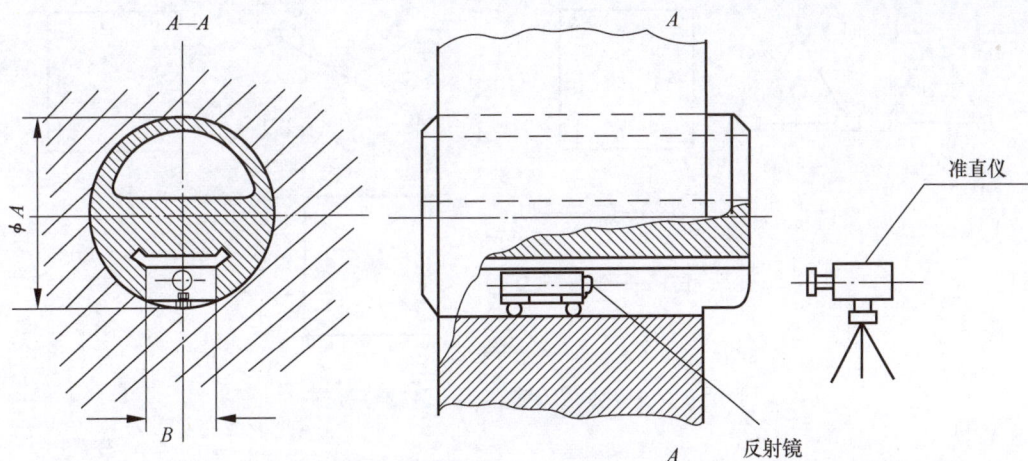

图 6-68 用准直仪测量母线的直线度

平面几何公差的检验，直线度可用准直仪、水平仪和平尺检验。平面度用平台及百分表等相互组合方式进行检验。

2. 用千分表测量平面度误差

常见的平面度测量方法有用千分表测量、用光学平晶测量、用水平仪测量及用自准直仪和反射镜测量平面度误差，无论用哪种方法测得的平面度测值，都应进行数据处理，然后按一定的评定准则处理结果。

（1）平面度误差的测量原理

平面度误差的测量是根据与理想要素相比较的原则进行的。用标准平板作为模拟基准，利用指示表和指示表架测量被测平板的平面度误差。

如图 6-69 所示，测量时将被测工件支承在基准平板上，基准平板的工作面作为测量基准，在被测工件表面上按一定的方式布点，通常采用的是米字形布线方式。用指示表对被测表面上各点逐行测量并记录所测数据，然后按一定的方法评定其误差值。

（2）直线度误差的评定方法

最小包容区域法。由两平行平面包容实际被测要素时，实现至少四点或三点接触，且具有下列形式之一者，即为最小包容区域，其平面度误差值最小。最小包容区域的判别方法有下列三种接触形式。

① 两平行平面包容被测表面时，被测表面上有 3 个最低点（或 3 个最高点）及 1 个最高点（或 1 个最低点）分别与两包容平面接触，并且最高点（或最低点）能投影到 3 个最低点（或 3 个最高点）之间，则这两个平行平面符合最小包容区原则。如图 6-70（a）所示。

② 被测表面上有 2 个最高点和 2 个最低点分别与两个平行的包容面相接触，并且 2 个最高点投影于 2 个低点连线的两侧，则两个平行平面符合平面

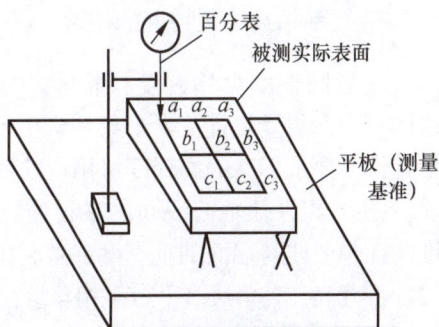

图 6-69 平面度误差的测量原理

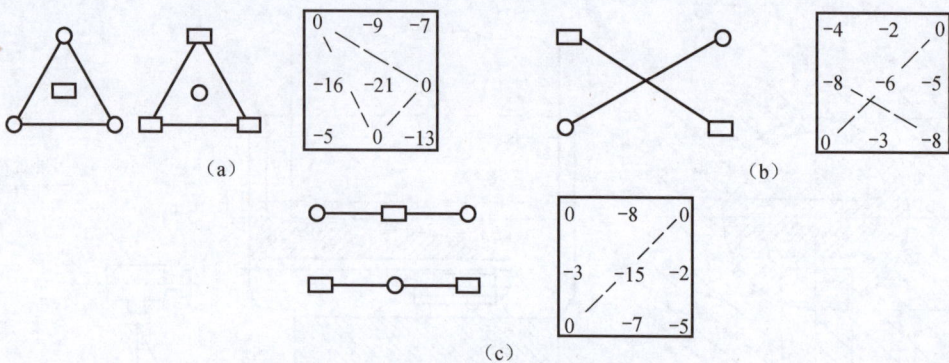

图 6-70　平面度误差的最小区域判别法

度最小包容区原则。如图 6-70（b）所示。

③ 被测表面的同一截面内有 2 个最高点及 1 个低点（或相反）分别和两个平行的包容面相接触，则该两平行平面符合平面度最小包容区原则，如图 6-70（c）所示。

平面度误差值用最小区域法评定，结果数值最小，且唯一，并符合平面度误差的定义。但在实际工作中需要多次选点计算才能获得，因此它主要用于工艺分析和发生争议时的仲裁。

（3）平面度误差的评定方法

在满足零件使用功能的前提下，检测标准规定可用近似方法来评定平面度误差。常用的方法有三角形法和对角线法。

① 三角形法，三角形法是以通过被测表面上相距最远且不在一条直线上的 3 个点建立一个基准平面，各测点对此平面的偏差中最大值与最小值的绝对值之和为平面度误差。实测时，可以在被测表面上找到 3 个等高点，并且调到零。在被测表面上按布点测量，与三角形基准平面相距最远的最高和最低点间的距离为平面度误差值，三点法评定结果受选点的影响，使结果不唯一，一般用于低精度的工件。

② 对角线法，采集数据前先分别将被测平面的两对角线调整为与测量平板等高，然后在被测表面上均匀取 9 点用百分表采集数据，作平行于两对角线且过最高点和最低点两平行平面，则其平面度误差为上、下两平行平面之间的距离，即最高点读数值减去最低读数值。对角线法选点确定，结果唯一。计算出的数值虽稍大于定义值，但相差不多，且能满足使用要求，故应用较广。

3. 孔系相互位置精度的检验

测量同轴度可用圆度仪检验，如图 6-71 所示，或用三坐标测量装置及 V 形架和带指示表的表架等测量，精度要求不高的同轴度可用检验棒或用准直仪检验。孔心距、孔轴心线间的平行度，孔轴心线垂直度及孔轴心线与端面的垂直度都是利用检验棒、千分尺、百分表、直角尺及平台等相互组合进行检测。

位置度的合格性还用综合量规检验。如图 6-72

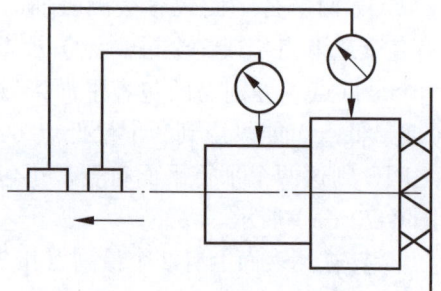

图 6-71　圆度仪测量同轴度

所示的法兰盘，要求在法兰盘上装螺钉用的四个孔具有以中心孔为基准的位置度。测量时，将量规的基准测销和固定测销插入零件中，再将活动测销插入其他孔中，如果都能插入零件和量规的对应孔中，就能判断四个孔的位置合格。

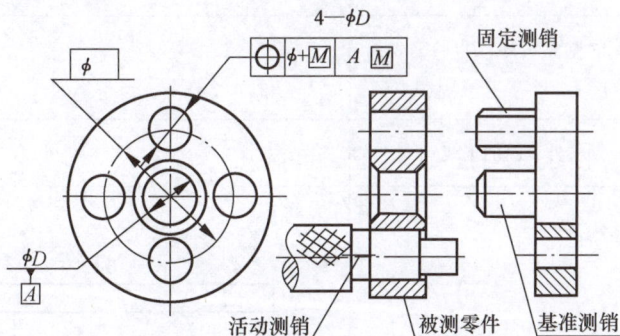

图 6-72　量规检验孔的位置度

6.3.5　箱体类零件工艺编制实例

图 6-73 所示为减速机箱体零件图。表 6-9 介绍了减速机箱体单件、小批量生产时的机械加工工艺过程。

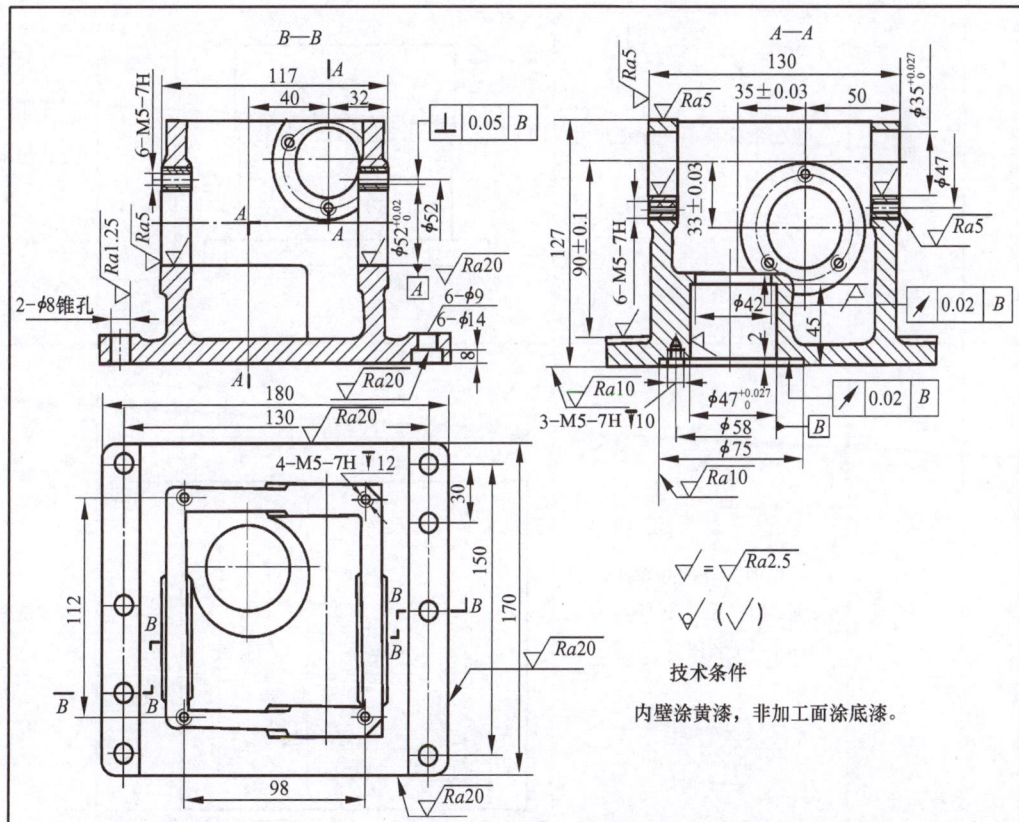

图 6-73　减速机箱体

表 6-9　减速机箱体工艺过程

工序号	工序名称	工序内容	加工简图	设备
1	热处理	时效		
2	涂漆	内壁涂黄漆，非加工表面涂底漆		
3	钳	划各外表面加工线		
4	铣	顶面划线找正，粗、精铣底面，表面粗糙度 $Ra1.6$ μm（工艺要求）	$\sqrt{Ra1.6}$	立式铣床
5	铣	粗、精铣顶面，保证尺寸为 127 mm	127	立式铣床
6	铣	以顶面为基准并校正，铣底座侧面，尺寸为 180 mm × 170 mm（工艺用）	$180_{-0.2}^{\ 0}$　170	立式铣床

工序号	工序名称	工序内容	加工简图	设备
7	铣	粗铣四侧凸缘端面，铣底座上高为 15 mm 的两台阶面，工艺要求为 15 mm ± 0.03 mm，Ra 为 1.6 μm		立式铣床
8	镗	粗、精镗 $\phi\,47^{+0.027}_{0}$ mm，$\phi\,42$ mm，$\phi\,75$ mm 孔，并刮端面及倒角		镗床
9	镗	粗、精镗 $\phi\,40^{+0.025}_{0}$ mm 两孔，并刮端面及倒角		镗床
10	镗	以底面、$\phi\,47$ 孔及一侧面定位，钻、镗 $\phi\,35^{+0.027}_{0}$ mm 两孔，并刮端面及倒角		镗床

续表

工序号	工序名称	工序内容	加工简图	设备
11	钳	① 以顶面定位，钻 $\phi6$ ~ $\phi9$ mm 孔，锪 $\phi6$ ~ $\phi14$ mm 孔，钻 $\phi2$ ~ $\phi8$ mm 锥孔。 ② 钻各面 M5 底孔，攻各面 M5 mm 螺孔		钻床
12	钳	锉 170 mm × 180 mm 底座四角、R8 mm 圆角及去毛刺		
13	检验			

1. 定位基准的选择

① 粗基准的选择。箱体类零件粗基准选择的基本要求：保证各加工面都有加工余量，且主要孔的加工余量应均匀；保证装入箱体内的运动件与箱壁有足够的间隙。

箱体类零件通常是以箱体上的主要孔作为粗基准。如果毛坯精度较高，则可直接用夹具以毛坯孔定位；在小批生产时，通常先以主要孔为划线基准。

② 精基准的选择。选择精基准时，主要考虑保证加工精度和工件的装夹方便，通常从基准统一原则出发，选择装配基准面作为精基准；或者以一个平面和该平面上的两个孔定位，称为一面两孔定位。

2. 加工工艺过程的安排

机械加工顺序的安排，箱体类零件安排加工顺序时应遵循下列原则：

① 基面先行。用作精基准的表面（装配基准面或底面及该面上的两个孔）优先加工。

② 先粗后精。先安排粗加工，后安排精加工，有利于消除加工过程中的内应力和热变形。也有利于及时发现毛坯缺陷，避免更大浪费。

③ 先面后孔。加工顺序为先加工平面，以加工好的平面定位，再来加工孔。这样可先以孔为粗基准加工好平面，再以平面为精基准加工孔，既为孔的加工提供稳定可靠的精基准，又可使孔的加工余量均匀。同时，先加工平面后加工孔，在钻孔时，钻头不易引偏，扩孔或铰孔时，刀具不易崩刃。

3. 加工阶段的划分

箱体类零件机械加工工艺过程，可分为两个阶段：

① 基准加工、平面加工及主要孔的粗加工。

② 主要孔的精加工。

至于一些次要工序，如油孔、螺纹孔、孔口倒角等分别穿插在此两阶段中适当的时候进行。单件小批生产时，为了减少安装次数，有时也往往将粗、精加工工序合并在一起，但应采取相应的工艺措施。如：粗加工后松开工件，然后再夹紧工件；粗加工后待工件充分冷却后再精加工；减少切削用量等，以便保证加工精度。

任务训练

一、填空题

1. 轴的作用是支承做回转运动的传动零件、传递_____和_____、承受载荷以及保证装在轴上的零件具有确定的_____位置和具有一定的_____精度。

2. 轴类零件的毛坯材料可根据要求选用_____、_____等毛坯形式。

3. 轴的长径比小于_____的称为短轴，大于_____的称为细长轴，大多数轴介于两者之间。

4. _____钢是轴类零件的常用材料，它价格便宜，经过调质（或正火）后可得到较好的切削性能，而且能获得较高的强度和韧性等_____，淬火后表面硬度可达45 ~ 52 HRC。

5. 轴类零件和盘类、套类零件一样，具有外圆柱表面，采用_____加工方法形成，采用_____加工作为精加工，采用_____等作为精密加工。

6. 普通车床上常用_____、_____、_____、跟刀架和心轴等，以适应装夹各种工件的需要。

7. 精车时一般取大的切削速度和较小的进给量、背吃刀量。精车的加工精度可达_____，表面粗糙度为 Ra_____ μm。

8. 外圆表面的磨削在外圆磨床上进行时称为_____，在无心磨床上磨削称为_____。

9. 圆锥面的车削方法有_____、_____、_____。

10. 轴类零件的尺寸精度在 IT6 以上，工件表面粗糙度在 $Ra0.4$ μm 以上，就要采用精密加工的方法，如_____、_____、_____等。

11. 测量螺纹的主要参数有_____与_____、_____和_____的尺寸，常见的测量方法有_____和_____两种。

12. 套类零件的加工，把外圆作为终加工方案，这种方案适用于_____表面是最重要表面的套类零件加工；把内孔作为终加工方案，这种方案适用于_____表面是最重要表面的套类零件加工。

13. 套类零件的加工主要是孔的加工，除了在钻床上加工孔的方法，另外孔加工的方法还有_____、_____、内圆表面_____等方法。

14. 测量孔径尺寸时如果孔的精度要求较低，可用_____尺、_____尺测量；精度要求较高时可用_____、_____、_____、_____等量具测量。

15. 表面粗糙度的测量方法常有_____、_____、_____和描针法四种。它们是车间常用的方法。

16. 自然时效是将铸件自然地放置在室外几_____甚至几_____，经受风雨和气温变化的影响，使内应力逐渐消失。

17. 箱体类零件是机器或部件的基础件。它将机器或部件中的_____、_____

_____和齿轮等零件按一定的相互位置关系连在一起，按一定的_____关系协调地运动。

18. 箱体上平面的粗加工和半精加工一般采用_____或_____的方法，精加工则采用_____的方法。

19. 单件小批生产中的中小型箱体及大型箱体的平行孔系，一般采用_____和_____。

20. 批量较大的中小型箱体则经常采用_____加工。

二、选择题

1. 下列代号中不属于机床型号的有（　　　　）。

A. MM7132A　　　　　B. ZL201　　　　　C. L6120　　　　　D. Y3150E

2. 要改变运动的性质，将转动变为直线运动，需采用的传动副是（　　　　）。

A. 带传动　　　　　B. 齿轮传动　　　　　C. 蜗轮蜗杆传动　　　　D. 齿轮齿条传动

3. 能够对两个或两个以上运动坐标的位移和速度同时进行连续相关控制的数控机床是（　　　　）。

A. 点位控制数控机床　　　　　　　　B. 直线控制数控机床

C. 轮廓控制数控机床　　　　　　　　D. 无法确定

4. 在 CA6140 车床上用来安装钻头、铰刀等的部件为（　　　　）。

A. 主轴　　　　　B. 刀架　　　　　C. 尾座　　　　　D. 床身

5. 安装工件时，不需要找正的附件是（　　　　）。

A. 三爪卡盘和花盘　　　　　　　　B. 三爪卡盘和顶尖

C. 两顶尖装夹　　　　　　　　　　D. 花盘装夹

6. 车削螺纹时，常用开倒车退刀，其主要目的是（　　　　）。

A. 防止崩刀　　　　　　　　　　　B. 减少振动

C. 防止乱扣　　　　　　　　　　　D. 减少刀具磨损

7. 车螺纹时，要保证螺纹牙型主要靠（　　　　）。

A. 调整车床　　　　　　　　　　　B. 刃磨和安装车刀

C. 配换挂轮　　　　　　　　　　　D. 工件装夹方法

8. 下列加工方法中，能加工孔内环形槽的是（　　　　）。

A. 钻孔　　　　　　　　　　　　　B. 扩孔

C. 铰孔　　　　　　　　　　　　　D. 镗孔

9. 单件小批生产时加工内表面，如孔内键槽、方孔和花键孔等应采用（　　　　）。

A. 铣削　　　　　B. 刨削　　　　　C. 插削　　　　　D. 拉削

10. 在立式升降台铣床上加工工件的大平面时，应选用的铣刀是（　　　　）。

A. 面铣刀　　　　　　　　　　　　B. 圆柱铣刀

C. 三面刃铣刀　　　　　　　　　　D. 角铣刀

11. 加工复杂的立体成形表面，应选用的机床是（　　　　）。

A. 立式升降台铣床　　　　　　　　B. 卧式万能升降台铣床

C. 龙门铣床　　　　　　　　　　　D. 数控铣床

12. 逆铣与顺铣相比，其优点是（　　　　）。

A. 散热条件好　　　　　　　　　　B. 切削时工作台不会窜动

C. 加工质量好　　　　　　　　　　D. 生产率高

13. 对于年产 100 ~ 200 台的中型箱体,加工其孔系宜采用(　　)。

A. 立式钻床和钻模　　　　　　　B. 摇臂钻床和钻模

C. 卧式镗床和镗模　　　　　　　D. 坐标镗床

14. 单件、小批生产及精磨,特别是细长轴的磨削,常用的磨削方法是(　　)。

A. 纵磨法　　　　　　　　　　　B. 横磨法

C. 综合磨法　　　　　　　　　　D. 深磨法

15. 插齿加工时,能切出整个齿宽的运动是(　　)。

A. 上下往复运动　　B. 径向进给运动　　C. 让刀运动　　　D. 回转运动

三、判断题(对的打√,错的打 ×)

1. 刀具寿命是指刀具从开始切削到完全报废实际切削时间的总和。　　　　　　(　　)

2. 积屑瘤使刀具的实际前角增大,并使切削轻快省力,所以对精加工有利。　　(　　)

3. 粗车 $\dfrac{L}{D}$ =4 ~ 10 的细长轴类零件时,因工件刚性差,宜用一顶一卡安装。　(　　)

4. 无心磨削时,导轮的轴线与砂轮的轴线应平行。　　　　　　　　　　　　　(　　)

5. 砂轮的硬度是指磨粒的硬度。　　　　　　　　　　　　　　　　　　　　　(　　)

6. 粗基准即是粗加工定位基准。　　　　　　　　　　　　　　　　　　　　　(　　)

7. 当以很大的刀具前角、很大的进给量和很低的切削速度切削钢等塑性金属时形成的是节状切屑。　　　　　　　　　　　　　　　　　　　　　　　　　　　　　　(　　)

8. 定位装置、夹紧装置和分度装置构成了夹具的基本组成。　　　　　　　　　(　　)

9. 精基准即是精加工所用的定位基准。　　　　　　　　　　　　　　　　　　(　　)

10. 有色金属零件的精加工宜采用车削。　　　　　　　　　　　　　　　　　　(　　)

11. 车削锥面时,刀尖移动的轨迹与工件旋转轴线之间的夹角应等于工件锥面锥角的2倍。　　　　　　　　　　　　　　　　　　　　　　　　　　　　　　　　　　(　　)

12. 在各种钻床上都能完成钻孔、扩孔和铰孔,还可以进行攻丝等。　　　　　　(　　)

13. 镗孔只能加工通孔,而不能加工盲孔。　　　　　　　　　　　　　　　　　(　　)

14. 拉削加工只有一个主运动,生产率很高,适于各种批量的生产。　　　　　　(　　)

15. 珩磨是对预先磨过的外圆表面进行的精密加工。　　　　　　　　　　　　　(　　)

四、综合题

1. 有一 ϕ 10 mm 的杆类零件,受中等交变载荷作用,要求零件沿截面性能均匀一致。回答下列问题:

(1)该杆类零件选用下列材料中的哪种材料制作较为合适?为什么?

Q345、45、65Mn、T12、9SiCr。

(2)初步拟定该杆类零件的加工工艺路线。

(3)说明各热处理工序的主要作用。

2. 试编制习题图 6–1 所示轴类零件成批生产时的加工工艺。

3. 三批工件在三台车床上加工外圆,加工后经测量分别有如习题图 6–2 所示的形状误差:图(a)为鼓形,图(b)为鞍形,图(c)为锥形,分别分析可能产生上述形状误差的主要原因。

4. 试编制如习题图 6–3 所示套类零件成批生产时的加工工艺。

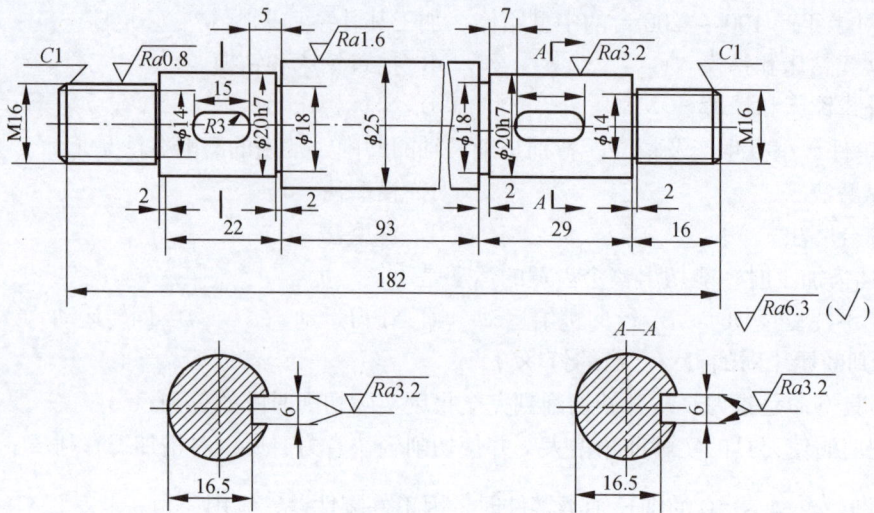

习题图 6-1　轴

（材料：20 钢；渗碳淬火硬度 60HRC；螺纹部分不渗碳）

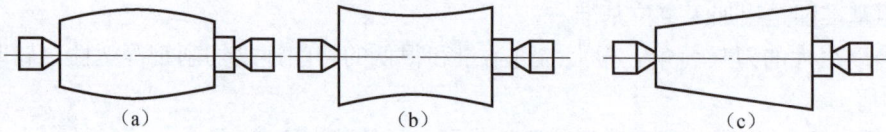

习题图 6-2　形状误差

（a）鼓形；（b）鞍形；（c）锥形

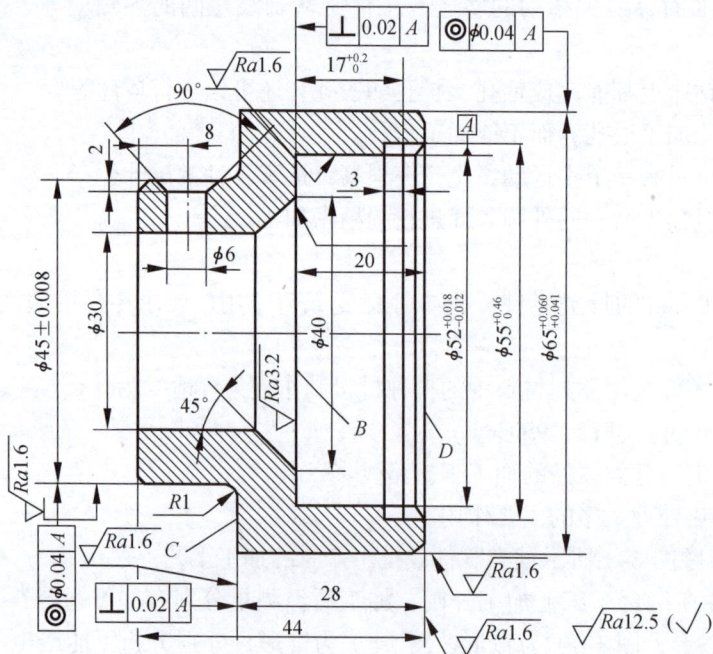

习题图 6-3　套

第 7 章　先进制造技术简述

学习目标

1. 熟知先进制造技术的内涵；
2. 认识特种加工技术的种类与特点；
3. 会分析各种特种加工的原理；
4. 熟悉各类特种加工技术的应用场合；
5. 了解数控加工技术的种类与特点；
6. 熟悉数控机床的分类、组成及工作过程；
7. 能理解数控机床坐标系与工件坐标系；
8. 能了解其他先进制造技术的含义、特点及应用。

先进制造技术涵盖：先进设计技术、工业机器人技术、柔性制造技术、智能制造技术、高速加工技术、自动化制造系统中的检测与监控技术、数控技术、精密成形制造技术、逆向工程技术、微细加工技术、特种加工技术等。本章节将以常见的先进制造技术为例介绍其工作原理、特点与应用等常识。

7.1　特种加工技术简介

7.1.1　特种加工技术概述

随着现代化经济建设的快速发展，各种高硬度、高强度、高熔点、难切削的新型模具材料不断地出现，用传统刀具切削的方法对这些新型材料进行机械加工越来越困难，由此，对这些高硬度的难切削材料的各种特种加工手段和方法应运而生，并得到了快速的发展。

常用的特种加工方法见表 7-1。

特种加工不是主要依靠机械能，而是主要用其他能量（如：电、化学、光、声、热等）去除金属材料；工具硬度可以低于被加工材料；加工过程中工具和工件之间不存在显著的机械切削力。

表 7-1　常用的特种加工方法

特种加工方法		能量形式	作用原理	英文缩写
电火花加工	成形加工	电能、热能	熔化、气化	EDM
	线切割加工	电能、热能	熔化、气化	WEDM
电化学加工	电解加工	电化学能	阳极溶解	ECM
	电解磨削	电化学机械能	阳极溶解磨削	EGM
	电铸、电镀	电化学能	阴极沉积	EFM EPM
激光加工	切割、打孔	光能、热能	熔化、气化	LBM
	表面改性	光能、热能	熔化、相变	LBT
电子束加工	切割、打孔	电能、热能	熔化、气化	EBM
离子束加工	刻蚀、镀膜	电能、动能	原子撞击	IBM
超声加工	切割、打孔	声能、机械能	磨料高频撞击	USM
水射流加工	切割	液流能、机械能	流体力学	WJC

7.1.2　电火花加工

电火花加工主要有电火花成形加工和电火花线切割加工，按照加工工艺方法分类见表 7-2。

表 7-2　电火花加工按工艺方法分类

类别	工艺方法	特点	用途	备注
1	穿孔成形加工	工具为成形电极，主要为一个进给运动	型腔加工、冲模、挤压模、异形孔加工	约占机床总数 30%
2	电火花线切割加工	工具为线状电极，两个进给运动	冲模，加工直纹面，窄缝，下料	占总数 60%
3	内孔、外圆成形磨	相对旋转运动，径向、轴向进给运动	加工精密小孔、外圆、小模数滚刀	占总数 3%
4	同步共轭回转加工	均做旋转运动且纵横进给	加工精密螺纹、异形齿轮、回转表面	占总数 1%
5	高速小孔加工	细管电极旋转，穿孔速度极高	深小孔、喷嘴、穿丝孔	占总数 2%
6	表面强化、刻字	工具在工件上振动，工具相对工件移动	工具刃口强化、刻字	占总数 2% ~ 3%

1. 电火花加工的原理

电火花加工是利用工具电极和工件电极间瞬时放电所产生的高温来熔蚀工件表面的材料，也称为放电加工或电蚀加工。电火花加工装置及原理如图 7-1 所示。工具和工件一般都浸在工作液中（常用煤油、机油等作工作液），自动调节进给装置使工具与工件之间保持一定的放电间隙（0.01 ~ 0.20 mm），当脉冲电压升高时，使两极间产生火花放电，放电通道的电流密度为 10^5 ~ 10^6 A/cm^2，放电区的瞬时高温 10 000 ℃以上，使工件表面的金属局部熔化，甚至气化蒸发而被蚀除微量的材料，当电压下降时，工作液恢复绝缘。这种放电循环每秒钟重复数千到数万次，就使工件表面形成许多小的凹坑，称为电蚀现象。

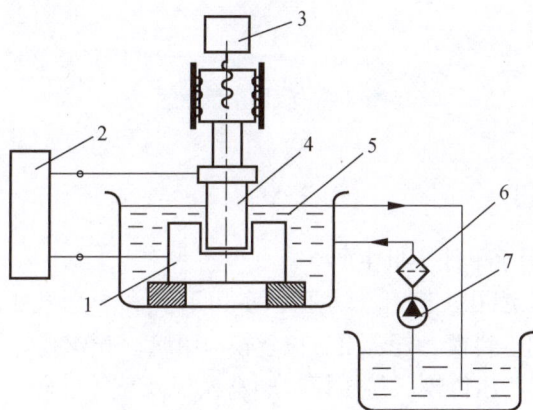

1—工件；2—脉冲电源；3—自动进给调节系统；4—工具；5—工作液；6—过滤器；7—工作液泵

图 7-1　电火花加工原理示意图

2. 电火花加工的特点

① 可以加工传统切削加工方法难以加工或无法加工的特殊材料和复杂形状的工件。

② 加工时工具电极与工件不直接接触，两者之间无"切削力"，不受工具和工件刚度的限制，有利于实现微细加工。

③ 工具电极可用较软的紫铜、石墨等容易加工的材料制造。

④ 工件几乎不受热影响。

3. 电火花线切割加工的原理

线切割是线电极电火花切割的简称。电火花线切割的加工原理与一般的电火花加工相同，其区别是所使用的工具不同，它不靠成形的工具电极将形状尺寸复制到工件上，而是用移动着的电极丝（一般小型线切割机采用 0.08 ~ 0.12 mm 的钼丝，大型线切割机采用 0.3 mm 左右的钼丝）以数控的加工方法按预定的轨迹进行线切割加工，适用于切割加工形状复杂、精密的模具和其他零件，加工精度可控制在 0.01 mm 左右，表面粗糙度 $Ra \leqslant 2.5$ μm。图 7-2 所示为线切割示意图。

线切割加工时，阳极金属的蚀除速度大于阴极，因此采用正极性加工，即工件接高频脉冲电源的正极，工具电极（钼丝）接负极，工作液宜选用乳化液或去离子水。

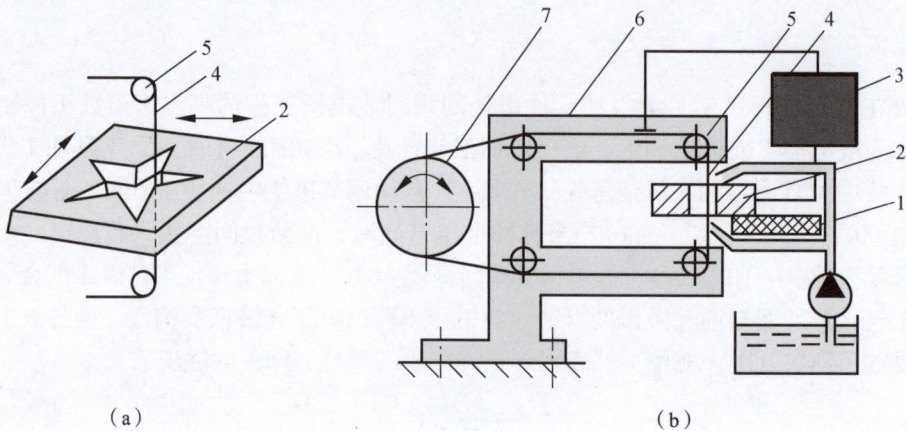

（a）　　　　　　　　　　　　　　　　　　（b）

1—绝缘底板；2—工件；3—脉冲电源；4—钼丝；5—导向轮；6—支架；7—储丝筒

图7-2　线切割示意图

4. 电火花加工的应用

电火花加工主要适用于单件小批生产。

① 穿孔加工：加工型孔（圆孔、方孔、多边形孔和异形孔）、曲线孔（弯孔、螺纹孔）、小孔、微孔。例如落料模、复合模、拉丝模、喷嘴、喷丝孔等。

② 型腔加工：锻模、压铸模、挤压模、塑料模以及整体叶轮、叶片等各种典型零件的加工。

③ 线切割加工：进行线电极切割。例如切断、切割各类复杂型孔（例如冲裁模）。

④ 电火花切割加工按走丝速度可分为快走丝和慢走丝两种类型。快走丝速度一般为10 m/s左右，电极丝可往复移动，并可以循环反复使用。慢走丝速度通常为2 ~ 8 m/min，为单向运动，电极丝为一次性使用。慢走丝线切割走丝平稳，无振动，电极丝损耗小，加工精度高，是现在主要的发展方向。

7.1.3　电解加工

电解加工是继电火花加工之后发展起来的、应用较广泛的一项新工艺。目前在国内外已成功地应用于枪炮、航空发动机、火箭等制造业，在汽车、拖拉机、采矿机械和模具制造中也得到了应用。

1. 电解加工的原理

电解加工是利用金属在电解液中的"阳极溶解"将工件加工成形的。电解加工原理如图7-3所示。加工时，工件接直流电源（电压为5 ~ 25 V，电流密度为10 ~ 100 A/cm^2）的阳极，工具接电源的阴极。进给机构控制工具向工件缓慢进给，使两

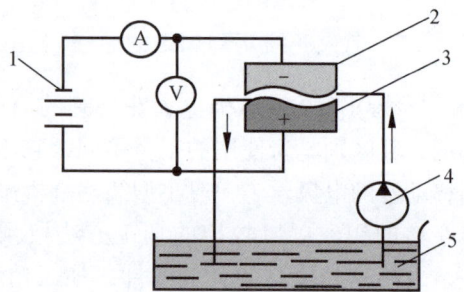

1—直流电源；2—工具阴极；3—工具阳极；
4—电解液泵；5—电解液

图7-3　电解加工原理示意图

级之间保持较小的间隙（0.1 ~ 1 mm），从电解液泵出来的电解液以一定的压力（0.5 ~ 2 MPa）和速度（5 ~ 50 m/s）从间隙中流过，这时阳极工件的金属被逐渐电解腐蚀，电解产物被高速流过的电解液带走。

电解加工成形原理如图 7-4 所示，图中细竖线表示通过阴极（工具）与阳极（工件）间的电流，竖线的疏密程度表示电流密度的大小。在加工刚开始时，工具与工件相对表面之间是不等距的，如图 7-4（a）所示，阴极与阳极距离较近的地方通过的电流密度较大，电解液的流速也较高，阳极溶解速度也就较快。随着工具相对工件不断进给，工件表面就不断被电解，电解产物不断被电解液冲走，直至工件表面形成与阴极工作面基本相似的形状为止，如图 7-4（b）所示。

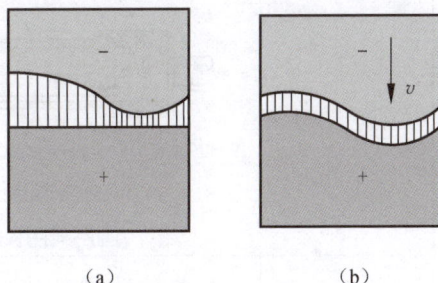

图 7-4　电解加工成形原理
（a）加工初始电流状态；
（b）加工成形后电流状态

2. 电解加工的特点与局限性

（1）特点

① 加工范围广。既不受金属材料本身硬度和强度的限制，可加工硬质合金，淬火钢、耐热合金等高硬度、高强度及韧性金属材料，也可加工各种复杂型面工件，如叶片、模具等。

② 生产率高。生产率为电火花加工的 5 ~ 10 倍。在某些情况下，比切削加工的生产率还高，且加工生产率不直接受加工精度和表面粗糙度的限制。

③ 可以达到较小的表面粗糙度（Ra1.25 ~ 0.2 μm）和 0.2 mm 左右的平均加工精度，且不产生毛刺。

④ 加工中无热作用及机械切削力的作用，加工面不产生应力、变形及变质层。

⑤ 加工中阴极工具在理论上不会损耗，可长期使用。

（2）电解加工的主要缺点和局限性

① 加工精度（±0.03 mm）及稳定性不易提高。

② 小孔、窄缝及棱角清晰的零件难加工。

③ 电极设计制造较麻烦，需多次修整。

④ 附属设备多，一次性投资大。

⑤ 防腐蚀及电解泥渣、废液处理问题。

3. 电解加工的应用

电解加工主要用于加工各种型腔模具，各种型孔、花键孔、深孔、小孔等的复杂型面（如汽轮机、航空发动机的叶片）以及套料、膛线（炮管、枪管的来复线等）等。此外还有电解抛光、倒棱、去毛刺、切割和刻印等。电解加工适于成批和大量生产，多用于粗加工和半精加工。电解加工应用实例见表 7-3。

表 7-3　电解加工的应用举例

加工名称	原理示意图	说明
深孔扩孔加工	1—电解液入口；2—绝缘定位套；3—工件；4—工具阴极； 5—密封垫；6—电解液出口 **固定式阴极深孔扩孔原理图**	优点：设备简单，操作方便，生产率高。 缺点：电源功率较大，加工精度及表面粗糙度 Ra 不太均匀，阴极刚性弱
型孔加工	1—机床主轴套；2—进水孔；3—阴极主体 **端面进给式型孔加工示意图**	用于形状复杂、尺寸较小的型孔加工，如四方孔、椭圆等非圆形状的通孔或不通孔的加工。 多采用端面进给方式，阴极侧面须绝缘。内锥面高度为 1.5 ~ 3.5 mm
型腔加工	1—喷液槽；2—增液孔；3—电解液 **增液孔的设置**	用于尺寸较大、形状复杂的型腔加工，生产率高。 表面质量好，但加工精度不太高。多用于锻模型腔加工，精度控制在 $\pm(0.1 \sim 0.2)$ mm，也采用端面进给法
套料加工	1—阴极片；2—阴极体 **套料阴极工具**	用于等截面的大面积异形孔或异形零件的加工，端面进给加工方式。 零件尺寸精度由阴极片内腔口保证，偶尔短路烧伤时，只需更换阴极片

续表

加工名称	原理示意图	说明
叶片加工	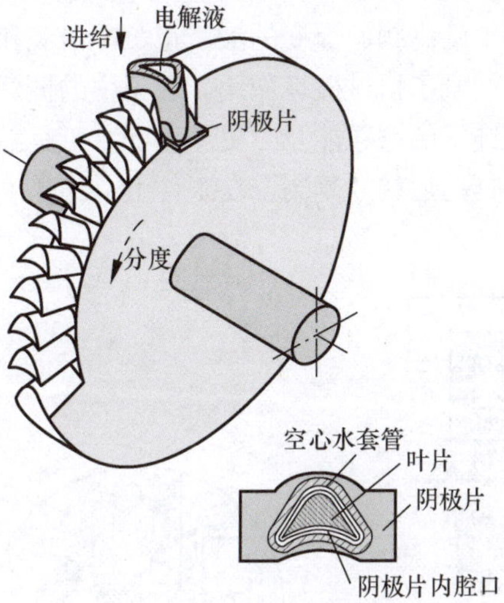 进给　电解液 阴极片 分度 空心水套管 叶片 阴极片 阴极片内腔口 **电解加工整体叶轮**	叶片型面复杂，精度要求较高，加工批量大，电解加工效果好。加工方式有单面加工和双面加工。机床有立式和卧式两种。多用 NaCl 电解液加工。 　　电解加工整体叶轮已普遍应用，直接在轮坯上套料加工叶片（等截面），叶轮强度高，质量好，加工周期大大缩短
电解倒棱、去毛刺	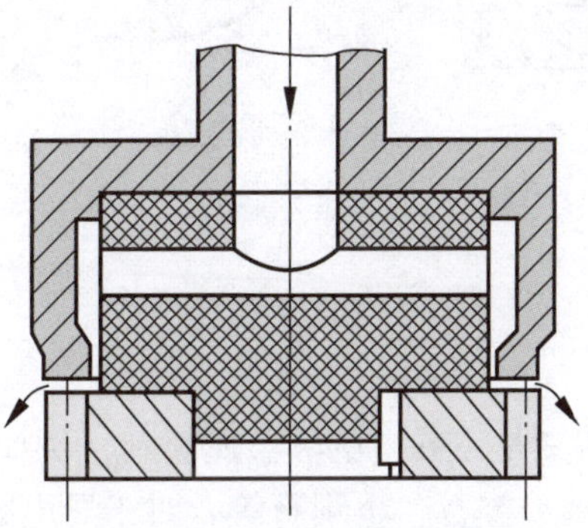 **齿轮的电解加工去毛刺**	加工原理是尖角处电流密度最高。 　　去毛刺时间与加工电压、加工间隙及电解液参数有关

7.1.4　超声加工

超声加工也称为超声波加工。超声波是指频率 f 在 16 000 ~ 20 000 Hz 的振动波，它区别于普通声波的特点是：频率高、波长短、能量大，传播过程中反射、折射、共振、损耗等现象显著。它可使传播方向上的障碍物受到很大的压力，超声加工就是利用这种能量进行加工的。

1. 超声加工的工作原理

超声加工是利用工具端做超声频振动，通过磨料悬浮液加工使工件成形的一种方法，工作原理如图 7-5 所示。加工时，在工具 1 和工件 2 之间加入液体（水或煤油等）和磨料混合的悬浮液 3，并使工具以很小的力 F 轻轻压在工件上。超声波发生器 7 将工频交流电能转变为有一定功率输出的超声频电振荡，通过换能器 6 将超声频电振荡转变为超声机械振动。其振幅很小，一般只有 0.005 ~ 0.01 mm，再通过一个上粗下细的变幅杆 4、5，使振幅增大到 0.01 ~

0.15 mm，固定在变幅杆上的工具即产生超声振动（频率在 16 000～25 000 Hz）。振动迫使工作液中悬浮的磨粒不断地高速撞击、抛磨加工表面，将材料被打击下来。虽然每次打击下来的材料很少，但由于每秒钟打击的次数多达 16 000 次以上，所以仍有一定的加速度。与此同时，工作液受工具端面超声振动作用而产生的高频、交变的液压正负冲击波和"空化"作用，促使工作液钻入被加工材料的微裂缝处，加剧了机械破坏作用。加工中的振荡还强迫磨料液在加工区工件和工具间的间隙中流动，使变钝了的磨粒能及时更新。随着工具沿加工方向以一定速度移动，实现有控制的加工，逐渐将工具的形状"复制"在工件上，加工出所要求的形状。

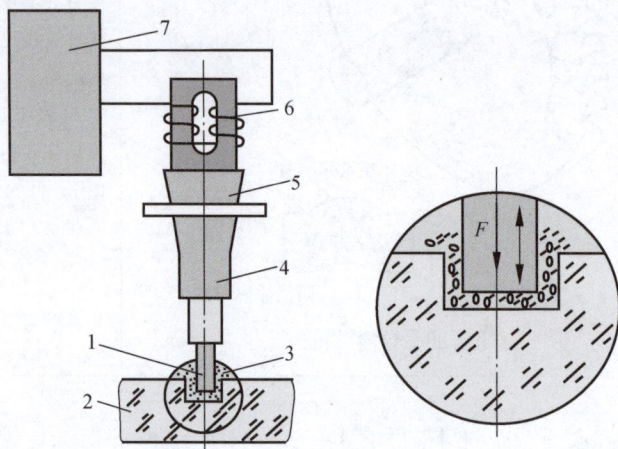

1—工具；2—工件；3—磨料悬浮液；4，5—变幅杆；6—换能器；7—超声波发生器

图 7-5　超声加工原理示意图

2. 超声加工的特点

① 适合于加工各种硬脆材料，特别是不导电的非金属材料，例如玻璃、陶瓷（氧化铝、氮化硅）、石英、锗、硅、石墨、玛瑙、宝石、金刚石等。对于导电的硬质金属材料如淬火钢、硬质合金等，也能进行加工但加工生产率较低。

② 由于工具可用较软的材料，可以制成较复杂的形状，故不需要使工具和工件做比较复杂的运动，因此超声加工机床的结构比较简单，操作、维修方便。

③ 由于去除加工材料是靠极小磨料瞬时局部的撞击作用，故工件表面的宏观切削力很小，切削应力、切削热很小，不会引起变形及烧伤，表面粗糙度也较小（$Ra1～0.1~\mu m$），加工精度可达 0.01～0.02 mm，而且可以加工薄壁、窄缝、低刚度零件。

3. 超声加工的应用

主要用于对硬脆材料加工圆孔、型孔、套料微细孔。图 7-6 所示为超声波电火花复合加

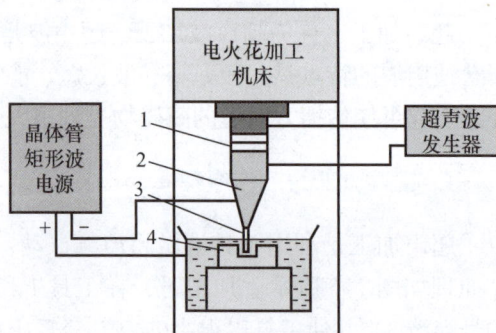

1—压电陶瓷；2—变幅杆；3—工具电极；4—工件

图 7-6　超声波电火花复合加工小孔装置

工小孔装置，可对电火花加工后的各种模具进行抛磨光整加工等。

7.1.5　激光加工

1. 激光加工的工作原理

激光加工的基本设备包括电源、激光器、光学系统及机械系统等。如图 7-7、图 7-8 所示，电源系统包括电压控制、储能电容组、时间控制及触发器等，它为激光器提供所需的能量。激光器是激光加工的主要设备，它把电能转变成光能，产生所需要的激光束。激光加工目前广泛采用的是二氧化碳气体激光器及红宝石、钕玻璃、YAG（掺钕钇铝石榴石）等固体激光器。光学系统将光速聚焦并观察和调整焦点位置，包括显微镜瞄准、激光束聚焦及加工位置在投影仪上显示等。机械系统主要包括：床身、能在三坐标范围内移动的工作台及机电控制系统等。加工时，激光器产生激光束，通过光学系统把激光束聚焦成一个极小的光斑（直径仅有几微米到几十微米），获得 $10^8 \sim 10^{10}$ W/cm^2 的能量密度以及 10 000 ℃ 以上的高温，从而能在千分之几秒，甚至更短的时间内使材料熔化和气化，以蚀除被加工表面，通过工作台与激光束间的相对运动来完成对工件的加工。

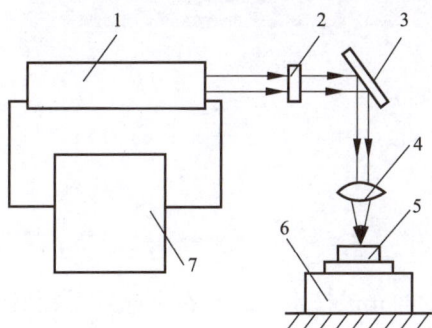

1—激光器；2—光闸；3—反射镜；4—聚焦镜；

5—工件；6—工作台；7—电源

图 7-7　激光加工原理示意图

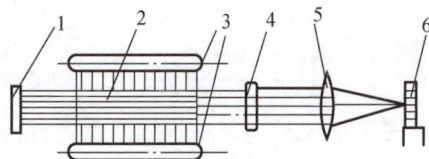

1—全反射镜；2—激光工作物质；3—光泵；

4—部分反射镜；5—透镜；6—工件

图 7-8　固体激光加工原理图

2. 激光加工的特点

① 加工材料范围广。激光几乎对所有的金属材料和非金属材料都可进行加工。其特别适于加工高熔点材料、耐热合金及陶瓷、宝石、金刚石等硬脆材料。

② 属于非接触加工，无受力变形；受热区域小，工件热变形小，加工精度高。

③ 工件可离开加工机进行加工，并可通过空气、惰性气体或光学透明介质进行加工。

④ 可进行微细加工。激光聚焦后可实现直径 0.01 mm 的小孔加工和窄缝切割。在大规模集成电路的制作中，可用激光进行切片。

⑤ 加工速度快，加工效率高。如在宝石上打孔，其加工时间仅为机械加工方法的 1%。

⑥ 不仅可以进行打孔和切割，也可进行焊接、热处理等工作。

⑦ 可控性好，易于实现自动化。

3. 激光加工的应用

激光加工案例如图 7-9 所示。

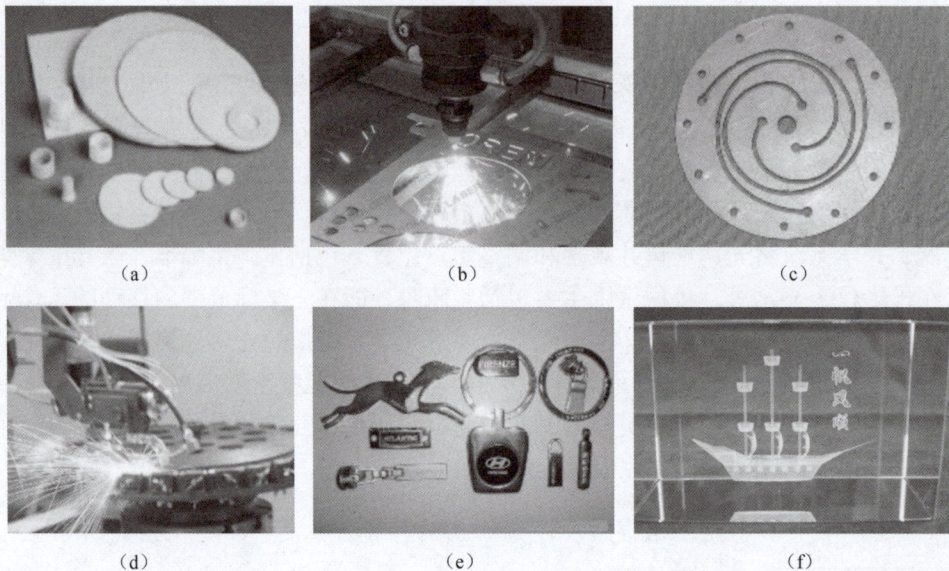

图 7-9　激光加工案例

（a）激光快速成型；（b）激光打孔加工；（c）激光切割；（d）激光焊接；（e）激光雕刻；（f）激光内雕

7.1.6　电子束加工

电子束加工是利用高能粒子束进行精密微细加工的先进技术，尤其在微电子学领域内已成为半导体（特别是超大规模集成电路制作）加工的重要工艺手段。电子束加工主要用于打孔、切槽、焊接及电子束光刻；离子束加工则主要用于离子刻蚀、离子抛光、离子镀膜、离子注入等。目前进行的纳米加工技术的研究，实现原子、分子为加工单位的超微细加工，采用的就是这种高能粒子束加工技术。

1. 电子束加工的原理

电子束加工装置的基本结构如图 7-10 所示。它由电子枪、真空系统、控制系统和电源等部分组成。

在真空条件下，将具有很高速度和能量的电子射线聚焦（一次或二次聚焦）到被加工材料上，电子的动能大部分转变为热能，使被冲击部分材料的温度升高至熔点，瞬时熔化、气化及蒸发而去除，达到加工目的，这就是电子束加工原理。

2. 电子束加工的特点

由于在极小的面积上具有高能量（能量密度可达 $10^6 \sim 10^9$ W/cm^2），故可加工微孔、窄缝等，其生产率比电火花加工高数十倍至数百倍。此外，还可利用电子束焊接高熔点金属和用其他方法难以焊接的金属，以及用电子束炉生产高熔点、高质量的合金及纯金属。

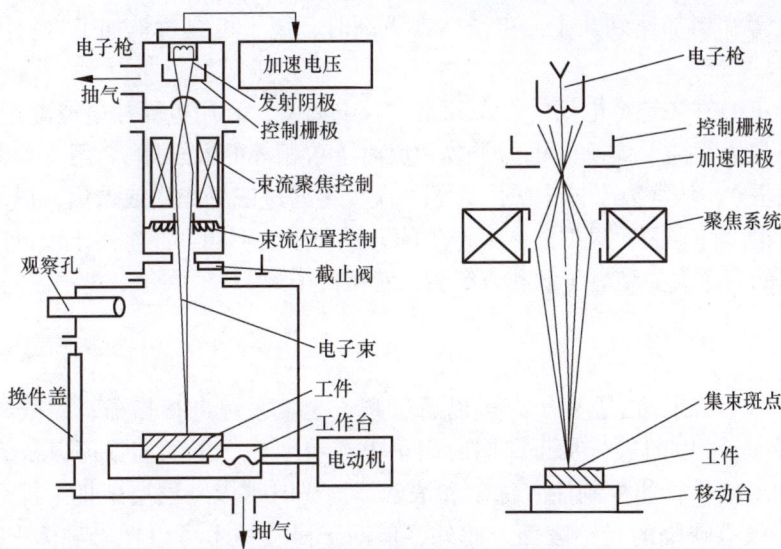

图 7-10 电子束加工装置示意图

① 加工中电子束的压力很微小，主要靠瞬时蒸发，所以工件产生的应力及应变均很小。

② 电子束加工是在真空度为 $1.33 \times 10^{-1} \sim 1.33 \times 10^{-3}$ Pa 的真空加工室中进行的，加工表面无杂质渗入，不氧化，加工材料范围广泛，特别适宜加工易氧化的金属和合金材料以及纯度要求高的半导体材料。

③ 电子束的强度和位置比较容易用电、磁的方法实现控制，加工过程易实现自动化，可进行程序控制和仿形加工。

3. 电子束加工的应用

电子束加工也有一定的局限性，一般只用于加工微孔、窄缝及微小的特性表面，而且，因为它需要有真空设施及数万伏的高压系统，故设备价格较贵。

7.1.7 离子束加工

1. 离子束加工原理

离子束加工原理与电子束加工类似，也是在真空条件下，把氩（Ar）、氪（Kr）、疝（Xr）等惰性气体，通过离子源产生离子束并经过加速、集束、聚焦后，投射到工件表面的加工部位，以实现去除加工。所不同的是离子的质量比电子的质量大千万倍。例如：最小的氢离子，其质量是电子质量的 1 840 倍；氩离子的质量是电子质量的 7.2 万倍。由于离子的质量大，故离子束加速轰击工件表面，比电子束具有更大的能量。

高速电子撞击工件材料时，因电子质量小，速度大，动能几乎全部转化为热能，使工件材料局部熔化、气化，通过热效应进行加工。而离子本身质量较大，速度较低，撞击工件材料时，将引起变形、分离、破坏等机械作用。例如加速到几十电子伏到几千电子伏时，主要用于离子溅射加工；如果加速到一万到几万电子伏，且离子入射方向与被加工表面成 25° ~ 30° 时，离子可将工件表面的原子或分子撞击出去，以实现离子铣削、离子蚀刻或离子抛光等；当加速到几十万电子伏或更高时，离子可穿过被加工材料内部，称为离子注入。

产生离子束的方法是将电离的气态元素注入电离室，利用电弧放电或电子轰击等方法，使气态原子电离为等离子体（即正离子数和负离子数相等的混合体）。用一个相对于等离子体为电极（吸极），从等离子体中吸出离子束流，再通过磁场作用或聚焦，形成密度很高的电离子束去轰击工件表面。根据离子束产生的方式和用途不同，产生离子束流的离子源有多种形式，常用的有考夫曼型离子源和双等离子管型离子源。

2. 离子束加工的特点

① 易于精确控制，由于离子束可以通过离子光学系统进行扫描，使微离子束可以聚焦到光斑直径 1 μm 以内进行加工，同时离子束流密度和离子的能量可以精确控制，因此能精确控制加工效果，如控制注入深度和浓度；抛光时可以一层层地把工件表面的原子抛掉，从而加工没有缺陷的光整表面。此外，借助于掩膜技术可以在半导体上刻出 1 μm 宽的沟槽。

② 加工所产生的污染少，由于加工是在较高的真空中进行，离子的纯度比较高，因此特别适合于加工易氧化的金属、合金和半导体材料等。

③ 加工应力小、变形小。

3. 离子束加工的应用

离子束加工是靠离子撞击工件表面的原子而实现的。这是一种微观作用，其宏观作用小，所以对脆性、半导体和高分子等材料都可以加工。

7.1.8　水射流加工

1. 水射流加工基本原理

水射流加工是利用高速水流对工件的冲击来侵蚀材料的。图 7-11 所示为水射流加工原理，采用带有添加剂的水，以高达 3 倍声速的速度冲击工件进行加工或切割。水由水泵抽出，通过增压器增压，储液蓄能器使脉动的液流平稳。液体从人造蓝宝石喷嘴喷出，以接近 3 倍声速的高速直接压射在工件加工部位上。加工深度取决于液压压射的速度、压力以及压射距离。"切屑"进入液流排出，流速的功率密度达 106 W/mm^2。

切割速度主要由工件材料决定，并与功率大小成正比，和材料的厚度成反比。加工精度主要受机床精度的影响，切缝比喷嘴孔径大 0.025 mm，加工复合材料时，采用的射流速度要高，喷嘴直径要小，并具有小的前角，压射距离小。切边质量受材料性质的影响很大，塑性好的材料可以切割出高质量的切边。液压过低会降低切边质量，尤其是对复合材料，容易引起材料离层或起鳞。进给速度低可以改善切割质量。

水中加入添加剂（丙三醇、聚乙烯、长链形聚合物）能改善切割性能和减少切割宽度。另外，压射距离对切口斜度的影响很大，压射距离越小，切口斜度也越小。高能量密度的射流束将引起温度的升高，进给速度低时有可能使某些塑料熔化，但温度不会高到影响纸质材料的切割。

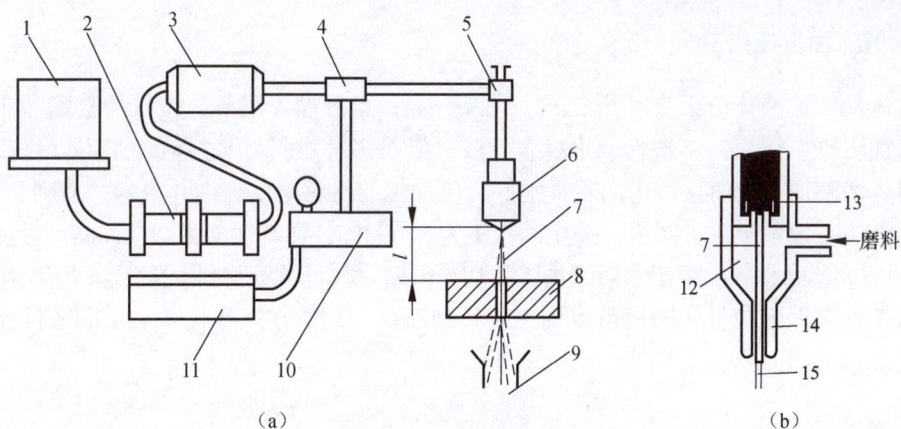

1—水箱；2—水泵；3—蓄能器；4—控制器；5—阀；6—蓝宝石喷嘴；7—水射流；8—工件；9—排水器；

10—液压机构；11—增压器；12—混合腔；13—水喷嘴；14—磨料喷嘴；15—水磨料射流

图 7-11　水射流加工原理图

（a）水射流加工原理；（b）磨料射流切割头

2. 水射流加工设备

水射流加工设备和元件要求能够承受系统压力达到 400 ～ 800 MPa，液压系统通过小的柱塞泵使液体增压到 1 500 ～ 4 000 MPa，增压后的液体，通过内外径之比达 5 ～ 10 的不锈钢管道和特殊的管道配件，再经过针形阀，通过喷嘴进行加工。

通过喷嘴把高压液体转变成高速射流，为了使侵蚀最小，喷嘴材料应是极其坚硬的，但为了有光滑的轮廓结构，材料应具有韧性和易机械加工特性。可以利用黏结的金刚石或蓝宝石材料作为喷嘴，并可把它们放进钢套里作为镶嵌件使用，以满足强度和韧性的需要。金刚石、碳化钨硬质合金和特种钢，也已经成功地用于制造优质的喷嘴。图 7-12 所示为喷嘴的组件。喷嘴喷口的直径一般为 0.05 ～ 0.35 mm，喷射时会产生一股长达 3 ～ 4 cm 的聚合射流，例如：用相对分子量为 400 万的聚乙烯氧化物作为添加物，可以使液体的黏度大为提高，使聚合射流的长度达到直径的 600 倍。

3. 水射流加工的特点

① 可切割范围广，可以切割绝大部分材料，如金属、大理石、玻璃等。

② 切割质量好，平滑的切口，不会产生粗糙的有毛刺的边缘。

③ 无热加工，因为它是采用水和磨料切割，在加工过程中不会产生热（或产生极少热量），这种效果对会被热影响的材料的加工是非常理想的。

④ 环保性，这种机器采用水和沙切割，这种沙在加工过程中不会产生毒气，可直接排出，较环保。

⑤ 无须更换刀具，你不需要更换切割机装置，一个喷嘴就可以加工不同类型的材料和形状，节约成本和时间。

⑥ 减少毛刺，采用磨料砂的水加工切割，切口只有较少的毛刺。

4. 水射流加工应用

水射流加工的液体流束直径为 0.05 ~ 0.38 mm，可以加工很薄、很软的金属和非金属材料，例如加工铜、铝、铅、塑料、木材、橡胶、纸等多种材料。水射流加工可以代替硬质合金切槽刀具切割加工，而且切边的质量很好。所加工的材料厚度少则几毫米，多则几百毫米，例如切割 19 mm 厚的吸声天花板，采用的水压为 310 MPa，切割速度为 76 m/min。可加工厚度 125 mm 的玻璃绝缘材料。由于水射流加工的切缝较窄，故可节约材料和降低加工成本。

又由于加工温度较低，因而可以加工木板和纸品，还能在一些化学加工的零件保护层表面上划线等。

7.2 数控加工技术简介

由于产品改型频繁，在一般机械加工中，单件和中小批量产品占的比重越来越大。为了保证产品质量，提高生产率和降低成本，要求机床不仅具有较好的通用性和灵活性，而且在加工过程中要具有较高的自动化程度。数控加工技术就是在这种环境下发展起来的一种由数控机床的数字控制装置控制的，适用于精度高、零件形状复杂的单件和中小批量生产的高效、柔性的自动化加工技术。

7.2.1 基本概念

NC（Numerical Control）机床是早期的硬件式数控机床。这种机床的控制功能是由专用逻辑电路实现的，具有专用性，比如 NC 铣床的控制系统就不适用于其他类型机床，一般来说，不同的数控设备需要使用不同的硬件逻辑电路。采用数控技术进行控制的机床（数控机床），是一种高效的自动化加工设备，它能严格按照加工要求，自动对被加工零件进行加工，如图 7-12 和图 7-13 所示。

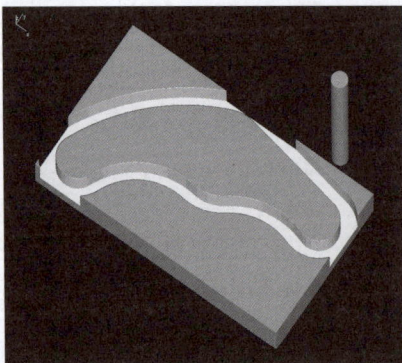

图 7-12 平面类零件加工　　　图 7-13 曲面加工

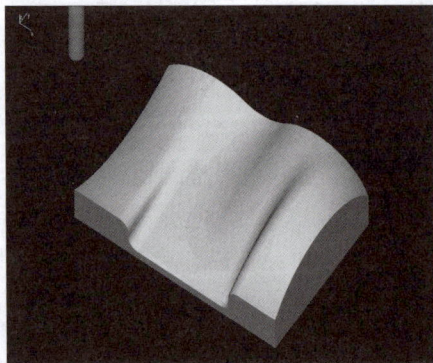

CNC（Computerized Numerical Control）机床是现代软件式数控机床。利用通用计算机技术组成的 CNC 系统，可采用微机作为控制单元，其主要功能由软件实现。对于不同的系统，只需编制不同的软件就可以实现不同的控制功能，而硬件几乎可以通用。

7.2.2　数控机床的组成及工作过程

1. 数控机床的组成

数控机床由两大部分组成：一部分是数控系统，另一部分是工作本体，如图 7-14 所示。

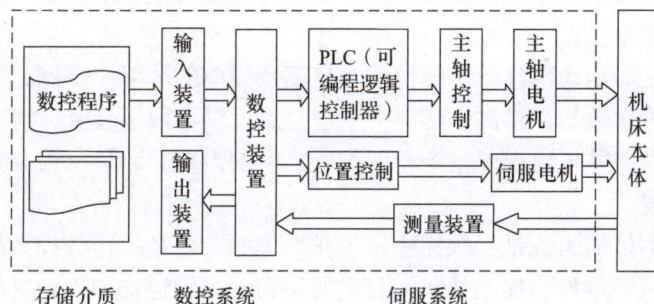

图 7-14　数控机床的组成

数控机床的数控系统一般包含以下部分：

（1）数控介质（数字信息的载体）

它的功能是用于记载以加工程序所表示的各种加工信息，如零件加工的工艺过程、工艺参数等，以控制机床的运动和各种动作，实现零件的机械加工。常用的信息载体有穿孔纸带、磁带和磁盘。

（2）输入装置

信息载体上的各种加工信息要经输入装置（磁盘驱动器，U 盘和 PCI（Peripheral Component Interconnect）扩展槽）输送给数控装置。对于用微机数控系统控制的数控机床，还可以通过通信接口从其他计算机获取加工信息，也可用操作面板上的按钮和键盘将信息直接用手工方式（MDI，Manual Data Input）输入，并将加工程序存入数控装置的存储器中。根据不同的控制介质，输入装置可以是光电读带机、录音机或软盘驱动器。有很多数控设备可以不用任何介质，而是将加工程序单上的内容通过数控装置上的键盘直接传输给数控装置。目前普遍采用的是将加工程序由编程计算机用通信方式传输给数控装置。

（3）数控装置及强电控制装置

数控装置是数控设备的核心，它接收输入装置送来的脉冲信号，经过数控装置的控制软件和逻辑电路进行编译、运算和逻辑处理，然后将各种信息指令输入给伺服系统，使设备各部分进行规定的、有序的动作。这些指令主要是经插补运算决定的各坐标轴的进给速度、进给方向和位移量；主轴的变速、换向和启停信号；选择和交换刀具的指令信号；切削液的启停信号；工件的松夹、分度工作台的转位等辅助指令信号等。强电控制装置是介于数控装置与设备之间的装置，主要作用是接收数控装置输出的主轴变速、刀具选择交换、辅助装置动作等指令信号，经过必要的编译、逻辑判断和功率放大后直接驱动相应的电器、液压、气动和机械部件，以完成指令所规定的各种动作。

（4）伺服系统

伺服系统包括伺服驱动电路和伺服驱动元件，它们与工作本体上的机械部件组成数控设备的进给系统。其作用是把数控装置发来的速度和位移指令（脉冲信号）转换成执行部件的进给速度和位移。每个进给运动的执行部件都配有一套伺服系统，而相对于每一个脉冲信号，执行部件都有一个相应的位移量。这一位移量称为最小设定单位，又称为脉冲当量，其值越小，加工精度就越高。数控系统的精度主要取决于伺服系统。伺服系统的执行元件主要有功率步进电动机、电液脉冲电动机、自流伺服电动机和交流伺服电动机等，其作用是将电控信号的变化转换成电动机输出轴的角速度和角位移的变化，从带动工作本体的机械部件做进给运动。

（5）测量反馈装置

测量反馈装置是对运动部件的实际位移、速度及当前的环境（温度、振动、摩擦和切削力等因素的变化）等参数加以检测，转变为电信号后反馈给数控装置，通过比较，得出实际运动与指令运动的误差并发出误差指令，纠正所产生的误差。测量反馈装置的引入，大大提高了零件的加工精度。

数控机床工作本体的组成是：数控机床工作本体的功能是执行数控系统发出的各种运动和动作命令，完成机械零件的加工任务。其主要包括：主轴运动部件，进给运动部件，工作台（或滑板）和床身立柱等支承部件，冷却、润滑、转位和夹紧等辅助装置，存放刀具的刀架、刀库及交换刀具的自动换刀机构等。工作本体的主要部件要有足够的精度、刚度和振动稳定性，传动链要尽量短，以便实现自动控制。

2. 数控机床的工作过程

数控设备是根据所输入的工作程序，由数控装置控制设备的执行机构完成生产过程。不同的数控设备，其生产对象、执行机构的运动形式、设备的结构形式等有所不同，但数控设备的主要组成和工作原理却是基本相同的。数控机床的工作过程如图7-15所示。首先根据零件的要求编制相应的加工程序（可由人工或计算机编程），存储在软盘、磁带等介质中；再将加工程序输入机床的数控装置；数控装置按加工程序控制伺服驱动系统和其他驱动系统；伺服驱动系统和其他驱动系统驱动机床的工作台、主轴、自动换刀装置等，从而完成零件的加工；最后将自动检测结果、工件工时、机床负荷等信息输出到管理系统。

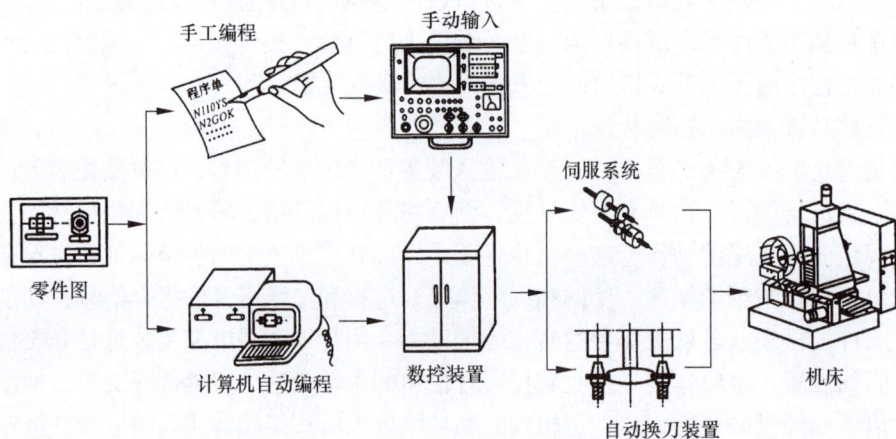

图7-15 数控机床工作过程

7.2.3　数控机床的分类

数控机床品种繁多，各行业都有自己的数控机床和分类方法。数控机床的品种已多达500 多种，通常从以下角度进行分类。

1. 按工艺用途分类

（1）普通数控机床

普通数控机床根据不同的工艺需要，与通用机床一样，可分为数控车、铣、镗、磨、钻床等，这类机床的工艺性能与通用机床相似，所不同的是它能按数控指令自动进行加工。如图 7-16（a）~图 7-16（d）所示。

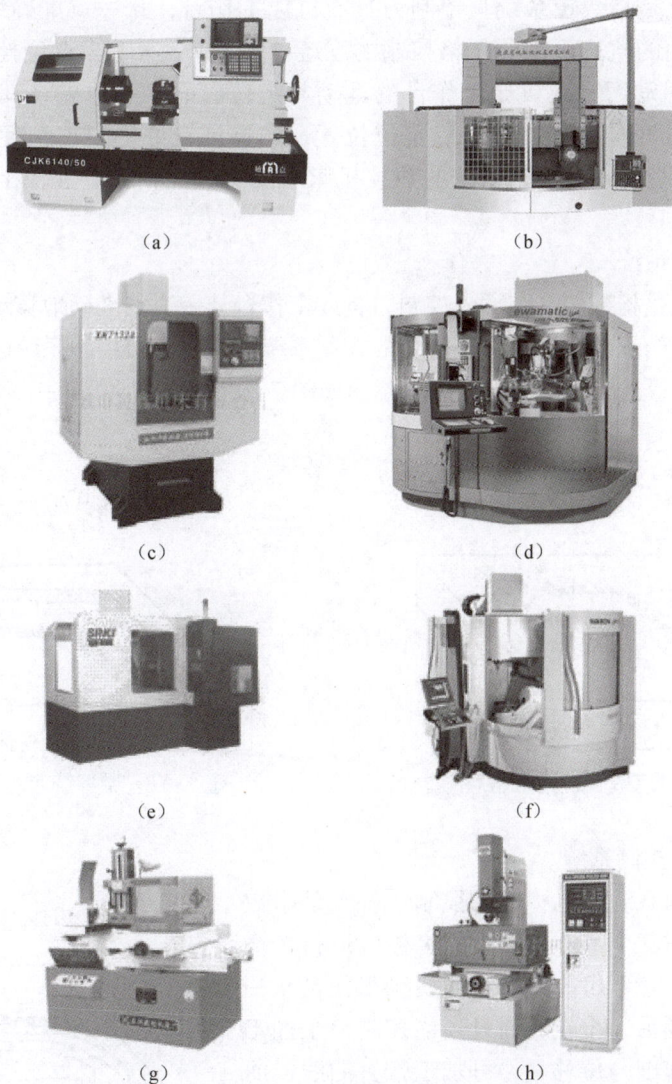

图 7-16　数控机床

（a）卧式数控车床；（b）立式数控车床；（c）立式数控铣床；（d）数控磨床；（e）卧式加工中心；
（f）五轴加工中心；（g）快走丝数控线切割机床；（h）电火花机床

（2）数控加工中心

数控加工中心是带有刀库和自动换刀装置的数控机床。在加工中心上，零件一次装夹后可进行多种工艺、多道工序的集中加工，减少了零件装卸次数、更换刀具等辅助时间，机床的生产效率高，如图7-16（e）和图7-16（f）所示。

（3）数控特种加工机床

数控特种加工机床主要指非切削加工的数控机床，如数控电火花加工机床、数控线切割机床、数控激光切割机床等，如图7-16（g）和图7-16（h）所示。

2. 按控制运动的方式分类

（1）点位控制系统

点位控制系统是指数控系统只控制刀具或机床工作台，从一点准确地移动到另一点，而点与点之间运动的轨迹不需要严格控制的系统。图7-17所示为点位控制系统的加工示意图。为了减少移动刀具或机床工作台的运动与定位时间，一般先将其快速移动到终点附近位置，然后低速准确移动到终点定位位置，以保证良好的定位精度（移动过程中刀具不进行切削）。使用这类控制系统的数控机床主要有数控钻床、数控坐标镗床和数控冲床等。

（2）直线控制系统

直线控制系统是指数控系统不仅控制刀具或工作台从一个点准确地移动到另一个点，而且保证在两点之间的运动轨迹是一条直线的控制系统。应用这类控制系统的有数控车床、数控钻床和数控铣床等。数控铣床的加工示意图如图7-18所示。

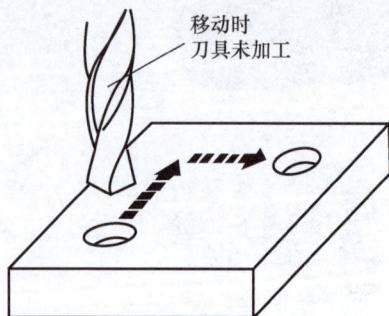

移动时
刀具未加工

刀具在加工

图7-17　数控钻床的加工示意图　　　图7-18　数控铣床加工示意图

（3）连续切削控制系统

连续切削控制系统（也称轮廓控制系统）是指数控系统能够同时对2个或2个以上的坐标轴进行严格连续控制的系统。它不仅能将刀具或机床工作台从一个点准确地移动到另一个点，而且还能控制整个加工过程每一个点的速度与位移量，可加工带有曲线或曲面轮廓的零件。应用这类控制系统的有数控铣床、数控车床和加工中心等。图7-19所示为连续切削控制系统加工示意图。

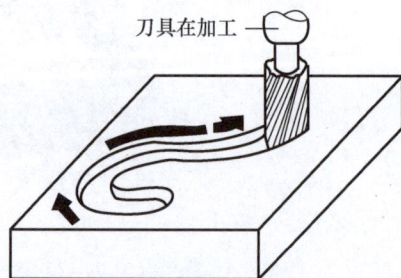

刀具在加工

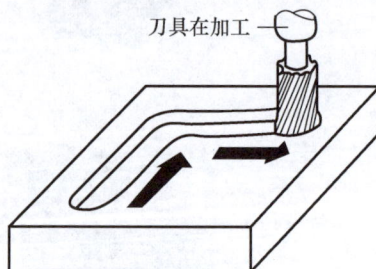

图7-19　连续切削数控系统加工示意图

3. 按伺服系统类型分类

（1）开环控制系统

在开环控制系统中，数控装置输出的指令脉冲通过环形分配器和驱动电路，不断改变供电状态，使步进电动机转过相应的转角，再通过齿轮副或联轴器带动滚珠丝杠旋转，通过滚珠丝杠螺母装置把角位移转换为移动部件的直线位移。移动部件的移动速度与位移量是由输入脉冲的频率和脉冲数所决定的。图 7-20 所示为开环控制系统的结构框图。由于没有反馈装置，开环控制系统的步距误差及机械传动误差不能进行校正补偿，所以控制精度较低。但开环控制系统成本低、结构简单、运行平稳、使用维修方便，因此可用于精度控制要求不高的经济型数控系统中。

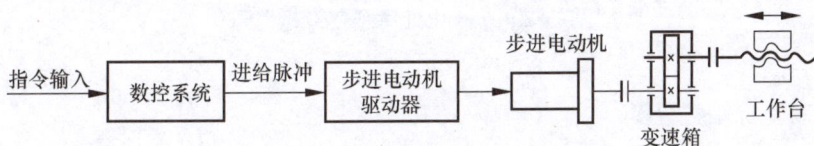

图 7-20　开环控制系统的结构框图

（2）半闭环控制系统

半闭环控制系统是在伺服电动机输出轴或丝杠轴端装有角位移检测装置（如感应同步器或光电编码器等），通过测量丝杠的角位移，在根据丝杠的螺距计算出移动部件的直线位移，然后再反馈至数控装置中。图 7-21 所示为半闭环控制系统的结构框图。

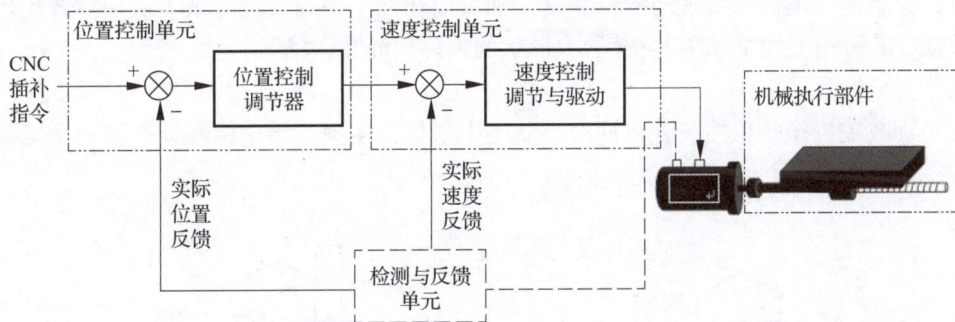

图 7-21　半闭环控制系统的结构框图

由于角位移检测装置比直线位移检测装置体积小且结构简单、安装方便、稳定性能好、价格低，且精度高于开环控制系统，故其应用较为广泛。但反馈系统中未包含丝杠螺母副、齿轮传动副等传动链，故其达不到较高的控制精度。

（3）闭环控制系统

闭环控制系统需要在移动部件和床体之间装有直线位置检测装置，系统将测量出的移动部件的实际位移值反馈到数控装置中，与输入的位移值进行比较，用差值进行补偿，移动部件就能够按照给定的位移量实现精确定位。图 7-22 所示为闭环控制系统的结构框图。

由于闭环控制系统有位置反馈装置，而这种反馈包含了丝杠螺母副和齿轮副的传动误差，闭环控制系统对这些误差全部予以补偿，因而可达到很高的控制精度，可广泛地应用在高精度的大型精密数控系统中。

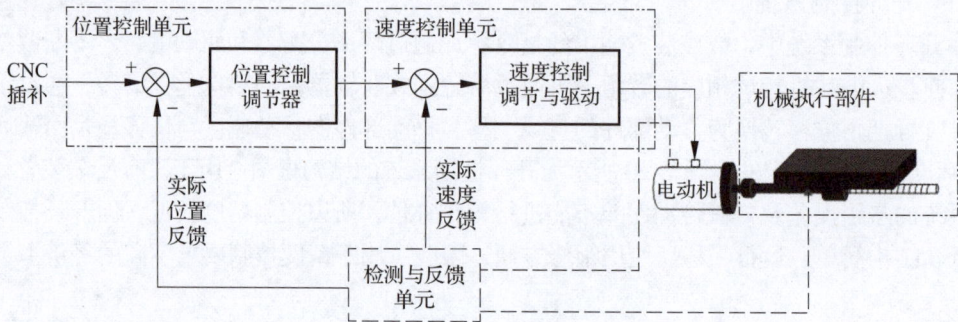

图 7-22　闭环控制系统的结构框图

4. 按控制坐标轴数分类

数控机床的移动部件较多，现多按直角坐标系对机床移动部件的运动进行分类和数字控制。数控机床的坐标数目或轴数是指数控装置机床移动部件的联动坐标数目。

（1）两坐标数控机床

两坐标数控机床是指同时控制两个坐标联动的数控机床。如数控车床中的数控装置可同时控制车床切深方向的 X 和主轴回转中心线 Z 方向的运动，实现两坐标联动，可用于加工各种曲线轮廓的回转体类零件。数控铣床本身虽有 X、Y、Z 三个方向的运动，但数控装置如果同时只控制两个坐标，实现两坐标联动，则可以在加工中用 X、Y，X、Z，Y、Z 实现坐标平面转换，其可用于加工如图 7-23 所示形状的零件顶面和沟槽。

（2）三坐标数控机床

三坐标数控机床的数控装置可同时控制三个坐标，实现三个坐标联动，如三坐标数控铣床可加工图 7-24 所示的曲面零件。

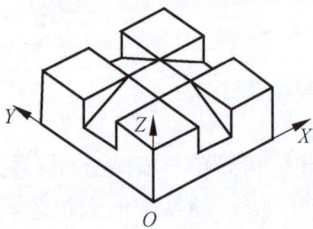

图 7-23　两坐标联动加工沟槽

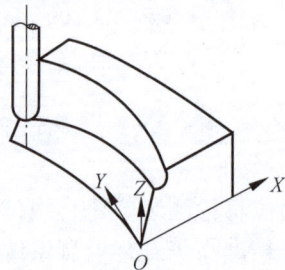

图 7-24　三坐标联动加工曲面

（3）两个坐标数控机床

这种数控机床本身有三个坐标，能做三个方向的运动，但其数控装置只能同时控制两个坐标，第三个坐标仅能做等距离的周期移动。如用两个半坐标数控机床加工如图 7-25 所示的空间曲面形状的零件，在 ZOX 坐标平面内控制 X、Z 两坐标联动，以加工竖截面内的轮廓表面，而控制 Y 坐标做等距离周期移动，即能将零件的空间曲面加工出来。

（4）多坐标数控机床

四坐标以上的数控机床称为多坐标数控机床。多坐标数控机床结构复杂，机床精度高，加工程序设计复杂，主要用于加工形状复杂的零件，如图 7-26 所示。

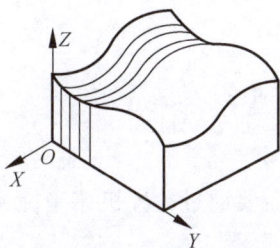

图 7-25　两个半坐标联动加工曲面

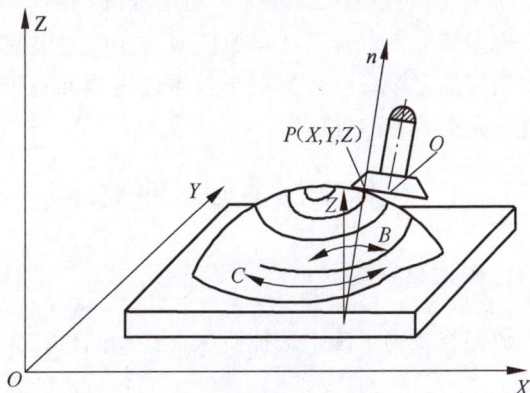

图 7-26　五轴联动铣削曲面零件

5. 按数控装置功能水平分类

按数控装置的功能水平通常把数控机床分为经济型、普及型和高级型三档。就目前的发展水平来看，表 7-4 所示为不同档次数控装置的功能及指标。其中高、中档一般称为全功能数控或标准型数控，而把低档的称为经济型数控。经济型数控是指单板机、单片机和步进电动机组成的数控系统和其他功能简单、价格低的数控系统，主要用于车床、线切割机床以及其他普通机床的数控改造。

表 7-4　不同档次数控装置的功能及指标

功能	低档	中档	高档
系统分辨率 /μm	10	1	0.1
进给速度 /（m·min^{-1}）	8 ~ 15	15 ~ 24	24 ~ 100
伺服进给类型	开环及步进电动机系统	半闭环及直、交流伺服	闭环及直、交流伺服
联动轴数	2 ~ 3 轴	2 ~ 4 轴	5 轴或 5 轴以上
通信功能	无	RS-232C 或 DNC	RS-232C、DNC 或 MAP
显示功能	数码管显示	CRT：图形、人机对话	CRT：三位图形、自诊断
内装 PLC	无	有	强功能内装 PLC
主 CPU	8 位 CPU	16 位、32 位 CPU	32 位、64 位 CPU

随着微电子技术、计算机技术、自动控制技术、传感器与检测技术以及精密机械加工技术的发展，数控加工设备已经有了较快的发展。机械制造业中的自动化技术目前已经进入了柔性制造系统（FMS，Flexible Manufacturing System）和计算机集成制造系统（CIMS，Computer Integrated Manufacturing System）的发展进程，数控机床正是这一进程中的重要角色。

现代数控机床的 CNC 系统采用了 32 位 CPU 或多 CPU 技术、高速存储技术等计算机技术以及交流伺服系统、高速响应检测系统。现代控制理论等，实现了数控机床的高速进给性能和高精度加工性能。

新型的数控系统还具有自动编程的功能，不仅有在线编程能力，而且可以在编程过程中，根据加工要求自动选择最佳刀具和切削用量等。

数控加工设备将依靠科学技术的进步向着更高的速度、更高的精度、更高的可靠性和功能更加完善的方向发展。

7.2.4　机床坐标系与工件坐标系

1. 机床坐标系

数控装置为了确定数控机床上运动的位移量和运动的方向，需要通过数控机床坐标系来实现。

数控铣床（含加工中心）与数控车床坐标系分别如图 7-27 和图 7-28 所示。

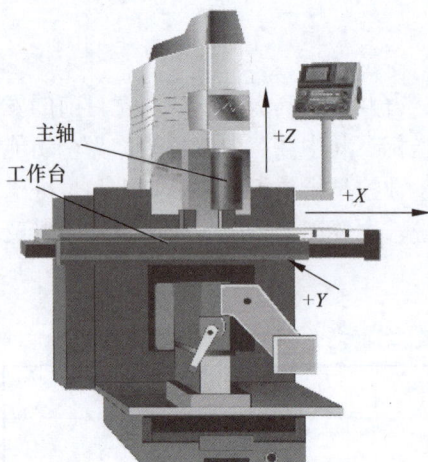

图 7-27　立式数控铣床坐标系

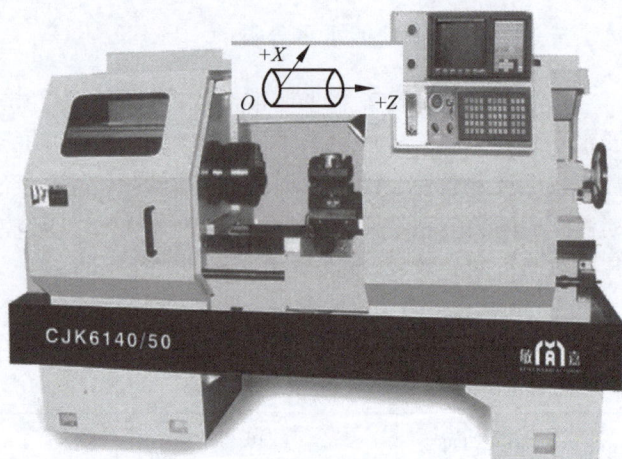

图 7-28　卧式数控车床坐标系

2. 工件坐标系

工件坐标系即零件编程坐标系，编程时为了计算被加工零件的交、切点坐标，应先根据被加工零件的特点建立工件坐标系，如图 7-29 所示。

3. 机床坐标系原点

机床原点是指在机床上设置的一个固定点，即机床坐标系的原点。它在机床装配、调试时就已确定下来，是数控机床进行加工运动的基准参考点。如图 7-30 所示展示了机床原点与工件坐标系原点相互之间的位置关系。

数控机床在运行程序前，一般应使机床先回机床参考点，以便确定机床原点与安装在机床工作台上的工件之间的相对位置。

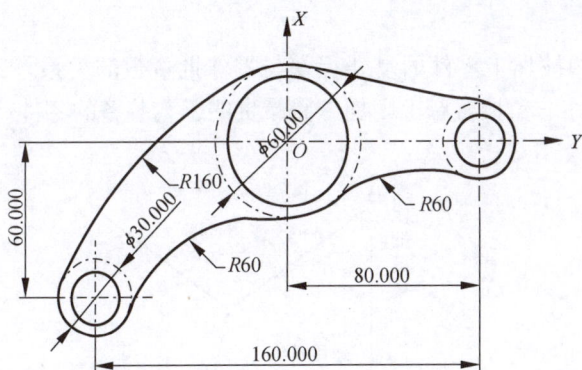

图 7-29 被加工零件坐标系的建立

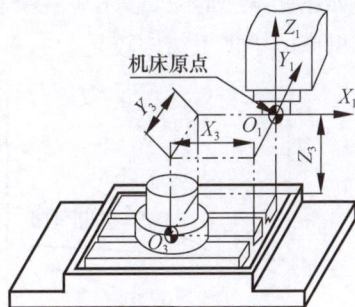

图 7-30 机床坐标系原点

7.2.5 数控机床的特点及应用

1. 数控机床的特点

（1）加工精度高且质量稳定

由于数控机床本身制造精度高，又是按照预定程序自动加工，避免了人为操作误差，使同批零件一致性好，产品质量稳定。

（2）生产效率高

由于能在一次装夹中加工出零件的多个部位，省去了许多中间工序（如划线等），一般只需进行首件检验，大大缩短了生产准备时间，故生产率高。

（3）自动化程度高

除手工装夹毛坯外，全部加工过程都由机床自动完成，减轻了操作者的劳动强度，改善了劳动条件。

（4）适应性

数控加工一般不需很复杂的工艺装备，当加工对象改变时，只需重新编制数控程序，更换新的数控介质，一般不需要重新设计工装，即可实现对零件的加工，大大缩短了产品研制周期，给新产品开发研制提供了捷径。

（5）便于生产管理的现代化

数控机床加工零件，能准确计算零件的加工工时，并简化了检验和工夹具、半成品的管理工作，利于生产管理现代化。又由于使用数字信息，故容易形成计算机辅助设计与制造紧密结合的一体化系统。

但数控机床造价高，技术复杂，维修困难，要求管理及操作人员素质较高。

2. 数控机床的应用

数控机床通常最适合加工具有以下特点的零件。

（1）多品种、小批量生产的零件

如图 7-31 所示，表示了三类机床的零件加工批量数与综合费用的关系。通常数控机床加工的合理生产批量数为 10 ～ 100 件。

（2）结构复杂、精度要求高的零件

如图 7-32 所示，表示了三类机床的被加工零件的复杂程度与零件批量数的关系。通常数控机床适于加工结构较复杂的零件，在非数控机床上则加工需昂贵的工艺装备的零件。

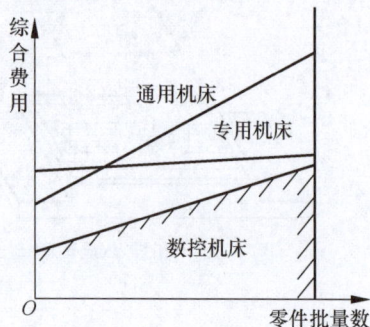

图 7-31　零件加工批量数与综合费用的关系图　　　图 7-32　零件复杂程度与批量数的关系

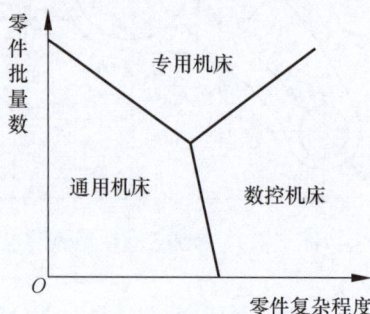

（3）加工频繁改型的零件

对于需频繁改型的零件，利用数控机床可节省大量的工装费用，使综合费用下降。

（4）关键零件

价值昂贵、不允许报废的关键零件。

（5）急需件

需最短生产周期的急需件。

7.3　其他先进制造技术简介

随着现代科学技术的迅速发展，机械制造领域发生了深刻而广泛的变化。先进机械制造技术主要表现在以下两个方面：一是以提高加工效率和加工精度为特点，向纵深方向发展，如微型机械、特种加工、新型表面技术、快速激光造型技术以及超高速切削和磨削等；二是以机械制造与设计一体化、机械制造与微电子一体化、机械制造与管理一体化为特征，向综合化方向发展，如成组技术（GT，Group Technology）、柔性制造系统（FMS）、计算机集成制造系统（CIMS）、智能制造技术（IMI，Institute of Medical Information）等。

7.3.1　成组技术

1. 成组技术的基本概念

成组加工、成组工艺、成组技术和成组生产统称为成组技术 GT。

成组技术的核心是成组工艺，它是把结构、材料、工艺相近似的零件组成一个零件族（组），按零件族制定工艺进行加工，从而扩大了批量、减少了品种、便于采用高效方法且提高了劳动生产率。零件的相似性是广义的，在几何形状、尺寸、功能要素、精度、材料等

方面的相似性为基本相似性，以基本相似性为基础，在制造、装配等生产、经营、管理等方面所导出的相似性，称为二次相似性或派生相似性。

2. 成组技术中零件编码

（1）零件分类编码的基本原理

分类是一种根据特征属性的有无，把事物划分成不同组的过程。编码能用于分类，它是对不同组的事物给予不同代码。成组技术的编码是对机械零件的各种特征给予不同的代码。这些特征包括：零件的结构形状，各组成表面的类别及配置关系、几何尺寸、零件材料及热处理要求，各种尺寸精度、形状精度、位置精度和表面粗糙度等要求。对这些特征进行抽象化、格式化，就需要用一定的代码（符号）来表述。所用的代码可以是阿拉伯数字、拉丁字母，甚至汉字以及它们的组合。最方便、最常见的是数字码。

对于工艺过程设计，希望代码能唯一地区分产品零件族。当设计或确定一种编码方案时，有两种性质必须保证，即代码必须是：① 不含糊的；② 完整的。这就需要对代码所代表的意义给出明确的规定和说明，这种规定和说明就称为编码法则，也称为编码系统。将零件的各种有关特征用代码表示，实际上也对零件进行分类。所以零件编码系统也称为分类编码系统。

目前使用的成组技术编码系统中有三种不同类型的代码结构：层次式、链式（矩阵式）、混合式。

层次式也称为单元码，每一代码的含义都由前一级代码限定。其优点是用很少的码位能代表大量信息；缺点是编码系统很复杂，所以难于开发。

链式又称多元码，码位上每一代码都代表某种信息，与前面码位无关。在代码位数相同的条件下，链式结构容量比层次式的少，但编码系统较简单。

混合式是层次式和链式的混合，大多数编码系统采用混合式。目前已有一百多种成组技术编码系统在工业生产中应用。

（2）零件编码方法

编码方法有手工编码和计算机辅助编码两种。手工编码是编码人员根据分类编码系统的编码法则，对照零件图用手工方法逐一编出各码位的代码。手工编码效率低，劳动强度大，不同的编码人员编出的代码往往不一致。计算机辅助编码是以人机对话方式进行的。对话方式可为两种类型：一种是问答式，根据计算机屏幕的提问，使用键盘逐个回答，一般回答 "Y" 或 "N"，就可自动编出零件的代码；另一种为选择式，也称菜单式，根据计算机屏幕显示的菜单，用键盘选择对应项的号（一般为 0～9 间的一个数），就能实现零件的编码。计算机辅助编码效率高、出错率低，可减轻编码人员的劳动强度，能够避免手工编码时由于理解或判断错误而造成的编码错误。

3. 零件分类成组的方法

目前零件的分类成组有以下几种方法：视检法、生产流程分析法和编码分类法。

（1）视检法

视检法是由有经验的工艺师根据零件图样或实际零件及其制造过程，直观地凭经验判断零件的相似性，对零件分类成组。这种方法简单，作为粗分类是有效的方法。例如将零件划分成回转体类、箱体类、杆件类等，但要给出详细的分类就较困难，所以目前应用较少。

（2）生产流程分析法

生产流程分析法是一种按工艺特征相似性分类的方法。首先可根据每种零件的工艺路线卡，列出如表7-5的工艺路线表。表中的"√"记号表示该种零件要在该机床上加工，然后通过对生产流程的分析、归纳、整理，可将表7-5转换成表7-6的形式。从表7-6中可以明显地看出，给出的20种零件可编为三组，每一组都有相似的工艺路线。生产流程分析法是一种应用很普遍的方法。

表7-5　工艺路线

机床	零件号																			
	1	2	3	4	5	6	7	8	9	10	11	12	13	14	15	16	17	18	19	20
车床	√	√		√			√	√			√	√		√	√		√	√	√	√
立式铣床	√	√		√			√				√			√						√
卧式铣床				√				√			√	√		√			√	√		
刨床			√			√				√			√		√					
钻床	√	√		√	√	√	√	√		√	√	√	√	√	√		√	√		√
外圆磨床	√	√		√					√			√					√		√	
平面磨床			√			√							√		√	√				
镗床				√						√										

表7-6　工艺路线

机床	零件号																			
	1	2	20	7	11	14	9	5	4	18	12	8	17	15	19	3	13	6	16	10
车床	√	√	√	√	√	√	√	√												
立式铣床	√	√	√	√	√	√	√	√												
钻床	√	√	√	√	√	√														
外圆磨床	√	√					√													
车床									√	√	√	√								
卧式铣床									√	√	√	√	√	√	√	√				
钻床									√	√	√	√								

（3）编码分类法

零件经过编码，已经实现了很细的分类，但如果仅仅把编码完全相同的零件分为一组，则每组零件的数量往往很少，达不到扩大工艺批量的目的。实际上代码不完全相同的零件，往往也有相似的工艺过程而能属于同一组。为此，对已编码的零件还可用两种方法分组：特

征码位法和码域法。

① 特征码位法。从零件代码中选择其中反映零件工艺特征的部分代码作为分组的依据，就可以得到一组具有相似工艺特征的零件族，这几个码位就称为特征码位。见表 7-7，规定 1、2、6、7 四个码位相同的零件划分为一组。可以看出这组零件的特征为轴类零件 $\dfrac{L}{d} > 3$，具有双向阶梯的外圆柱面，直径 $d > 20 \sim 50$ mm，材料为优质钢。所以这组零件可以在相同的机床上用相同的装夹方法进行加工。零件 4 虽然第 Ⅱ 位代码是 6 而不是 4，但是它与上面三个零件相比仅多了一个功能槽，故也可归并在这一类中。

表 7-7　用特征码位法分组

件号	简图	奥匹·代码									特征码位的含义
		I	II	III	IV	V	VI	VII	VIII	IX	
1		2	4	0	2	3	1	3	7	1	码位 I II III IV V　VI VII VIII IX 主码　编码 代码 2 4 1 3 优质钢 直径 $d>20\sim50$ mm 双向阶梯 轴类 $L/d>3$
2		2	4	0	3	0	1	3	7	1	
3		2	4	0	3	3	1	3	7	1	
4		2	6	0	0	0	1	3	0	1	

② 码域法。码域法是对零件代码各码位的特征规定几种允许的数据，用它作为分组的依据，将相应码位的相似特征放宽了范围。表 7-8 的零件族特征矩阵表上，横向数字表示码位，纵向数字表示各个码位上的代码，图中"×"表示的范围称为码域。表 7-8 是根据大量统计资料和生产经验而制定的零件相似性特征矩阵表，凡零件各码位上的编码落在该码域内，即划为同一零件组。表 7-8 中 3 个零件即为一组，或称为一个零件族。

表 7-8　码域法分组

零件族特征矩阵	零件	代码
		100300401
		110301301
		220201200

4. 成组生产组织形式

根据目前成组加工的实际应用情况，成组加工系统有如下三种基本形式：成组单机、成组生产单元、成组生产流水线。这三种形式介于机群式和流水式之间的设备布置形式。机群式适用于传统的单件小批量生产，流水式则适用于传统的大批量生产。成组生产采用哪一种形式，主要取决于零件成族后，同族零件的批量大小。

（1）成组单机

成组单机是在机群式布置的基础上发展起来的，它是把一些工序相同或相似的零件族集中在一台机床上加工。它的特点主要是针对从毛坯到成品多数工序可以在同一类型的设备上完成的工件，也可以用于仅完成其中某几道工序的加工。

这种组织形式是成组技术的最初形式，由于相似零件集中加工，批量增大，减少了机床调整时间，故获得了一定的经济效果。对于较复杂的零件加工，需要在多台机床上加工时，效果就不显著了。但随着数控机床和加工中心机床的应用，特别是柔性运输系统的发展，成组加工单机的组织形式又变得重要起来。

（2）成组生产单元

成组生产单元是指一组或几组工艺上相似的零件全部工艺过程，由相应的一组机床完成，该组机床即构成车间的一个封闭的生产单元。

成组生产单元的主要特点是由几种类型机床组成一封闭的生产系统，完成一组或几组相似零件的全部工艺过程。它有一定的独立性，并有明确的职责，提高了设备利用率，缩短了生产周期，简化了生产管理等一系列优点，所以为各企业广泛采用。

（3）成组生产流水线

成组生产流水线是成组技术的较高级组织形式。它与一般流水线的主要区别在于生产线上流动的不是一种零件，而是多种相似零件。在流水线上各工序的节拍基本一致，其工作过程是连续而有节奏的。但对于每一种零件而言，它不一定经过流水线上的每一台机床加工，所以它能加工的工件较多，工艺适用范围较大。

5. 成组技术的应用

（1）成组技术在企业产品设计中的应用

设计是实现任何一种生产方式的前提，有关的研究表明，尽管产品的设计费用只占产品总成本的 5% 左右，但是却决定了产品成本的 70% ~ 80%。产品设计不仅是企业生产准备和成本预算的重要依据，而且还影响产品投放市场后的经济效益。在现代企业中，要对客户的个性化需求做出快速的反应，如果对客户的多品种、小批量的产品进行重新设计，则会浪费大量的成本和时间。在产品设计中应用成组技术首先要对企业中已设计、制造过的零部件编码成组，建立起设计图纸和资料的检索系统。当为新产品设计零件图纸时，设计人员将设计零件的构思，如零件的结构形状、尺寸大小等，转化成相应的分类代码，然后按该代码对其所属零件组的设计图纸和资料进行检索，从中选择可直接采用或者稍加修改便可采用的零件图。只有当原有的零部件图纸均不能利用时，才重新设计新的零部件图纸。在企业产品的设计过程中遇到最多的是"变异设计"，就是在原有产品基础上进行系统的改型设计。采用计算机进行变异设计，可以从图库与数据库中调出相类似的、已成熟的产品图样和数据，在此

基础上进行修改设计，通过"留同变异"的方式能够很快地完成新产品的设计，并能省略一些不必要的零部件的性能试验，减少整个设计所承担的风险。

产品中大量零部件的重复使用有利于降低成本，因此实现大规模定制的企业应该将对产品成本影响较大的零部件进行标准化、规范化，对零件进行分析，将企业中相似零件进行合并、分解，提高零件的使用频率，减少企业内部的零件数，从而降低零件管理费用。

（2）成组技术在企业工艺规程设计中的应用

工艺规程是规定产品或零部件制造工艺过程和操作方法等的工艺文件，是指导工人进行生产和技术性操作的基本文件，也是企业编制生产计划和作业计划，进行生产调度，确定劳动组织，组织技术检查，安排原材料与毛坯供应等生产管理工作的重要技术依据。在工艺管理工作中，工艺规程占有重要地位，对产品的质量、成本及整个系统的优化都有极重要的影响。

目前国内很多企业仍多采用单独工艺，这样不但忽略了同类零件工艺的一致性，也导致了同类零件不应有的工艺多样化，致使编制出来的工艺规程多样化。用这样的工艺规程来指导生产会直接影响产品质量和生产组织工作，增加了设备布置和利用的复杂化，不利于生产系统的有序运行。然而，利用成组技术的计算机辅助工艺规程设计就可有效地避免上述弊端，采用成组工艺后，利用产品零件编码系统来识别产品的工艺特征，将特征类似的零部件进行工艺过程的统一和优化。工艺规程标准化经历了一个由按零件编码进行分类分组，到编制标准加工工艺规程的过程，然后将已编好的通用、专用工序卡及各类零件的标准工艺规程，按工艺编码系统的规定进行编码处理，以便重复使用、检索与保管。在为加工工艺规程基本相同的工序编写工艺规程时，把它们分类成组，使工艺文件标准化。在生产中使用标准化工艺文件，可缩减生产技术准备的工作量和期限，减少工艺的种类及工艺装备，提高零件的生产率和加工质量，降低生产成本。

（3）成组技术在企业生产管理中的应用

目前企业的生产管理多是按产品进行分工，按型号进行管理。每个型号都有自己的一套生产计划，生产任务紧张时，矛盾就非常突出，重复性工作量大，生产效率低。这不仅使计划目标难以实现，而且在人力、物力、财力各方面都造成了很多浪费。生产管理部门如果按专业进行成组生产系统管理，做出的计划就会比较科学并符合客观规律，就能提高企业生产力负荷的均衡性，使生产过程有序化，确保生产调度的有效和及时，使生产计划能按期、按质、按量地完成。

采用成组技术后的生产过程得到优化，使得生产环节及在零部件的加工类型上发生了变化。这也给生产组织管理带来了一系列的变化，将原来以产品封闭式的车间组织的生产方式改变成了以零件封闭单元组织的生产方式，过去以零部件与产品（装配）的纵向联系的组织生产方式改变成了以零部件的横向联系的组织生产方式。因此，在生产的组织管理中也必须采用成组技术才能与之相适应，主要反映在以下几个方面：生产布置设计时，在加工作业范围内采用成组流水线和成组单元加工，设备也做相应的布置而不再按机组布置；在确定生产计划时，应根据成组技术的原理来选择相似的产品。产品相似就容易形成零部件组，从而扩大成组加工批量，获得更好的经济效益；在确定生产过程的时间组织时，亦要根据成组批量来选择。成组后批量增大，有利于选择平行移动和平行顺序移动方式，这对缩短加工周期十分有利；在计算确定期量标准时，生产批量应用成组批量，同时机床调整时间应增加更换组内零件时对机床做的小时间的调整；在确定作业计划时，应按成组生产来确定，即编制成组作业计划。编制时要确定零件组之间的加工顺序以及组内零件的加工顺序。

7.3.2 柔性制造系统

1. 柔性制造系统的组成和结构

柔性制造系统的组成如图 7-33 所示，由加工系统、物流系统和控制与管理系统三部分组成，各个系统又由许多子系统组成。各系统间的关系如图 7-34 所示。

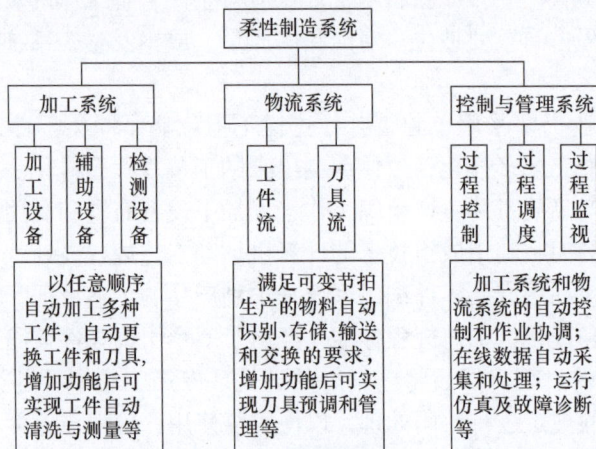

图 7-33 柔性制造系统的组成

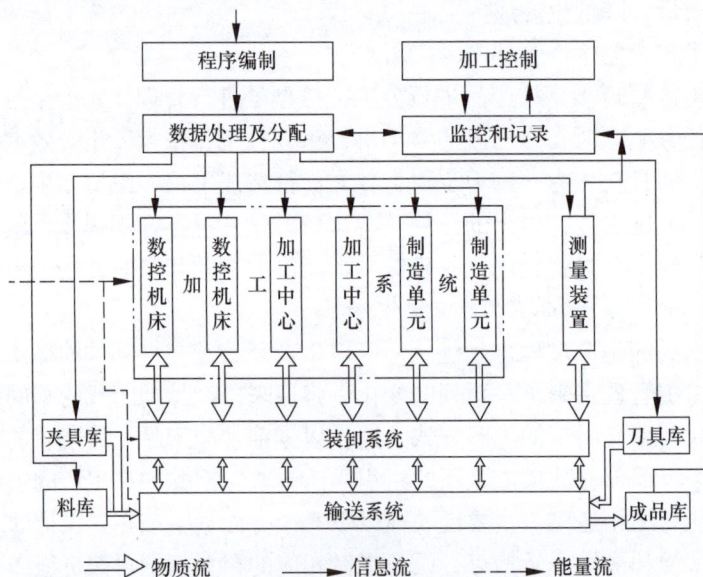

图 7-34 柔性制造系统各组成部分关系

储存和搬运系统搬运的物料有毛坯、工件、刀具、夹具、检具和切屑等；储存物料的方法有平面布置的托盘库，也有储存量较大的桁道式立体仓库。

毛坯一般先由工人装入托盘上的夹具中，并储存在自动仓库中的特定区域内，然后由自动搬运系统根据物料管理计算机的指令送到指定的工位。固定轨道式台车和传送滚道适用于按工艺顺序排列设备的 FMS，自动引导台车搬送物料的顺序则与设备排列位置无关，具有较大灵活性。

磨损了的刀具可以逐个从刀库中取出更换，也可由备用的子刀库取代装满待换刀具的刀库。车床卡盘的卡爪、特种夹具和专用加工中心的主轴箱也可以自动更换。切屑运送和处理系统是保证 FMS 连续正常工作的必要条件，一般根据切屑的形状、排除量和处理要求来选择经济的结构方案。

柔性制造系统的主要加工设备是加工中心和数控机床等，目前以铣削加工中心和车削加工中心占多数，一般多由 3 ~ 6 台机床组成。

柔性制造系统未来将向发展各种工艺内容的柔性制造单元和小型 FMS；完善 FMS 的自动化功能；扩大 FMS 完成的作业内容，并与计算机辅助设计（Computer Aided Design，CAD）和辅助制造技术（Computer Aided Manufacturing，CAM）相结合，向全盘自动化工厂方向发展。

2. 柔性制造系统的适应范围及特点

柔性制造系统的适应范围很广，它主要解决单件小批量生产自动化，把高柔性、高质量、高效率结合统一起来，并逐渐向中大批、多品种生产的自动化方向发展，在机械制造业中的地位十分重要。图 7-35 所示为柔性制造系统的适应范围。

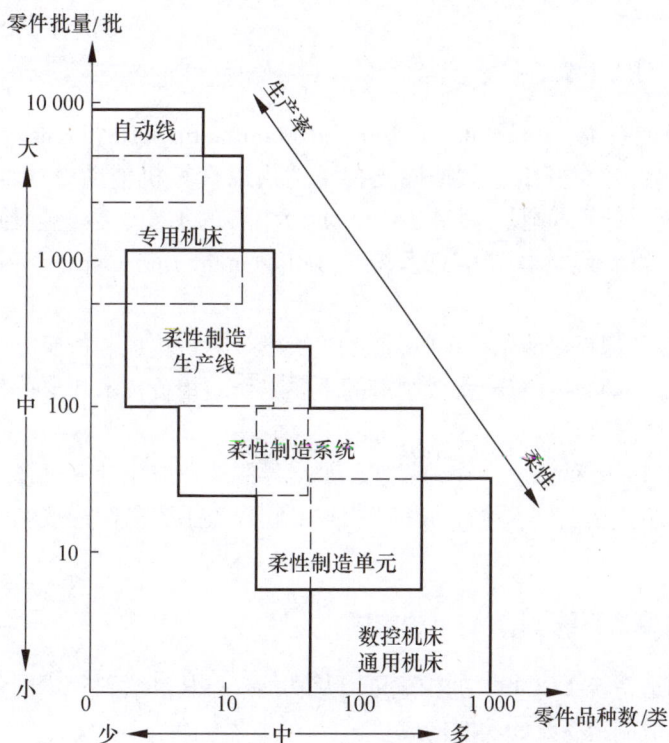

图 7-35　柔性制造系统的适应范围

柔性制造系统与传统的制造系统比较，有许多突出的特点：

① 具有高度的柔性，能自动完成不同品种、不同结构、不同位置、不同切削方式的零件加工。

② 具有高度的自动化，能自动传输、存储、装卸物料，实现自动更换工件、刀具、夹具，并进行自动检验。

③ 具有高度的稳定性和可靠性，能自动进行工况诊断和监视，保证质量和安全工作，如尺寸精度的控制和补偿、刀具磨损破损监测和处理等。

④ 具有高效率、高设备利用率，能全面处理信息，进行生产、工程信息的分析，编制生产计划、调度和管理程序，实现可变加工和均衡生产。

3. 柔性制造系统的关键技术

在进行柔性制造系统的设计、规划时，主要涉及以下几个关键技术：

① 柔性制造系统的监控和管理系统。

② 柔性制造系统的物流系统。

③ 柔性制造系统的刀具管理系统。

④ 柔性制造系统的通信系统。

⑤ 柔性制造系统的辅助系统，FMS 的辅助系统包括清洗工作站、切削液自动排放和集中回收处理及集中供液、气等设施。

7.3.3 计算机集成制造系统

1. 计算机集成制造系统的概念

计算机集成制造系统（Computer Integrated Manufacturing Systems，CIMS）又称计算机综合制造系统，它是在网络、数据库支持下，由以计算机辅助设计（CAD）为核心的工程信息处理系统，计算机辅助制造（CAM）为中心的加工、装配、检测、储运、控制自动化工艺系统，以及经营管理信息系统（Management Information System，MIS）所组成的综合体。

图 7-36 所示为英国克兰菲尔德（Cranfield）大学计算机集成制造研究所发表的计算机集成制造的研究框架，说明了计算机集成制造的主要工作、相关技术和支持环境，代表了计算机集成制造的新进展。

计算机集成制造是一种概念，一种哲理，是指导制造业应用计算机技术、信息技术走向更高阶段的一种思想方法、技术途径和生产模式，它代表了当前制造技术的最高水平，受到了广泛重视。

2. 计算机集成制造系统（CIMS）的构成

计算机集成制造系统（CIMS）的构成可以从功能、结构和学科等不同角度来论述。

（1）计算机集成制造系统的功能构成

如图 7-37 所示是 CIMS 各个功能子系统的组成图形。

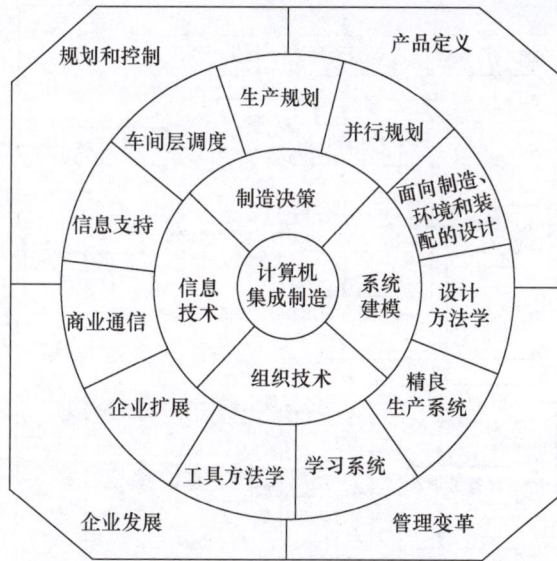

图 7-36 计算机集成制造研究框架

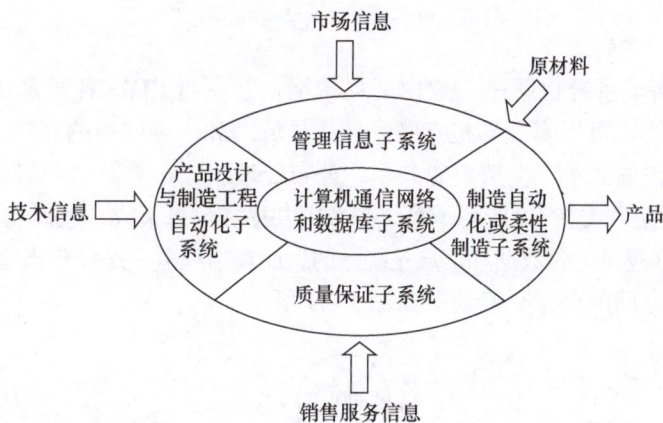

图 7-37 CIMS 功能子系统的组成

① 管理信息子系统：以制造资源计划（Manufacturing Resources Planning，MRPII）为核心，包括预测、经营决策、各级生产计划、生产技术准备、销售、供应、财务、成本、设备、人力资源的管理信息功能，如图 7-38 所示。

② 产品设计与制造工程自动化子系统：通过计算机来辅助产品设计、制造准备以及产品测试，即 CAD/CAPP（Computer Aided Process Planning）/CAM 阶段。

③ 制造自动化或柔性制造子系统：由数控机床、加工中心、清洗机、测量机、运输小车、立体仓库、多级分布式控制计算机等设备及相应的支持软件组成。根据产品工程技术信息、车间层加工指令，完成对零件毛坯的作业调度及制造。

④ 质量保证子系统：包括质量决策、质量检测、产品数据的采集、质量评价、生产加工过程中的质量控制与跟踪功能。系统保证从产品设计、产品制造、产品检测到售后服务全过程的质量。

两个辅助子系统：

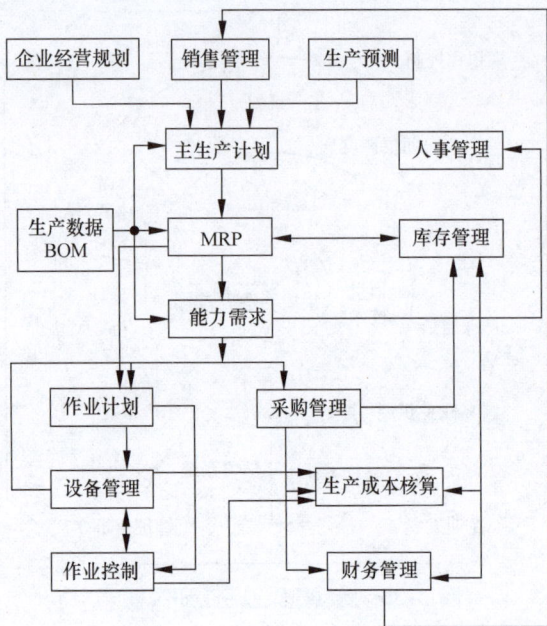

图 7-38　MRPII 基本功能模块

① 计算机网络子系统也就是企业内部局域网，是支持 CIMS 各子系统的开放型网络通信系统，采用标准协议可以实现异机互联、异构局域网和多种网络的互联，可以满足不同子系统对网络服务提出的需求，支持资源共享、分布处理、分布数据库和实时控制。

② 数据库子系统则支持 CIMS 各子系统的数据共享和信息集成，它覆盖了企业的全部数据信息；数据库系统在逻辑上，数据和信息是统一的；而在物理上，是分布式的数据管理系统。

各功能分系统之间的信息交换情况如图 7-39 所示。

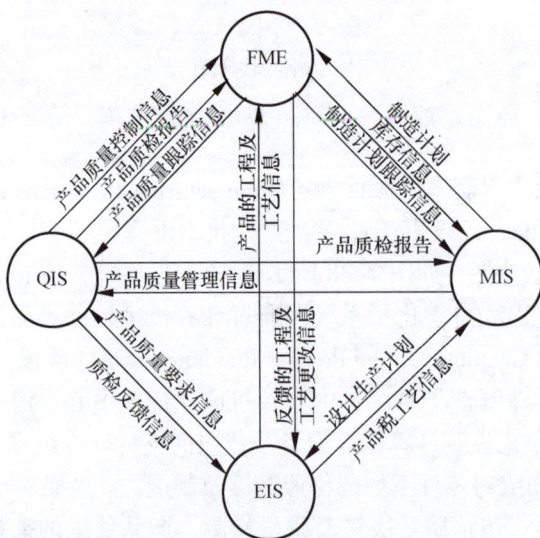

MIS—管理信息系统；EIS（Engineering Information System）—工程信息系统；FME—柔性制造设备；

QIS（Quality Information System）—质量信息系统

图 7-39　各功能分系统之间的信息交换

（2）计算机集成制造系统的结构构成

如图 7-40 所示，计算机集成制造系统的各层之间进行递阶控制，公司层控制工厂层、工厂层控制车间层，车间层控制单元层，单元层控制工作站层，工作站层控制设备层。递阶控制是通过各级计算机进行的。上层的计算机容量大于下层的计算机容量。"层"又可称为"级"。

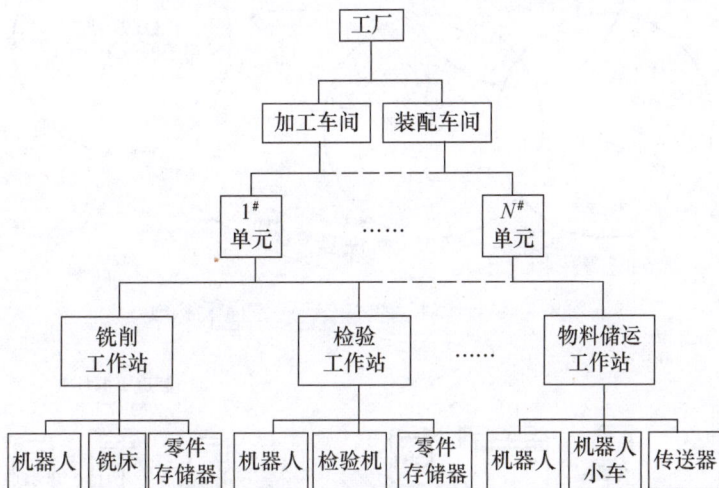

图 7-40　CIMS 递阶控制结构

计算机集成制造系统的集成结构有多方面的含意：

① 功能集成。功能集成是指在产品设计、工程分析、工艺设计和制造生产等方面的集成。

② 信息集成。信息集成是指在工程信息、管理信息、质量管理信息等方面的集成，并通过信息集成做到从设计到加工的无图纸自动化生产。

③ 物流集成。物流集成是指从毛坯到成品的制造过程中，各个组成环节的集成，如：储存、运输、加工、监测、清洗、检测、装配以及刀、夹、量具工艺装备等的集成，通常称为底层的集成。

④ 人机集成。强调"人的集成"的重要性及人、技术和管理的集成，提出了"人的集成制造（Human Integrated Manufacturing，HIM）"和"人机集成制造（Human and Computer Integrated Manufacturing，HCIM）"等概念，代表了今后集成制造的发展方向。

（3）计算机集成制造系统的学科构成

从学科角度看，计算机集成制造系统是系统科学、计算机科学和技术、制造科学和技术交互渗透结合产生的集成方法和技术，并将此技术用到制造环境中，如图 7-41 所示。

3. 典型的计算机集成制造系统

我国第一个计算机集成制造系统，是 1992 年在清华大学的国家计算机集成制造系统工程技术研究中心（CIMS—ERC）建成的。

如图 7-42 所示表示了该系统的主要结构，该系统由车间、单元、工作站、设备 4 层组成，在网络和分布式数据库（DB）管理的支撑环境下，进行计算机辅助设计/计算机辅助制造、仿真、递阶控制等工作。网络通信采用传输控制协议/网际协议（TCP/IP）、技术和办公室协

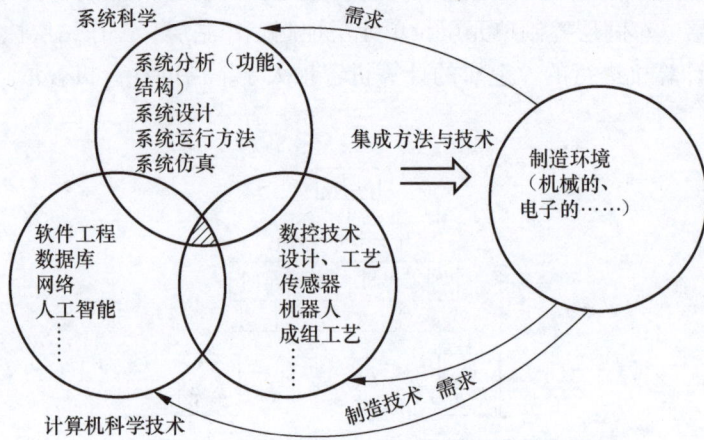

图 7-41　计算机集成制造系统的学科构成

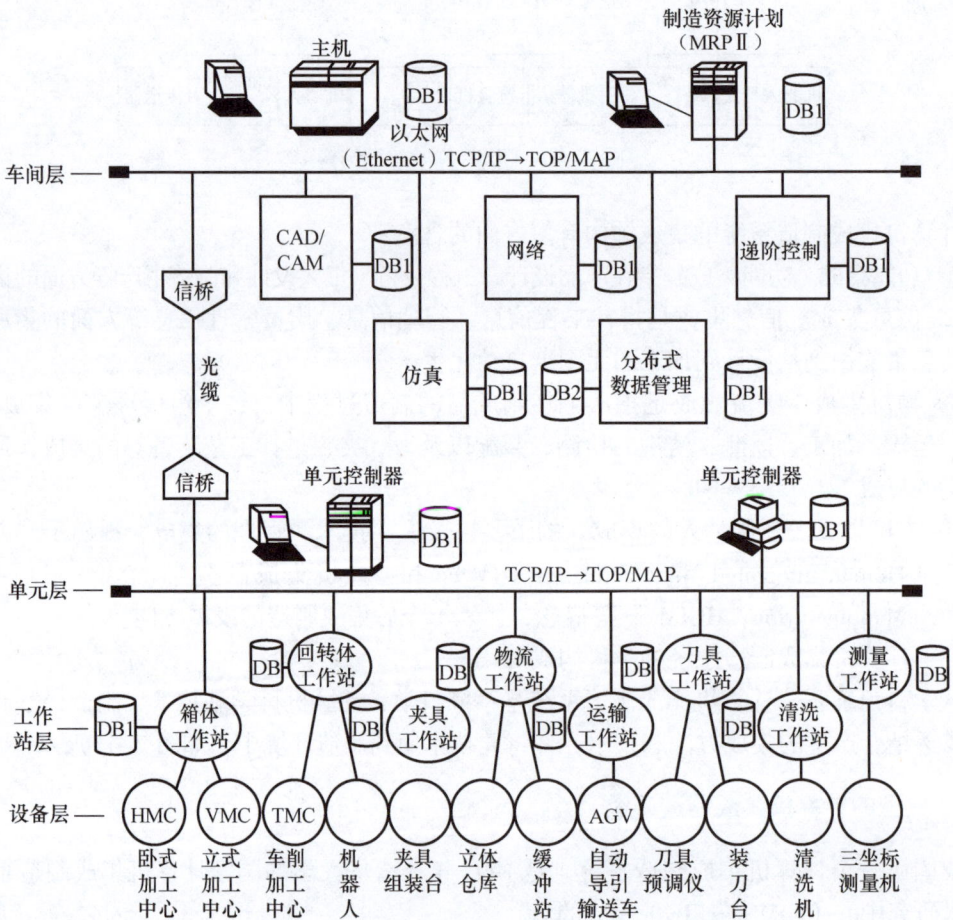

图 7-42　计算机集成制造系统实验工程结构示意图

议 / 制造自动化协议（TOP/MAP）。网络为以太网（Ethernet）。车间层由两台计算机控制，其中 l 台为主机，另 l 台专管制造资源计划，单元层由 2 台计算机（单元控制器）控制各工作站及设备。单元是一个制造系统，加工制造非回转体零件（如箱体）和回转体零件（如轴类、盘套类），设置了 l 台卧式加工中心、1 台立式加工中心和 l 台车削加工中心来完成加工任务，加工后进行清洗，清洗完毕后在三坐标测量机（测量工作站）上检测。夹具在装夹工作站上进行计算机辅助组合夹具设计及人工拼装。卧式加工中心和立式加工中心都是铣镗类机床，其所用刀具由中央刀具库提供，并由刀具预调仪测量尺寸，所测尺寸应输入刀具数据库内。单元内有立体仓库，由自动导引输送车 AGV（Automatic Guide Vehicle）输送工件、工具和托盘等物体。对于卧式和立式加工中心，用托盘装置进行上下料；对于车削加工中心，用机器人进行上下料。

7.3.4　智能制造系统

1. 智能制造系统的概念

智能制造系统 IMS（Intelligent Manufacturing System）是一种由智能机器和人类专家共同组成的人机一体化系统，它突出了在制造诸环节中，以一种高度柔性与集成的方式，借助计算机模拟的人类专家的智能活动，进行分析、判断、推理、构思和决策，取代或延伸制造环境中人的部分脑力劳动，同时，收集、存储、完善、共享、继承和发展人类专家的制造智能。

智能制造可实现决策自动化的优势，使其能很好地与未来制造生产的知识密集型特征相吻合。

2. 智能制造系统的特征

（1）自律能力

IMS 各种设备和各个环节具有自律能力，即搜索与理解环境信息和自身的信息，并进行分析判断和规划自身行为的能力。这种能力的基础一方面是高超的信息技术，包括对于信息的获取与理解；另一方面是一个强大的知识库和基于知识的模型。具有自律能力的设备叫作"智能机器"，智能机器表现出一定程度的独立性、自主性和个性。智能机器之间可以按照"投标""协商""表决"等类似人际关系的方式进行协商运行与竞争。

（2）自组织能力与超柔性

IMS 中各种设备或组成单元，能够按照工作任务的需要，自行集结成一种最合适的结构，并按照最优的方式运行。任务完成以后，该结构即自行解散，并准备在执行下一个任务中结成新的结构，即具有一种自组织能力。可以说，IMS 具有一种"无定形"的结构，一种超柔性。之所以说"超柔性"是因为其柔性不仅表现在其运行方式成的群体，也像是生物机体中、由神经元组成的神经网络。因此也由人将现代智能制造系统称作"生物型制造系统 BMS（Biology Manufacturing System）"。

（3）学习能力与自我优化能力

IMS 中，智能机器能在实践中不断学习，不断充实其知识库。其工作性能随时间推移而趋优。如同专家一样，IMS 有关开放式的知识结构，能不断地从工作经历中优化自身的工作能力，这一点是 IMS 的显著特点。

（4）自行修复能力与强大的适应性

作为一个复杂系统，IMS 自身具有容错冗余，故障自我诊断、自我排除、自我修复的功能，在动荡的需求环境中，IMS 具有适应变革、忍受冲击的坚韧性、鲁棒性与适应性。

（5）人机一体化系统

人机一体化系统，而不是"人工智能"系统，实现智能机器与人类专家的有效结合，各观其能，各尽其责，相互配合。

在人机一体化 IMS 中：一方面，人的核心地位必须确立；另一方面，人和机器之间又表现出一定程度的平等共事、相互"理解"和相互"协作"。与传统的制造系统不同，在 IMS 中由于智能机器具有一定的自律能力，它们与人的关系不再简单地是一种操作者与被操作者的工具之间的关系，而表现出一种类似合作共事的关系。例如：机器可以执行操作者的一个操作指令，也可以拒绝某一指令，并解释理由；机器还可以根据自己的判断和预测，建议采取某一操作等。和这种机器打交道，要求人类专家或操作人员具有更高的知识水准和智能。

由此可见，为了实现智能制造，提高智能制造的水平，关键在于提高人的智能，而不是取消人类的智能。

7.3.5 微细加工技术

微细加工技术是精密加工技术的一个分支，面向微细加工的电加工技术、激光微孔加工技术、水射流微细切割技术等在发展国民经济、振兴我国国防事业等方面都有着非常重要的意义，这一领域的发展对未来的国民经济、科学技术等将产生巨大影响，技术先进的国家纷纷将之列为未来关键技术之一，并扩大投资和加强基础研究与开发。所以我们有理由、有必要加快这一领域的发展和开发进程。

1. 微细加工技术简介

微细加工技术是指加工微小尺寸零件的生产加工技术。从广义的角度来讲，微细加工包括各种传统精密加工方法和与传统精密加工方法完全不同的方法，如切削技术、磨料加工技术、电火花加工、电解加工、化学加工、超声波加工、微波加工、等离子体加工、外延生产、激光加工、电子束加工、粒子束加工、光刻加工、电铸加工等。从狭义的角度来讲，微细加工主要是指半导体集成电路制造技术，因为微细加工和超微细加工是在半导体集成电路制造技术的基础上发展的，特别是大规模集成电路和计算机技术的技术基础，是信息时代、微电子时代、光电子时代的关键技术之一。

（1）微小尺寸和一般尺寸的不同

微小尺寸和一般尺寸加工是不同的，其不同点主要表现在以下几个方面：

① 精度的表示方法。在微小尺寸加工时，由于加工尺寸很小，精度就必须用尺寸的绝对值来表示，即用取出的一块材料的大小来表示，从而引入加工单位尺寸的概念。

② 微观机理。以切削加工为例，从工件的角度来讲，一般加工和微细加工的最大区别是切屑的大小。一般金属材料是由微细的晶粒组成，晶粒直径为数微米到数百微米。一般加工时，吃刀量较大，可以忽略晶粒的大小，而作为一个连续体来看待，因此可见一般加工和微细加工的机理是不同的。

③ 加工特征。微细加工和超微细加工以分离或结合原子、分子为加工对象，以电子束、

激光束、粒子束为加工基础，采用沉积、刻蚀、溅射、蒸镀等手段进行各种处理。

（2）微细加工技术应满足下列功能

① 为达到很小的单位去除率（Unit Removal，UR），需要各轴能实现足够小的微量移动，对于微细的机械加工和电加工工艺，微量移动应可小至几十个纳米，电加工的 UR 最小极限取决于脉冲放电的能量。

② 高灵敏的伺服进给系统，它要求低摩擦的传动系统和导轨主承系统以及高精度跟踪性能的伺服系统。

③ 高平稳性的进给运动，尽量减少由于制造和装配误差引起的各轴的运动误差。

④ 高的定位精度和重复定位精度。

⑤ 低热变形结构设计。

⑥ 刀具的稳固夹持和高的重复夹持精度。

⑦ 高的主轴转速及极低的动不平衡。

⑧ 稳固的床身构件并隔绝外界的振动干扰。

⑨ 具有刀具破损和微型钻头折断的敏感的监控系统。

2. 微细加工技术的特点

① 从加工对象上看，微细加工不但加工尺度极小，而且被加工对象的整体尺寸也很微小。

② 由于微机械对象的微小性和脆弱性，仅仅依靠控制和重复宏观的加工相对运动轨迹达到加工目的，已经很不现实，必须针对不同对象和加工要求，具体考虑不同的加工方法和手段。

③ 微细加工在加工目的、加工设备、制造环境、材料选择与处理、测量方法和仪器等方面都有其特殊要求。

④ 加工机理与一般加工相比，存在很大差异。

3. 微细加工技术应用

（1）超微机械加工

利用超小型机床制作毫米级以下的微机械零件，如图 7-43 所示，为车、铣、磨、电火花加工的多功能微型加工机床，最小设定单位为 1 nm，单晶金刚石刀具，刀尖圆弧半径为 100 nm 左右。难点：微型刀具制造、刀具姿态、加工基准定位等。

（2）光刻加工

光刻加工过程（如图 7-44 所示）：

① 氧化，使硅晶片表面形成一层氧化层；

② 涂胶，涂光致抗蚀剂；

③ 曝光，通过掩模曝光；

④ 显影，使曝光部分溶解去除；

⑤ 腐蚀，使未被覆盖部分腐蚀掉；

⑥ 去胶，将光致抗蚀剂去除；

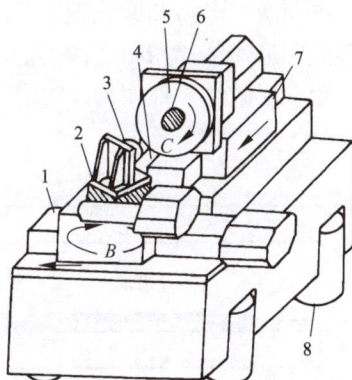

1—X 导轨；2—B 轴回转工作台；3—空气蜗轮主轴；
4—刀具；5—C 轴回转工作台；6—工件；
7—Z 导轨；8—空气 / 油减震器

图 7-43 微型超精密加工机床结构示意图

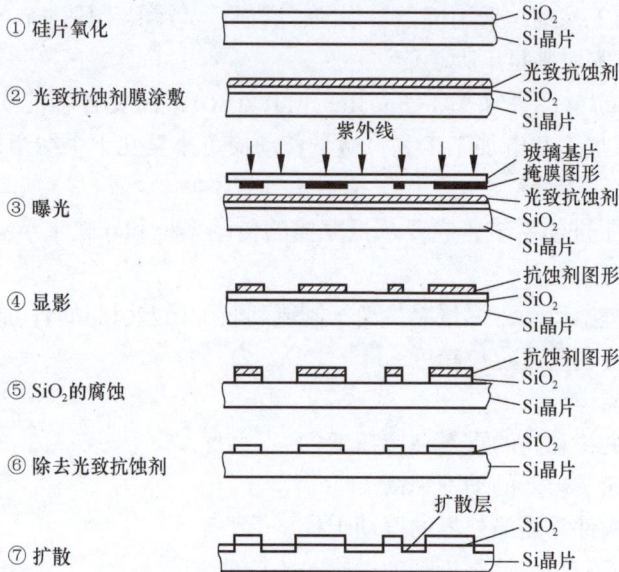

① 硅片氧化

② 光致抗蚀剂膜涂敷

③ 曝光

④ 显影

⑤ SiO₂的腐蚀

⑥ 除去光致抗蚀剂

⑦ 扩散

图 7-44　光刻加工工艺示例

⑦ 扩散，向需要杂质的部分扩散杂质，以完成整个光刻加工过程。

（3）体刻蚀加工技术

体刻蚀加工技术：将硅基片有选择性地去除部分材料的方法。对各向同性腐蚀：以相同速度对所有晶向进行刻蚀。对各向异性腐蚀：在不同晶面，以不同速率进行刻蚀，利用晶格取向，可制作如桥、梁、薄膜等不同的结构。

（4）面刻蚀加工技术

面刻蚀加工技术过程，在硅基片上淀积磷玻璃牺牲层材料；腐蚀牺牲层形成所需形状；淀积和腐蚀结构材料薄膜层；除去牺牲层就得到分离空腔微桥结构，如图 7-45 所示。

（5）LIGA 技术

LIGA（德文 Lithographie、Galvanoformung 和 Abformung，即光刻、电铸和注塑的缩写）技术是由制版、电铸和微注塑工艺组成，是全新的三维立体微细加工技术。在光致抗蚀剂上生成曝光图形实体；用曝光蚀刻的图形实体作电铸用胎膜，在胎膜上沉积金属形成金属微结构件；用金属微结构件作为注塑模具注塑出所需的微型零件，如图 7-46 所示。

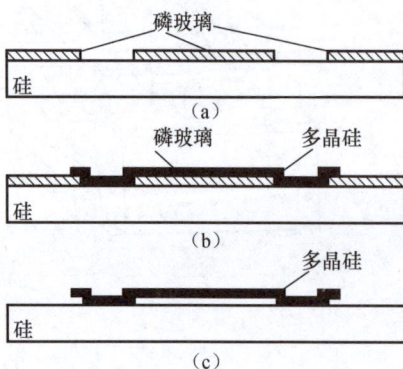

图 7-45　制作双固定多晶硅桥工艺

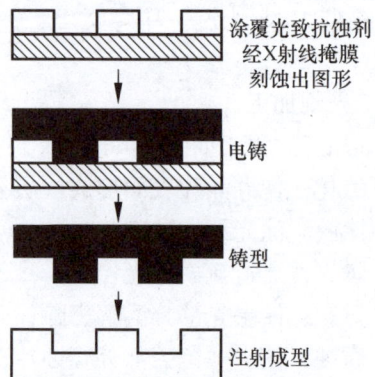

图 7-46　LIGA 工艺过程

（6）封接技术

封接技术的目的是将微机械件连接在一起，使其满足使用要求。方法有反应封接、淀积密封膜和键合技术。

① 反应封接：将多晶硅结构与硅基片通过氧化反应封接在一起。

② 淀积密封膜：用化学气相淀积法在构件和衬底之间淀积密封膜。

③ 硅—硅直接键合：在高温下依靠硅原子力量直接键合在一起形成一个整体。静电键合：将硅和玻璃之间加上电压，产生静电引力而使两者结合成一体。

（7）分子装配技术

扫描隧道显微镜、原子力显微镜具有 0.01 nm 分辨率，是精度最高的表面形貌观测仪。利用其探针尖端可以俘获和操纵分子和原子，并可按照需要拼成一定的结构，进行分子和原子的装配及制作微机械。

7.3.6 逆向工程技术

逆向工程技术是现代化大生产中的重要技术手段之一，对提高工业产品设计水平、缩短生产周期、增强产品在市场上的竞争力有着重要的意义。

1. 逆向工程的定义

逆向工程（Reverse Engineering，RE）也称反求工程、反向工程。目前，大多数关于逆向工程的研究主要集中在实物的逆向重构上，被称为"实物逆向工程"。

实物逆向工程可定义为：将实物转变为 CAD 模型相关的数字化技术、几何模型重建技术和产品制造技术的总称，是将已有产品或实物模型转化为工程设计模型和概念模型，在此基础上对已有产品进行解剖、深化和再创造的过程；也即指对存在的实物模型和零件进行测量，根据测量结果重构 CAD 模型以及最终产品制造的一个过程。CAD 模型可以用于分析、修改、制造和检验等多种目的。

2. 逆向工程系统组成

逆向工程的思想最初是来自从油泥模型到产品实物的设计过程。

目前基于实物的逆向工程应用最广的还是进行产品复制和仿制，尤其是产品的外观设计，因为不涉及复杂的动力学分析、材料、加工热处理等技术难题，相对易实现。

逆向工程主要由三部分组成：产品实物几何外形的数字化子系统、三维 CAD 模型重建子系统、产品或模具的制造子系统。

建立一套完整的逆向工程系统需要下列基本配备：

① 测量设备，例如：三坐标测量仪、三维扫描仪；

② 点数据处理软件，即逆向工程软件，例如：Imageware、Geomagic；

③ CAD/CAM/CAE 软件，例如：UG、Pro/E、CATIA；

④ CNC 机床；

⑤ 快速成型机或塑料注射成型机、轧出机、钣金成型机等。

3. 逆向工程流程（如图 7-47 所示）

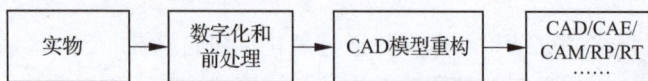

```
┌──────┐    ┌────────┐    ┌──────────┐    ┌──────────┐
│ 实物 │───▶│ 数字化和│───▶│CAD模型重构│───▶│ CAD/CAE/ │
│      │    │ 前处理  │    │          │    │ CAM/RP/RT│
└──────┘    └────────┘    └──────────┘    │ ……      │
                                          └──────────┘
```

图 7-47　逆向工程流程

① 首先通过测量扫描以及各种先进的数据处理手段获得产品实物信息。

② 充分利用成熟的 CAD / CAM 技术，快速、准确地建立实体几何模型。

③ 在工程分析的基础上，数控加工出产品模具。

④ 制成产品。

4. 逆向工程应用

① 对产品外形的美学有特别要求的领域，为方便评价其美学效果，设计师用油泥、黏土或木头等材料把所要表达的意向以实体的方式表现出来。

② 当设计需要通过实验测试才能定型的产品，如在航天航空、汽车、飞机等领域，为了满足空气动力学的要求，要经过在实体模型上进行各种性能测试（如风洞实验等）转换为产品的三维 CAD 模型及其模具。

③ 在没有设计图纸或者设计图纸不完整以及没有 CAD 模型的情况下。

④ 在模具行业，经常需要反复修模，而这些几何外形的变化并未反映在原始的 CAD 模型上。

⑤ 逆向工程在新产品的开发、创新设计上同样具有相当高的应用价值。利用逆向工程技术，可以直接在国内外已有产品的基础上，进行结构性能分析、设计模型重构，再设计优化与制造，吸收并改进国内外先进的产品和技术，极大地缩短产品开发周期，有效地占领市场。

⑥ 逆向工程技术在医学领域的假体设计、制作、植入及外科手术规划等方面得到了应用，发展前景良好。特种服装、头盔的制造等要以使用者的身体为原始的设计依据，此时需要利用逆向工程技术建立人体的几何模型。

⑦ 逆向工程应用于正向设计结果的检验，也称为计算机辅助检测。

⚙ 任务训练 ⚙

一、填空题

1. 特种加工技术包括_____、_____、_____、_____、_____、_____、_____、水射流加工等。

2. 电火花切割加工按走丝速度可分为_____和_____类型。_____线切割走丝平

稳，无振动，电极丝损耗小，加工精度高，是现在主要的发展方向。

3. 电解加工目前在国内外已成功地应用于_____、_____发动机、_____等制造业，在汽车、拖拉机、采矿机械和_____制造中也得到了应用。

4. 电解加工是利用金属在电解液中的"_____"将工件加工成形的。

5. 超声加工也称为_____加工。超声波是指频率 f 在_____Hz 的振动波。

6. 激光加工的基本设备包括_____、_____、_____及_____等四部分。

7. 离子束加工是靠_____撞击工件表面的_____而实现的。这是一种微观作用，宏观作用小，所以对脆性、半导体、高分子等材料都可以加工。

8. 水射流加工是利用高速水流对工件的_____来侵蚀材料的。采用带有_____的水，以高达_____倍声速的速度冲击工件进行加工或切割。

9. 数控机床按工艺用途分类有_____、_____、_____。

10. 数控机床按伺服系统类型分类_____、_____、_____。

11. 数控加工程序编制方法有_____、_____。

12. 成组技术能简化了生产技术的_____，加快了新产品的_____和上市速度，有效_____，以利经济合理地采用先进制造技术，成组技术是一种使企业生产_____和现代化的制造哲理。

13. 柔性制造系统的组成由_____、_____和_____三部分组成，各个系统又由许多子系统组成。

14. 柔性制造系统的主要加工设备是_____和_____等，目前以_____加工中心和_____加工中心占多数，一般多由 3 ~ 6 台机床组成。

15. 智能制造可实现决策_____的优势，使其能很好地与未来制造生产的知识密集型特征相吻合。

16. 微细加工技术是指加工_____零件的生产加工技术。

17. 逆向工程技术是现代化大生产中的_____手段之一，对提高工业产品设计水平、缩短_____、增强产品在市场上的_____有着重要的意义。

18. 逆向工程技术其主要任务是将_____模型转化为_____概念或产品数字化模型。

二、选择题

1. 不适合用精密与超精密机床进给系统的方式为（　　　）。

A. 滚珠丝杠螺母机构　　　　　　　　　B. 压电陶瓷驱动装置

C. 弹性变形机构

2. 下列哪种说法不符合绿色制造的思想（　　　）。

A. 对生态环境无害　　　　　　　　　　B. 资源利用率高，能源消耗低

C. 为企业创造利润

3. 计算机集成制造技术强调（　　　）。

A. 企业的经营管理　　　　　　　　　　B. 企业的虚拟制造

C. 企业的功能集成

4. FMS 非常适合（　　　）。

A. 大批大量生产方式　　　　　　　　　B. 品种单一、中等批量生产方式

C. 多品种、变批量生产方式

5. "NC"的含义是（　　　）。

A. 数字控制　　　　　　　　　　　　B. 计算机数字控制

C. 网络控制

6. "CNC"的含义是（　　　）。

A. 数字控制　　　　　　　　　　　　B. 计算机数字控制

C. 网络控制

7. 数控机床的核心是（　　　）。

A. 伺服系统　　　　B. 数控系统　　　　C. 反馈系统　　　　D. 传动系统

8. 切削的三要素有进给量、切削深度和（　　　）。

A. 切削厚度　　　　B. 切削速度　　　　C. 进给速度

9. 表面粗糙度的单位是（　　　）。

A. m　　　　　　　B. cm　　　　　　　C. mm　　　　　　　D. μm

10. 数控机床的种类很多，如果按加工轨迹分则可分为（　　　）。

A. 二轴控制、三轴控制和连续控制　　B. 点位控制、直线控制和连续控制

C. 二轴控制、三轴控制和多轴控制

11. 选择加工表面的设计基准为定位基准的原则称为（　　　）原则。

A. 基准重合　　　　B. 基准统一　　　　C. 自为基准　　　　D. 互为基准

12. 光刻加工的工艺过程为（　　　）

A. 氧化、沉积、曝光、显影、还原、清洗

B. 氧化、涂胶、曝光、显影、去胶、扩散

C. 氧化、涂胶、曝光、显影、去胶、还原

13. 光刻加工采用的曝光技术中具有最高分辨率的是（　　　）。

A. 电子束曝光技术　　　　　　　　　　B. 离子束曝光技术

C. X 射线曝光技术

14. 高速切削使用的刀具材料有很多种，其中与金属材料亲和力小、热扩散磨损小、高温硬度优于硬质合金，且韧性较差的是（　　　）。

A. 陶瓷刀具　　　　　　　　　　　　　B. 聚晶金刚石刀具

C. 立方氮化硼刀具

15. 微细加工技术中的刻蚀工艺可分为下列哪两种（　　　）。

A. 离子束刻蚀、激光刻蚀　　　　　　　B. 干法刻蚀、湿法刻蚀

C. 溅射加工、直写加工

16. LIGA 技术中不包括的工艺过程为（　　　）。

A. 涂胶　　　　　　　　　　　　　　　B. 同步辐射 X 射线深层光刻

C. 电铸成形　　　　　　　　　　　　　D. 注塑

三、判断题（对的打√，错的打 ×）

1. 超高速机床要求主轴的转速很高，但进给速度不需要提高。　　　　　　（　　　）

2. 精密与超精密加工的刀具材料之所以选择金刚石，是因为它的硬度最大。　（　　　）

3. CIMS 是指计算机集成制造系统，而 FMS 的含义是柔性制造系统。　　　（　　　）

4. 激光束、离子束、电子束均可对工件表面进行改性。　　　　　（　　）

5. 制造业的资源配置沿着"劳动密集→设备密集→信息密集→资源密集"的方向发展。　　　　　（　　）

6. 不同的数控机床可能选用不同的数控系统，但数控加工程序指令都是相同的。（　　）

7. 在开环和半闭环数控机床上，定位精度主要取决于进给丝杠的精度。　　（　　）

8. 数控机床的机床坐标原点和机床参考点是重合的。　　　　　（　　）

9. 为了保证工件达到图样所规定的精度和技术要求，夹具上的定位基准应与工件上的设计基准、测量基准尽可能重合。　　　　　（　　）

10. 数控设备的核心单元部分是数控装置。　　　　　（　　）

11. 切削速度增大时，切削温度升高，刀具耐用度大。　　　　　（　　）

12. 数控机床操作使用最关键的问题是编程序，编程技术掌握好就可成为一个高级数控机床操作工。　　　　　（　　）

13. 超精密加工是指加工精度高于 0.01 μm、表面粗糙度 Ra 小于 0.001 μm 的加工方法。
　　　　　（　　）

14. FMS 控制系统一般采用三层递阶控制结构，包括系统管理与控制层、过程协调与监控层、设备控制层，在上述三级递阶控制结构中，每层的信息流都是单向流动的。（　　）

15. 柔性自动化：主要表现在半自动和自动机床、组合机床、组合机床自动线的出现，解决了单一品种大批量生产的自动化问题。　　　　　（　　）

四、综合题

1. 先进制造技术的内涵是什么？

2. 特种加工与传统加工主要有哪些不同？

3. 电火花加工的基本原理和特点是什么？

4. 超声加工的基本原理和特点是什么？

5. 激光加工的基本原理和特点是什么？

6. 数控机床有哪些分类方法？

7. 数控机床的特点如何？

8. 什么是成组技术？其基本原理和作用是什么？

9. 柔性制造系统的适用范围和特点是什么？

10. 什么是计算机集成制造系统？

11. 微细加工与一般尺寸加工的不同点在哪几个方面？

12. 逆向工程系统组成如何？

参 考 文 献

［1］朱仁盛.机械制造技术基础［M］.北京：北京理工大学出版社，2017.

［2］侯春盛，李万吉.钳工技术［M］.北京：北京理工大学出版社，2015.

［3］王恩海.钳工技术［M］.北京：北京理工大学出版社，2015.

［4］郭建烨，于超.机械制造技术基础［M］.北京：北京航空航天大学出版社，2016.

［5］李耀刚.机械制造技术基础［M］.武汉：华中科技大学出版社，2013.

［6］陈刚，刘迎军.车工技术［M］.北京：机械工业出版社，2014.

［7］周晓宏.数控车削技术［M］.北京：机械工业出版社，2013.

［8］陈晓罗.数控铣削技术［M］.北京：北京大学出版社，2012.

［9］山颖.现代制造技术［M］.北京：机械工业出版社，2012.

［10］卞洪元.机械常识［M］.北京：机械工业出版社，2011.

［11］易红.数控技术［M］.北京：机械工业出版社，2010.

［12］赵玉刚.数控技术［M］.北京：机械工业出版社，2010.